建筑力学

主　编　夏健明

参　编　刘　灿

北京理工大学出版社
BEIJING INSTITUTE OF TECHNOLOGY PRESS

内 容 提 要

本书精选静力学、材料力学和结构力学的有关内容形成简洁的教学体系，同时引入计算机技术在力学课程中的应用。本书共分23章，主要内容包括绪论、静力学基础、平面汇交力系、力矩与力偶、平面一般力系、空间力系、截面的几何性质、轴向拉伸与压缩、扭转、弯曲内力、弯曲应力、弯曲变形、应力状态与强度理论、组合变形、压杆稳定、平面体系的几何组成分析、静定结构的内力计算、静定结构的位移计算、力法、位移法、力矩分配法、影响线、平面杆系结构分析程序（pmgx）的应用等。

本书可作为高等院校土建类相关专业建筑力学课程的教材，也可供其他相关专业的学生和工程技术人员参考使用。

图书在版编目（CIP）数据

建筑力学 / 夏健明主编.—北京：北京理工大学出版社，2019.1
ISBN 978-7-5682-6248-4

Ⅰ.①建…　Ⅱ.①夏…　Ⅲ.①建筑科学—力学—高等学校—教学参考资料　Ⅳ.①TU311

中国版本图书馆CIP数据核字（2018）第198980号

出版发行 / 北京理工大学出版社有限责任公司	
社　　址 / 北京市海淀区中关村南大街5号	
邮　　编 / 100081	
电　　话 / （010）68914775（总编室）	
（010）82562903（教材售后服务热线）	
（010）68948351（其他图书服务热线）	
网　　址 / http://www.bitpress.com.cn	
经　　销 / 全国各地新华书店	
印　　刷 / 河北鸿祥信彩印刷有限公司	
开　　本 / 787毫米×1092毫米　1/16	
印　　张 / 21	责任编辑 / 钟　博
字　　数 / 511千字	文案编辑 / 钟　博
版　　次 / 2019年1月第1版　2019年1月第1次印刷	责任校对 / 周瑞红
定　　价 / 75.00元	责任印制 / 边心超

图书出现印装质量问题，请拨打售后服务热线，本社负责调换

本书旨在培养学生应用建筑力学的基本概念和基本原理，分析、解决常见建筑结构和杆件的强度、刚度和稳定性问题的能力，是编者多年建筑力学课程教学实践的总结。本书可作为高等院校土建类相关专业建筑力学课程的教材，也可供其他相关专业的学生和工程技术人员参考使用。

本书从高等教育培养目标和学生的实际情况出发，以"必需，够用"为度，注重应用，精选静力学、材料力学和结构力学的有关内容形成简洁的教学体系，同时引入计算机技术在力学课程教学中的应用，包括编者自编的平面杆系结构分析程序(pmgx)的应用和应用Microsoft Excel表格计算三铰拱，并绘制内力图的方法。本书重点讲授杆件的四种基本变形和组合变形，杆件的内力计算和内力图绘制，截面应力计算，杆件的强度、刚度和稳定性计算，平面杆系结构的几何组成分析，静定结构的内力计算和位移计算，超静定结构计算的力法、位移法和力矩分配法，移动荷载作用在静定结构的响应，平面杆系结构分析程序（pmgx）的应用等内容，使学生掌握力学基本概念和基本原理，了解常见工程结构的力学模型、构件与结构的受力和变形特征，掌握构件与结构的应力和变形计算方法，掌握构件的强度、刚度和稳定性的概念和计算方法。

全书共分为23章，内容包括绪论、静力学基础、平面汇交力系、力矩与力偶、平面一般力系、空间力系、截面的几何性质、轴向拉伸与压缩、扭转、弯曲内力、弯曲应力、弯曲变形、应力状态与强度理论、组合变形、压杆稳定、平面体系的几何组成分析、静定结构的内力计算、静定结构的位移计算、力法、位移法、力矩分配法、影响线、平面杆系结构分析程序（pmgx）的应用等。

本书配有编者自编的平面杆系结构分析程序（pmgx）、相关教学视频和三铰拱内力计算的Microsoft Excel表格，在正文中以二维码的方式提供。与本书配套使用的热轧型钢表，读者可通过扫描右侧的二维码进行下载获取。

热轧型钢表

本书由夏健明担任主编，刘灿参与了本书部分章节的编写工作。具体编写分工为：夏健明编写第1章、第7章~第23章，刘灿编写第2章~第6章。

由于编者水平有限，书中难免有不妥和疏漏之处，敬请读者批评指正。

编　者

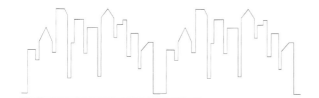

目 录

第1章

绪　　论

1.1　建筑力学的研究对象和任务

建筑力学概述

建筑物和构筑物中支承荷载、传递荷载、起骨架作用的部分叫作结构，组成结构的单元称为构件。在框架结构房屋建筑中，框架是承受荷载、传递荷载的骨架部分，而构成框架结构的梁、柱、楼板等是结构的构件。建筑力学的研究对象是构件和结构。在各类建筑结构中，由杆件构成的杆系结构是应用最广泛的结构。杆系结构可分为平面杆系结构和空间杆系结构。本书主要研究平面杆系结构。

建筑力学是建筑工程技术专业的重要专业基础课，在学习建筑力学的过程中，需要使用高等数学等课程的知识，而建筑力学又为钢筋混凝土结构、钢结构、建筑施工等后续课程提供力学基础和计算方法。因此，建筑力学是一门起承上启下作用的专业基础课程。

建筑力学的任务包括以下几个方面：

(1)对物体、物体系统作受力分析，研究各种力系的简化和平衡规律。

(2)计算、分析杆件的强度、刚度和稳定性问题。

(3)计算、分析静定结构的内力。

(4)计算静定结构的位移。

(5)计算、分析超静定结构的内力，包括力法、位移法和力矩分配法。

(6)计算、分析结构在移动荷载作用下的响应。

1.2　建筑力学的基本概念

力学是研究物体机械运动的科学。机械运动是指物体的空间位置随时间的改变，机械运动是人们生活和生产实践中最常见的一种运动，平衡是机械运动的特殊情况。

力是物体之间相互的机械作用，这种作用使物体的运动状态发生改变，或使物体变形，称为力的效应。力使物体运动状态改变的效应称为外效应；使物体产生变形的效应称为内效应。力对物体作用的效应取决于力的三要素，即力的大小、方向和作用点。如图 1-1 所

1

示，力 F 的作用点是 A 点，通过作用点，沿力的作用方向的直线称为力的作用线。力既有大小，又有方向，是矢量。矢量 F 的模表示力的大小，力的作用线加上箭头表示力的方向，矢量 F 的始点表示力的作用点。

作用在物体上的若干个力称为力系，记作 $(F_1, F_2, \cdots, F_n)$，如图 1-2 所示。作用于同一物体而效应相同的两个力系称为等效力系；作用于物体并使它保持平衡状态的力系称为平衡力系。若某力系与一个力等效，则此力称为该力系的合力，而该力系的各力称为此力的分力。将一个力系的合力代替该力系的过程称为力的合成；将力等效为若干个分力的过程称为力的分解。

建筑力学所研究的物体是现实物体抽象化（或理想化）的物理模型，或称为力学模型，包括质点、质点系、刚体和变形固体。质点是有质量而其尺寸可忽略不计的点；质点系是质点的集合；刚体是特殊的质点系，其上任意点之间的距离保持不变，即在力的作用下可忽略其变形的物体；变形固体是指在力的作用下产生变形的固体。

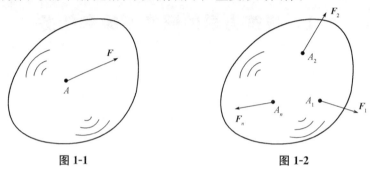

图 1-1　　　　　　　　　　　　　图 1-2

荷载是作用在物体上的外力。例如，建筑物的楼板、梁、柱的自重，风对建筑物的作用力，以及地震作用力等。长期作用在结构或构件上的不变荷载称为恒载，如楼板、梁、柱的自重。作用在结构或构件上的可变荷载称为活载，如风荷载、雪荷载、教室中的人群自重、行驶中的车辆对桥梁的作用等。

从零逐渐缓慢地连续均匀增加到终值后保持不变的荷载称为静力荷载，简称静载。静载的作用不引起结构明显的加速度。大小、作用位置、方向随时间迅速变化的荷载称为动力荷载，简称动载。动载的作用使结构或构件产生明显的加速度。例如，作用在高层建筑上的风荷载，地震作用、动力机械产生的振动荷载等。

1.3　结构的分类

从几何角度来看，结构可分为以下三类：

（1）杆件结构。杆件的几何特征是横截面尺寸比其长度小得多。由杆件组成的结构称为杆件结构，如图 1-3 所示的框架结构。

（2）板壳结构。薄板和薄壳的几何特征是其长度和宽度尺寸远大于其厚度。当对称面为平面时称为薄板 [图1-4（a）]；当对称面为曲面时称为薄壳 [图1-4（b）]。由薄板或薄壳组成的结构称为板壳结构。由于板壳结构

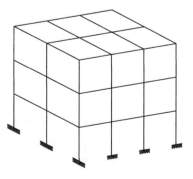

图 1-3

的厚度比其长度和宽度小得多，板壳结构也称为薄壁结构。图 1-4(c)、(d)所示的结构分别是折板结构和薄壳结构。

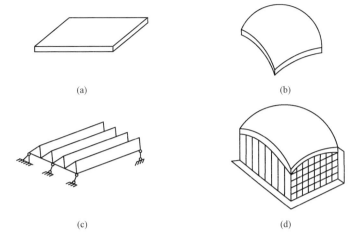

(a)　　　　　　　　　　　　　　(b)

(c)　　　　　　　　　　　　　　(d)

图 1-4

(3)实体结构。如果结构的长度、宽度和高度的尺寸相仿，这样的结构称为实体结构。挡土墙[图 1-5(a)]、水利工程中的水坝[图 1-5(b)]都是实体结构。

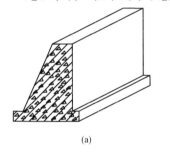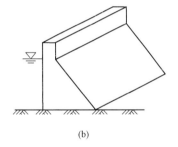

(a)　　　　　　　　　　　　　　(b)

图 1-5

在建筑力学课程中，主要学习杆件结构。杆件结构通常可分为下列几类：

(1)梁。梁是一种受弯构件，轴线是直线的梁称为直梁。梁可以是单跨或多跨，图 1-6(a)所示的梁是多跨静定梁。

(2)拱。拱的轴线是曲线，其特点是在竖向荷载作用下有水平方向的支座反力，如图 1-6(b)所示。

(3)桁架。理想桁架由直杆组成，结点是铰结点，荷载作用在结点上，桁架各杆的内力只有轴力，如图 1-6(c)所示。

(4)刚架。刚架由直杆组成，至少有一个结点是刚结点，如图 1-6(d)所示。

(5)组合结构。组合结构由受弯构件(梁式杆)和受拉(压)构件(桁式杆)组成，如图 1-6(e)所示。

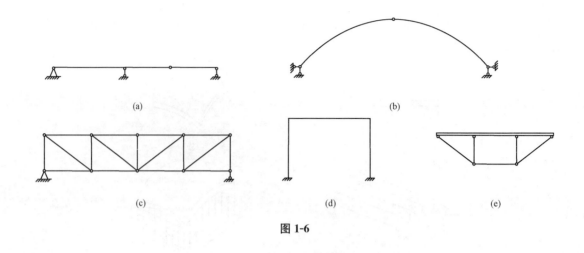

图 1-6

1.4 杆件变形的基本形式

外力以不同的方式作用在杆件上，杆件的变形形式也各不相同。最基本的变形形式有以下四种：

（1）轴向拉伸与压缩。杆件在一对大小相等、方向相反、作用线过杆件轴线的外力作用下发生轴向拉伸与压缩变形（图 1-7）。外力离开杆件时发生拉伸变形，指向杆件时发生轴向压缩变形。

桁架结构的杆件、吊起重物的钢索、斜拉桥的拉索的变形都属于轴向拉伸与压缩变形。

图 1-7

（2）剪切变形。当杆件受到一对大小相等、方向相反、作用线距离很小且垂直于杆件轴线的外力作用时，杆件发生剪切变形，如图 1-8 所示。外力作用点处产生错动的杆件横截面，称为剪切面。

钢结构的螺栓连接、铆钉连接、钢筋混凝土楼盖中主梁和次梁的交接处都发生剪切变形。

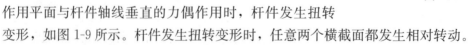

图 1-8

（3）扭转变形。杆件受到一对大小相等、方向相反、作用平面与杆件轴线垂直的力偶作用时，杆件发生扭转变形，如图 1-9 所示。杆件发生扭转变形时，任意两个横截面都发生相对转动。

机械中的传动轴、房屋建筑中的阳台梁都发生扭转变形。

（4）弯曲变形。杆件受到一对大小相等、方向相反、作用面与杆件纵向对称面重合的力偶作用时，杆件发生弯曲变形，如图 1-10 所示。杆件的轴线由直线变为曲线。

弯曲变形是土木工程中最常见的变形，框架结构中的梁、楼板，工业厂房的吊车梁，火车轮轴等都发生弯曲变形。

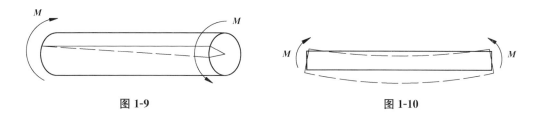

图 1-9   图 1-10

以上四种变形称为基本变形。在工程实践中，有些杆件的变形更复杂，可以看作以上四种基本变形的组合，称为组合变形。如图 1-11 所示的烟囱，在自身质量的作用下产生轴向压缩变形，受到侧向风压发生弯曲变形，因此，烟囱发生压缩变形与弯曲变形的组合变形。

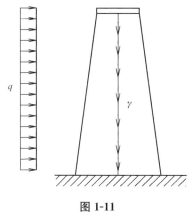

图 1-11

1.5　变形固体的基本假设

本课程引入变形固体的力学模型，实际的变形固体的性质是很复杂的，为了更清楚地获得研究对象的变形规律，通常抓住主要因素，而忽略与所研究问题无关的或次要的因素。对于变形固体，根据其主要性质作以下基本假设：

(1)连续性假设。认为物体在整个体积内部毫无空隙地充满了物质，根据这一假设，物体内部的应力、应变、位移等物理量可以用连续函数表示，可以方便地使用微积分的数学工具描述这些物理量。

(2)均匀性假设。认为物体各处的力学性能完全相同，根据这一假设，可以从物体中取出任何一微小部分进行分析，可将所得结论应用于整个物体。

(3)各向同性假设。认为物体在各个方向的力学性能相同。根据近代物理理论，认为一切物体均由分子、原子等微颗粒组成，各微颗粒之间存在空隙。如金属材料，从微观尺寸来看，是由微小晶粒组成的，但由于实际构件的尺寸远大于晶粒的尺寸，且晶粒的排列是无序的，所以从统计平均值的观点看，也就是宏观地看，认为金属材料是连续、均匀和各向同性的。工程实践中有一些材料，如木材、纤维增强复合材料等，在不同方向具有不同的力学性能，称为各向异性，这些材料称为各向异性材料。

在实际工程中，杆件在外力作用下产生的变形与其原始尺寸相比是微小的，这种变形称为小变形。当杆件所受的外力不超过某一限值时，外力卸去后（或称卸载），杆件的变形完全消失，能恢复原来的形状和尺寸，这种变形称为弹性变形；当外力超过某一限值时，外力卸去后，一部分变形消失，另一部分变形保留下来，称为塑性变形（或称残余变形、永久变形）。

在建筑力学中，研究对象被看作连续、均匀、各向同性的变形固体，主要研究弹性变形范围内的小变形情况。

思考题与习题

思考题与习题

第 2 章

静力学基础

2.1 静力学公理

静力学公理是从长期的生产实践和科学试验中总结概括出来的最基本的力学规律，其正确性已被实践反复证明，是符合客观实际的，它们是研究力系简化和平衡问题的基础。

公理一 作用力与反作用力公理

两个物体之间的相互作用力，总是大小相等，方向相反，作用线相同，并且分别同时作用在这两个物体上。

作用力与反作用力公理描述了自然界中任意两物体之间的相互作用关系。有作用力，必有反作用力；没有反作用力，也就没有作用力。作用力与反作用力总是同时存在，同时消失的，因此，力是成对地出现在两个相互作用的物体上的。

公理二 力的平行四边形法则

作用于物体同一点的两个力，可以合成为一个合力，合力的作用点与两力相同，合力的大小和方向由以两力为邻边所构成的平行四边形的对角线确定，如图 2-1 所示。原来的两力称为合力的分力。公理二可简述为：合力等于两分力的矢量和，即

$$F_R = F_1 + F_2 \tag{2-1}$$

根据公理二，可用作图法求合力，通常需画出半个平行四边形，如图 2-2 所示，从 O 点画矢量 $\overrightarrow{OA} = F_1$，从 A 点画矢量 $\overrightarrow{AB} = F_2$，连接点 O 与点 B，则矢量 $\overrightarrow{OB}$ 表示合力 F_R。上述方法称为三角形法则。

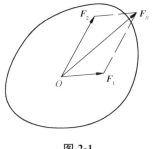

图 2-1

图 2-2

力的平行四边形法则是研究力系简化的重要依据。

公理二对刚体和变形体都适用，对于刚体来说，并不要求两力的作用点相同，只要两力的作用线相交，根据力的可传性，可将两力的作用点移到交点上，再应用力的四边形法则确定合力，如图 2-3 所示。

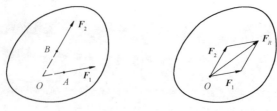

图 2-3

公理三 二力平衡公理

作用在刚体上的两个力平衡的充分和必要条件是：两力的大小相等，方向相反，作用线相同。

实践证明，在直杆两端沿杆的轴线施加一对大小相等的拉力或压力都能使杆保持平衡。应该指出，上述条件对于刚体是充分和必要条件，对于变形体，上述条件是必要条件而不是充分条件。例如，受到两个大小相等、方向相反、作用线过轴线的柔索处于平衡状态；但受到两个压力作用时，柔索将被揉成一团，不能保持平衡。

在两个力作用下处于平衡状态的物体称为二力体；若为杆件，则称为二力杆，如图 2-4 所示。根据二力平衡公理，作用在二力体的两个力，其作用线通过它们的作用点的连线，且大小相等、方向相反。

二力杆不一定是直杆，图 2-5 所示的曲杆，在两个力作用下处于平衡状态，因此是二力杆。

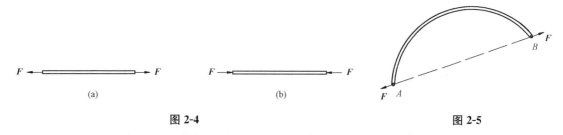

图 2-4   图 2-5

公理四 加减平衡力系公理

作用在刚体上的力系加上或减去任意平衡力系，不改变力系对刚体的作用效应。

因为平衡力系对刚体既无移动效应，也无转动效应，所以在刚体上加上或减去平衡力系对其作用效应无影响。

根据这个公理，可进行力系的等效变换，即在刚体上施加或减去平衡力系与原力系等效，有以下两个推论。

推论一 力的可传性原理

作用在刚体上某点的力，可沿其作用线任意移动，不改变该力对刚体的作用效应。

利用加减平衡力系公理很容易证明力的可传性原理。图 2-6(a) 所示的刚体上力 $\boldsymbol{F}$ 作用在 A 点，其作用线上有点 B，在 B 点加一平衡力系 $(\boldsymbol{F}_1, \boldsymbol{F}_2)$，其中 $\boldsymbol{F}_1 = -\boldsymbol{F}$，$\boldsymbol{F}_2 = \boldsymbol{F}$，如图 2-6(b) 所示。图 2-6(a)、(b) 所示两种情况的作用效应相同。图 2-6(b) 中力 $\boldsymbol{F}$ 与 $\boldsymbol{F}_1$ 是平

衡力系，减去该平衡力系，则只有力 F_2 作用在刚体上，如图 2-6(c)所示，根据加减平衡力系公理，图 2-6(b)、(c)所示状态的作用效应相同，即图 2-6(a)、(c)的作用效应相同，而 $F_2 = F$，即力 F 作用在 A 点，沿其作用线移动到 B 点的作用效应也相同。

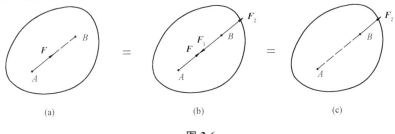

图 2-6

力的可传性原理只适用于刚体，不适用于变形体。

推论二　三力平衡汇交定理

作用在刚体上平衡的三个力，如果其中两个力交于一点，则第三个力必与前两个力共面，作用线通过前两力的交点，构成平面汇交力系。

图 2-7 所示的刚体上三个点 A、B、C，分别作用三个力 F_1、F_2、F_3，这三个力平衡且不平行。根据力的可传性原理，将力 F_1、F_2 移到其作用线交点 O 上，根据力的平行四边形法则，其合力是 F_{R12}，用 F_{R12} 代替(F_1、F_2)，则 F_3 与 F_{R12} 平衡，根据二力平衡公理，F_3 与 F_{R12} 共线，因此，F_3 必过 O 点，且与 F_1、F_2 共面。

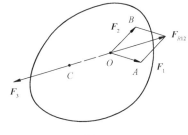

图 2-7

公理五　刚化原理

如果变形体在某一力系的作用下处于平衡状态，若将变形体硬化为刚体，其平衡状态不变。

此公理描述了变形体的平衡条件和刚体的平衡条件之间的关系，刚体的平衡条件对于变形体而言是必要条件，而非充分条件。图 2-8(a)所示为一段绳索在大小相等、方向相反的一对拉力(F、F)的作用下处于平衡状态，如果将绳索硬化成刚性杆，则刚性杆也处于平衡状态。但是，刚性杆受大小相等、方向相反的两压力作用也能保持平衡状态，而绳索在两个压力作用下则不能保持平衡状态。

图 2-8

2.2　约束与约束反力

在力学中通常将物体分为两类：一类为自由体，其位移不受任何限制，如空中飞行的飞机和炮弹等；另一类称为非自由体，其位移受到某种程度的限制，例如，通过支座与基础牢固连接的桥梁(图 2-9)、用绳索悬挂的重物、沿轨道运行的火车等，都是非自由体。

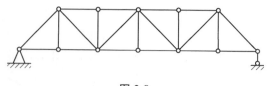

图 2-9

若一物体的运动受到其他物体的限制，构成限制的物体称为原物体的约束。上述例子中，支座是桥梁的约束，绳索是重物的约束，轨道是火车的约束。

约束对被约束物体所施加的力称为约束力，又称为约束反力或反力。如图 2-9 所示的桥梁，支座对桥梁的作用力就是桥梁受到的约束力。

物体除受到约束力外，通常还受到其他力的作用，如重力，这一类力称为主动力。常见的主动力有重力、水压力、土压力、风压力、油压力、地震作用力和电磁力等。一般情况下，约束力是由主动力引起的，所以约束力是一种被动力。

总而言之，作用在物体上的力可分为两类，一类是主动力，通常可根据已有的资料确定，一般情况下主动力是已知力；另一类是约束力，它是未知力。静力分析的重要任务之一就是确定未知约束力。为了清楚地了解约束力的特征，需要讨论约束的性质。

约束力是通过约束与被约束物体之间的相互接触而产生的，实际的约束形式各不相同，接触面的物理性质也各不相同，但可以将它们归纳成几种典型的约束类型。下面讨论几种典型的约束。

1. 柔性约束

柔性约束是由绳索、皮带或链条等柔性物体构成的，只能提供拉力，作用线沿着柔索的轴线，图 2-10(a) 所示的绳索 BC 的约束力 T_{BC} 是拉力，其作用线沿 BC 方向，如图 2-10(b) 所示。

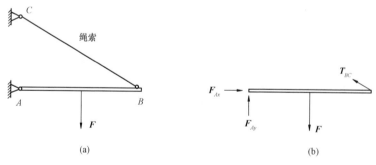

(a)   (b)

图 2-10

2. 光滑接触面约束

约束与被约束物体的接触面是光滑的，这类约束只能限制被约束物体沿接触面在接触点的公法线方向上的运动，因此，光滑接触面的约束反力是压力，通过接触点，沿着接触面的公法线方向并指向被约束物体，如图 2-11 所示的 F_N。

3. 圆柱铰链约束

两个物体钻直径相同的孔，用销钉连接起来，这类装置称为圆柱铰链约束。如果不计销钉与孔壁之间的摩擦，则称为光滑圆柱铰链约束，简称铰链约束，如图 2-12(a) 所示，圆柱铰链约束的计算简图如图 2-12(b) 所示。

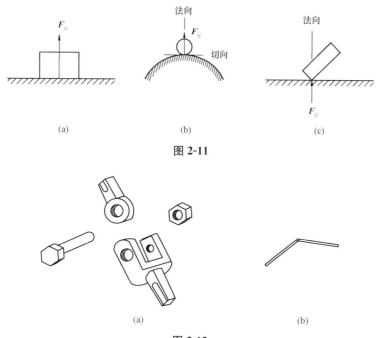

图 2-11

图 2-12

圆柱铰链的被约束物体只能绕销钉的轴线转动，销钉与被约束物体可以在圆柱面的任意母线上接触，母线的位置取决于被约束物体所受的力。如果接触面完全光滑，则无论在哪一条母线上接触，约束力都通过接触点，并沿接触面的法线方向。因此，约束力的作用线通过圆孔的圆心，如图 2-13(a)所示，但约束力的方向不能确定，与被约束物体所受的其他力有关。铰链约束的约束力的大小未知，作用线方向也未知，有两个未知量。可以将约束反力分解为水平分力 F_x 和竖直分力 F_y，如果确定了这两个分量，则约束力 F_R 就被完全确定了。其简化符号图如图 2-13(b)所示。

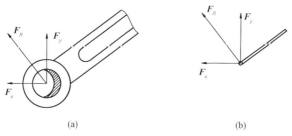

图 2-13

4. 固定铰支座

将铰链约束的一个物体固定，称为固定铰支座，如图 2-14(a)所示。图 2-14(b)、(c)、(d)均为固定铰支座的计算简图。

根据铰链约束的约束反力性质，可知固定铰支座的约束反力通过其铰心，方向不确定，可以用水平和竖直方向分力 F_x、F_y 表示，如图 2-14(e)所示。

5. 链杆约束

两端以铰与其他物体相连接，中间不受外力的杆件称为连杆，如图 2-15(a)所示。链杆约束只能限制被约束物体沿链杆轴线方向的运动，其约束反力沿链杆两端铰结点的连线，方向可以指向被约束物体，也可以离开被约束物体。图 2-15(b)所示为链杆约束的计算简图；图 2-15(c)所示为链杆的约束反力。

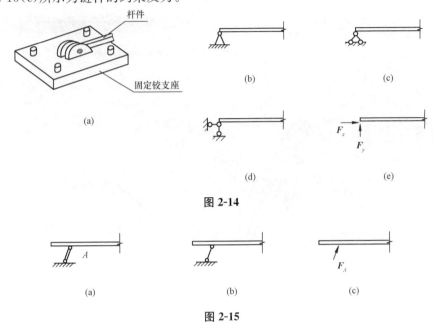

图 2-14

图 2-15

6. 活动铰支座

在固定铰支座的底座与支承物体之间安装若干辊轴，则允许被约束物体绕铰心转动和沿支承面切线方向移动，但不允许被约束物体沿支承面法线方向移动，这样的约束称为活动铰支座，如图 2-16(a)所示。活动铰支座只能约束被约束物体沿支承面法线方向的移动，不限制被约束物体沿支承面切线方向的移动和绕铰心转动。因此，活动铰支座的约束反力垂直于支承面，通过铰心，指向或背向被约束物体，如图 2-16(d)所示。图 2-16(b)、(c)是活动铰支座的计算简图。

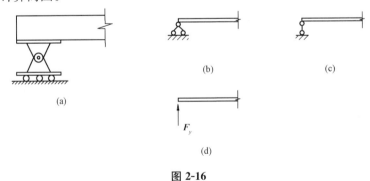

图 2-16

7. 固定端

结构或构件一端牢固地插入支承物中，如房屋建筑的阳台梁嵌入墙内，如图 2-17(a)所示，构成固定端支座。固定端支座不允许被约束物体发生任何移动或转动，即被约束物体的任何运动都被约束。固定端支座的计算简图如图 2-17(b)所示。

固定端支座的约束反力可用三个分力表示,即两个相互垂直的集中力 F_x、F_y 和一个力偶 M,如图 2-17(c)所示。

8. 定向(滑动)支座

定向支座限制被约束物体的转动和沿支承面法线方向的移动,不限制被约束物体沿支承面切向方向的移动,如图 2-18(a)所示。定向支座的约束反力是一个支承面法线方向的集中力[图 2-18(b)中的 F_y]和一个力偶[图 2-18(b)中的 M]。

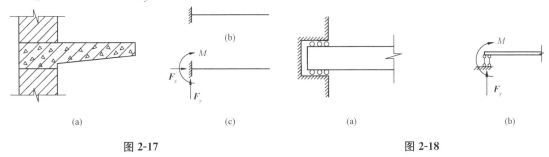

图 2-17   图 2-18

2.3　受力分析与受力图

受力分析是指弄清楚物体或物体系统所受的所有力,这些力包括主动力和被动力。工程结构中结构构件一般都是非自由体,它们与其他物体(包括约束)相互联结,一起承受荷载。要了解物体受到哪些力作用,哪些力是已知的,哪些力是未知的,为了分析某一物体的受力情况,需要解除限制物体的全部约束,将物体从与它相联系的物体中分离出来,称为隔离体,又称研究对象。将周围物体对隔离体的所有作用力(包括主动力和约束力)用有向线段画在隔离体上,即得隔离体的受力图。

对物体进行受力分析并画出其受力图,是求解静力学问题的重要基础。

画物体受力图的步骤如下:

(1)确定研究对象,取隔离体,隔离体可以是单个物体,也可以是由若干个物体构成的系统,或者整个物体系统。

(2)画出全部主动力。

(3)画出全部被动力,被动力通常是约束反力。根据各种不同的约束,画出相应的约束反力。

画物体的受力图时应注意以下几点:

(1)只画隔离体受到的作用力(包括主动力和被动力),不画隔离体对其他物体的作用力。

(2)当隔离体为物体系统时,只画物体系统受到的力,系统中各物体的相互作用力不画,因为系统内各物体的相互作用力一定是成对出现的作用力与反作用力,这些力是各自抵消的。

(3)应准确地指明物体系统中的二力构件。

下面举例说明如何画物体的受力图。

【例 2-1】　图 2-19(a)所示球 O 的自重为 G,在 A 点受绳索的约束,在 B 点受光滑面约束,画球 O 的受力图。

解：对球 O 进行受力分析，球 O 受到重力 G 的作用，过球心，竖直向下，在点 A 处受到绳索的拉力 F_A 作用，沿绳索方向，离开球 O。在点 B 受到光滑面约束反力 F_N 作用，沿光滑面的法线方向，指向物体，球 O 的受力图如图 2-19(b)所示。

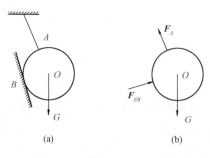

【例 2-2】 图 2-20(a)所示梁 AB 的 A 端受固定铰支座的约束，B 端有链杆约束，C 点受力 F 作用，画梁 AB 的受力图。

图 2-19

解：固定铰支座的约束反力可用两个相互垂直的分量 F_{Ax}、F_{Ay} 表示，链杆的约束反力沿竖直方向，梁的受力图如图 2-20(b)所示。

由于梁 AB 受三个力作用，其中链杆的约束反力 F_{By} 的作用线方向沿竖直方向，与主动力 F 交于点 D，根据三力平衡汇交定理，作用在梁 AB 上的第三个力 F_A 必过点 D，所以，固定铰支座 A 的约束反力方向是可以确定的，即沿 AD 连线方向。因此，梁 AB 的受力图也可以画成图 2-20(c)。

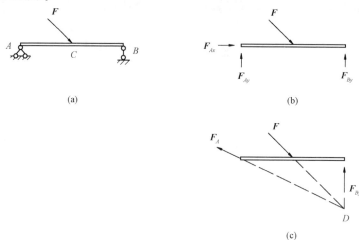

图 2-20

【例 2-3】 图 2-21(a)所示梁 AB 在 A 端受固定铰支座约束，B 端与杆 BC 相连，点 D 处受力 F 作用，梁 AB、杆 BC 的自重均不计，画梁 AB 的受力图。

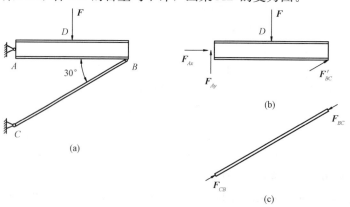

图 2-21

解： 杆 BC 两端通过铰与其他物体相连，中间不受外力作用，故杆 BC 是二力杆。杆 BC 受到力 $\boldsymbol{F}_{BC}$、$\boldsymbol{F}_{CB}$ 的作用，其方向通过 BC 的连线，如图 2-21(c)所示。梁 AB 在 B 点受二力杆 BC 的作用力 $\boldsymbol{F}'_{BC}$，方向沿 BC 连线，是 $\boldsymbol{F}_{BC}$ 的反作用力，D 点有主动力 $\boldsymbol{F}$，固定铰支座 A 的约束反力可用两个相互垂直的分力 $\boldsymbol{F}_{Ax}$，$\boldsymbol{F}_{Ay}$ 表示。梁 AB 的受力图如图 2-21(b)所示。

【例 2-4】 刚架 A 端有固定端约束，CD 段受均布荷载 q 作用，B 点有水平力 $\boldsymbol{F}$ 作用，如图 2-22(a)所示，作刚架的受力图。

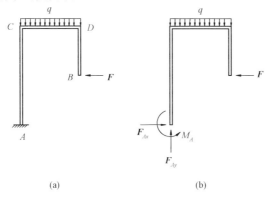

图 2-22

解： 固定端 A 的约束反力有三个分量，分别是水平力 $\boldsymbol{F}_{Ax}$、竖直力 $\boldsymbol{F}_{Ay}$ 和力偶 M_A，刚架的受力图如图 2-22(b)所示。

【例 2-5】 图 2-23(a)所示的三铰刚架，左侧有力 $\boldsymbol{F}$ 作用，画刚架 AC 部分、CB 部分和整体的受力图。

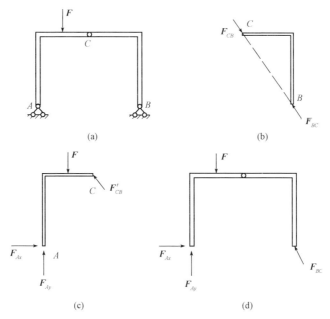

图 2-23

解： 先考虑刚架的 CB 部分，由铰 B、铰 C 与其他物体连接，且 C、B 点之间无外力作用，刚架的 CB 部分是二力构件。CB 部分受两个力 $\boldsymbol{F}_{BC}$、$\boldsymbol{F}_{CB}$ 的作用，沿 CB 连线，如

图2-23(b)所示。再考虑 AC 部分，在 C 点处受到 CB 部分的作用力 $\boldsymbol{F}'_{CB}$（$\boldsymbol{F}_{CB}$ 的反作用力）。固定铰支座 A 有约束反力 $\boldsymbol{F}_{Ax}$、$\boldsymbol{F}_{Ay}$，还有主动力 $\boldsymbol{F}$，AC 部分的受力图如图 2-23(c)所示。以刚架整体作为研究对象，C 点的约束反力相互抵消，不再出现，只画 A 端的约束反力 $\boldsymbol{F}_{Ax}$、$\boldsymbol{F}_{Ay}$，B 端的约束反力 $\boldsymbol{F}_{BC}$ 和主动力 $\boldsymbol{F}$，整体的受力图如图 2-23(d)所示。

【例 2-6】 如图 2-24(a)所示，两跨静定梁受到集中力 $\boldsymbol{F}$ 和均布荷载 q 的作用，画梁 AC 段、CD 段和整体的受力图。

解： 以 AC 段为研究对象，AC 段受到主动力 $\boldsymbol{F}$，固定铰支座 A 的约束反力 $\boldsymbol{F}_{Ax}$、$\boldsymbol{F}_{Ay}$，链杆 B 的约束反力 $\boldsymbol{F}_{By}$ 的作用，以及铰 C 的约束力 $\boldsymbol{F}_{Cx}$、$\boldsymbol{F}_{Cy}$ 的作用，其受力图如图 2-24(b)所示。以 CD 段为研究对象，它受到均布荷载 q，C 铰的约束反力 $\boldsymbol{F}'_{Cx}$、$\boldsymbol{F}'_{Cy}$（$\boldsymbol{F}_{Cx}$、$\boldsymbol{F}_{Cy}$ 的反作用力）和链杆 D 的约束力 $\boldsymbol{F}_{Dy}$ 的作用，其受力图如图 2-24(b)所示。以整体为研究对象，铰 C 的约束力相互抵消，综合以上两段的受力情况，得两跨静定梁的受力图，如图 2-24(c)所示。

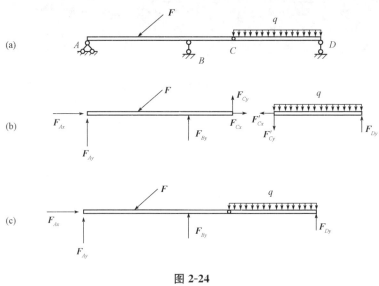

图 2-24

2.4 结构的计算简图

实际的工程结构是复杂的，完全按照实际情况对结构进行力学分析是不可能也是不必要的。因此，对实际结构进行力学分析计算前要对它进行简化，忽略一些次要因素，抓住主要因素，用一个简化的图形代替实际结构，上述图形称为结构的计算简图。

对实际结构进行简化时，应遵守以下原则：

(1)尽可能正确反映结构的实际受力情况。

(2)略去次要因素，使分析计算简便。

对实际结构进行简化时，主要包括以下几个方面：

(1)结构体系的简化。工程结构一般都是空间结构，各部分之间相互连成一个空间整体。但根据结构的组成特点以及荷载的传递途径，可将实际结构近似地分解成若干个平面结构，对实际空间结构的分析转化为对平面结构的分析，这将使计算大为简化。这就是结构体系的简化，即将空间结构简化为平面结构。当然有的结构具有明显的空间特征而不能简化成平面结构，如国家奥林匹克体育馆（又称"鸟巢"，如图2-25所示）。

图 2-25

（2）杆件的简化。杆件的截面尺寸通常比其长度小得多，在确定计算简图时，可以用杆件的轴线表示实际的杆件，将它们的连接区域用结点表示，荷载可认为作用在轴线上。

（3）结点的简化。杆件之间的连接区域称为结点。根据结点的受力特征和结点所连接的杆件之间的相对转动情况，可将结点简化为以下三种形式：

1）铰结点。与铰结点相连的各杆不能产生相对移动，但可以相对转动。木屋架的结点可简化为铰结点（图2-26）。在土木工程中，通过螺栓、焊接、铆钉等方式连接的结点，其刚度比杆件小得多，可简化为铰结点，铰结点可以传递力，但不能传递力矩。

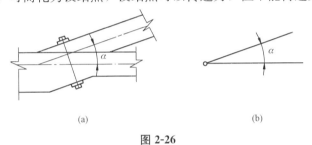

(a)   (b)

图 2-26

2）刚结点。刚结点所连接的杆件之间既不能相对移动，又不能相对转动。现浇钢筋混凝土结构中的梁柱结点可简化为刚结点 A。刚结点既可传递力，又可传递力矩，如图2-27所示。

3）组合结点。有些结点所连接的杆件中部分杆件之间刚结，部分杆件之间铰结，这样的结点称为组合结点。如图2-28所示，结点 A 所连接的1、2杆之间刚结，而杆3、1和杆3、2间铰结，故结点 A 是组合结点。

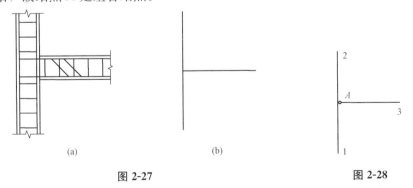

(a)   (b)

图 2-27   图 2-28

（4）支座的简化。结构或构件与基础或支承物相互联结的区域称为支座。在平面结构中，常见的支座有活动铰支座、固定铰支座、固定端支座和定向支座（滑动支座）。它们的性质和支座反力见2.2节。

（5）荷载的简化。实际结构承受的荷载，一般有作用在构件内各点的体分布力，如构件的自重、构件受到的惯性力，还有作用在某一面上的面分布力，如风压力、土压力、人群作用在楼板上的荷载等。在计算简图中，用杆件的轴线表示杆件，要将作用在杆件上的荷载简化为作用在杆件轴线上的分布荷载、集中力或力偶。

下面举例说明怎样确定结构的计算简图。

【例 2-7】 如图 2-29(a)所示，钢筋混凝土主梁放置在砖墙上，两次梁在 C、D 点与主梁相交，不计主梁自重，试画主梁的计算简图。

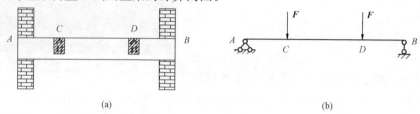

(a)　　　　　　　　　　　　　(b)

图 2-29

解： 主梁在 A、B 端点插入砖墙，A、B 点没有水平位移，也没有竖向位移，但由于砖墙的刚度比钢筋混凝土梁小得多，所以将 A、B 端简化为一个固定铰支座、一个活动铰支座。次梁将楼板承受的荷载传递给主梁，由于次梁和主梁相交的区域很小，所以次梁传递的荷载简化为集中力。梁 AB 的计算简图如图 2-29(b)所示。

【例 2-8】 图 2-30(a)所示为某工业厂房，牛腿承受吊车梁传来的荷载 F_2，桁架屋盖由柱顶支承，柱的基础采用杯形基础，试画牛腿柱的计算简图。

解： 设桁架屋盖传递给柱顶的荷载是 F_1，埋于土中的杯形基础可简化为固定端支座，所以柱可简化为一悬臂梁，受到集中力 F_1 和 F_2 的作用，计算简图如图 2-30(b)所示。

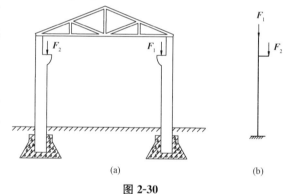

(a)　　　　(b)

图 2-30

思考题与习题

思考题与习题

第3章

平面汇交力系

在实际工程中，作用在结构或构件的力系按其作用线的空间特性，可分为平面力系和空间力系。各力的作用线在同一平面内的力系称为平面力系；各力的作用线不在同一平面内的力系称为空间力系。在平面力系中，各力的作用线交于一点的力系称为平面汇交力系，各力的作用线相互平行的力系称为平面平行力系；各力作用线任意分布的力系称为平面一般力系。

平面汇交力系

3.1　平面汇交力系的工程实例

平面汇交力系是最简单的一种平面力系，在土木工程中，有很多工程实例可简化为平面汇交力系。例如，起重机吊起重物，重物所受重力为 G，如图 3-1(a)所示，起重机的吊钩受到三根绳索的拉力，这三个力的作用线交于一点，构成平面汇交力系[图 3-1(b)]。

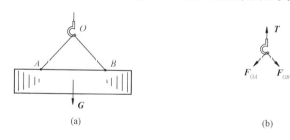

(a)　　　　　　　　　　　　　　　　(b)

图 3-1

图 3-2(a)所示是一个三角形支架，在 A 点处吊着重物 G，如果不计杆件 AB、AC 的自重，则点 A 受到重力 G，两杆的作用力 F_{AB}、F_{AC} 的作用，这三个力交于点 A，组成一个平行汇交力系，如图 3-2(b)所示。

图 3-3(a)所示的桁架屋盖，其铰结点看作光滑无摩擦的铰结点，荷载作用在铰结点上，各杆的自重不计，则各杆都是二力杆，若以铰结点为研究对象，则各结点受到平面汇交力系的作用。图 3-3(b)所示的铰结点 C，受到荷载 F，杆 CE、CG、CI 作用力的作用，每个力的作用线都通过结点 C，组成一个平面汇交力系。

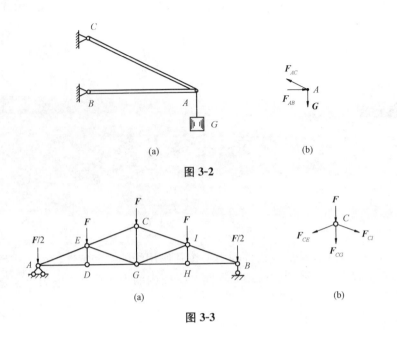

图 3-2

图 3-3

3.2 平面汇交力系的合成

3.2.1 平面汇交力系合成的几何法

物体受汇交于点 O 的两力 $\boldsymbol{F}_1$、$\boldsymbol{F}_2$ 的作用[图 3-4(a)]，根据力的平行四边形公理，可知这两力的合力是以这两力为邻边所构成的平行四边形的对角线表示的力 $\boldsymbol{F}_R$，合力 $\boldsymbol{F}_R$ 的作用点是两分力的汇交点 O。

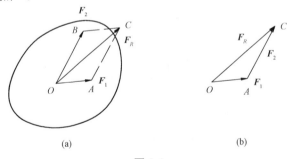

图 3-4

合力 $\boldsymbol{F}_R$ 也可从以下方法作出：有向线段 $\overrightarrow{OA}$ 表示 $\boldsymbol{F}_1$，过 A 点作有向线段 $\overrightarrow{AC}$ 表示 $\boldsymbol{F}_2$，连接点 O 与点 C，则有向线段 $\overrightarrow{OC}$ 为合力 $\boldsymbol{F}_R$。三角形 OAC 称为力三角形，这种求合力的方法称为力的三角形法则，其矢量表达式为

$$\boldsymbol{F}_R = \boldsymbol{F}_1 + \boldsymbol{F}_2 \tag{3-1}$$

式(3-1)表明合力是两分力的矢量和。在三角形法则中，$\overrightarrow{OA}$ 与 $\boldsymbol{F}_1$ 平行，$\overrightarrow{AC}$ 与 $\boldsymbol{F}_2$ 平行，三角形的边首尾相接，合力 $\boldsymbol{F}_R$ 从起点指向最后一个分力矢量的终点。

设物体作用有汇交于 O 点的平面汇交力系 F_1、F_2、F_3、F_4[图 3-5(a)]，若求合力，可连续应用力的三角形法则，$\overrightarrow{OA}$ 表示 F_1，将 F_2 平移到 A 点，根据三角形法则，确定 F_1、F_2 的合力 F_{R1}，再求 F_3 与 F_{R1} 的合力 F_{R2}，最后求 F_{R_2} 和 F_4 的合力 F_R，则力 F_R 是原平面汇交力系 F_1、F_2、F_3、F_4 的合力。从上述作图过程可以看出，合力 F_R 可以通过将 F_1、F_2、F_3、F_4 保持方向不变，依次首尾相接，形成多边形 $OABCD$，连接 OD，则矢量 $\overrightarrow{OD}$ 表示合力 F_R，而合力的作用点是原力系各分力的汇交点 O[图 3-5(b)]。多边形 $OABCD$ 称为力多边形，这种求合力的方法称为力的多边形法则。

力多边形法则可推广到 n 个汇交力的情况，可用下式表示：

$$F_R = F_1 + F_2 + \cdots + F_n = \sum_{i=1}^{n} F_i \tag{3-2}$$

因此，平面汇交力系合成的结果是一个合力，合力的大小和方向等于各分力的矢量和，作用点是各分力的汇交点。

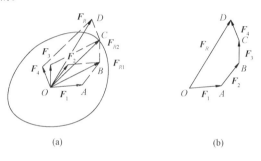

(a)   (b)

图 3-5

3.2.2 力在坐标轴的投影

力矢量 F 的起点为 A，终点为 B，取直角坐标系 Oxy，从力 F 的两端点 A 和 B 分别作 x 轴的垂线，交 x 轴于点 a、b，线段 ab 表示力 F 在 x 轴的投影。a 指向 b 的方向与 x 轴的正向一致时，投影取正值；反之，投影取负值。同埋，从 A、B 点分别作 y 轴的垂线，交 y 轴于点 a'、b'，则线段 $a'b'$ 表示力 F 在 y 轴的投影。a' 指向 b' 的方向与 y 轴的正向一致时，投影取正值；反之，投影取负值，如图 3-6 所示。

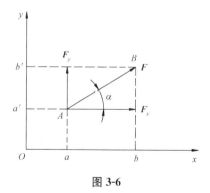

图 3-6

投影 F_x、F_y 可用下式计算：

$$\left. \begin{array}{l} F_x = F\cos\alpha \\ F_y = F\sin\alpha \end{array} \right\} \tag{3-3}$$

当力与坐标轴垂直时，力在该轴上的投影为零。若力与坐标轴平行，力在该坐标轴投影的绝对值与力的大小相等。

如果知道力 F 在 x 轴和 y 轴上的投影 F_x 和 F_y，力 F 的大小和方向为

$$\left. \begin{array}{l} F = \sqrt{F_x^2 + F_y^2} \\ \cos\alpha = \dfrac{F_x}{F} \end{array} \right\} \tag{3-4}$$

3.2.3　合力投影定理

物体作用有平面汇交力系 F_1、F_2、F_3，汇交于点 O，如图 3-7(a)所示，根据力的多边形法则，作该力系的力多边形 $ABCD$，连接 AD，有向线段 $\overrightarrow{AD}$ 是力系的合力 F_R，讨论分力在 x 轴的投影与合力在 x 轴投影的关系。将各分力投影到 x 轴，设投影为 F_{x1}、F_{x2}、F_{x3}，合力在 x 轴上的投影为 F_{Rx}，根据图 3-7(b)，得

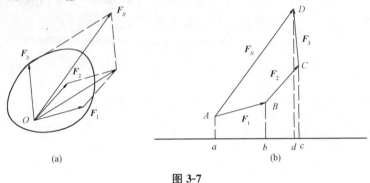

图 3-7

$$F_{x1} = |ab|, \quad F_{x2} = |bc|, \quad F_{x3} = -|cd|, \quad F_{Rx} = |ad|$$

而　　$|ad| = |ab| + |bc| - |cd|$

因此，$F_{Rx} = F_{x1} + F_{x2} + F_{x3}$

推广到任意汇交力系的情况，得

$$F_{Rx} = F_{x1} + F_{x2} + \cdots + F_{xn} = \sum_{i=1}^{n} F_{xi} \tag{3-5}$$

平面汇交力系的合力在任一轴上的投影，等于该力系各分力在同一轴上投影的代数和，这就是合力投影定理。

3.2.4　平面汇交力系合成的解析法

对于平面汇交力系 F_1、F_2、$\cdots$、F_n，可将所有分力投影到直角坐标系的 x 轴和 y 轴上，根据合力投影定理，则合力的大小和方向可由下式计算：

$$\left.\begin{array}{l} F_R = \sqrt{F_{Rx}^2 + F_{Ry}^2} = \sqrt{\left(\sum_{i=1}^{n} F_{xi}\right)^2 + \left(\sum_{i=1}^{n} F_{yi}\right)^2} \\[2em] \tan\alpha = \dfrac{F_{Ry}}{F_{Rx}} = \dfrac{\sum_{i=1}^{n} F_{yi}}{\sum_{i=1}^{n} F_{xi}} \end{array}\right\} \tag{3-6}$$

合力的作用线通过力系的汇交点，可根据 F_{Rx}、F_{Ry} 的正负号确定合力 F_R 在坐标系的哪个象限。

【例 3-1】　如图 3-8 所示，平面汇交力系 F_1、F_2、F_3、F_4 汇交于坐标原点 O，已知 $F_1 = 10$ kN，$F_2 = 20$ kN，$F_3 = 20$ kN，$F_4 = 40$ kN，求汇交力系的合力。

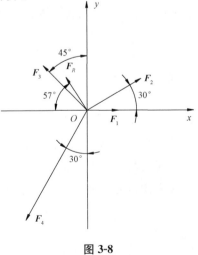

图 3-8

解： 计算合力 F_R 在 x 轴、y 轴上的投影

$$F_{Rx} = \sum_{i=1}^{n} F_{xi} = F_1 + F_2\cos30° - F_3\sin45° - F_4\sin30°$$
$$= 10 + 20\cos30° - 20\sin45° - 40\sin30° = -6.82(\text{kN})$$

$$F_{Ry} = \sum_{i=1}^{n} F_{yi}$$
$$= F_2\sin30° + F_3\cos45° - F_4\cos30° = 20\sin30° + 20\cos45° - 40\cos30°$$
$$= -10.50(\text{kN})$$

$$F_R = \sqrt{F_{Rx}^2 + F_{Ry}^2} = \sqrt{(-6.82)^2 + (-10.50)^2} = 12.52(\text{kN})$$

$$\tan\alpha = \frac{F_{Ry}}{F_{Rx}} = \frac{-10.50}{-6.82} = 1.5396$$

$\alpha = 57.00°$，合力在第三象限，作用点通过力系的汇交点 O。

3.3　平面汇交力系的平衡

3.3.1　平面汇交力系平衡的几何条件

平面汇交力系可以合成为一个合力 F_R，如果合力 F_R 等于零，则该平面汇交力系平衡，力系的力多边形自行封闭，如图 3-9 所示。因此，平面汇交力系平衡的充分和必要条件是：力系的力多边形自行封闭，即力系中各力矢量画成一个首尾连接的封闭力多边形，力系的合力等于零。可用矢量表示为

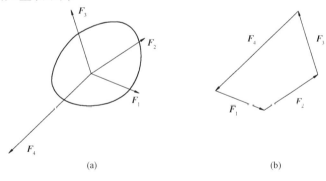

(a)   (b)

图 3-9

$$\boldsymbol{F}_R = 0 \quad \text{或} \quad \sum_{i=1}^{n} \boldsymbol{F}_i = 0 \tag{3-7}$$

3.3.2　平面汇交力系平衡的解析条件

综上所述，平面汇交力系平衡的充分和必要条件是力系的合力等于零，即

$$F_R = \sqrt{F_{Rx}^2 + F_{Ry}^2} = \sqrt{\left(\sum_{i=1}^{n} F_{xi}\right)^2 + \left(\sum_{i=1}^{n} F_{yi}\right)^2} = 0 \tag{3-8}$$

等价于

$$\left.\begin{aligned}\sum_{i=1}^{n}F_{xi}&=0\\\sum_{i=1}^{n}F_{yi}&=0\end{aligned}\right\}\tag{3-9}$$

式(3-9)简写为

$$\left.\begin{aligned}\sum F_{x}&=0\\\sum F_{y}&=0\end{aligned}\right\}\tag{3-10}$$

平面汇交力系平衡的充分和必要条件是：力系中各力在 x 轴和 y 轴上投影的代数和等于零，式(3-10)又称平面汇交力系的平衡方程，有两个独立的平衡方程，可以解两个未知量。

【例 3-2】 钢管重 $G=10$ kN，放置在 V 形槽上，钢管与槽面的摩擦不计，如图 3-10(a) 所示。计算槽面对钢管的约束力。

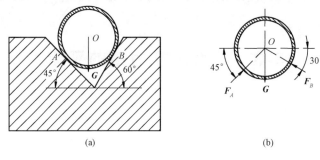

(a)　　　　　　　　(b)

图 3-10

解： 以钢管为研究对象，它受到自重 G，槽面 A 的约束力 F_A，槽面 B 的约束力 F_B 的作用，三力的作用线汇交于钢管圆心 O，构成平面汇交力系。根据平面汇交力系的平衡条件，可求槽面 A、B 的约束力。

$$\sum F_x=0,\quad F_A\cos45°-F_B\cos30°=0$$

$$\sum F_y=0,\quad F_A\sin45°+F_B\sin30°-G=0$$

解得，$F_B=\dfrac{G}{\cos30°+\sin30°}=\dfrac{10}{0.866+0.5}=7.32(\text{kN})$

$F_A=\dfrac{\cos30°}{\cos45°}F_B=\dfrac{0.866}{0.707}\times7.32=8.97(\text{kN})$

【例 3-3】 简支梁 AB 在跨中作用集中力 F，$F=5$ kN，如图 3-11(a)所示，计算 A、B 处的约束力。

解： 以梁 AB 为研究对象，梁受到力 F，A、B 处的约束力作用，B 处的约束力 F_B 沿垂直方向，固定铰支座 A 的约束力过铰心 A。梁 AB 受到三个力作用，其中有两个力 F、F_B 交于点 D，根据三力平衡定理，固定铰支座 A 的约束力 F_A 必过点 D，所以 F_A 的作用线方向是确定的，即沿 AD 连线，梁 AB 受到三个力作用，组成平面汇交力系，如图 3-11(b) 所示。考虑这个平面汇交力系，在汇交点 D 建立直角坐标系，根据平面汇交力系的平衡条件，得

$$\sum F_x=0,\quad F\cos45°-F_A\cos\alpha=0$$

$$\sum F_y = 0, \quad F_B + F_A \sin\alpha - F\sin45° = 0$$

其中，$\cos\alpha = \dfrac{2}{\sqrt{5}}$，$\sin\alpha = \dfrac{1}{\sqrt{5}}$

解得，$F_A = \dfrac{\cos45°}{\cos\alpha}F = \dfrac{\sqrt{2}/2}{2/\sqrt{5}} \times 5 = 3.95 (\text{kN})$

$F_B = F\sin45° - F_A\sin\alpha = 5 \times \dfrac{\sqrt{2}}{2} - 3.95 \times \dfrac{1}{\sqrt{5}} = 1.77(\text{kN})$

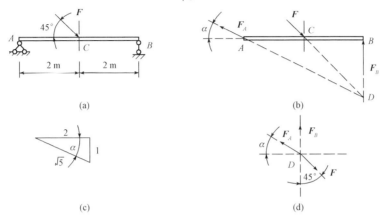

图 3-11

【例 3-4】 起重机支架由杆 AB 和 AC 在 A 点用铰相连接而成，铰车 D 引出水平钢索绕过 A 处的滑轮吊起重物，如图 3-12(a)所示，重物 $G = 20$ kN，不计摩擦，杆件、滑轮和钢索的自重不计。计算 AB、AC 杆所受的力。

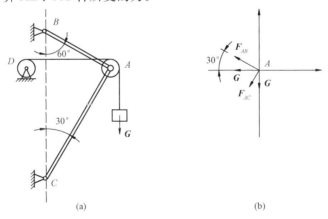

图 3-12

解：钢索受到拉力作用，大小是 G，AB 杆、AC 杆都是二力杆，假设它们的内力为拉力，若不计滑轮的大小，这四个力组成汇交于 A 点的平面汇交力系。以 A 点为原点建立直角坐标系，如图 3-12(b)所示，根据平面汇交力系的平衡条件，有

$$\sum F_x = 0, \quad -G - F_{AB}\cos30° - F_{AC}\cos60° = 0$$

$$\sum F_y = 0, \quad F_{AB}\sin30° - F_{AC}\sin60° - G = 0$$

解得，$F_{AB}=\dfrac{1-\sqrt{3}}{2}G=\dfrac{1-1.732}{2}\times20=-7.32(\mathrm{kN})$（受压）

$F_{AC}=-\dfrac{1+\sqrt{3}}{2}G=-\dfrac{1+1.732}{2}\times20=-27.32(\mathrm{kN})$（受压）

【例 3-5】 如图 3-13(a)所示，AB、AC、AD、DE、DF 是绳索，在 A 点挂重物 $G=2\ \mathrm{kN}$，计算各段绳索的拉力。

解：AB 段绳索的拉力

$$F_{AB}=G=2\ \mathrm{kN}$$

以 A 点为研究对象，A 点受到 AB 段、AC 段、AD 段绳索的作用力，组成一个平面汇交力系，如图 3-12(b)所示，列其平衡方程

$$\sum F_x=0,\ F_{AC}-F_{AD}\cos45°=0$$

$$\sum F_y=0,\ F_{AD}\sin45°-G=0$$

解得，$F_{AD}=\sqrt{2}G=\sqrt{2}\times2=2.83(\mathrm{kN})$

$F_{AC}=\dfrac{\sqrt{2}}{2}F_{AD}=\dfrac{\sqrt{2}}{2}\times\sqrt{2}G=G=2(\mathrm{kN})$

以 D 点为研究对象，D 点受到 DA 段、DE 段、DF 段绳索的作用，组成汇交于 D 点的平面汇交力系，如图 3-13(c)所示，列其平衡方程，得

$$\sum F_x=0,\ F_{DA}\cos45°+F_{DF}\cos60°-F_{DE}=0$$

$$\sum F_y=0,\ -F_{DA}\sin45°+F_{DF}\sin60°=0$$

其中，$F_{DA}=F_{AD}=2\sqrt{2}$，解方程组，得
$F_{DE}=3.15\ \mathrm{kN}$，$F_{DF}=2.31\ \mathrm{kN}$

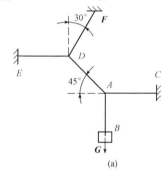
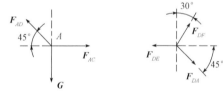

(a)　　　　　　　　　　　(b)　　　　　　　　　　(c)

图 3-13

思考题与习题

思考题与习题

第4章

力矩与力偶

力对物体的运动效应有移动效应和转动效应。集中力使物体产生移动效应，在度量力对物体的转动效应时，要使用力对点之矩和力偶这两个概念。

4.1 力对点之矩与合力矩定理

4.1.1 力对点之矩

力对其作用线外任一点都有转动效应，如用扳手拧螺母，如图 4-1 所示，力 F 使扳手和螺母绕轴线转动。力对扳手的转动效应与力 F 的大小有关，与螺母中心到力 F 作用线的距离 d 有关。因此，用力 F 与螺母中心 O 到力 F 作用线距离 d 的乘积来度量力 F 对扳手的转动效应。

在研究物体绕某点 O 的转动效应时，将 O 点称为矩心。矩心到力 F 作用线的距离 d 称为力臂。力 F 与力臂 d 的乘积 Fd 称为力 F 对 O 点之矩，简称力矩，以 $M_O(F)$ 表示，即

$$M_O(F) = \pm Fd \tag{4-1}$$

Fd 为力 F 对 O 点之矩的大小，正负号表示力矩的转向。力矩的正负号规定：使物体产生逆时针转动时力矩为正；反之为负。

力 F 对 O 点之矩的大小等于以该力的矢量 $\overrightarrow{AB}$ 为底边，矩心 O 为顶点所构成的三角形 OAB 面积的两倍，如图 4-2 所示，即

$$M_O(F) = \pm 2S_{\triangle OAB} \tag{4-2}$$

式中，$S_{\triangle OAB}$ 表示三角形 OAB 的面积。

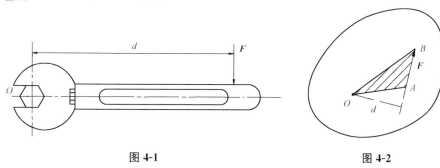

图 4-1　　　　　　　　　　　　　　图 4-2

力矩的单位是牛顿·米(N·m)，或千牛顿·米(kN·m)。

力对点之矩有以下性质：

(1)当力 F 的作用线通过矩心 O 时，力臂 $d=0$，力 F 对 O 点之矩等于零。因此，力 F 对其作用线上任一点不产生转动效应。

(2)当力 F 沿其作用线移动时，由于力 F 的大小、方向和力臂都不变，因此，力对 O 点之矩保持不变。

【例4-1】 刚架受到三个力 F_1、F_2、F_3 的作用，其中 $F_1=2$ kN，$F_2=3$ kN，$F_3=5$ kN，如图4-3所示，计算各力对 A 点的力矩。

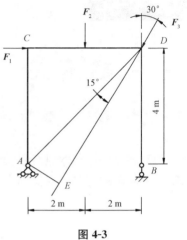

图4-3

解：$M_A(F_1)=-F_1 \cdot 4=-2 \times 4=-8(\text{kN} \cdot \text{m})$

$M_A(F_2)=-F_2 \cdot 2=-3 \times 2=-6(\text{kN} \cdot \text{m})$

过 A 点作 F_3 作用线的垂线，交 F_3 的作用线于 E 点，则 A 点对 F_3 的力臂为

$d_3=|AE|=|AD| \sin 15°=4\sqrt{2} \sin 15°=1.46(\text{m})$

$M_A(F_3)=-F_3 \cdot d_3=-5 \times 1.46=-7.30(\text{kN} \cdot \text{m})$

4.1.2 合力矩定理

合力矩定理：平面汇交力系合力对平面内任一点的力矩，等于力系所有分力对同一点力矩的代数和。

若平面汇交力系 F_1，F_2，…，F_n 的合力是 F_R，则

$$M_O(F_R)=M_O(F_1)+M_O(F_2)+\cdots+M_O(F_n)=\sum M_O(F_i) \tag{4-3}$$

下面证明合力矩定理。

如图4-4所示，平面汇交力系 F_1，F_2，…，F_n 的汇交点是 A 点，任选一点 O 为矩心，过 A 点作 Oy 轴垂直于 OA 连线，图中 Ob_1，Ob_2，…，Ob_n 分别是分力 F_1，F_2，…，F_n 在 y 轴上的投影 F_{y1}，F_{y2}，…，F_{yn}，Ob_R 是合力 F_R 在 y 轴上的投影 F_{Ry}。计算 F_1 对 O 点的力矩

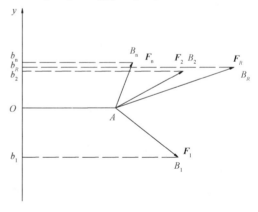

图4-4

$$M_O(F_1)=2S_{\triangle OAB_1}=Ob_1 \cdot \overline{OA}=F_{y1} \cdot \overline{OA}$$

即 F_1 对 O 点的力矩等于 $\triangle OAB_1$ 面积的两倍。同理可得，其他分力和合力对 O 点的力矩

$$M_O(F_2)=2S_{\triangle OAB_2}=Ob_2 \cdot \overline{OA}=F_{y2} \cdot \overline{OA}$$

$$\cdots \qquad \cdots$$

$$M_O(F_n)=2S_{\triangle OAB_n}=Ob_n \cdot \overline{OA}=F_{yn} \cdot \overline{OA}$$

$$M_O(F_R)=2S_{\triangle OAB_R}=Ob_R \cdot \overline{OA}=F_{Ry} \cdot \overline{OA}$$

根据合力投影定理，有

$$F_{Ry}=F_{y1}+F_{y2}+\cdots+F_{yn}$$

上式两端乘以 $\overline{OA}$，得

$$F_{Ry}\overline{OA}=F_{y1}OA+F_{y2}OA+\cdots+F_{yn}OA$$

即 $M_O(F_R)=M_O(F_1)+M_O(F_2)+\cdots+M_O(F_n)=\sum M_O(F)$

合力矩定理得证。

【例 4-2】 每 1 m 长挡土墙受到土压力 $F=100$ kN，与水平方向的夹角为 30°，如图 4-5 所示，计算 F 对 A 点的力矩。

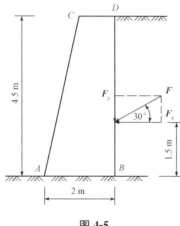

图 4-5

解：力 F 对 A 点的力臂难以确定，若将 F 分解为水平分量 F_x 和竖直分量 F_y，而两分量对 A 点的力臂容易确定，根据合力矩定理，合力 F 对 A 点的力矩等于分力 F_x、F_y 对 A 点的力矩的代数和，即

$$M_A(F)=M_A(F_x)+M_A(F_y)=F_x\cdot 1.5-F_y\cdot 2$$
$$=100\cos30°\times1.5-100\sin30°\times2$$
$$=129.90-100=29.90(\text{kN}\cdot\text{m})$$

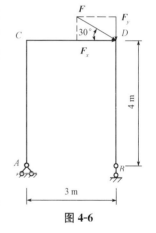

图 4-6

【例 4-3】 如图 4-6 所示，刚架有集中力 F 作用在 D 点，$F=10$ kN 与水平方向的夹角为 30°，计算力 F 对 A 点的力矩。

解：将力 F 在水平方向和竖直方向分解为两个分力 F_x、F_y，根据合力矩定理，有

$$M_A(F)=M_A(F_x)+M_A(F_y)=-F\cos30°\cdot4-F\sin30°\cdot3=-10\cos30°\times4-10\sin30°\times3=-34.64-15=-49.64(\text{kN}\cdot\text{m})(\circlearrowleft)$$

4.2 力 偶

4.2.1 力偶的概念

大小相等、作用线平行、方向相反而不共线的两个力[图 4-7(a)]称为力偶，记作(F, F')。例如，汽车司机用双手转动方向盘时，作用在方向盘上有两个大小相等、方向相反，但不共线的平行力，如图 4-7(b)所示。

物体在力偶的作用下产生纯转动，力偶不能用一个集中力平衡，只能用另一个力偶平衡。因此，力和力偶是力学的两个基本因素。

力偶的转动效应取决于两个反向平行力的大小、两力之间的距离 d 以及力偶的转向。力偶两力之间的距离 d 称为力偶臂，力偶的力 F 的大小与力偶臂 d 的乘积，加上适当的正负号称为力偶矩，记作 $M(F，F')$ 或 M，即

$$M(F，F')=M=\pm Fd \tag{4-4}$$

在平面问题中，力偶矩是一个代数量，它的正负号表示力偶的转向，力偶的正负号规定：力偶逆时针转动时，力偶矩为正；反之为负。因此，可以用一个带箭头的弧线表示力偶，并标出力偶矩的大小，弧线的方向表示力偶矩的转向，如图 4-8 所示。

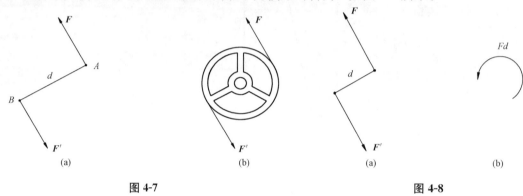

图 4-7   图 4-8

力偶矩的单位同力矩的单位，国际单位是牛顿·米（N·m），常用千牛顿·米（kN·m）。

力偶的两个力所在的平面称为力偶作用平面。力偶对物体的作用效应由三个因素决定，即力偶矩的大小、力偶矩的转向、力偶作用面的方位。这三个因素称为力偶的三要素。

4.2.2 力偶的基本性质

（1）力偶没有合力，不能用一个力来代替力偶。

由于力偶的两个力是大小相等、方向相反、不共线的平行力，因此，这两个力在任一轴上投影的代数和等于零，力偶对物体只有转动效应，而无移动效应。一个力对其作用线外一点既有转动效应，又有移动效应，所以力偶不能与一个力等效。

综上所述，力偶不能与一个力平衡，必须用另一个力偶来平衡。

（2）力偶对其作用面内任一点之矩等于力偶矩，与矩心位置无关。

如图 4-9 所示，力偶 $M(F，F')$ 对其作用面内任一点 O 的力矩可按下式计算：

$$M_O(F，F')=F(d+x)-F'x=Fd=M$$

（3）在同一平面内的两个力偶，它们的力偶矩大小相等，力偶的转向相同，则这两个力偶是等效的。此性质称为力偶的等效性。

根据力偶的等效性，可以得出以下两个推论：

推论 1：力偶在其作用面内任意移动，不改变它对物体的转动效应。

推论 2：保持力偶大小和转向不变，若改变力偶中力的大小和力偶臂的长度，将不改变力偶对物体的作用效应。

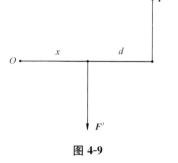

图 4-9

4.3 平面力偶系的合成与平衡

若作用在物体上的若干个力偶在同一平面内，这些力偶称为平面力偶系。

4.3.1 平面力偶系的合成

设作用平面在同一平面的三个力偶（F_1，F'_1）、（F_2，F'_2）和（F_3，F'_3）的力偶矩分别是 m_1、m_2、m_3，如图 4-10(a)所示，现在讨论这三个力偶的合成。根据力偶的性质，可将这三个力偶等效变换为具有相同力偶臂 d 的三个力偶（P_1，P'_1）、（P_2，P'_2）和（P_3，P'_3），有以下关系

$$P_1 = \frac{|m_1|}{d}, \quad P_2 = \frac{|m_2|}{d}, \quad P_3 = \frac{|m_3|}{d}$$

平面内 A、B 两点的距离为 d，将三个力偶转动，移动到 A、B 两点，如图 4-10(b)所示，作用在 B 点的三个力可合成为一个力

$$R = P_1 + P_2 - P_3$$

同理，作用在 A 点的三个力可合成为一个力

$$R' = P'_1 + P'_2 - P'_3$$

如图 4-10(c)所示，力 R、R' 也组成一个力偶，其力偶矩为

$$M = Rd = (P_1 + P_2 - P_3)d = P_1d + P_2d - P_3d = m_1 + m_2 + m_3$$

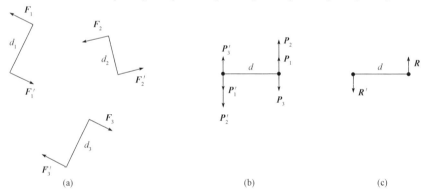

图 4-10

平面内若有 n 个力偶，也可以用上述方法合成。因此，平面力偶系可以合成为一个合力偶，其力偶矩等于各分力偶矩的代数和。平面内有 n 个力偶 m_1，m_2，$\cdots$，m_n，合力偶 M 可写成

$$M = m_1 + m_2 + \cdots + m_n = \sum m \qquad (4\text{-}5)$$

【例 4-4】 物体受到三个力偶（F_1，F_1）、（F_2，F_2）和 m 的作用，如图 4-11 所示，其中 $F_1 = 1$ kN，$F_2 = 3$ kN，$m = 6$ kN·m，求物体受到的合力矩。

解：三个力偶合成为一个力偶

$$M = m_1 + m_2 + m_3 = -F_1 \cdot 2 - F_2 \cdot 4 + m$$
$$= -1 \times 2 - 3 \times 4 + 6 = -8 (\text{kN·m})(\curvearrowleft)$$

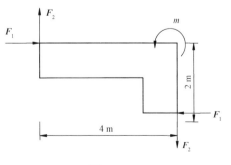

图 4-11

4.3.2 平面力偶系的平衡条件

平面力偶系可以合成为一个合力偶，如果合力偶等于零，则无转动效应，物体在这样的力偶系作用下就处于平衡状态；反之，如果作用在物体上的平面力偶系的合力偶矩不为零，物体有转动效应，物体不平衡。所以，平面力偶系平衡的充分和必要条件是：力偶系中各力偶的力偶矩代数和等于零，即

$$\sum m = 0 \tag{4-6}$$

平面力偶系的平衡方程只有一个，可解一个未知量。

【例4-5】 梁 AB 受力情况如图4-12(a)所示，已知 $F = 2$ kN，$m = 3$ kN·m，梁的自重不计，求支座 A、B 的约束力。

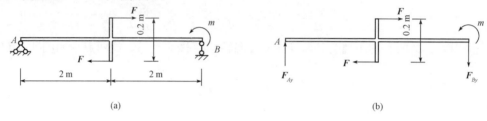

(a)　　　　　　　　(b)

图 4-12

解： 梁上所受的两力 F 组成一个力偶，在 B 点有力偶 m 作用，也就是说，作用在梁上的外荷载全是力偶，可合成为一个合力偶。若使梁处于平衡状态，支座 A、B 处的约束力必须组成一个力偶，与外荷载力偶平衡。所以，支座 A、B 的约束力一定是大小相等、方向相反的平行力。支座 B 的约束力作用线方向沿竖直方向，故支座 A 的约束力也沿竖直方向。设支座 A、B 的约束力如图4-12(b)所示，根据力偶系平衡条件，有

$$\sum m = 0, \quad -F_{Ay} \cdot 4 - F \cdot 0.2 + m = 0$$

即 $-F_{Ay} \cdot 4 - 2 \times 0.2 + 3 = 0$

解得，$F_{Ay} = 0.65$ kN(↑)，$F_{By} = 0.65$ kN(↓)

思考题与习题

思考题与习题

第5章

平面一般力系

平面一般力系是指各力的作用线在同一平面内，但不全交于一点，也不完全平行的力系，也称平面任意力系。

平面一般力系

5.1 平面一般力系的工程实例

在土木工程中，某些结构的厚度远小于其他两个方向的尺度，这种结构称为平面结构。当作用在平面结构的荷载也在同一个平面时，这些力就组成一个平面力系。图 5-1(a)所示的工业厂房的三角屋架，其厚度尺寸很小，受到屋面板传来的竖向荷载、水平方向的风荷载以及柱的支座反力，组成一个平面一般力系，如图 5-1(b)所示。

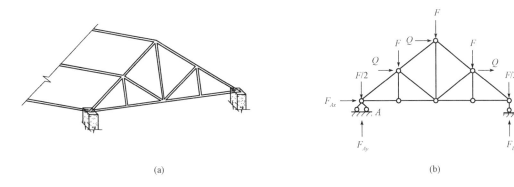

(a)   (b)

图 5-1

又如框架结构的一榀框架，框架梁受到楼板传来的均布荷载，还受到水平风荷载的作用，组成一个平面一般力系，如图 5-2 所示。

有的结构长度很长，如挡土墙[图 5-3(a)]和水利工程的大坝。计算这类结构时，一般取单位长度结构作为计算单元，荷载作用在计算单元平面内，组成平面一般力系。当计算挡土墙时，取单位长度(1 m)的墙元作为计算单元[图 5-3(b)]，作用在该挡土墙上的荷载有墙的自重 G、土压力 F 和基底反力 F_R，这些力的作用线在同一个平面内，组成平面一般力系。

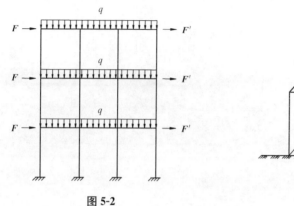

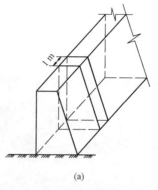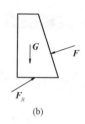

图 5-2

图 5-3

5.2　力的平移定理

根据力的可传性原理，作用在刚体上的力沿其作用线移动到任一点而不改变力的作用效应。如果将力移动到其作用线外的一点的情况又如何呢？

如图 5-4(a)所示，力 F 作用在 A 点，O 是力作用线外的一点，在 O 点处加一对平衡力 F'、F''，它们大小相等，方向相反，作用线在同一直线上，如图 5-4(b)所示，则图 5-4(a)和(b)的作用效应相同。考虑图 5-4(b)的情况，力 F 与 F'' 构成力偶，力偶矩 $m=Fd$，所以图 5-4(b)等效于在 O 点作用力 F 和力偶 m。因此，得到力的平移定理：作用于物体上的力 F，可以移到同一物体上的任一点 O，但必须加上一个力偶，其力偶矩等于力 F 对 O 点的力矩。

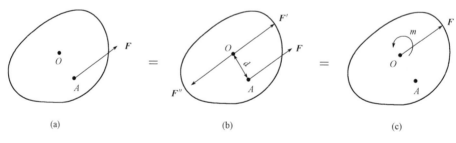

图 5-4

力向其作用线外一点平移，得到一个力和一个力偶，力使物体产生移动效应，而力偶使物体产生转动效应。反之，平面内的一个力 F 和一个力偶 m 可以合成为一个力 F'，这个力与 F 大小相等，方向相同，作用线平行，作用线的距离为

$$d=\frac{m}{F}$$

力 F' 在原力的哪一侧，由 F 的方向和 m 的转向确定。

5.3 平面一般力系的简化

5.3.1 平面一般力系向一点简化

如图 5-5(a)所示，作用在刚体上的平面一般力系 $\boldsymbol{F}_1$，$\boldsymbol{F}_2$，$\cdots$，$\boldsymbol{F}_n$，作用点分别是 A_1，A_2，$\cdots$，A_n，在平面内任选一点 O，称为简化中心，以 O 点为原点建立直角坐标系 Oxy。应用力的平移定理，将力系所有分力平移至简化中心 O，得到作用于 O 点的平面汇交力系 $\boldsymbol{F}'_1$，$\boldsymbol{F}'_2$，$\cdots$，$\boldsymbol{F}'_n$ 和一个附加平面力偶系，其力偶矩分别为 m_1，m_2，$\cdots$，m_n，如图 5-5(b) 所示。

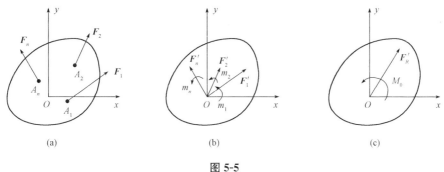

图 5-5

平面汇交力系各力的大小与原力系中对应的力大小相同，即
$$F'_1 = F_1, \ F'_2 = F_2, \ \cdots, \ F'_n = F_n$$
附加的平面力偶系中的各力偶的力偶矩分别等于原力系中各力对简化中心的力矩，即
$$m_1 = M_O(\boldsymbol{F}_1), \ m_2 = M_O(\boldsymbol{F}_2), \ \cdots, \ m_n = M_O(\boldsymbol{F}_n)$$
平面一般力系可分解为两个力系，即汇交于简化中心 O 的平面汇交力系和平面力偶系。平面汇交力系 $\boldsymbol{F}'_1$，$\boldsymbol{F}'_2$，$\cdots$，$\boldsymbol{F}'_n$ 可合成为作用线过简化中心 O 的一个合力 $\boldsymbol{F}'_R$，合力 $\boldsymbol{F}'_R$ 称为原力系的主矢量(简称主矢)。附加力偶系可合成为 个力偶，其力偶矩 M_O 称为原力系对简化中心的主矩[图 5-5(c)]。

主矢量可用下式计算：
$$\boldsymbol{F}'_R = \boldsymbol{F}'_1 + \boldsymbol{F}'_2 + \cdots + \boldsymbol{F}'_n = \boldsymbol{F}_1 + \boldsymbol{F}_2 + \cdots + \boldsymbol{F}_n = \sum \boldsymbol{F} \tag{5-1}$$
在原点为简化中心 O 的直角坐标系 Oxy 中，主矢量可用各力的投影计算，有
$$F'_R = \sqrt{\left(\sum F_x\right)^2 + \left(\sum F_y\right)^2} \tag{5-2a}$$
$$\tan\alpha = \frac{\sum F_y}{\sum F_x} \tag{5-2b}$$
主矩 M_O 可用原力系各力对简化中心力矩的代数和计算，即
$$M_O = m_1 + m_2 + \cdots + m_n = M_O(\boldsymbol{F}_1) + M_O(\boldsymbol{F}_2) + \cdots + M_O(\boldsymbol{F}_n) = \sum M_O(\boldsymbol{F}) \tag{5-3}$$
平面一般力系向平面内任一点简化的结果是一个力和一个力偶，力称为原力系的主矢量，其作用线过简化中心，等于原力系各力的矢量和；力偶称为原力系对简化中心的主矩

等于原力系中各力对简化中心力矩的代数和。

主矢量等于原力系各力的矢量和，与简化中心的位置无关。而主矩等于原力系各力对简化中心力矩的代数和，对不同的简化中心，各力的力臂不同，各力对简化中心的力矩也不同。因此，一般情况下，主矩与简化中心的位置有关，应标明力系对哪一点的主矩。

平面一般力系向一点简化的理论，可以解释固定端支座的约束反力。图 5-6(a)所示是一悬臂梁，A 端是固定端，其约束反力是一个平面一般力系，将力系向 A 点简化，得一力 F_{RA} 和一力偶 M_A，F_{RA} 分解为两个相互垂直的分量 F_{Ax} 和 F_{Ay}，所以梁在 A 端的约束反力有三个，它们是 F_{Ax}、F_{Ay} 和 M_A。

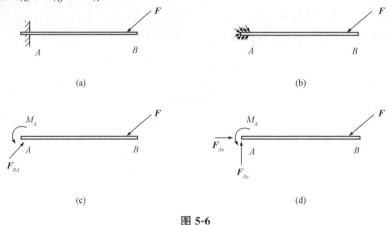

图 5-6

5.3.2　简化结果的讨论

平面一般力系向平面内任一点简化，一般可以得到一个力和一个力偶，但这并不是最后的简化结果。根据主矢量和主矩是否为零，可能出现以下四种情况：

(1) $F_R' \neq 0$，$M_0 \neq 0$；

(2) $F_R' \neq 0$，$M_0 = 0$；

(3) $F_R' = 0$，$M_0 \neq 0$；

(4) $F_R' = 0$，$M_0 = 0$。

下面对这四种情况作进一步的分析。

1) $F_R' \neq 0$，$M_0 \neq 0$。主矢量与主矩均不为零，如图 5-7(a)所示，主矩可用两个大小相等，方向相反，不共线的平行力等效，其中一个力作用在 O 点，与 F_R' 大小相等、共线、反向，如图 5-7(b)所示，两平行力的距离由下式确定：

$$d = \frac{|M_O|}{F_R'}$$

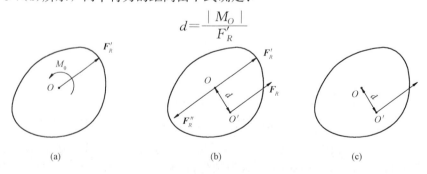

图 5-7

而大小相等、共线反向的两力 $\boldsymbol{F}_R'$ 与 $\boldsymbol{F}_R''$ 相互平衡，原力系等效于作用在 O' 点上的一个力 $\boldsymbol{F}_R$，所以原力系可简化为一个合力 $\boldsymbol{F}_R$。合力 $\boldsymbol{F}_R$ 在 O 点哪一侧，由 $\boldsymbol{F}_R$ 对 O 点力矩的转向与 M_O 的方向共同确定。

2）$F_R' \neq 0$，$M_O = 0$。原力系的主矢量不为零，主矩为零，原力系可简化为一个合力，其作用线过简化中心 O。

3）$F_R' = 0$，$M_O \neq 0$。原力系的主矢量为零，主矩不为零，原力系可简化为一个力偶，力偶矩等于原力系各力对简化中心力矩的代数和，即

$$M_O = \sum m_O(\boldsymbol{F})$$

由于力偶对平面内任一点之矩都相同，因此，当原力系可以简化为一个力偶时，主矩与简化中心的位置无关。

4）$F_R' = 0$，$M_O = 0$。原力系的主矢量和主矩都为零，原力系是平衡力系。

5.3.3　平面力系的合力矩定理

在第 3 章讨论了平面汇交力系的合力矩定理，下面推导平面一般力系的合力矩定理。

如图 5-7(c) 所示，平面一般力系的合力 $\boldsymbol{F}_R$ 对 O 点的力矩为

$$M_O(\boldsymbol{F}_R) = F_R d = M_O$$

上式 M_O 是原力系对 O 点的主矩，等于原力系各力对 O 点力矩的代数和，即

$$M_O = \sum M_O(\boldsymbol{F})$$

由以上两式可得

$$M_O(\boldsymbol{F}_R) = \sum M_O(\boldsymbol{F}) \tag{5-4}$$

由于简化中心是可任意选择的，故式(5-4)具有普遍意义，由此得平面力系的合力矩定理：平面一般力系的合力对平面内任一点的力矩，等于力系中各力对同一点力矩的代数和。

应用平面力系的合力矩定理，可以简化力矩的计算。

【例 5-1】　如图 5-8(a) 所示，大坝自重 $G = 400$ kN，上游水压力 $F_1 = 180$ kN，下游水压力 $F_2 = 100$ kN。将这三个力向底面中心 O 简化，并计算力系简化的最后结果。

解：三个力向 O 点简化

$$\sum F_x = F_1 - F_2 \cos 30° = 180 - 100 \times 0.866 = 93.40 \text{(kN)}$$

$$\sum F_y = -G - F_2 \sin 30° = -400 - 100 \times 0.5 = -450 \text{(kN)}$$

$$F_R' = \sqrt{\left(\sum F_x\right)^2 + \left(\sum F_y\right)^2} = \sqrt{93.40^2 + (-450)^2} = 459.59 \text{(kN)}$$

$$\tan\alpha = \left|\frac{\sum F_y}{\sum F_x}\right| = \frac{450}{93.40} = 4.82, \text{ 得 } \alpha = 78.27°$$

由于 $\sum F_x > 0$，$\sum F_y < 0$，所以 $\boldsymbol{F}_R'$ 指向第四象限，与 x 轴的夹角 $\alpha = 78.27°$。

$$M_O = -F_1 \cdot 2 + G \cdot 0.6 + F_2 \cos 30° \cdot 1.8 \sin 60° - F_2 \sin 30° \cdot (3 - 1.8 \cos 60°)$$
$$= -180 \times 2 + 400 \times 0.6 + 100 \times 0.866 \times 1.8 \times 0.866 - 100 \times 0.5 \times (3 - 1.8 \times 0.5)$$
$$= -360 + 240 + 135 - 105 = -90 \text{(kN · m)}$$

力系向 O 点简化的结果为主矢量 $F_R' = 459.59$ kN，在第四象限，与 x 轴的夹角为 $\alpha = 78.27°$；主矩 $M_O = -90$ kN · m，如图 5-8(b) 所示。

力系可以进一步简化为一个合力，大小与 F_R' 相同，作用线平行，在 F_R' 右侧，它们的距离为

$$d = \frac{|M_O|}{F_R'} = \frac{90}{459.59} = 0.20(\text{m})$$

最后的简化结果如图 5-8(c)所示。

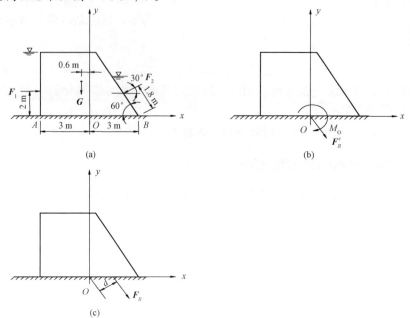

图 5-8

5.4 平面一般力系的平衡

5.4.1 平衡方程的一般形式

平面一般力系向任何一点简化为主矢量 F_R' 和主矩 M_O，主矢量 F_R' 使物体产生移动效应，主矩 M_O 使物体产生转动效应。如果主矢量和主矩均为零，则物体既无移动效应，也无转动效应，物体处于平衡状态。若主矢量和主矩有一个不为零，则物体有移动效应或转动效应，物体不平衡。

于是，平面一般力系平衡的充分和必要条件是：力系的主矢量和主矩都等于零，即

$$F_R' = 0, \quad M_O = 0$$

由于 $F_R' = \sqrt{\left(\sum F_x\right)^2 + \left(\sum F_y\right)^2}$，$M_O = \sum M_O(\boldsymbol{F})$，所以平面一般力系的平衡条件是

$$\left. \begin{array}{l} \sum F_x = 0 \\ \sum F_y = 0 \\ \sum M_O(\boldsymbol{F}) = 0 \end{array} \right\} \tag{5-5}$$

式(5-5)说明平面一般力系平衡的充分和必要条件可表述为：力系中所有分力在相互垂直的两个坐标轴投影的代数和为零，对任一点的力矩代数和等于零。

式(5-5)称为平面一般力系平衡方程的基本形式。前两式称为投影方程，后一式称为力矩方程。平面一般力系的平衡方程有三个独立的方程，可求解三个未知量。

5.4.2 平衡方程的其他形式

前面所描述的平衡方程是平面一般力系平衡方程的基本形式，而平衡方程还有两种其他形式。

1. 平衡方程的二矩式

平面一般力系平衡方程的二矩式可描述为：力系所有分力在 x 轴的投影代数和为零，力系所有力对 A 点和 B 点的力矩代数和为零，其中 A、B 两点连线与 x 轴不垂直，即

$$\left. \begin{array}{l} \sum F_x = 0 \\ \sum M_A(\boldsymbol{F}) = 0 \\ \sum M_B(\boldsymbol{F}) = 0 \end{array} \right\} \tag{5-6}$$

式中，A、B 两点连线与 x 轴不垂直。

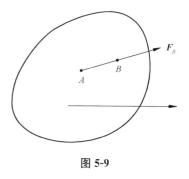

平面一般力系向 A 点简化，一般可得过 A 点的主矢量和主矩，根据式(5-6)，$\sum M_A(\boldsymbol{F}) = 0$，可知主矩为零，即力系可简化为过 A 点的合力。同理，根据 $\sum M_B(\boldsymbol{F}) = 0$，力系可简化为过 B 点的合力。综合以上两个条件，力系可简化为过 A、B 点的合力 $\boldsymbol{F}_R$。又根据式(5-6)第一式，$\boldsymbol{F}_R$ 在 x 轴的投影为零，而 A、B 两点连线与 x 轴不垂直，所以 $F_R = 0$，即力系平衡，如图5-9所示。

图 5-9

2. 平衡方程的三矩式

平面一般力系平衡方程的三矩式可描述为：力系所有分力对平面内 A、B、C 三点的力矩代数和均为零，其中 A、B、C 三点不共线，即

$$\left. \begin{array}{l} \sum M_A(\boldsymbol{F}) = 0 \\ \sum M_B(\boldsymbol{F}) = 0 \\ \sum M_C(\boldsymbol{F}) = 0 \end{array} \right\} \tag{5-7}$$

式中，A，B，C 三点不共线。

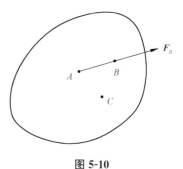

根据上述讨论，如果 $\sum M_A(\boldsymbol{F}) = 0$ 和 $\sum M_B(\boldsymbol{F}) = 0$，则力系可简化为过 A、B 两点的一个力 $\boldsymbol{F}_R$；若 $\sum M_C(\boldsymbol{F}) = 0$，则力系是过 C 点的一个力。因此，力系可简化为过 A、B、C 三点的一个力，但 A、B、C 三点不共线，所以 $F_R = 0$，即力系平衡，如图5-10所示。

平面力系的平衡方程虽然有三种形式，但三种形式是等效的，无论哪种形式，有三个独立的平衡方程，可解三

图 5-10

个未知量。在求解平面一般力系问题时，应灵活应用平衡方程的三种形式，通常尽量使一个平衡方程只含有一个未知量，避免求解联立方程组。

【例 5-2】 梁的受力情况如图 5-11(a)所示，求支座 A、B 的约束力。

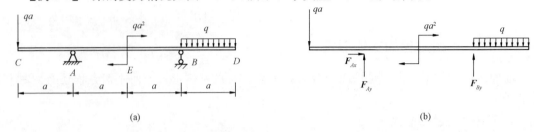

图 5-11

解：固定铰支座 A 的约束力有两分量 $\boldsymbol{F}_{Ax}$、$\boldsymbol{F}_{Ay}$，链杆 B 的约束力为 $\boldsymbol{F}_{By}$，梁的受力图如图 5-11(b)所示，根据平面一般力系的平衡方程，有

$\sum F_x = 0$，得 $F_{Ax} = 0$

$\sum M_A(\boldsymbol{F}) = 0$，$F_{By} \cdot 2a - qa \cdot 2.5a - qa^2 + qa \cdot a = 0$，得 $F_{By} = 1.25qa(\uparrow)$

$\sum F_y = 0$，$F_{Ay} + F_{By} - qa = 0$

解得，$F_{Ay} = -0.25\,qa(\downarrow)$

【例 5-3】 悬臂梁的受力如图 5-12(a)所示，其中 $q = 5\ \text{kN/m}$，$F = 10\ \text{kN}$，$m = 20\ \text{kN} \cdot \text{m}$，求固定支座 A 的约束力。

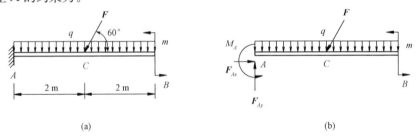

图 5-12

解：固定支座 A 的约束力有三个分量 $\boldsymbol{F}_{Ax}$、$\boldsymbol{F}_{Ay}$ 和 M_A，梁 AB 的受力图如图 5-12(b)所示，根据平面一般力系平衡方程，有

$\sum F_x = 0$，$F_{Ax} - F\cos60° = 0$，解得 $F_{Ax} = \dfrac{1}{2}F = \dfrac{1}{2} \times 10 = 5(\text{kN})$

$\sum F_y = 0$，$F_{Ay} - 4q - F\sin60° = 0$，解得

$F_{Ay} = 4q + 0.866F = 4 \times 5 + 0.866 \times 10 = 28.66(\text{kN})$

$\sum M_A(\boldsymbol{F}) = 0$，$M_A + m - 4q \cdot 2 - F\sin60° \cdot 2 = 0$，解得

$M_A = -m + 8q + \sqrt{3}F = -20 + 8 \times 5 + 1.732 \times 10 = 37.32(\text{kN} \cdot \text{m})$

【例 5-4】 刚架的受力如图 5-13(a)所示，计算 A、B 的约束力。

解：固定铰支座 A 的约束力有 $\boldsymbol{F}_{Ax}$、$\boldsymbol{F}_{Ay}$ 两个分量，链杆 B 的约束力为 $\boldsymbol{F}_{By}$。根据平面一般力系的平衡方程，有

$$\sum M_A(\boldsymbol{F}) = 0, \quad F_{By} \cdot 3 - 20 \times 3 \times 1.5 - 10 \times 2 = 0, \quad 解得$$

$$F_{By} = 36.67 \text{ kN}(\uparrow)$$

$$\sum F_y = 0, \quad F_{Ay} + F_{By} - 20 \times 3 = 0, \quad 解得$$

$$F_{Ay} = 60 - 36.37 = 23.33 (\text{kN})(\uparrow)$$

$$\sum F_x = 0, \quad 10 - F_{Ax} = 0, \quad 解得 F_{Ax} = 10 \text{ kN}(\rightarrow)$$

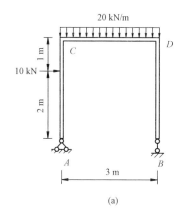 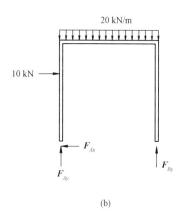

图 5-13

【例 5-5】 梁 AB 在 A 端与拉杆 AC 相连，B 端为固定铰支座，在 D 点受集中力 $F = 6$ kN 的作用，如图 5-14(a)所示。计算 AC 杆的内力和支座 A 的约束力。

解： AC 杆是二力杆，受到轴向拉力的作用。B 端是固定铰支座，约束力有两个分量 F_{Bx}、F_{By}，梁 AB 的受力图如图 5-14(b)所示，应用平面一般力系的平衡方程，有

$$\sum M_B(\boldsymbol{F}) = 0, \quad F_{AC}\sin 30° \cdot 3 - F \cdot 2 = 0, \quad 解得$$

$$F_{AC} = \frac{2F}{3\sin 30°} = \frac{2 \times 6}{3 \times 0.5} = 8(\text{kN})$$

$$\sum F_x = 0, \quad F_{Bx} - F_{AC}\cos 30° = 0, \quad 解得$$

$$F_{Bx} = F_{AC}\cos 30° = 8 \times 0.866 - 6.93(\text{kN})$$

$$\sum F_y = 0, \quad F_{By} - F + F_{AC}\sin 30° = 0, \quad 解得$$

$$F_{By} = F - F_{AC}\sin 30° = 6 - 8 \times 0.5 = 2(\text{kN})$$

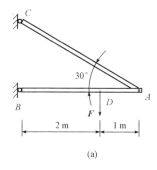 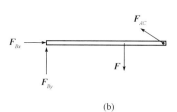

图 5-14

5.5　平面平行力系的平衡方程

当平面力系各力的作用线相互平行，如图 5-15 所示，称为平面平行力系。它是平面一般力系的一种特殊情况，其平衡方程可以从平面一般力系的平衡方程导出。

在图 5-15 所示的平行力系中，建立直角坐标系，x 轴与各平行力的作用线垂直，y 轴与各力作用线平行。由于各力垂直于 x 轴，各力在 x 轴上的投影恒等于零，所以方程 $\sum F_x = 0$ 恒成立。在平面一般力系平衡方程的基本式(5-5)中除去方程 $\sum F_x = 0$，可得平面平行力系的平衡方程

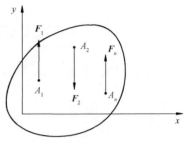

图 5-15

$$\left.\begin{aligned} \sum F_y &= 0 \\ \sum M_O(\boldsymbol{F}) &= 0 \end{aligned}\right\} \qquad (5\text{-}8)$$

因为各平行力与 y 轴平行，式(5-8)第一式表明各平行力的代数和等于零。平面平行力系平衡的充分和必要条件是：力系所有力的代数和为零，力系所有力对任一点的力矩代数和为零。

考虑平面一般力系平衡方程的二矩式(5-6)，由于 $\sum F_x = 0$ 恒成立，得平面平行力系平衡的二矩式

$$\left.\begin{aligned} \sum M_A(\boldsymbol{F}) &= 0 \\ \sum M_B(\boldsymbol{F}) &= 0 \end{aligned}\right\} \qquad (5\text{-}9)$$

式中，A、B 两点连线不与平行力的作用线平行。

平面平行力系有两个独立的平衡方程，可解两个未知量。

【例 5-6】　梁的受力如图 5-16(a)所示，求支座 A、B 的约束力。

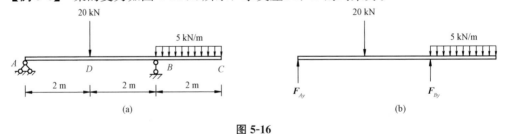

图 5-16

解：作用在梁上的外荷载是平行力，支座 A 处的水平约束力 $F_{Ax}=0$。梁上作用一个平面平行力系，如图 5-16(b)所示，根据平面平行力系的平衡方程，有

$$\sum M_A(\boldsymbol{F})=0, \quad F_{By} \cdot 4 - 20 \times 2 - 5 \times 2 \times 5 = 0, \text{解得}$$

$$F_{By} = 22.5 \text{ kN}(\uparrow)$$

$$\sum F_y = 0, \quad F_{Ay} + F_{By} - 20 - 5 \times 2 = 0, \text{解得}$$

$$F_{Ay} = 7.5(\uparrow)$$

【例5-7】 塔式起重机的机身重量$G=250$ kN，最大起重量$P=60$ kN，平衡重$Q=30$ kN。求塔式起重机满载和空载时轨道A、B的约束反力。

解： 设轨道A、B的约束反力为F_{Ay}、F_{By}，如图5-17所示。

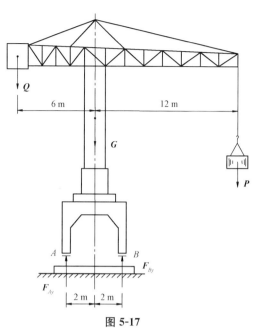

$$\sum M_A(F)=0, \quad F_{By} \cdot 4 - P \cdot 14 - G \cdot 2 + Q \cdot 4 = 0, \quad 得$$

$$F_{By} = \frac{14P+2G-4Q}{4} = \frac{7}{2}P + \frac{1}{2}G - Q$$

又 $\sum F_y = 0$，$F_{Ay} + F_{By} - Q - G - P = 0$，得

$$F_{Ay} = Q + G + P - F_{By} = Q + G + P - \left(\frac{7}{2}P + \frac{1}{2}G - Q\right) = 2Q + \frac{1}{2}G - \frac{5}{2}P$$

当塔式起重机空载时，$P=0$，得

$$F_{Ay} = 2Q + \frac{1}{2}G = 2 \times 30 + 0.5 \times 250 = 185(\text{kN})(\uparrow)$$

$$F_{By} = \frac{1}{2}G - Q = 0.5 \times 250 - 30 = 95(\text{kN})(\uparrow)$$

当塔式起重机满载时，$P=60$ kN，得

$$F_{Ay} = 2Q + \frac{1}{2}G - \frac{5}{2}P = 2 \times 30 + 0.5 \times 250 - \frac{5}{2} \times 60 = 35(\text{kN})(\uparrow)$$

$$F_{By} = \frac{7}{2}P + \frac{1}{2}G - Q = \frac{7}{2} \times 60 + 0.5 \times 250 - 30 = 305(\text{kN})(\uparrow)$$

图5-17

5.6　物体系统的平衡

在实际工程结构中，通常遇到几个物体通过一定的约束联系在一起的系统，称为物体系统。所谓物体系统的平衡是指物体系统的每一物体及系统整体都处于平衡状态。

求解物体系统的平衡问题主要有以下两种方法：

（1）先以物体系统整体为研究对象，再以某局部物体为研究对象，分别列出相应的平衡方程，求解未知量。

（2）先以局部物体为研究对象，再以整体作为研究对象，列出相应的平衡方程，求解未知量。

在求解物体系统的平衡问题时，要注意区分内力和外力的概念。内力是指物体系统内各物体之间的相互作用力；外力是指物体系统外的物体对系统内物体的作用力，内力和外力随着不同的研究对象而改变。

图5-18(a)所示的多跨梁，如果以DC段作为研究对象，AD段对它的作用力F_{Dx}、F_{Dy}是外力。如果以整体作为研究对象，则AD段与DC段的相互作用力F_{Dx}、F'_{Dx}、F_{Dy}、F'_{Dy}是内力。由于内力的作用相互抵消，在列平衡方程时，只列外力的贡献，不需考虑内力的作用。

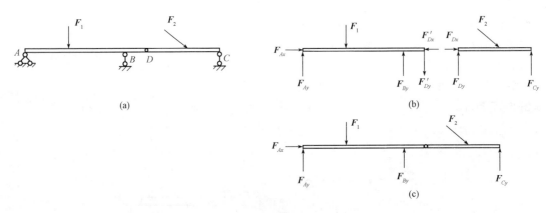

图 5-18

如果物体系统由 n 个物体组成，每个物体受到平面一般力系的作用，可列出 $3n$ 个平衡方程，可解 $3n$ 个未知量。如果 m 个物体受到平面平行力系或平面汇交力系的作用，相应的平衡方程有 $2m$ 个。

【例 5-8】 多跨静定梁的荷载和尺寸如图 5-19(a) 所示，计算支座 A、B、C 的约束反力。

解： 以 DC 梁段为研究对象，受到外力 10 kN，C 的支座反力 F_{Cy}，铰 D 的约束力 F_{Dx}、F_{Dy}，如图 5-19(b) 所示。根据平衡方程，有

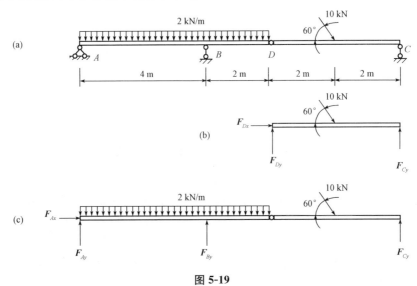

图 5-19

$$\sum M_D(\boldsymbol{F}) = 0, \quad F_{Cy} \cdot 4 - 10\sin 60° \cdot 2 = 0$$

解得，$F_{Cy} = 5\sin 60° = 5 \times 0.866 = 4.33 \text{(kN)} (\uparrow)$

再以整体作研究对象，如图 5-19(c) 所示，列其平衡方程

$$\sum M_A(\boldsymbol{F}) = 0, \quad F_{Cy} \cdot 10 + F_{By} \cdot 4 - 10\sin 60° \cdot 8 - 2 \times 6 \times 3 = 0$$

式中，$F_{Cy} = 4.33$ kN，上式解得

$$F_{By} = 15.50 \text{ kN} (\uparrow)$$

$$\sum F_y=0, \quad F_{Ay}+F_{By}+F_{Cy}-2\times6-10\sin60°=0$$

解得，$F_{Ay}=0.83 \text{ kN}(\uparrow)$

$$\sum F_x=0, \quad F_{Ax}+10\cos60°=0$$

解得，$F_{Ax}=-5 \text{ kN}(\leftarrow)$

【例 5-9】 三铰刚架受到集中力和均布荷载的作用，如图 5-20(a)所示，计算支座 A、B 和铰 C 的约束反力。

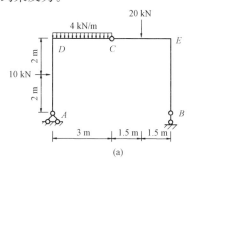
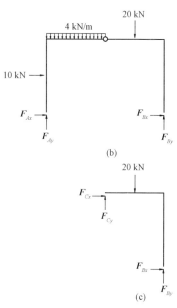

图 5-20

解： 以整体作研究对象，支座 A 的约束反力有 $\boldsymbol{F}_{Ax}$、$\boldsymbol{F}_{Ay}$，支座 B 的约束反力有 $\boldsymbol{F}_{Bx}$、$\boldsymbol{F}_{By}$。铰 C 的约束反力是内力，可不考虑。列平衡方程

$$\sum M_A(\boldsymbol{F})=0, \quad F_{By}\cdot6-10\times2-4\times3\times1.5-20\times4.5=0$$

解得，$F_{By}=21.33 \text{ kN}(\uparrow)$

$$\sum F_y=0, \quad F_{Ay}+F_{By}-4\times3-20=0$$

解得，$F_{Ay}=10.67 \text{ kN}(\uparrow)$

以刚架 CEB 作为研究对象，其受力图如图 5-20(c)所示。

$$\sum M_C(\boldsymbol{F})=0, \quad F_{By}\cdot3+F_{Bx}\cdot4-20\times1.5=0$$

把 $F_{By}=21.33 \text{ kN}$ 代入，解得 $F_{Bx}=-8.5 \text{ kN}(\leftarrow)$

$$\sum F_x=0, \quad F_{Cx}+F_{Bx}=0$$

解得，$F_{Cx}=-F_{Bx}=8.5 \text{ kN}(\rightarrow)$

$$\sum F_y=0, \quad F_{Cy}+F_{By}-20=0, \quad 得 F_{Cy}=20-21.33=-1.33(\text{kN})$$

再以整体为研究对象

$$\sum F_x=0, \quad F_{Ax}+F_{Bx}+10=0$$

解得，$F_{Ax}=-F_{Bx}-10=-(-8.5)-10=-1.5(\text{kN})(\leftarrow)$

【例 5-10】 刚架的受力情况如图 5-21(a)所示，计算支座 A、B、C 的约束反力。

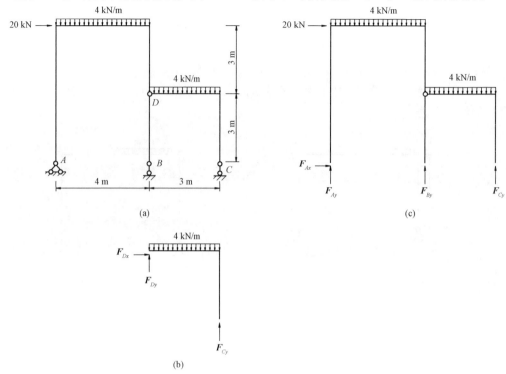

(a)

(b)

(c)

图 5-21

解：首先以刚架 DC 为研究对象，其受力图如图 5-21(b)所示。

$\sum M_D(\boldsymbol{F})=0$，$F_{Cy} \cdot 3 - 4 \times 3 \times 1.5 = 0$，得 $F_{Cy} = 6$ kN($\uparrow$)

以整体为研究对象，其受力图如图 5-21(c)所示，列平衡方程

$\sum M_A(\boldsymbol{F})=0$，$F_{Cy} \cdot 7 + F_{By} \cdot 4 - 4 \times 3 \times (4+1.5) - 4 \times 4 \times 2 - 20 \times 6 = 0$

其中，$F_{Cy} = 6$ kN，解得 $F_{By} = 44$ kN($\uparrow$)

$\sum F_y = 0$，$F_{Ay} + F_{By} + F_{Cy} - 4 \times 4 - 4 \times 3 = 0$

解得，$F_{Ay} = -22$ kN($\downarrow$)

$\sum F_x = 0$，$F_{Ax} + 20 = 0$，得 $F_{Ax} = -20$ kN($\leftarrow$)

思考题与习题

思考题与习题

空间力系

6.1 概　　述

作用线不在同一平面内的力系称为空间力系。在工程实际中,物体所受的力系都是空间力系,满足一定条件时,可将实际的空间力系简化为平面力系。但有些工程问题不能简化为平面力系,必须按空间力系计算。图 6-1(a)所示的三脚架在 D 点吊着重物 G,D 点所受的各力构成一个空间力系。

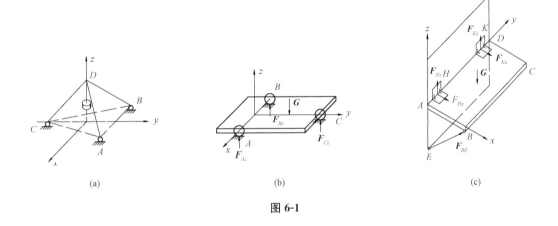

图 6-1

空间力系可分为以下三类:

1. 空间汇交力系

作用线交于一点的空间力系称为空间汇交力。图 6-1(a)所示三脚架的 D 点受到重物 G 的重力与三根杆的作用力,它们都经过 D 点,因此构成一个空间汇交力系。

2. 空间平行力系

作用线相互平行的空间力系称为空间平行力系。图 6-1(b)所示的三轮车,外荷载与三个车轮的约束反力均平行于 z 轴,它们构成一个空间平行力系。

3. 空间一般力系

作用线在空间任意分布的力系称为空间一般力。图 6-1(c)所示的搁板可绕 AD 轴转动，外力 G 作用在搁板中心，B 点有二力杆 BE 支承，铰 K、H 处有约束反力 F_{Kx}、F_{Kz}、F_{Hx}、F_{Hz}，各力的作用线是任意分布的，它们构成一个空间一般力系。

6.2 力对轴之矩

力可以使物体绕某轴转动，如力 F 可使门绕 z 轴转动[见图 6-2(a)]，平面 p 与 z 轴垂直，它们的交点为 O，力 F 在平面 p 内，力 F 使门绕 z 轴的转动效应可以用 $F \cdot d$ 来度量。如果力 F 与 z 轴相交[图 6-2(b)]，或与 z 轴平行[图 6-2(c)]，都不能使门绕 z 轴转动。

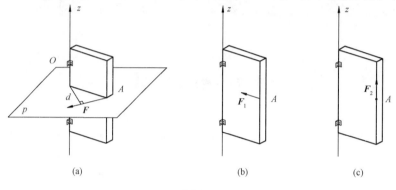

图 6-2

计算力 F 对 z 轴的转动效应时，可将力 F 分解为两个分力 F_{xy} 和 F_z，其中 F_{xy} 在与 z 轴垂直的平面 p 内，F_z 与 z 轴平行，如图 6-3 所示。而 F_z 对 z 轴无转动效应，F_{xy} 对 z 轴有转动效应，其转动效应可用 F_{xy} 与 d 的乘积来度量，其中 d 为平面 p 与 z 轴的交点到 F_{xy} 的距离。乘积 $F_{xy} \cdot d$ 是力 F_{xy} 对 O 点的力矩值。

力对某轴之矩，等于力在与该轴垂直平面上的分力对该轴与垂直平面交点之矩。力对轴之矩是矢量，其矢量方向用右手螺旋法则确定，即右手四指绕着物体的转动方向，大拇指的指向是力矩矢量的方向。也可以用正负号表示力对轴的两种转向，力对 z 轴之矩的矢量方向与 z 轴的正方向相同，取正号，如图 6-4(a)所示；反之，当矢量方向与 z 轴正方向相反，取负号[图 6-4(b)]。

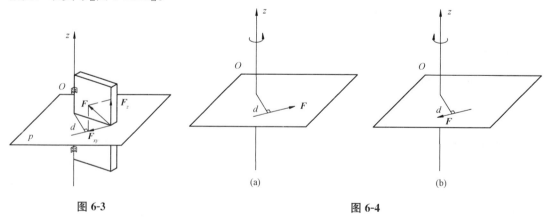

图 6-3   图 6-4

力对轴之矩的单位与力对点之矩相同，常用 N·m 或 kN·m。

当力与某轴平行或相交时，力对该轴之矩为零。

在第 4 章讲述过平面力系的合力矩定理，空间力系中力对轴之矩也有类似关系，即空间力系的合力对某轴之矩等于力系中各分力对同一轴之矩的代数和，称为空间力系的合力矩定理，可用下式表示：

$$M_z(\boldsymbol{F}_R) = M_z(\boldsymbol{F}_1) + M_z(\boldsymbol{F}_2) + \cdots + M_z(\boldsymbol{F}_n) = \sum M_z(\boldsymbol{F}) \qquad (6\text{-}1)$$

【例 6-1】 如图 6-5 所示，矩形板 ABCD 用球铰 A 和铰链与墙壁相连，用绳索 CE 使板处于水平位置，绳索的拉力 F=10 kN，分别计算力 **F** 对 x、y、z 轴之矩。

解： 因为力 **F** 与 z 轴相交，它对 z 轴之矩为零，即

$$M_z(\boldsymbol{F})=0$$

将力 **F** 分解为 xy 平面上的分力 **F**$_{xy}$ 和 z 轴方向的分力 **F**$_z$，由于分力 **F**$_{xy}$ 与 x、y 轴都相交，它对 x、y 轴之矩均为零。

$$F_z = F\sin30° = 10 \times 0.5 = 5(\text{kN})$$

根据合力矩定理，有

$$M_x(\boldsymbol{F}) = M_x(\boldsymbol{F}_{xy}) + M_x(\boldsymbol{F}_z) = M_x(\boldsymbol{F}_z) = 5 \times 3 = 15(\text{kN·m})$$

$$M_y(\boldsymbol{F}) = M_y(\boldsymbol{F}_{xy}) + M_y(\boldsymbol{F}_z) = M_y(\boldsymbol{F}_z) = -5 \times 4 = -20(\text{kN·m})$$

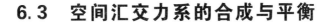

图 6-5

6.3 空间汇交力系的合成与平衡

6.3.1 力在空间直角坐标轴上的投影

计算力在空间直角坐标轴上的投影有直接投影法和二次投影法两种力法。

1. 直接投影法

力 **F** 的作用点为 O，过 O 点作直角坐标系 Oxyz，若知道力 **F** 与 x 轴、y 轴和 z 轴的夹角分别为 α、β 和 γ，如图 6-6 所示，则力 **F** 在 x 轴、y 轴和 z 轴上的投影分别为

$$\left.\begin{array}{l} F_x = F\cos\alpha \\ F_y = F\cos\beta \\ F_z = F\cos\gamma \end{array}\right\} \qquad (6\text{-}2)$$

若知道力 **F** 与三个坐标轴的夹角 α、β 和 γ，宜用直接投影法计算力 **F** 在 x 轴、y 轴和 z 轴的投影。

2. 二次投影法

若已知力 **F** 与 z 轴的夹角 γ，则可以将力 **F** 投影到 z 轴和 xy 平面上，得投影 **F**$_z$ 和 **F**$_{xy}$，可用下式

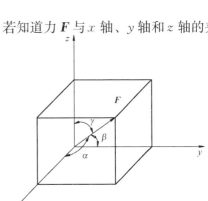

图 6-6

计算：

$$F_z=F\cos\gamma \\ F_{xy}=F\sin\gamma$$ 　　　　　(6-3)

在 xy 平面内，$\boldsymbol{F}_{xy}$ 与 x 轴的夹角为 φ，再向 x 轴和 y 轴投影，如图 6-7 所示，可用下式计算：

$$F_x=F_{xy}\cos\varphi=F\sin\gamma\cos\varphi \\ F_y=F_{xy}\sin\varphi=F\sin\gamma\sin\varphi$$ 　　　(6-4)

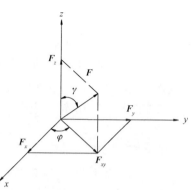

上述方法采用了两次投影，称为二次投影法。如果知道力与 z 轴的夹角，以及力在 xy 平面上的投影与 x 轴的夹角，宜用二次投影法计算力的投影。

力的投影指向与坐标轴的正向一致时投影为正，反之为负。

若已知力在三个坐标轴上的投影 F_x、F_y、F_z，则力的大小和方向余弦为

图 6-7

$$F=\sqrt{F_x^2+F_y^2+F_z^2}$$ 　　　(6-5a)

$$\cos\alpha=\frac{F_x}{F}=\frac{F_x}{\sqrt{F_x^2+F_y^2+F_z^2}} \\ \cos\beta=\frac{F_y}{F}=\frac{F_y}{\sqrt{F_x^2+F_y^2+F_z^2}} \\ \cos\gamma=\frac{F_z}{F}=\frac{F_z}{\sqrt{F_x^2+F_y^2+F_z^2}}$$ 　　(6-5b)

【**例 6-2**】 在一个正立方体上作用有三个力 $\boldsymbol{F}_1$、$\boldsymbol{F}_2$ 和 $\boldsymbol{F}_3$，如图 6-8 所示，已知 $\boldsymbol{F}_1=3$ kN，$\boldsymbol{F}_2=2$ kN，$\boldsymbol{F}_3=1$ kN，计算这三个力在坐标轴 x、y、z 上的投影。

解：设 $\boldsymbol{F}_1$ 与 z 轴的夹角为 γ，则

$$\sin\gamma=\sqrt{\frac{2}{3}},\quad \cos\gamma=\frac{1}{\sqrt{3}}$$

采用二次投影法

$$F_{x1}=F_1\sin\gamma\cos45°=3\times\sqrt{\frac{2}{3}}\times\frac{\sqrt{2}}{2}=1.732(\text{kN})$$

$$F_{y1}=F_1\sin\gamma\sin45°=3\times\sqrt{\frac{2}{3}}\times\frac{\sqrt{2}}{2}=1.732(\text{kN})$$

$$F_{z1}=F_1\cos\gamma=-3\times\sqrt{\frac{1}{3}}=-1.732(\text{kN})$$

对于 $\boldsymbol{F}_2$，有

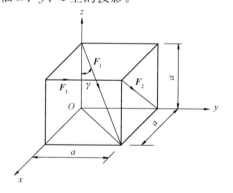

图 6-8

$$F_{x2}=-F_2\sin45°=-2\times\frac{1}{\sqrt{2}}=-1.414(\text{kN})$$

$$F_{y2}=0$$

$$F_{z2}=-F_2\cos45°=-2\times\frac{1}{\sqrt{2}}=-1.414(\text{kN})$$

对于 $\boldsymbol{F}_3$，有

$$F_{x3} = 0$$
$$F_{y3} = 1 \text{ kN}$$
$$F_{z3} = 0$$

6.3.2 空间汇交力系的合成

设空间汇交力系 F_1、F_2、$\cdots$、F_n 汇交于点 O，如图 6-9 所示，在 O 点建立直角坐标系 $Oxyz$。将平面汇交力系的合力投影定理推广到空间汇交力系，即力系的合力在任一轴的投影等于力系中所有分力在同一轴上投影的代数和，可用下式表示：

$$\left.\begin{array}{l} F_{Rx} = \sum F_x \\ F_{Ry} = \sum F_y \\ F_{Rz} = \sum F_z \end{array}\right\} \quad (6\text{-}6)$$

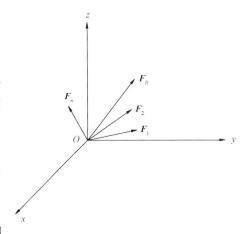

图 6-9

式中，F_{Rx}、F_{Ry}、F_{Rz} 分别是合力在 x、y、z 轴上的投影，$\sum F_x$、$\sum F_y$、$\sum F_z$ 分别是所有分力在 x、y、z 轴投影的代数和。合力的大小和方向余弦为

$$F_R = \sqrt{F_{Rx}^2 + F_{Ry}^2 + F_{Rz}^2} = \sqrt{\left(\sum F_x\right)^2 + \left(\sum F_y\right)^2 + \left(\sum F_z\right)^2} \quad (6\text{-}7a)$$

$$\left.\begin{array}{l} \cos\alpha = \dfrac{F_{Rx}}{F_R} = \dfrac{\sum F_x}{\sqrt{\left(\sum F_x\right)^2 + \left(\sum F_y\right)^2 + \left(\sum F_z\right)^2}} \\[4mm] \cos\beta = \dfrac{F_{Ry}}{F_R} = \dfrac{\sum F_y}{\sqrt{\left(\sum F_x\right)^2 + \left(\sum F_y\right)^2 + \left(\sum F_z\right)^2}} \\[4mm] \cos\gamma = \dfrac{F_{Rz}}{F_R} = \dfrac{\sum F_z}{\sqrt{\left(\sum F_x\right)^2 + \left(\sum F_y\right)^2 + \left(\sum F_z\right)^2}} \end{array}\right\} \quad (6\text{-}7b)$$

6.3.3 空间汇交力系的平衡

空间汇交力系合成为一个合力，若物体在空间汇交力系作用下而处于平衡状态，其合力必须为零。因此，空间汇交力系平衡的充分必要条件是：空间汇交力系的合力为零，即

$$F_R = \sqrt{F_{Rx}^2 + F_{Ry}^2 + F_{Rz}^2} = \sqrt{\left(\sum F_x\right)^2 + \left(\sum F_y\right)^2 + \left(\sum F_z\right)^2} = 0$$

要使上式成立，必须同时满足

$$\left.\begin{array}{l} \sum F_x = 0 \\ \sum F_y = 0 \\ \sum F_z = 0 \end{array}\right\} \quad (6\text{-}8)$$

因此，空间汇交力系平衡的充分必要条件是：力系中所有各力在三个坐标轴中每一轴

上的投影的代数和为零。式(6-8)称为空间汇交力系的平衡方程，有三个独立的方程，可解三个未知量。

【例 6-3】 杆 AB、AC 和 AD 在 A 点由球铰连在一起，B、C、D 点在半径为 3 m 的圆周上，A 点承受 5 kN 的力，方向与 y 轴平行，如图 6-10 所示，各杆自重不计，求各杆所受的力。

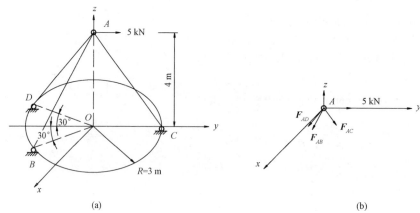

图 6-10

解：考虑 A 点，作用有力 5 kN，F_{AC}、F_{AB}、F_{AD} 汇交于 A 点，构成空间汇交力系。计算各力在坐标轴的投影，设 $\angle ACO = \alpha$。

$$\overline{AC} = \sqrt{3^2 + 4^2} = 5 \text{ m}, \quad \cos\alpha = \frac{3}{5}, \quad \sin\alpha = \frac{4}{5}$$

$$F_{ACx} = 0$$

$$F_{ACy} = F_{AC}\cos\alpha = \frac{3}{5}F_{AC}$$

$$F_{ACz} = -F_{AC}\sin\alpha = -\frac{4}{5}F_{AC}$$

杆 AB、AD 的投影采用二次投影法计算

$$F_{ABz} = -F_{AB}\sin\alpha = -\frac{4}{5}F_{AB}$$

$$F_{ABxy} = F_{AB}\cos\alpha = \frac{3}{5}F_{AB}$$

$$F_{ABx} = F_{ABxy}\sin30° = \frac{3}{5}F_{AB} \cdot \frac{1}{2} = \frac{3}{10}F_{AB}$$

$$F_{ABy} = -F_{ABxy}\cos30° = -\frac{3}{5}F_{AB} \cdot \frac{\sqrt{3}}{2} = -\frac{3\sqrt{3}}{10}F_{AB}$$

$$F_{ADz} = -F_{AD}\sin\alpha = -\frac{4}{5}F_{AD}$$

$$F_{ADxy} = F_{AD}\cos\alpha = \frac{3}{5}F_{AD}$$

$$F_{ADx} = F_{ADxy}\sin30° = -\frac{3}{5}F_{AD} \cdot \frac{1}{2} = -\frac{3}{10}F_{AD}$$

$$F_{ADy} = -F_{ADxy}\cos30° = -\frac{3}{5}F_{AD} \cdot \frac{\sqrt{3}}{2} = -\frac{3\sqrt{3}}{10}F_{AD}$$

根据空间汇交力系平衡方程

$$\sum F_x = 0, \quad \frac{3}{10}F_{AB} - \frac{3}{10}F_{AD} = 0$$

$$\sum F_y = 0, \quad 5 + \frac{3}{5}F_{AC} - \frac{3\sqrt{3}}{10}F_{AB} - \frac{3\sqrt{3}}{10}F_{AD} = 0$$

$$\sum F_z = 0, \quad -\frac{4}{5}F_{AC} - \frac{4}{5}F_{AB} - \frac{4}{5}F_{AD} = 0$$

解得 $F_{AB} = 2.233$ kN，$F_{AD} = 2.233$ kN，$F_{AC} = -4.466$ kN。

【例 6-4】 匀质板重 $G = 2$ kN，重心在 O 点，由三根绳子吊起，如图 6-11(a)所示，求绳子的拉力。

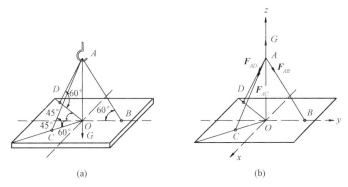

(a)　　　　　　　　　(b)

图 6-11

解： 板重力 G，三根绳子的拉力 F_{AB}、F_{AC}、F_{AD} 是汇交于 A 点的空间汇交力系，建立图 6-11(b)所示的坐标系，计算各力在坐标轴的投影。

$$F_{ABz} = -F_{AB}\sin 60° = -\frac{\sqrt{3}}{2}F_{AB}$$

$$F_{ABy} = F_{AB}\cos 60° = \frac{1}{2}F_{AB}$$

$$F_{ABx} = 0$$

$$F_{ACz} = -F_{AC}\sin 60° = -\frac{\sqrt{3}}{2}F_{AC}$$

$$F_{ACz} = -F_{AC}\sin 60° = -\frac{\sqrt{3}}{2}F_{AC}$$

$$F_{ACx} = F_{ACxy}\sin 45° = \frac{1}{2}F_{AC} \cdot \frac{\sqrt{2}}{2} = \frac{\sqrt{2}}{4}F_{AC}$$

$$F_{ACy} = -F_{ACxy}\cos 45° = -\frac{1}{2}F_{AC} \cdot \frac{\sqrt{2}}{2} = -\frac{\sqrt{2}}{4}F_{AC}$$

$$F_{ADz} = -F_{AD}\sin 60° = -\frac{\sqrt{3}}{2}F_{AD}$$

$$F_{ADxy} = F_{AD}\cos 60° = \frac{1}{2}F_{AD}$$

$$F_{ADx} = -F_{ADxy}\sin 45° = -\frac{1}{2}F_{AD} \cdot \frac{\sqrt{2}}{2} = -\frac{\sqrt{2}}{4}F_{AD}$$

$$F_{ADy} = -F_{ADxy} \cos 45° = -\frac{1}{2} F_{AD} \cdot \frac{\sqrt{2}}{2} = -\frac{\sqrt{2}}{4} F_{AD}$$

根据空间汇交力系平衡方程

$$\sum F_x = 0, \quad \frac{\sqrt{2}}{4} F_{AC} - \frac{\sqrt{2}}{4} F_{AD} = 0$$

$$\sum F_y = 0, \quad \frac{1}{2} F_{AB} - \frac{\sqrt{2}}{4} F_{AC} - \frac{\sqrt{2}}{4} F_{AD} = 0$$

$$\sum F_z = 0, \quad 2 - \frac{\sqrt{3}}{2} F_{AB} - \frac{\sqrt{3}}{2} F_{AC} - \frac{\sqrt{3}}{2} F_{AD} = 0$$

解得 $F_{AB} = 0.956$ kN, $F_{AD} = 0.676$ kN, $F_{AC} = 0.676$ kN。

6.4 空间一般力系的平衡

在空间力系作用下，要使物体保持平衡状态，必须使物体在三个坐标轴方向既不能移动，也不能转动。因此，空间一般力系平衡的充分必要条件是，力系所有力在三个坐标轴每一坐标轴的投影代数和等于零，力系中各力对三个坐标轴之矩的代数和等于零，即

$$\left. \begin{array}{l} \sum F_x = 0 \\ \sum F_y = 0 \\ \sum F_z = 0 \\ \sum M_x(\boldsymbol{F}) = 0 \\ \sum M_y(\boldsymbol{F}) = 0 \\ \sum M_z(\boldsymbol{F}) = 0 \end{array} \right\} \qquad (6\text{-}9)$$

式(6-9)称为空间一般力系的平衡方程，有六个独立的平衡方程，可求解六个未知量。

作用线相互平行的空间力系称为空间平行力系，它是空间一般力系的特例。图 6-12 所示的空间平行力系 F_1，F_2，…，F_n 各力作用线与 z 轴平行，根据空间一般力系的平衡方程(6-9)，由于各力平行于 z 轴，各力在 x 轴和 y 轴的投影为零，式(6-9)的前两式自动满足，又因为各力与 z 轴平行，各力对 z 轴之矩为零，因此，式(6-9)最后一式也自动满足。空间平行力系的平衡方程为

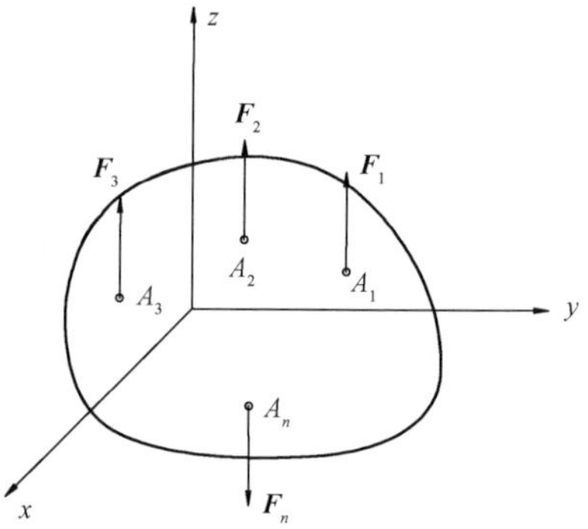

图 6-12

$$\left. \begin{array}{l} \sum F_z = 0 \\ \sum M_x(\boldsymbol{F}) = 0 \\ \sum M_y(\boldsymbol{F}) = 0 \end{array} \right\} \qquad (6\text{-}10)$$

空间平行力系平衡的充分必要条件是：力系中各力在与力系平行的坐标轴上投影的代数和等于零，各力对另外两坐标轴之矩的代数和为零。空间平行力系的平衡方程有三个独

立的平衡方程，可解三个未知量。

【**例 6-5**】　图 6-13 所示的三轮车，自重 $G=2$ kN，作用在 D 点。求三轮车各轮所受的力。

解：三轮车的自重 G，三个车轮所受的力 F_A、F_B、F_C 构成一个空间平行力系，根据空间平行力系的平衡方程式(6-10)，可列出三个平衡方程

$$\sum F_z=0, \quad F_A+F_B+F_C-G=0$$

$$\sum M_x(F)=0, \quad F_A \cdot 1.4-G \cdot 0.6=0$$

$$\sum M_y(F)=0, \quad -F_B \cdot 0.5+F_C \cdot 0.5+G \cdot 0.1=0$$

解得，$F_A=0.429G=0.429 \times 2=0.858(\text{kN})$

$F_B=0.386G=0.386 \times 2=0.772(\text{kN})$

$F_C=0.186G=0.186 \times 2=0.372(\text{kN})$

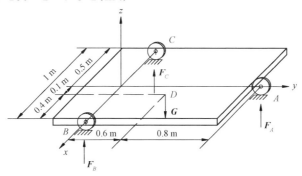

图 6-13

【**例 6-6**】　正方形匀质板自重 G，受到 6 根杆的支撑，在 A 点处作用水平力 $F=2G$，如图 6-14(a)所示。求 6 根支撑杆所受的力。

解：6 根支撑杆都是二力杆，设各杆受到拉力。以正方形板为研究对象，它所受的力构成一个空间一般力系[图 6-14(b)]。根据空间一般力系的平衡条件，有

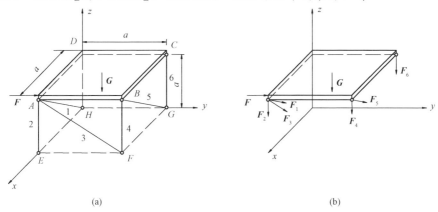

(a)　　　　　　　　　　　　　　　　(b)

图 6-14

$$\sum M_{AE}(F)=0, \quad F_5=0$$

$$\sum M_{BF}(F)=0,\ F_1=0$$

$$\sum M_{AB}(F)=0,\ F_6 \cdot a+G\frac{a}{2}=0,\ 解得\ F_6=-\frac{1}{2}G(压力)$$

$$\sum M_{AC}(F)=0,\ F_4=0$$

$$\sum F_y=0,\ F_3\sin45°+F=0,\ 解得\ F_3=-2\sqrt{2}G(压力)$$

$$\sum F_z=0,\ -F_2-G-F_3\cos45°-F_6=0,\ 解得\ F_2=\frac{3}{2}G(拉力)$$

思考题与习题

思考题与习题

第7章
截面的几何性质

7.1 重心和形心

7.1.1 重心的概念

在地球表面附近的物体，都受到地球的引力作用，地球对物体的引力称为物体的重力。物体可看作由许多微小部分组成，各微小部分都受到重力的作用，这些重力的作用线汇交于地心，由于地球比一般物体大得多，所以物体上各点到地心的连线几乎平行，可以认为这些重力组成一个空间平行力系。无论物体怎么放置，这个空间力系合力的作用线总是通过物体上一个确定的点，这个点就是物体的重心。

在工程实践和生活中，确定物体重心的位置具有重要的意义。例如，重力坝或挡土墙的重心若超出某一范围，就不能保证重力坝或挡土墙的平衡。塔式起重机的重心要在一定的范围内才能保证塔式起重机的平衡。滑冰时，人的重心需要落在与冰面接触的脚上，才能保持人体的平衡。

7.1.2 重心和形心的计算公式

1. 一般物体重心的计算公式

如图 7-1 所示，物体分成许多微小部分，各微小部分受到的重力为 ΔG_1，ΔG_2，$\cdots$，ΔG_n，则物体的重力为

$$G = \Delta G_1 + \Delta G_2 + \cdots + \Delta G_n = \sum \Delta G$$

建立直角坐标系 $Oxyz$，各微小部分作用点的坐标为 (x_1, y_1, z_1)，(x_2, y_2, z_2)，$\cdots$，(x_n, y_n, z_n)，对 y 轴之矩应用合力矩定理得

$$M_y(G) = \sum M_y(G)$$

即 $Gx_C = \Delta G_1 x_1 + \Delta G_2 x_2 + \cdots + \Delta G_n x_n$

$$= \sum \Delta Gx$$

因此，$x_C = \dfrac{\sum \Delta Gx}{G}$

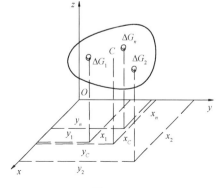

图 7-1

对 x 轴取矩，可得

$$y_C = \frac{\sum \Delta G y}{G}$$

将物体连同坐标轴绕 y 轴旋转 $90°$，由重心的概念可知，物体的重心位置 C 不变，对 y 轴应用合力矩定理，得

$$z_C = \frac{\sum \Delta G z}{G}$$

综上所述，得一般物体重心的计算公式为

$$\left. \begin{aligned} x_C &= \frac{\sum \Delta G x}{G} \\ y_C &= \frac{\sum \Delta G y}{G} \\ z_C &= \frac{\sum \Delta G z}{G} \end{aligned} \right\} \qquad (7\text{-}1)$$

2. 匀质物体的重心计算公式

如果物体是匀质的，物体各点的重度 γ 是个常数，设物体各微小部分的体积为 ΔV_1，ΔV_2，$\cdots$，ΔV_n，整个物体的体积为 V，各微小部分的重力可表达为

$$\Delta G_1 = \gamma \Delta V_1, \quad \Delta G_2 = \gamma \Delta V_2, \quad \cdots, \quad \Delta G_n = \gamma \Delta V_n$$
$$G = \gamma V$$

将上述关系代入式(7-1)，消去分子和分母的共同因子 γ，得匀质物体的重心计算公式为

$$\left. \begin{aligned} x_C &= \frac{\sum \Delta V x}{V} \\ y_C &= \frac{\sum \Delta V y}{V} \\ z_C &= \frac{\sum \Delta V z}{V} \end{aligned} \right\} \qquad (7\text{-}2)$$

由式(7-2)可知，匀质物体的重心位置取决于物体的几何形状，与物体的质量无关。根据物体的几何形状和几何尺寸确定物体的几何中心，称为形心，式(7-2)也是体积形心的计算公式。匀质物体的形心和重心是重合的。

3. 匀质薄板的重心计算公式

对于匀质等厚薄平板，取平板对称面为坐标面 Oyz，如图 7-2 所示。因为每一微小部分的 x_i 为零，形心的 x_C 也为零。薄平板的重心在其对称面内，设各微小部分的面积为 ΔA_1，ΔA_2，$\cdots$，ΔA_n，板厚为 h，则各微小部分的体积为

$$\Delta V_1 = \Delta A_1 h, \quad \Delta V_2 = \Delta A_2 h, \quad \cdots, \quad \Delta V_n = \Delta A_n h$$

薄板的总面积为 A，总体积为 V，则

$$V = Ah$$

把上述关系代入式(7-2)，约去分子和分母的

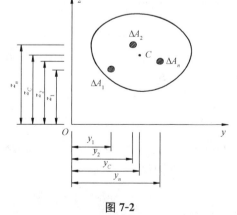

图 7-2

公因子 h，得匀质薄板的形心计算公式

$$y_C = \frac{\sum \Delta A y}{A} \Bigg\} \tag{7-3}$$
$$z_C = \frac{\sum \Delta A z}{A} \Bigg\}$$

式(7-3)也称为匀质薄板的形心，它只与板的平面形状有关，与板的厚度无关，因此式(7-3)也是面积形心计算公式。

7.1.3 组合平面图形的形心计算公式

如果平面图形可看作由若干个简单平面图形组成，如图 7-3(a)所示的 L 形可看作由两个矩形组成。组合图形的形心坐标可按式(7-3)计算，公式中的 ΔA 为各简单平面图形的面积，而 y、z 为各简单平面图形形心的坐标值。上述方法称为分割法。

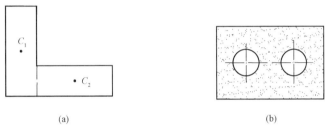

图 7-3

有些图形可以看作从某个简单图形挖去若干个简单图形而得，如图 7-3(b)所示的图形可看作一个矩形挖去两个圆形而得。计算这类图形的形心时，仍可采用分割法，只是挖去的面积应作负值。这种方法称为负面积法。

如果平面图形有对称轴，则图形的形心必在对称轴上，如图 7-4(a)所示的 T 形，形心在对称轴上。如果平面图形有两根对称轴，图形的形心必在两对称轴的交点上，如图 7-4(b)、(c)所示的工字形和圆形，其形心在两对称轴的交点上。

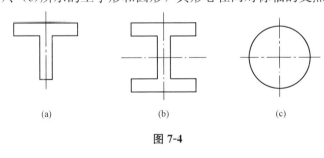

图 7-4

【例 7-1】 求图 7-5 所示图形的形心坐标。

解： 将图形分解成两个矩形，其形心为 C_1 和 C_2，形心坐标值为 $C_1(5，20)$，$C_2(20，5)$。

两个矩形的面积为

$$A_1 = 40 \times 10 = 400 (\text{mm}^2)$$
$$A_2 = 20 \times 10 = 200 (\text{mm}^2)$$

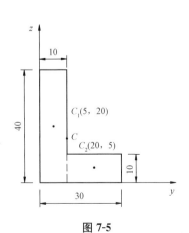

图 7-5

根据式(7-3)计算图形的形心坐标

$$y_C=\frac{y_1A_1+y_2A_2}{A_1+A_2}=\frac{5\times400+20\times200}{400+200}=10(\text{mm})$$

$$z_C=\frac{z_1A_1+z_2A_2}{A_1+A_2}=\frac{20\times400+5\times200}{400+200}=15(\text{mm})$$

因此，图形的形心坐标 $C(10\text{ mm}，15\text{ mm})$。

【例 7-2】 求图 7-6 所示平面图形的形心坐标。

解： 由于图形有对称轴，图形的形心在对称轴上，即 $z_C=50$，只需计算 y_C。图形可看作矩形挖去一个圆形，矩形的形心坐标为 C_1(150，50)，圆形的形心坐标为 C_2(80，50)，应用负面积法计算图形的形心坐标。

$$y_C=\frac{y_1A_1-y_2A_2}{A_1-A_2}$$

$$=\frac{150\times100\times300-80\times\dfrac{\pi}{4}\times60^2}{100\times300-\dfrac{\pi}{4}\times60^2}$$

$$=157.28(\text{mm})$$

图形的形心坐标为 $C(157.28\text{ mm}，50\text{ mm})$。

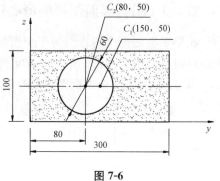

图 7-6

7.2 面积矩

7.2.1 面积矩的定义

任一平面图形，其面积为 A，在其平面内建立直角坐标系 Oyz，如图 7-7 所示，对于平面图形任一微面积 $\mathrm{d}A$，其形心坐标为 (y,z)，则微面积到 y 轴的距离为 z，到 z 轴的距离为 y。将乘积 $z\mathrm{d}A$ 定义为微面积对 y 轴的面积矩（或称静矩）$\mathrm{d}S_y$，$y\mathrm{d}A$ 定义为微面积对 z 轴的面积矩（或静矩）$\mathrm{d}S_z$，即

$$\left.\begin{aligned}\mathrm{d}S_y=z\mathrm{d}A\\\mathrm{d}S_z=y\mathrm{d}A\end{aligned}\right\}\tag{7-4}$$

图 7-7

平面图形内所有微面积对 y 轴（或 z 轴）的面积矩的代数和，称为平面图形对 y 轴（或 z 轴）的面积矩（或静矩），可用以下积分计算：

$$\left.\begin{aligned}S_y=\int_A z\mathrm{d}A\\S_z=\int_A y\mathrm{d}A\end{aligned}\right\}\tag{7-5}$$

平面图形的静矩是对某一轴而言的，同一图形对不同轴的静矩是不同的。静矩是代数量，可能大于零，小于零，也可能等于零。静矩的量纲是长度的三次方，常用单位是 m^3 或 mm^3。

可以利用静矩确定平面图形的形心位置，设图 7-7 所示平面图形形心 C 的坐标为$(y_C，$ $z_C)$，根据合力矩定理，得

$$\int_A y\mathrm{d}A = Ay_C$$

$$\int_A z\mathrm{d}A = Az_C$$

即

$$\left.\begin{aligned} y_C &= \frac{\int_A y\mathrm{d}A}{A} \\ z_C &= \frac{\int_A z\mathrm{d}A}{A} \end{aligned}\right\} \tag{7-6}$$

根据静矩的定义，式(7-6)可写成

$$\left.\begin{aligned} y_C &= \frac{S_z}{A} \\ z_c &= \frac{S_y}{A} \end{aligned}\right\}$$

或

$$\left.\begin{aligned} S_z &= Ay_C \\ S_y &= Az_C \end{aligned}\right\} \tag{7-7}$$

平面图形对 z 轴(或 y 轴)的面积矩等于图形面积 A 与形心坐标 y_C(或 z_C)的乘积。当坐标轴通过图形的形心时，图形对该轴的面积矩为零。反之，若图形对某轴的面积矩为零，则该轴必过图形的形心。

7.2.2 简单组合图形的面积矩计算

当平面图形由若干简单图形(如矩形、圆形等)组成时，根据面积矩的定义，图形各组成部分对某一轴面积矩的代数和，等于整个组合图形对同一轴的面积矩，即

$$\left.\begin{aligned} S_z &= \sum A_i y_i \\ S_y &= \sum A_i z_i \end{aligned}\right\} \tag{7-8}$$

式中，A_i、y_i、z_i 分别为任一组成部分的面积及其形心坐标，将式(7-8)代入式(7-7)，得组合图形形心坐标的计算公式为

$$\left.\begin{aligned} y_C &= \frac{\sum y_i A_i}{\sum A_i} \\ z_C &= \frac{\sum z_i A_i}{\sum A_i} \end{aligned}\right\} \tag{7-9}$$

【例 7-3】 计算图 7-5 所示图形对 y 轴和 z 轴的面积矩。

解：$S_y = \sum A_i z_i = 400 \times 20 + 200 \times 5 = 9\,000(\mathrm{mm}^2)$

$S_z = \sum A_i y_i = 400 \times 5 + 200 \times 20 = 6\,000(\mathrm{mm}^2)$

7.3 惯性矩

7.3.1 惯性矩的定义

平面图形任一微面积 $\mathrm{d}A$ 的坐标为 (y,z)，即微面积与 y 轴和 z 轴的距离为 z 和 y，将乘积 $z^2\mathrm{d}A$ 定义为微面积对 y 轴的惯性矩，记作 $\mathrm{d}I_y$；将乘积 $y^2\mathrm{d}A$ 定义为微面积对 z 轴的惯性矩，记作 $\mathrm{d}I_z$，即

$$\left.\begin{array}{l} \mathrm{d}I_y=z^2\mathrm{d}A \\ \mathrm{d}I_z=y^2\mathrm{d}A \end{array}\right\} \tag{7-10}$$

将平面图形所有微面积对 y 轴（或 z 轴）的惯性矩之和称为图形对 y 轴（或 z 轴）的惯性矩 I_y（或 I_z），可用以下积分计算：

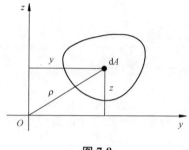

图 7-8

$$\left.\begin{array}{l} I_y=\displaystyle\int_A z^2\mathrm{d}A \\ I_z=\displaystyle\int_A y^2\mathrm{d}A \end{array}\right\} \tag{7-11}$$

由于 $\mathrm{d}A$、y^2、z^2 皆为正值，惯性矩的值恒为正。惯性矩的量纲是长度的四次方，常用单位是 m^4 或 mm^4。

7.3.2 简单图形惯性矩的计算

简单图形的惯性矩可直接用式(7-11)进行积分计算。

【例 7-4】 计算图 7-9 所示矩形对通过形心轴（简称形心轴）y 轴和 z 轴的惯性矩 I_y 和 I_z。

解：(1)计算 I_y，微面积可取平行于 y 轴的水平微长条，$\mathrm{d}A=b\mathrm{d}z$。

$$I_y=\int_A z^2\mathrm{d}A=\int_{-h/2}^{h/2} z^2\,b\mathrm{d}z=\frac{1}{3}bz^3\Big|_{-h/2}^{h/2}=\frac{bh^3}{12}$$

(2)计算 I_z，微面积可取平行于 z 轴的竖向微长条，$\mathrm{d}A=h\mathrm{d}y$。

$$I_z=\int_A y^2\mathrm{d}A=\int_{-b/2}^{b/2} y^2 h\mathrm{d}y=\frac{1}{3}hy^3\Big|_{-b/2}^{b/2}=\frac{hb^3}{12}$$

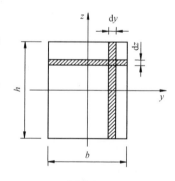

图 7-9

【例 7-5】 图 7-10 所示的圆直径为 D，计算圆对其形心轴 y 轴和 z 轴的惯性矩 I_y 和 I_z。

解：采用极坐标积分

$$\mathrm{d}A=\rho\mathrm{d}\rho\mathrm{d}\theta$$

$$I_y=\int_A z^2\mathrm{d}A=\int_0^{2\pi}\int_0^{D/2}(\rho\sin\theta)^2\rho\mathrm{d}\rho\mathrm{d}\theta=\int_0^{2\pi}\sin^2\theta\mathrm{d}\theta\cdot\int_0^{D/2}\rho^3\mathrm{d}\rho$$

式中，$\displaystyle\int_0^{2\pi}\sin^2\theta\mathrm{d}\theta=\int_0^{2\pi}\frac{1-\cos2\theta}{2}\mathrm{d}\theta=\frac{1}{2}\left(\theta-\frac{1}{2}\sin2\theta\right)\Big|_0^{2\pi}=\pi$

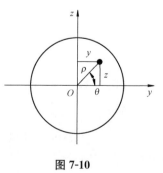

图 7-10

$$\int_0^{D/2} \rho^3 \mathrm{d}\rho = \frac{1}{4}\rho^4 \Big|_0^{D/2} = \frac{D^4}{64}$$

所以，$I_y = \pi \cdot \dfrac{D^4}{64} = \dfrac{\pi D^4}{64}$

同理，$I_z = \displaystyle\int_A y^2 \mathrm{d}A = \int_0^{2\pi}\int_0^{D/2}(\rho\cos\theta)^2 \rho \mathrm{d}\rho \mathrm{d}\theta$

$\qquad = \displaystyle\int_0^{2\pi}\cos^2\theta \mathrm{d}\theta \cdot \int_0^{D/2}\rho^3 \mathrm{d}\rho = \frac{\pi D^4}{64}$

为方便起见，表 7-1 列出了几种常见图形的面积、形心和惯性矩。

表 7-1　几种常见图形的面积、形心和惯性矩

序号	图形	面积	形心位置	惯性矩
1		$A = bh$	$y_C = \dfrac{b}{2}$ $z_C = \dfrac{h}{2}$	$I_y = \dfrac{bh^3}{12}$ $I_z = \dfrac{hb^3}{12}$
2		$A = \dfrac{\pi D^2}{4}$	$y_C = \dfrac{D}{2}$ $z_C = \dfrac{D}{2}$	$I_y = \dfrac{\pi D^4}{64}$ $I_z = \dfrac{\pi D^4}{64}$
3		$A = \dfrac{\pi}{4}(D^2 - d^2)$	$y_C = \dfrac{D}{2}$ $z_C = \dfrac{D}{2}$	$I_y = \dfrac{\pi}{64}(D^4 - d^4)$ $I_z = \dfrac{\pi}{64}(D^4 - d^4)$

序号	图形	面积	形心位置	惯性矩
4		$A=\dfrac{\pi}{2}R^2$	$z_C=\dfrac{4R}{3\pi}$	$I_y=\left(\dfrac{1}{8}-\dfrac{8}{9\pi^2}\right)\pi R^4$ $I_z=\dfrac{\pi R^4}{8}$
5		$A=\dfrac{1}{2}bh$	$y_C=\dfrac{1}{3}b$ $z_C=\dfrac{1}{3}h$	$I_{y_1}=\dfrac{bh^3}{12}$ $I_y=\dfrac{bh^3}{36}$

7.3.3　平行移轴公式

同一个平面图形对不同轴的惯性矩各不相同，平面图形对一组平行轴的惯性矩有一定的关系。下面讨论平面图形对两平行轴的惯性矩之间的关系。

图 7-11 所示的平面图形，形心为 C，面积为 A，y_C 轴和 z_C 轴是图形的形心轴，而 y 轴与 y_C 轴平行，距离为 a。z 轴与 z_C 轴平行，距离为 b。图形上任一点在两个坐标系的坐标分别为 $(y_C,\ z_C)$、$(y,\ z)$，有以下关系

$$\left.\begin{aligned}y&=y_C+b\\z&=z_C+a\end{aligned}\right\} \tag{a}$$

根据惯性矩的定义，图形对形心轴 y_C 和 z_C 的惯性矩为

$$\left.\begin{aligned}I_{y_C}&=\int_A z_C^2\mathrm{d}A\\I_{z_C}&=\int_A y_C^2\mathrm{d}A\end{aligned}\right\} \tag{b}$$

图形对 y 轴和 z 轴的惯性矩为

$$\left.\begin{aligned}I_y&=\int_A z^2\mathrm{d}A\\I_z&=\int_A y^2\mathrm{d}A\end{aligned}\right\} \tag{c}$$

图 7-11

将式(a)代入式(c)，展开得

$$I_y=\int_A(z_C+a)^2\mathrm{d}A=\int_A z_C^2\mathrm{d}A+2a\int_A z_C\mathrm{d}A+a^2\int_A\mathrm{d}A$$

上式第一项 $\int_A z_C^2 \mathrm{d}A$ 是图形对形心轴 y_C 的惯性矩 I_{y_C}；第二项中积分 $\int_A z_C \mathrm{d}A$ 是图形对 y_C 轴的静矩 S_{y_C}，由于 y_C 轴是图形的形心轴，故 $S_{y_C}=0$；第三项中积分 $\int_A \mathrm{d}A$ 是图形面积 A。因此

$$\left. \begin{aligned} I_y &= I_{y_C} + a^2 A \\ I_z &= I_{z_C} + b^2 A \end{aligned} \right\} \tag{7-12}$$

式(7-12)称为惯性矩的平行移轴公式，它表明平面图形对任一轴的惯性矩等于图形对平行于该轴的形心轴的惯性矩加上两轴的距离平方与图形面积的乘积。由于 $a^2 A$ 和 $b^2 A$ 均为正值，所以在任一组相互平行轴的惯性矩中，图形对形心轴的惯性矩最小。

在工程实践中，经常遇到组合图形，如工字形可看作由三个矩形组成。若有一组合图形，面积为 A，由三个简单图形组成，其面积分别为 A_1、A_2、A_3，则图形对 y 轴的惯性矩为

$$I_y = \int_A z^2 \mathrm{d}A = \int_{A_1+A_2+A_3} z^2 \mathrm{d}A = \int_{A_1} z^2 \mathrm{d}A + \int_{A_2} z^2 \mathrm{d}A + \int_{A_3} z^2 \mathrm{d}A = I_{1,y} + I_{2,y} + I_{3,y}$$

因此，组合图形对某轴的惯性矩，等于组成组合图形的各简单图形对同一轴的惯性矩的代数和。简单图形对其形心轴的惯性矩可通过积分或查表求得。应用平行移轴公式，可计算简单图形对某一平行轴的惯性矩。

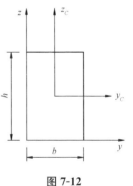

【例 7-6】 计算图 7-12 所示矩形对 y 轴和 z 轴的惯性矩。

解： 设 y_C 轴是与 y 轴平行的矩形形心轴，z_C 轴是与 z 轴平行的矩形形心轴，根据平行移轴公式可得

$$I_y = I_{y_C} + \left(\frac{h}{2}\right)^2 bh = \frac{bh^3}{12} + \frac{bh^3}{4} = \frac{bh^3}{3}$$

$$I_z = I_{z_C} + \left(\frac{b}{2}\right)^2 bh = \frac{hb^3}{12} + \frac{hb^3}{4} = \frac{hb^3}{3}$$

图 7-12

【例 7-7】 T 形图形的尺寸如图 7-13 所示，C 是 T 形的形心，计算图形对其形心轴 y_C 的惯性矩 I_{y_C}。

解： 将 T 形分成两个矩形，其形心坐标分别为 $C_1(0,185)$，$C_2(0,85)$，图形的形心坐标 z_C 为

$$z_C = \frac{185 \times 30 \times 200 + 85 \times 170 \times 30}{30 \times 200 + 170 \times 30} = 139 (\mathrm{mm})$$

整个图形对 y_C 轴的惯性矩为

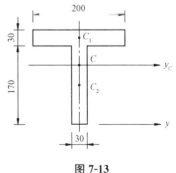

图 7-13

$$\begin{aligned} I_{y_C} &= \frac{200 \times 30^3}{12} + (185-139)^2 \times 30 \times 200 + \frac{30 \times 170^3}{12} + \\ &\quad (139-85)^2 \times 30 \times 170 \\ &= 4.5 \times 10^5 + 1.269\,6 \times 10^7 + 1.228\,25 \times 10^7 + 1.487 \\ &\quad 16 \times 10^7 = 40.3 \times 10^6 (\mathrm{mm}^4) \end{aligned}$$

7.3.4 惯性半径

在工程应用中，常将惯性矩表示为图形的面积 A 与某一长度平方的乘积，即

$$I_y = i_y^2 A, \quad I_z = i_z^2 A$$

式中，i_y 和 i_z 分别称为图形对 y 轴和 z 轴的惯性半径，惯性半径有长度的量纲，常用单位

是 m 或 mm。上式可以表示为

$$i_y = \sqrt{\dfrac{I_y}{A}} \left.\vphantom{\sqrt{\dfrac{I_y}{A}}}\right\}$$
$$i_z = \sqrt{\dfrac{I_z}{A}} \left.\vphantom{\sqrt{\dfrac{I_z}{A}}}\right.$$

(7-13)

宽为 b，高为 h 的矩形，对其形心轴 y 和 z 的惯性半径分别为

$$i_y = \sqrt{\frac{I_y}{A}} = \sqrt{\frac{\frac{bh^3}{12}}{bh}} = \frac{h}{\sqrt{12}}$$

$$i_z = \sqrt{\frac{I_z}{A}} = \sqrt{\frac{\frac{hb^3}{12}}{bh}} = \frac{b}{\sqrt{12}}$$

直径为 D 的圆形对任一直径的惯性半径均相等，可按下式计算：

$$i = \sqrt{\frac{I}{A}} = \sqrt{\frac{\frac{\pi D^4}{64}}{\frac{\pi D^2}{4}}} = \frac{D}{4}$$

7.3.5　极惯性矩

设图 7-14 所示图形任一微面积 $\mathrm{d}A$ 与坐标原点 O 的距离为 ρ，定义 $\rho^2 \mathrm{d}A$ 为微面积对 O 点的极惯性矩 $\mathrm{d}I_p$，即

$$\mathrm{d}I_p = \rho^2 \mathrm{d}A$$

将所有微面积对 O 点的极惯性矩叠加起来，得整个图形对 O 点的极惯性矩，可用积分计算

$$I_p = \int_A \rho^2 \mathrm{d}A \qquad (7\text{-}14)$$

由于 ρ, y, z 存在以下关系

$$\rho^2 = y^2 + z^2$$

代入式(7-14)得

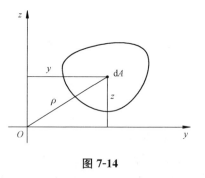

图 7-14

$$I_p = \int_A (y^2 + z^2)\mathrm{d}A = \int_A y^2 \mathrm{d}A + \int_A z^2 \mathrm{d}A = I_z + I_y \qquad (7\text{-}15)$$

式(7-15)说明，图形对任一直角坐标系中坐标轴的惯性矩之和，等于图形对坐标原点的极惯性矩。过一点可建立无数个直角坐标系，同一图形对任一直角坐标系两个相互垂直的坐标轴的惯性矩之和是常数，等于图形对坐标原点的极惯性矩。

极惯性矩与惯性矩的量纲相同，是长度的四次方，常用单位是 m^4 或 mm^4。

【例 7-8】 计算图 7-15 所示图形对圆心 O 的极惯性矩。

解：取微面积如图 7-15 所示，则

$$\mathrm{d}A = 2\pi \rho \mathrm{d}\rho$$

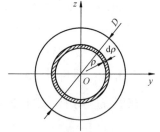

图 7-15

$$I_p = \int_A \rho^2 \mathrm{d}A = \int_0^{D/2} \rho^2 \cdot 2\pi\rho\mathrm{d}\rho = 2\pi \cdot \frac{1}{4}\rho^4 \Big|_0^{D/2} = \frac{\pi D^4}{32}$$

【例 7-9】 图 7-16 所示圆环的外径为 D，内径为 d，计算圆环对其圆心的极惯性矩。

解： 根据极惯性矩的定义，得

$$I_p = \frac{\pi D^4}{32} - \frac{\pi d^4}{32} = \frac{\pi D^4}{32}(1-\alpha^4)$$

式中，$\alpha = \dfrac{d}{D}$。

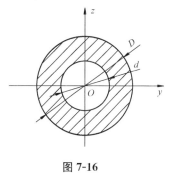

图 7-16

7.4 惯性积与主惯性矩

7.4.1 惯性积

如图 7-17 所示，平面图形任一微面积 $\mathrm{d}A$ 的坐标为 (y, z)，即微面积与 z 轴和 y 轴的距离为 y 和 z，定义乘积 $yz\mathrm{d}A$ 为微面积对 y 轴和 z 轴的惯性积 I_{yz}，即

$$I_{yz} = yz\mathrm{d}A \tag{7-16}$$

将所有微面积对 y、z 轴的惯性积叠加起来，得整个图形对 y、z 轴的惯性积，可用以下积分计算：

$$I_{yz} = \int_A yz\mathrm{d}A \tag{7-17}$$

式中，$\mathrm{d}A$ 为正值，y、z 可能为正值，也可能为负值，故惯性积的值可能为正，可能为负，也可能为零。惯性积有长度四次方的量纲，常用单位为 m^4 或 mm^4。

如果平面图形有一个（或一个以上）的对称轴，如图 7-18 所示，则对称轴两侧必有一对微面积，其乘积 $yz\mathrm{d}A$ 大小相等，符号相反，它们相互抵消。因此，该图形对 y、z 轴的惯性积为零。所以，只要 y 轴、z 轴之一为平面图形的对称轴，则图形对 y、z 轴的惯性积为零。

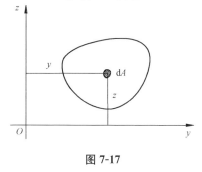

图 7-17

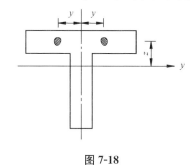

图 7-18

7.4.2 主惯性矩

如图 7-19 所示，当坐标轴 y、z 绕其原点转动 α 角时，坐标轴变为 y_1、z_1 轴，图形对这两个坐标系的坐标轴的惯性矩和惯性积有一定的关系。图形对 y_1 轴、z_1 轴的惯性矩和惯

性积是 α 角的函数。可以证明，存在一个角 α_0，使图形对相应的坐标轴 y_0、z_0 轴的惯性积为零，则 y_0、z_0 轴称为图形在 O 点处的主惯性轴，图形对主惯性轴的惯性矩称主惯性矩。可以证明，某一点的主惯性矩是图形对通过该点所有轴的惯性矩中的最大值和最小值。

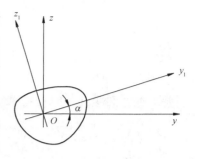

图 7-19

通过图形形心的主惯性轴，称为形心主惯性轴，简称形心主轴。图形对其形心主轴的惯性矩，称为形心主惯性矩，简称形心主矩。

如果图形有一个（或一个以上）的对称轴，则通过图形形心，与对称轴正交的两轴（包括对称轴），就是图形的形心主惯性轴。

思考题与习题

思考题与习题

第8章

轴向拉伸与压缩

8.1 轴向拉伸与压缩构件的内力

8.1.1 轴向拉伸与压缩的概念

在工程实践中，经常遇到承受轴向拉伸或压缩的构件，如图 8-1(a)所示的屋架，设外荷载作用在结点，各杆件是二力杆，发生轴向拉伸或压缩变形。图 8-1(b)所示斜拉桥的拉索发生轴向拉伸变形。

轴向拉伸与压缩

轴向拉伸或压缩杆件的受力特点是：杆件受到外力的合力作用线通过杆件的轴线；轴向拉(压)杆的变形特点是：杆件沿轴线方向伸长或缩短。轴向拉(压)杆的受力与变形如图 8-2 所示。

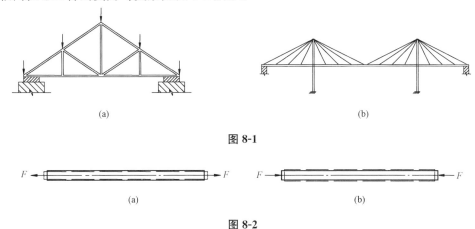

(a)   (b)

图 8-1

(a)   (b)

图 8-2

8.1.2 轴向拉(压)杆的内力

求内力的基本方法是截面法，可用于计算轴向拉(压)杆的内力，也可以用于计算其他变形的内力。为了计算图 8-3(a)所示杆件 $m—m$ 截面上的内力，用假想的平面将杆件沿 $m—m$ 截面切开，分为 I 和 II 两部分。取任一部分作为研究对象，每一部分都处于平衡状态。考虑左段 I 部分的平衡[图 8-3(b)]，I 部分除外力 F 作用外，$m—m$ 截面上受到另一

69

段对它的作用力，即截面的内力。根据连续性和均匀性假设，截面 $m—m$ 上的内力是连续分布的，这些分布内力的合力（或合力偶）称为内力。根据平衡条件，分布内力合力的作用线与杆件轴线重合，称为轴力，用 F_N 表示。轴力的正负号规定：拉伸（使杆件伸长）时为正，即拉力为正；压缩（使杆件缩短）时为负，即压力为负。图 8-3（b）、（c）所示的轴力为正。根据平衡条件 $\sum F_x = 0$，$F_N - F = 0$，得 $F_N = F$。

计算截面轴力时，一般假设轴力为拉力，根据平衡条件，计算所得轴力为正时，表明轴力是拉力；反之，轴力是压力。

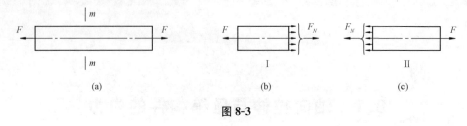

图 8-3

8.1.3 轴向拉(压)杆的内力图

若沿杆件轴线有多个外力作用，则杆件各部分横截面上的轴力将不尽相同。为了清楚地描述杆件各部分的内力分布，以与杆件轴线平行的轴作横坐标轴，横坐标 x 表示截面位置。以纵坐标表示内力值，作出的图线称为内力图。内力图可清楚、完整地表示杆件内力沿轴线变化的情况，是杆件进行应力、变形、强度和刚度等计算的依据。

轴向拉(压)杆的内力是轴力 F_N，内力图的纵坐标表示轴力值，因此，轴向拉(压)杆的内力图是轴力图，即 F_N 图。

【例 8-1】 等直杆受力情况如图 8-4(a)所示，求各部分横截面的轴力，并作杆件的轴力图。

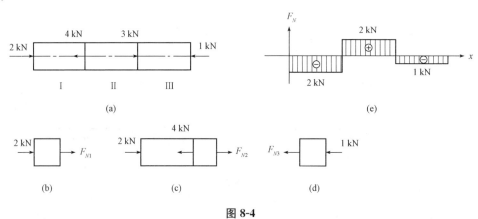

图 8-4

解： 考虑Ⅰ段，在该段内任一截面将杆切开，取左段作为研究对象，如图 8-4(b)所示，列平衡方程

$$\sum F_x = 0, \quad 2 + F_{N1} = 0, \quad 得\ F_{N1} = -2\ \text{kN}。$$

考虑Ⅱ段，研究对象如图 8-4(c)所示，列平衡方程

$\sum F_x = 0$，$2-4+F_{N2}=0$，得 $F_{N2}=4-2=2(\text{kN})$。

考虑Ⅲ段，研究对象如图 8-4(d)所示，列平衡方程

$\sum F_x = 0$，$-F_{N3}-1=0$，得 $F_{N3}=-1 \text{ kN}$。

作杆件的轴力图，如图 8-4(e)所示。

8.2 轴向拉(压)杆横截面上的应力

8.2.1 应力的概念

8.1 节描述轴向拉(压)杆的轴力是横截面上分布内力的合力，要了解截面上某点的受力情况需要点的应力的概念，计算杆件横截面上各点的应力是为杆件的强度计算作准备的。杆件横截面上的轴力与截面的形状和尺寸无关，只依据轴力不能判断杆件是否具有足够的强度。杆件的强度不仅与轴力的大小有关，与横截面的形状和尺寸有关，与杆件的材料也有关。

图 8-5(a)所示的杆件，受外力作用，考虑横截面 $m-m$，假想平面沿 $m-m$ 将杆件切开，取图 8-5(b)所示为研究对象。考虑横截面上点 K，在点 K 处取微小面积 ΔA，设在微小面积内受到的力为 ΔP，定义单位面积所受到的力为 K 点的平均应力 $\bar{p}$，即

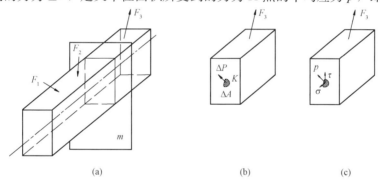

(a)　　　　　　(b)　　　　　　(c)

图 8-5

$$\bar{p} = \frac{\Delta P}{\Delta A} \tag{8-1}$$

当微面积 ΔA 趋于 0 时，$\dfrac{\Delta P}{\Delta A}$ 的极限值称为截面 K 点处的应力 p，即

$$p = \lim_{\Delta A \to 0} \frac{\Delta P}{\Delta A} \tag{8-2}$$

p 称为 K 点的总应力，可以将 p 分解为与横截面垂直的分量 σ 和与横截面平行的分量 τ，如图 8-5(c)所示。分量 σ 称为正应力，τ 称剪应力。正应力 σ 和剪应力 τ 的正负号规定：对于正应力 σ，拉应力(即应力矢量离开横截面)为正，压应力(即应力矢量指向横截面)为负。对于剪应力 τ，相对于隔离体顺时针转时为正，反之为负。

应力是矢量，其量纲是[力]/[长度²]，国际单位是 N/m²，即 Pa(帕斯卡)，常用单位

为 kPa(千帕)、MPa(兆帕)、GPa(吉帕)，它们的换算关系是

$1\ Pa=1\ N/m^2$

$1\ kPa=1\times10^3\ Pa$

$1\ MPa=1\times10^6\ Pa=1\ N/mm^2$

$1\ GPa=1\times10^9\ Pa$

8.2.2　轴向拉(压)杆横截面上的正应力

在轴向拉(压)杆的横截面上只有正应力 σ，根据连续性假设，横截面上存在连续分布的内力，设横截面面积为 A，任一微面积 dA 受到的内力是 σdA，组成一个垂直于横截面的空间平行力系。根据平衡条件，有

$$F_N=\int_A\sigma dA$$

要得到 σ 的计算公式，要知道 σ 的分布规律。这需要综合考虑几何关系、物理关系和静力学关系。

对轴向拉(压)杆进行观察，杆件受力前在其表面均匀画上与轴线平行的纵向线和与轴线垂直的横向线，如图 8-6(a)所示。其中，纵向线代表杆件的纵向纤维，横向线代表横截面。在杆件的两端施加一对拉力 F，可以观察到所有纵向线都伸长了，但保持直线且相互平行；所有横向线保持为直线，且垂直于杆轴线，横向线间距离增大，如图 8-6(b)所示。

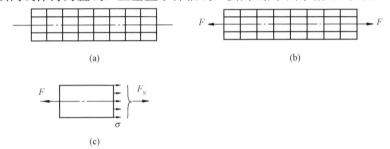

(a)　　　　　　　　　　　　(b)

(c)

图 8-6

根据上述观察到的现象，提出如下假设：

(1)纵向纤维无挤压假设。假设构件由多根纵向纤维组成，每一根纤维只受到轴向拉伸或压缩，纤维之间没有挤压。

(2)平面假设。由于每一根横向线代表横截面，横向线在变形后仍保持为直线，且垂直于杆轴线。可以假设变形前原来为平面的横截面，变形后仍保持为平面。这就是平面假设，又称平截面假设。从平面假设可以推断，所有纵向纤维的长度相等，由于材料是均匀的，各纵向纤维的性质相同，横截面上各点的受力相等。所以，杆件横截面上各点的正应力都等于 σ，由 $F_N=\int_A\sigma dA$ 得

$$F_N=\int_A\sigma dA=\sigma A$$

$$\sigma=\frac{F_N}{A} \tag{8-3}$$

式(8-3)是轴向拉(压)杆横截面上正应力的计算公式，与轴力 F_N 的正负号规定一样，

横截面上正应力规定拉应力为正,压应力为负。

【例 8-2】 在例 8-1 中,若直杆截面是直径为 20 mm 的圆截面,计算直杆各段横截面上的正应力。

解: 杆件的横截面面积

$$A = \frac{\pi}{4} \times 20^2 = 314.16 (\text{mm}^2)$$

$$\sigma_{\mathrm{I}} = \frac{F_{N\mathrm{I}}}{A} = \frac{-2 \times 10^3}{314.16} = -6.37 (\text{MPa})(\text{受压})$$

$$\sigma_{\mathrm{II}} = \frac{F_{N\mathrm{II}}}{A} = \frac{2 \times 10^3}{314.16} = 6.37 (\text{MPa})(\text{受拉})$$

$$\sigma_{\mathrm{III}} = \frac{F_{N\mathrm{III}}}{A} = \frac{-1 \times 10^3}{314.16} = -3.18 (\text{MPa})(\text{受压})$$

8.3 轴向拉(压)杆斜截面上的应力

8.2 节讨论了轴向拉(压)杆横截面上正应力的计算,有些轴向拉压杆沿横截面发生破坏,但有些杆件的破坏不发生在横截面,而是沿斜截面破坏。因此,为了更全面地研究拉压杆的强度,应分析斜截面上的应力。

对于图 8-7(a)所示的轴向拉压杆,受拉力 F 作用,考虑斜截面 $K—K$,截面的法线方向 n 与 x 轴的夹角为 α,斜截面 $K—K$ 也称为斜截面 α,设杆的横截面面积为 A,则横截面上的正应力为

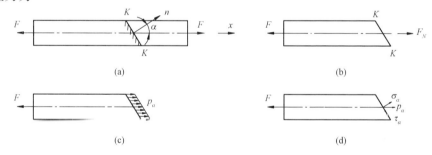

(a)   (b)

(c)   (d)

图 8-7

$$\sigma = \frac{F_N}{A} = \frac{F}{A}$$

设斜截面 α 的面积为 A_α,则

$$A_\alpha = \frac{A}{\cos\alpha}$$

假想一平面沿斜截面 $K—K$ 将杆件切开为两部分,如图 8-7(b)所示,设 $F_{N\alpha}$ 为斜截面 $K—K$ 上的内力,其作用线与 F 相同。根据平衡条件,有

$$F_{N\alpha} = F$$

斜截面上各点的变形是相同的,因此,斜截面上各点的应力是相同的,设斜截面上的总应力为 p_α,如图 8-7(c)所示,则

$$p_\alpha = \frac{F}{A_\alpha} = \frac{F}{A/\cos\alpha} = \frac{F}{A}\cos\alpha = \sigma\cos\alpha$$

将应力 p_α 分解为垂直于斜截面的正应力 σ_α 和平行于斜截面的剪应力 τ_α，有

$$\left.\begin{aligned}\sigma_\alpha &= p_\alpha\cos\alpha = \sigma\cos^2\alpha \\ \tau_\alpha &= p_\alpha\sin\alpha = \sigma\cos\alpha \cdot \sin\alpha = \frac{\sigma}{2}\sin2\alpha\end{aligned}\right\} \tag{8-4}$$

从式(8-4)中可以看出，斜截面上的正应力 σ_α 和剪应力 τ_α 都是 α 的函数，随着斜截面的方位不同，其上的应力也不同。

当 $\alpha = 0$ 时，斜截面 K—K 成为横截面，σ_α 有最大值，即

$$\sigma_{\alpha\max} = \sigma$$

当 $\alpha = 45°$ 时，τ_α 有最大值，即

$$\tau_{\alpha\max} = \frac{\sigma}{2}$$

此时，$\sigma_\alpha = \sigma\left(\dfrac{\sqrt{2}}{2}\right)^2 = \dfrac{\sigma}{2}$。

当 $\alpha = 90°$ 时，$\sigma_\alpha = 0$，$\tau_\alpha = 0$，说明在平行于杆件轴线的纵向截面上无任何应力。

综上所述，在轴向拉压杆的横截面上，正应力取最大值，剪应力为零。在与杆件轴线成 $45°$ 的斜截面上，剪应力取最大值，等于最大正应力的 $1/2$，此时正应力也等于最大正应力的 $1/2$。

8.4　轴向拉压杆的变形

轴向拉压杆除引起内力和应力外，还产生变形。杆件在轴向拉力作用下，会发生轴向伸长和横向收缩；反之，在轴向压力作用下，会发生轴向缩短和横向增大。

8.4.1　轴向变形

设等直杆原长为 l，横截面面积为 A，如图 8-8 所示，在轴力 F 作用下，杆长变为 l_1，杆件在轴线方向的伸长为

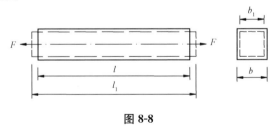

图 8-8

$$\Delta l = l_1 - l$$

式中，Δl 称为杆件的轴向绝对变形。为了消除杆件长度的影响，上式等号两边各项除以杆件原长 l，称为轴向相对变形或称轴向线应变，记作

$$\varepsilon = \frac{\Delta l}{l}$$

轴向拉伸时，Δl 和 ε 均为正值，而在轴向压缩时，Δl 和 ε 均为负值。

试验证明，当杆件所承受的外力 F 不超过一定限度时，伸长(缩短)Δl 与外力 F，杆长 l 成正比，与杆的横截面面积 A 成反比，即

$$\Delta l \propto \frac{Fl}{A}$$

引入比例常数 E，上式可写成

$$\Delta l = \frac{Fl}{EA} = \frac{F_N l}{EA} \tag{8-5}$$

式(8-5)就是轴向拉压直杆的轴向变形计算公式，它首先被英国科学家胡克(Robert Hooke)于 1678 年发现，故称为胡克定律。若将 $\sigma = \frac{F_N}{A}$，$\varepsilon = \frac{\Delta l}{l}$ 代入式(8-5)，可得胡克定律的另一种表达形式

$$\sigma = E\varepsilon \tag{8-6}$$

式(8-6)表明，当轴向拉压杆的正应力不超过某一限值时，应力与应变成正比。式中的比例常数 E 是表示材料弹性性能的常数，称为拉压弹性模量，也称杨氏模量。不同的材料有不同的弹性模量。

根据式(8-6)，线应变 ε 是无量纲量，因此，弹性模量 E 的量纲与正应力 σ 相同，为 $[\text{力}]/[\text{长度}^2]$，常用单位是 Pa、MPa、GPa，低碳钢的弹性模量约为 2×10^5 MPa，即 200 GPa。几种常见材料的弹性模量 E 值见表 8-1。

表 8-1　几种材料的 E、μ 值

材料名称	$E/(10^3 \text{ MPa})$	μ
碳　　钢	196～206	0.24～0.28
合 金 钢	194～206	0.25～0.30
灰口铸铁	113～157	0.23～0.27
白口铸铁	113～157	0.23～0.27
纯　　铜	108～127	0.31～0.34
青　　铜	113	0.32～0.34
冷拔黄铜	88.2～97	0.32～0.42
硬铝合金	69.6	—
轧 制 铝	65.7～67.6	0.26～0.36
混 凝 土	15.2～35.8	0.16～0.18
橡　　胶	0.007 85	0.461
木材(顺纹)	9.8～11.8	0.539
木材(横纹)	0.49～0.98	—

式(8-5)中的 EA 称为杆件的抗拉(压)刚度，它表示杆件抵抗弹性拉压变形的能力，在相同的外力作用下，EA 越大，杆件的变形越小。

8.4.2　横向变形

杆件变形前横向尺寸为 b(图 8-8)，变形后尺寸为 b_1，杆件在横向的绝对变形为

$$\Delta b = b_1 - b$$

杆件的横向线应变为

$$\varepsilon' = \frac{\Delta b}{b} = \frac{b_1 - b}{b}$$

试验证明，当杆件的正应力不超过材料的比例极限时，横向线应变 ε' 与纵向线应变之比的绝对值是一常数，即

$$\mu = \left| \frac{\varepsilon'}{\varepsilon} \right| \tag{8-7}$$

式中，μ 是常数，称为横向变形系数。式(8-7)是法国科学家泊松(Poisson)发现的，μ 又称为泊松比，它也是反映材料弹性性质的一个常数。常见材料的 μ 值见表8-1。

由于 ε' 和 ε 的符号总是相反，所以两者的关系可写成

$$\varepsilon' = -\mu\varepsilon$$

【例8-3】 如图8-9(a)所示，杆件各段横截面积为 $A_{AB}=50 \text{ cm}^2$，$A_{BC}=30 \text{ cm}^2$，$A_{CD}=20 \text{ cm}^2$，材料弹性模量 $E=2\times10^5 \text{ MPa}$。求：(1)各段的变形；(2)$D$ 截面的位移；(3)最大线应变。

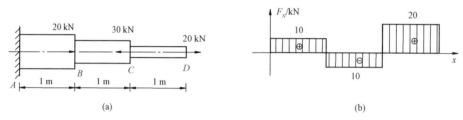

图 8-9

解： 作杆件的轴力图，如图8-9(b)所示。

$$(1)\Delta l_{AB} = \frac{F_{NAB}l_{AB}}{EA_{AB}} = \frac{10\times10^3\times1}{2\times10^5\times10^6\times50\times10^{-4}} = 1\times10^{-5}\,(\text{m})$$

$$\Delta l_{BC} = \frac{F_{NBC}l_{BC}}{EA_{BC}} = \frac{-10\times10^3\times1}{2\times10^5\times10^6\times30\times10^{-4}} = -1.67\times10^{-5}\,(\text{m})$$

$$\Delta l_{CD} = \frac{F_{NCD}l_{CD}}{EA_{CD}} = \frac{20\times10^3\times1}{2\times10^5\times10^6\times20\times10^{-4}} = 5.00\times10^{-5}\,(\text{m})$$

(2)计算 D 截面的位移：

$$u_D = \Delta l_{CD} + \Delta l_{BC} + \Delta l_{AB} = 5.00\times10^{-5} - 1.67\times10^{-5} + 1.00\times10^{-5} = 4.33\times10^{-5}\,(\text{m})$$

$$(3)\varepsilon_{AB} = \frac{\Delta l_{AB}}{l_{AB}} = \frac{1\times10^5}{1} = 1.00\times10^{-5}$$

$$\varepsilon_{BC} = \frac{\Delta l_{BC}}{l_{BC}} = \frac{-1.67\times10^5}{1} = -1.67\times10^{-5}$$

$$\varepsilon_{CD} = \frac{\Delta l_{CD}}{l_{CD}} = \frac{5.00\times10^5}{1} = 5.00\times10^{-5}$$

【例8-4】 图8-10(a)所示的结构 AB 杆是刚性杆，B 点受力 $F=20 \text{ kN}$，拉杆 CD 的横截面面积 $A=10 \text{ cm}^2$，材料的弹性模量 $E=200 \text{ GPa}$，$\angle ACD=45°$。求 B 点的竖向位移。

解： 在力 F 的作用下，刚性杆绕 A 点作圆周运动，B 点移动到 B' 点，CD 杆受拉，C 点移动到 C' 点，以 D 点为圆心，DC 为半径作圆弧，与 DC' 交于 C_1 点，考虑小变形，则

$\angle CC_1 C' = 90°$，$\overline{C_1 C'} = \Delta l_{CD}$，$\overline{CC'} = \sqrt{2}\,\Delta l_{CD}$。

以 AB 杆为研究对象：

$$\sum M_A(F) = 0，\quad F \cdot 2 - F_{NCD} \cdot \sin 45° \cdot 1 = 0，\text{得}\ F_{NCD} = \frac{2F}{\sin 45°} = 2\sqrt{2}\,F$$

根据胡克定律，有

$$\Delta l_{CD} = \frac{F_{NCD} l_{CD}}{EA} = \frac{2\sqrt{2}\,F \cdot \sqrt{2}}{EA} = \frac{4F}{EA}$$

$$\overline{CC'} = \sqrt{2}\,\Delta l_{CD} = \frac{4\sqrt{2}\,F}{EA}$$

$\triangle ABB'$ 和 $\triangle ACC'$ 相似，则

$$\frac{\overline{BB'}}{\overline{CC'}} = \frac{2}{1} = 2.$$

$$\therefore \overline{BB'} = 2\,\overline{CC'} = 2 \cdot \frac{4\sqrt{2}\,F}{EA} = \frac{8\sqrt{2}\,F}{EA} = \frac{8\sqrt{2} \times 20 \times 10^3}{200 \times 10^9 \times 10 \times 10^{-4}} = 1.13 \times 10^{-3}\,(\text{m})$$

B 点的竖向位移为 1.13×10^{-3} m。

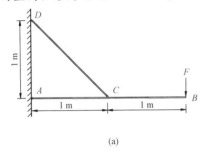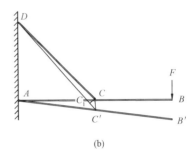

图 8-10

【例 8-5】 图 8-11(a)所示的等截面直杆，原长为 l，横截面面积为 A，材料的重度（单位体积的重量）为 γ，弹性常数为 E。杆件的 B 点受集中力 F 作用，考虑杆件自重，求 B 点的竖向位移。

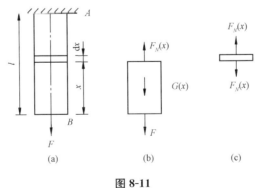

图 8-11

解：在距离 B 端 x 处假想一平面把杆件切断，以杆件下部作隔离体，如图 8-11(b)所示，隔离体受到的力有：集中力 F、自重 $G(x)$、截面上的轴力 $F_N(x)$。根据平衡条件，有

$$F_N(x) - G(x) - F = 0，\text{得}\ F_N(x) = G(x) + F$$

其中 $G(x)=\gamma Ax$，代入上式，得

$$F_N(x)=\gamma Ax+F$$

以横截面邻近的微段为隔离体，根据胡克定律，有

$$\mathrm{d}(\Delta l)=\frac{F_N(x)\mathrm{d}x}{EA}=\frac{[G(x)+F]}{EA}\mathrm{d}x$$

杆件的总变形是

$$\Delta l=\int_0^l\left(\frac{\gamma}{E}x+\frac{F}{EA}\right)\mathrm{d}x=\left(\frac{\gamma}{2E}x^2+\frac{F}{EA}x\right)\Big|_0^l=\frac{\gamma}{2E}l^2+\frac{F}{EA}l$$

B 点的竖向位移是

$$u_B=\Delta l=\frac{\gamma}{2E}l^2+\frac{F}{EA}l$$

8.5 材料在拉伸与压缩时的力学性能

杆件的强度和刚度与材料的力学性能密切相关。材料的力学性能（或称机械性能）是指材料从开始受力到破坏整个过程中，在破坏和变形方面所表现出的特性。材料的力学性能是通过试验测定的，通常采用常温下的静力拉伸和压缩试验。

8.5.1 材料拉伸时的力学性能

在常温条件下，以缓慢、平稳加载的方式进行的拉伸试验称为常温、静力拉伸试验，这是确定材料力学性能的基本试验。

拉伸试验一般采用圆形截面试件，根据国家标准，试件的尺寸有统一的规定。图 8-12 所示的试件，中部 AB 段长度称为标距 l，d 为试验段的直径，规定 $l=10d$ 或 $l=5d$。

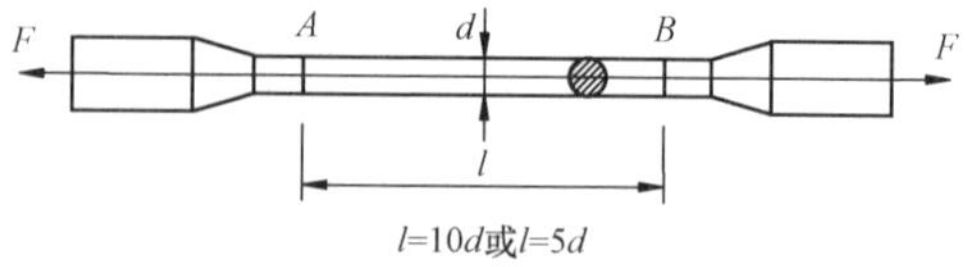

试件端部较粗，方便试验机夹头加载。端部与 AB 段之间用圆弧过渡，以缓和应力集中。

图 8-12

8.5.1.1 低碳钢在拉伸时的力学性能

低碳钢是指含碳量在 0.3% 以下的碳素钢。在工程实践中，低碳钢是广泛使用的钢材。在拉伸试验中，低碳钢表现出的力学性能最典型。

将试件安装在试验机上，缓慢加载，试验机的示力盘上指示出任一时刻的拉力 F 的值，测距仪测出试件标距 l 的伸长量 Δl。以 Δl 为横坐标，F 为纵坐标，根据测得的一系列数据，作出 F 和 Δl 的关系图 [图 8-13(a)]，称为拉伸图或 F-Δl 曲线。

F-Δl 曲线试件与试件尺寸有关，为了消除试件尺寸的影响，将拉力除以试件横截面的初面积 A，得试件横截面上的正应力 $\sigma=\dfrac{F}{A}$。将伸长量 Δl 除以标距的原始长度 l，得试件标距段的线应变 $\varepsilon=\dfrac{\Delta l}{l}$，以 ε 为横坐标，σ 为纵坐标，作 $\sigma\varepsilon$ 关系图 [图 8-13(b)]，称为轴向拉伸的应力-应变曲线或 $\sigma\varepsilon$ 曲线。

1. $\sigma\varepsilon$ 曲线的四个阶段

低碳钢拉伸的 $\sigma\varepsilon$ 曲线可分为以下四个阶段：

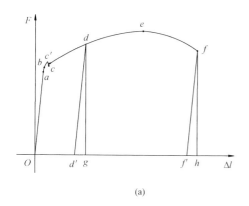

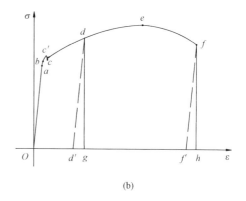

图 8-13

（1）弹性阶段。线段 Oa 是直线，a 点是直线阶段的最高点，其应力值称为比例极限 σ_p，低碳钢的比例极限约为 200 MPa。在比例极限内，应力与应变成正比，即满足胡克定律。直线的斜率 $\tan\alpha$ 等于弹性模量 E，即

$$\tan\alpha = \frac{\sigma}{\varepsilon} = E$$

如果在 a 点前卸载，在拉伸图上，自 a 点沿直线退回到 O 点，即当荷载完全卸去后，变形完全消失，试件恢复原状。

通过 a 点后，拉伸图呈微弯（ab 段），σ 与 ε 不再成正比，在 b 点内，荷载卸去后，变形完全消失，杆件的变形是弹性变形。因此，Ob 段称为弹性阶段，b 点的应力称为弹性极限，用 σ_e 表示。虽然弹性极限和比例极限的定义不同，但它们的值非常接近，在工程应用中一般不加区别。

（2）屈服阶段。通过 b 点后，应变的增加比应力快，当到达 c' 点时，应力突然下降，并在很小的范围内上下波动，使 $\sigma\varepsilon$ 曲线的平均值接近水平线，如图 8-13(b) 中 $c'c$ 所示。应力几乎保持不变而应变迅速增长的现象称为材料的屈服或流动。屈服阶段最高点对应的应力称为上屈服点，最低点对应的应力称为下屈服点，上屈服点不稳定，而下屈服点比较稳定，因此，通常以下屈服点作为材料的屈服极限或流动极限，以 σ_s 表示，低碳钢的 σ_s 约为 235 MPa。

材料屈服时，在光滑试件表面上可以看到许多与轴线约成 45°的斜线，称为滑移线，如图 8-14 所示。滑移线是由于材料内部晶格在与杆轴线成 45°的斜截面上受最大剪应力 τ_{max} 作用发生相对滑移所致。

此时，杆件的变形是塑性变形。在工程实践中，一般不允许杆件出现显著的塑性变形，所以屈服极限是衡量材料强度的一个重要指标。

（3）强化阶段。经过屈服阶段后，材料内部晶格重新排列，其抵抗变形的能力有所增强，要使试件继续伸长，必须增大拉力，这种现象称为材料的强化。在 $\sigma\varepsilon$ 曲线上，呈现缓慢上升的曲线，如图 8-13(b) 所示的 ce 段。强化阶段的最高点 e 所对应的应力，称为材料的强度极限，用 σ_b 表示，低碳钢的强度极限 σ_b 约为 400 MPa。强度极限是材料所能承受的最大应力，它是衡量材料强度的另一个重要指标。

（4）颈缩阶段。过了强化阶段的最高点 e 点，试件在最薄弱的横截面变细，出现颈缩现象，也称局部收缩现象，如图 8-15 所示。由于截面面积急剧下降，荷载也随之下降，最终

在最小截面处发生断裂。

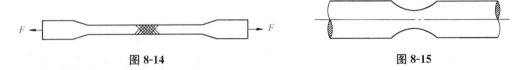

图 8-14   图 8-15

颈缩阶段应力下降，是因为应力的计算用拉力 F 除以试件原截面面积所致。实际上，由于截面面积急剧减小，试件真实的应力是上升的。

2. 卸载规律及冷作硬化

在弹性阶段的任一点逐渐卸载，在 $\sigma\varepsilon$ 曲线上则沿原曲线退到原点，变形将完全消失。

在强化阶段某一点 d 点，逐渐卸载，卸载路径是沿几乎与 Oa 直线平行的直线 dd'，退到与 x 轴的交点 d'。在卸载过程中应力与应变保持直线关系，这就是低碳钢的卸载规律。在 d 点，试件的应变是 $\overline{Og}$，卸载后，应变 $\overline{d'g}$ 消失了，而应变 $\overline{Od'}$ 永久保留下来，这部分应变称为塑性应变。若此时重新加载，则曲线从 d' 开始，沿直线 $d'd$ 上升，到达 d 点后沿曲线 def 变化，直到 f 点试件被拉断，此时比例极限是 d 点对应的应力。将材料拉伸超过屈服极限后卸载，再次加载时，材料的比例极限有所提高，而断裂时的塑性变形有所减小，这种现象称为冷作硬化。在工程应用中，常利用材料的冷作硬化特性，对金属进行冷加工，如对钢筋冷拉，以提高材料的比例极限，但总的塑性变形减小。这对杆件承受冲击和振动荷载是不利的。

3. 延伸率和截面收缩率

(1)延伸率。试件的延伸率 δ 按下式计算：

$$\delta=\frac{l_1-l}{l}\times100\%$$ (8-8)

式中，l_1 是试件断裂后标距 AB 的长度，l 是变形前标距 AB 的长度。

根据延伸率的值，可将材料分成两大类：$\delta>5\%$ 的材料称为塑性材料；$\delta<5\%$ 的材料称为脆性材料。低碳钢的延伸率为 $20\%\sim30\%$，说明低碳钢是一种良好的塑性材料。常见的塑性材料有低碳钢、铜、铝等金属材料。常见的脆性材料有铸铁、混凝土、砖块等。

(2)截面收缩率。试件的截面收缩率 ψ 按下式计算：

$$\psi=\frac{A-A_1}{A}\times100\%$$ (8-9)

式中，A 为试件加载前的横截面面积，A_1 是试件断裂后断口最小横截面面积。

低碳钢的截面收缩率为 $50\%\sim60\%$。

延伸率 δ 和截面收缩率 ψ 是衡量材料塑性性能的两个重要指标，称为材料的塑性指标。

8.5.1.2 其他塑性材料在拉伸时的力学性能

工程上常用的塑性材料，除低碳钢外，还有中碳钢、某些高碳钢、合金钢、铝合金、铜等。图 8-16 显示几种塑性材料的 $\sigma\varepsilon$ 曲线，有些材料有明显的屈服平台，如 16 Mn 钢和低碳钢，而有些材料没有明显的屈服平台，如黄铜。

对于不存在明显屈服阶段的塑性材料，常以卸载后产生数值为 0.2% 的残余应变的点所对应的应力作为屈服应力，称为名义屈服极限，用 $\sigma_{0.2}$ 表示。如图 8-17 所示，在横坐标轴上取 $OB=0.2\%$，以 B 点作直线平行于直线段 OA，与 $\sigma\varepsilon$ 曲线交于 C 点，则 C 点对应的应力即名义屈服极限。

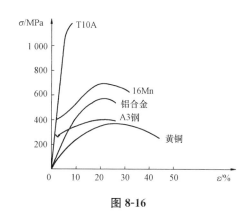

图 8-16

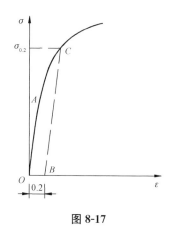

图 8-17

8.5.1.3 铸铁拉伸时的力学性能

灰口铸铁拉伸时的 $\sigma\varepsilon$ 曲线是一段微弯的曲线，如图 8-18 所示，没有明显的直线部分，没有屈服和颈缩现象。在微小的拉力作用下就被拉断。拉断前试件的应变很小，延伸率也很小，灰口铸铁是典型的脆性材料。

铸铁的 $\sigma\varepsilon$ 曲线没有明显的直线部分，弹性模量 E 是个变量，通常取曲线的割线代替曲线的开始部分，以割线的斜率作为弹性模量，称为割线弹性模量。在工程应用中，铸铁的拉应力不高，可近似地认为铸铁的拉伸变形服从胡克定律。

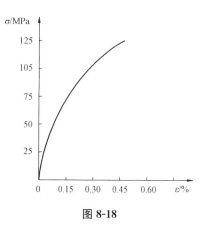

图 8-18

铸铁拉断时的最大应力即强度极限，由于没有屈服阶段，强度极限是衡量强度的唯一指标。铸铁等脆性材料的抗拉强度很低，不宜受拉构件。

8.5.2 材料在压缩时的力学性能

压缩试件通常采用圆形截面或正方形截面的短柱体，对于圆柱形试件，规定高度不大于直径的 3 倍，对于混凝土试件，通常采用立方体。

1. 低碳钢在压缩时的力学性能

低碳钢的压缩试验如图 8-19 所示，试验结果表明，低碳钢压缩时的弹性模量 E、屈服极限 σ_s、比例极限 σ_p 与拉伸时大致相同。由低碳钢压缩的 $\sigma\varepsilon$ 曲线（图 8-20），可知直至屈服阶段，低碳钢的拉伸曲线和压缩曲线重合，试件屈服后，两曲线才有区别。当应力超过屈服极限后，试件产生明显的轴向和横向塑性变形。试件越压越扁，由于承压面有摩擦力，使端面的横向变形受阻，试件变成鼓形。随着荷载的增加，试件横截面越压越大，最后压成薄饼形。由于不会出现断裂现象，低碳钢在压缩时无法测得其抗压强度极限。

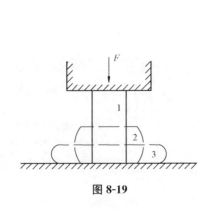

图 8-19

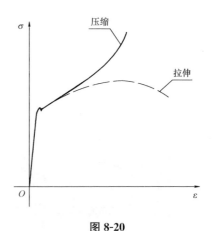

图 8-20

2. 其他材料在压缩时的力学性能

铜、铝等塑性材料压缩时的力学性能与低碳钢相似。

铸铁受压的试验结果如图 8-21 所示，其抗压强度极限远大于其抗拉强度极限，破坏时的塑性应变也比受拉时大，破坏时成鼓形。断口与横截面的夹角约为 $50°$。

混凝土、石料等非金属脆性材料的抗压能力比抗拉能力大得多，这是脆性材料的一个共同特点。因此，脆性材料通常用作受压构件，而不宜用作受拉构件。

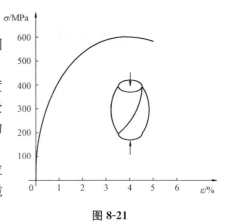

图 8-21

8.6 强度条件与强度计算

8.6.1 极限应力

极限应力（或危险应力）是指材料破坏或产生较大塑性变形时的应力，它表示材料所能承受的最大应力。对于塑性材料，当应力达到屈服极限（σ_s 或 $\sigma_{0.2}$）时，试件发生明显的塑性变形，一般认为试件已不能正常工作，因而不满足强度条件。因此，将屈服极限（σ_s 或 $\sigma_{0.2}$）作为塑性材料的极限应力。对于脆性材料，其 $\sigma\varepsilon$ 曲线没有明显的屈服平台，强度极限是脆性材料唯一的强度指标，所以，脆性材料的极限应力是强度极限 σ_b。

8.6.2 许用应力和安全系数

为了使构件能安全工作，构件在荷载作用下的应力（工作应力）必须小于极限应力，并有一定的安全裕度。将构件的极限应力除以一个大于 1 的正数，称为许用应力，记作 $[\sigma]$。

对于塑性材料

$$[\sigma]=\frac{\sigma_s}{n_s} \tag{8-10a}$$

对于脆性材料

$$[\sigma]=\frac{\sigma_b}{n_b} \tag{8-10b}$$

式中，n_s 和 n_b 分别称为塑性材料和脆性材料的安全系数，其值大于 1。

常用材料的许用应力见表 8-2。

表 8-2　常用材料的许用应力

材料名称	牌号	应力种类		
		$[\sigma^+]$	$[\sigma^-]$	$[\tau]$
普通碳钢	Q235	152～167	152～167	93～98
低碳合金钢	16Mn	211～238	211～238	127～142
灰铸铁		28～78	118～147	—
混凝土		0.098～0.69	0.98～8.8	—
松木(顺纹)		6.9～9.8	8.8～12	0.98～1.27

注：1. $[\sigma^+]$为许用拉应力；$[\sigma^-]$为许用压应力；$[\tau]$为许用剪应力。
　　2. 表中所列应力单位为 MPa。
　　3. 材料质量好，厚度或直径较小时取上限；材料质量较差，尺寸较大时取下限；其详细规定，可参阅有关设计规范或手册。

8.6.3　轴向拉压时的强度条件

为了确保轴向拉压杆有足够的强度，要求杆件的实际工作应力不超过材料的许用应力，称为轴向拉压杆的强度条件，即

$$\sigma=\frac{F_N}{A}\leqslant[\sigma] \tag{8-11}$$

上述强度条件可以解决以下三种类型的强度计算问题。

1. 强度校核

若已知杆件截面尺寸、荷载值和材料的许用应力，可以通过强度条件

$$\sigma=\frac{F_N}{A}\leqslant[\sigma]$$

验算杆件是否满足强度要求。

2. 截面设计

若已知杆件的许用应力和材料所承受的荷载，可将强度条件写成

$$A\geqslant\frac{F_N}{[\sigma]}$$

上式可确定杆件的截面面积，进而确定截面尺寸。

3. 荷载估计

若已知杆件的截面尺寸和材料的许用应力，强度条件可写为

$$F_N\leqslant[\sigma]A$$

上式可确定杆件所能承受的最大轴力，根据杆件的最大轴力可以确定工程结构的许可荷载。

【例 8-6】 木圆杆的直径为 160 mm，承受的荷载如图 8-22(a)所示，材料的许用拉应力 $[\sigma_t]=6.5$ MPa，许用压应力$[\sigma_c]=10$ MPa，试对该杆作强度校核。

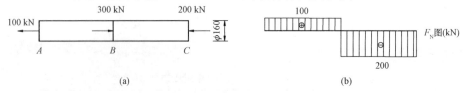

图 8-22

解： 作杆的轴力图，如图 8-22(b)所示，可知

$$F_{Nt,max}=100\ \text{kN},\ F_{Nc,max}=200\ \text{kN}$$

截面面积为 $A=\dfrac{\pi}{4}d^2=\dfrac{\pi}{4}\times160^2=20\ 106.19(\text{mm}^2)$

$$\sigma_{t,max}=\frac{F_{Nt,max}}{A}=\frac{100\times10^3}{20\ 106.19}=4.97(\text{MPa})<[\sigma_t]=6.5\ \text{MPa}$$

$$\sigma_{c,max}=\frac{F_{Nc,max}}{A}=\frac{200\times10^3}{20\ 106.19}=9.95(\text{MPa})<[\sigma_c]=10\ \text{MPa}$$

∴ 圆杆满足强度条件。

【例 8-7】 图 8-23(a)所示结构，AB 杆是圆杆，直径为 d。AC 杆截面是正方形，边长为 a。材料的许用应力$[\sigma]=170$ MPa，A 点处作用集中力 50 kN。试确定 d、a 的值。

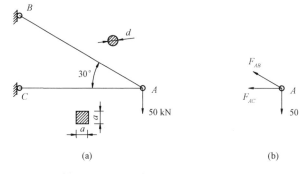

图 8-23

解： 以 A 点为隔离体，其受力图如图 8-23(b)所示，得一平面汇交力系，根据平衡条件

$$\sum F_x=0,\ -F_{AC}-F_{AB}\cos30°=0$$

$$\sum F_y=0,\ F_{AB}\sin30°-50=0$$

解得 $F_{AB}=100$ kN，$F_{AC}=-86.60$ kN。

根据轴向拉压杆的强度条件

$$\sigma_{AC}=\frac{F_{AC}}{A_{AC}}\leqslant[\sigma]，\text{即}$$

$$\frac{86.60\times10^3}{a^2}\leqslant170，得 a\geqslant22.57\ \text{mm}，取 a=25\ \text{mm}。$$

$$\sigma_{AB}=\frac{F_{AB}}{A_{AB}}\leqslant[\sigma]，\text{即}$$

$$\frac{100 \times 10^3}{\frac{\pi}{4}d^2} \leqslant 170, \text{ 得 } d \geqslant 27.37 \text{ mm}, \text{ 取 } d = 30 \text{ mm}。$$

因此，d 取 30 mm，a 取 25 mm。

【例 8-8】 图 8-24 所示的结构中 AC 杆是刚性杆，拉杆 BD 的材料是低碳钢，截面直径 $d=150$ mm，许用应力$[\sigma]=170$ MPa。试确定集中力 F 的许用荷载。

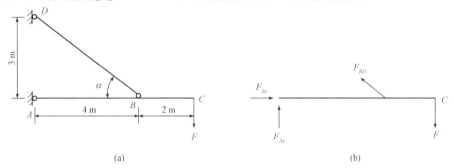

图 8-24

解：以刚性杆 AC 为隔离体，其受力图如图 8-24(b)所示，根据平衡条件

$$\sum M_A(F) = 0, \quad F_{BD} \sin\alpha \cdot 4 - F \cdot 6 = 0$$

其中 $\sin\alpha = \frac{3}{5}$，$\cos\alpha = \frac{4}{5}$，代入上式可解得 $F_{BD} = \frac{5}{2}F$。

考虑 BD 杆，根据强度条件

$$\frac{F_{BD}}{A_{BD}} \leqslant [\sigma], \text{ 代入数据，得} \quad \frac{\frac{5}{2}F}{\frac{\pi}{4} \times 150^2} \leqslant 170,$$

$$\therefore F \leqslant 1.20 \text{ kN}$$

因此，F 的许用荷载$[F] = 1.20$ kN。

8.7　应力集中的概念

等截面直杆受轴向拉伸或压缩时，横截面上的应力是均匀分布的。而工程应用中常需要在杆件中开孔、切口、切槽或采用阶梯轴等，从而导致某些截面尺寸发生突然变化。试验结果和理论分析表明，杆件截面尺寸突然变化处的应力是剧烈变化的，而距离尺寸突变稍远处应力迅速降低而趋于均匀。杆件由于几何形状突然变化而引起局部应力急剧增大的现象，称为应力集中。

图 8-25(a)所示的轴向拉伸杆，在轴线处有一个小圆孔，小孔附近处的应力急剧增大，在大应力的小孔边缘，记作 σ_{max}，但距离小孔边缘稍远的区域，应力迅速降低，如图 8-25(b)所示。设平均应力为 σ_m，则比值

$$k = \frac{\sigma_{max}}{\sigma_m} \tag{8-12}$$

称为应力集中系数，它反映了应力集中程度，其值大于1。

图 8-26 显示阶梯轴的应力集中现象。

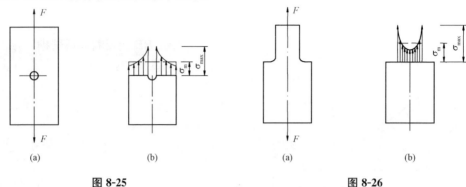

图 8-25   图 8-26

试验结果表明，截面几何尺寸变化越剧烈，应力集中系数越大。因此，在工程应用中，为了减轻应力集中程度，截面几何尺寸改变处尽可能平缓过渡，如采用倒角、圆角过渡。

各种材料对应力集中的敏感程度不一样。对于塑性材料，当某点的最大应力 σ_{max} 达到材料的屈服极限时，该点进入塑性变形，当外荷载继续增大时，该点的应力并不增大，而相邻的区域的应力相继达到屈服极限，进入塑性变形状态。塑性变形区域不断增大，最后整个截面都进入塑性变形状态，应力都达到屈服极限 σ_s。所以，塑性材料在静力荷载作用下，可不考虑应力集中的影响。对于脆性材料，没有屈服阶段，应力集中时最大应力 σ_{max} 不断增大，首先达到强度极限 σ_b，产生裂纹。因此，对于脆性材料，应力集中的影响很大。对于灰铸铁这类材料，内部的不均匀性和缺陷是产生应力集中的主要因素，构件几何尺寸的变化反而成了次要因素。因此，几何尺寸的变化对承载力不一定造成明显的影响。

如果构件受到动力荷载作用，无论是塑性材料还是脆性材料，应力集中对构件的强度都有严重的影响，应给予足够的重视。

8.8 剪切和挤压的实用计算

8.8.1 剪切和挤压的概念

在工程实践中，经常用到各种各样的连接，如连接两块受拉钢板的螺栓连接［图 8-27（a）］、铆钉连接［图 8-27(b)］和销钉连接［图 8-27(c)］等，称为连接件。

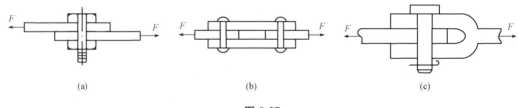

图 8-27

连接件的受力形式是：杆件受到一对垂直于轴的大小相等、方向相反、作用线距离很小的力的作用，产生剪切变形。连接件的破坏有两种形式，第一种是两作用力之间的截面发生滑移、错动，导致剪切破坏；第二种是在外力接触部分及附近区域发生较大的变形而失效破坏。图 8-28 所示的螺栓杆变形前截面是圆形，受力接触部分变形后被压成扁圆，被连接的钢板在孔边接触部分也可能被压得起皱，这种破坏形式称为挤压破坏。剪切破坏和挤压破坏时的应力分布

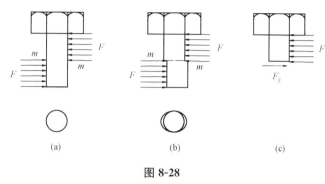

图 8-28

很复杂，本节仅介绍工程上实用的处理方法。

8.8.2 剪切的实用计算

剪切破坏发生在两个方向相反力作用的截面上，此截面称为剪切面。剪切面上的内力可用截面法计算，对图 8-28(a)所示的螺栓，假设一平面将螺栓在 m—m 处切断，取上部分作为研究对象，剪切面上的内力与外力平行，即与剪切面平行，称为剪力，用 F_S 表示。剪切面的应力分布相当复杂，因此，真实的剪切面的应力计算很复杂，工程上为了方便计算，假定剪应力在剪切面内均匀分布，将剪力 F_S 除以剪切面面积 A_S，得名义剪应力

$$\tau = \frac{F_S}{A_S} \tag{8-13}$$

式中的剪应力 τ 是名义剪应力，不是真实的剪应力，不能用材料真实的极限剪应力除以安全系数作为许用剪应力。工程上用名义许用剪应力[τ]建立剪切强度条件

$$\tau = \frac{F_S}{A_S} \leqslant [\tau] \tag{8-14}$$

各种材料的许用剪应力[τ]可以从有关规范查得，

对于塑性材料，有

$$[\tau] = (0.6 \sim 0.8)[\sigma]$$

对于脆性材料，有

$$[\tau] = (0.8 \sim 1.0)[\sigma]$$

8.8.3 挤压的实用计算

两个物体相互接触，且有压力传递时，会产生挤压。上述压力称为挤压力，记作 F_c。接触面上压力传递的区域称为挤压面。挤压力在挤压面上的分布也是非常复杂的，图 8-29(b)显示挤压力分布的大致规律。工程上也采用挤压的实用计算方法，认为挤压应力在挤压计算面内均匀分布，即

$$\sigma_c = \frac{F_c}{A_c} \tag{8-15}$$

式中，F_c 是挤压力，A_c 是挤压面在 F_c 方向上的投影面积，称为挤压计算面积。挤压应力在挤压面上的分布并不是均匀的，但用式(8-15)计算的 σ_c 接近挤压面上的最大挤压应力。

挤压实用计算的强度条件为

$$\sigma_c = \frac{F_c}{A_c} \leqslant [\sigma_c] \qquad (8\text{-}16)$$

各种材料的许用挤压应力，可以从有关规范查得，通常钢连接件的许用挤压应力有以下关系：

$$[\sigma_c] = (1.7 \sim 2.0)[\sigma]$$

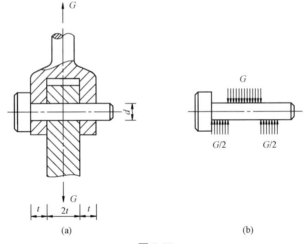

图 8-29

【例 8-9】 图 8-30(a)所示为某起重机具销轴将吊钩与吊板联结在一起。吊起重物 G，已知 $G = 50$ kN，销轴直径 $d = 25$ mm，吊钩厚度 $t = 20$ mm，销轴许用应力 $[\tau] = 60$ MPa，$[\sigma_c] = 120$ MPa。试校核销轴的强度。

解： 销轴的受力图如图 8-30(b)所示，可知 $F_S = \dfrac{G}{2} = \dfrac{50}{2} = 25$(kN)

挤压力 $F_c = G = 50$ kN

$$\tau = \frac{F_S}{A_S} = \frac{G/2}{\frac{\pi}{4}d^2} = \frac{25 \times 10^3}{\frac{\pi}{4} \times 20^2} = 79.58(\text{MPa}) > [\tau] = 60 \text{ MPa}$$

$$\sigma_c = \frac{F_c}{A_c} = \frac{G}{d \cdot 2t} = \frac{50 \times 10^3}{25 \times 2 \times 20} = 50(\text{MPa}) < [\sigma_c] = 120 \text{ MPa}$$

销轴不满足剪切强度，满足挤压强度，因此销轴不满足强度条件。

图 8-30

思考题与习题

思考题与习题

第 9 章

扭　转

9.1　扭转的概念

扭转变形是杆件的四个基本变形之一,当杆件受到两个大小相等、方向相反、作用面与杆轴线垂直的力偶作用时,杆件发生扭转变形,如图 9-1 所示。

扭转

图 9-1

工程中受扭构件很多,如汽车方向盘操纵杆[图 9-2(a)]、机器的传动轴[图 9-2(b)]、建筑物的阳台梁[图 9-2(c)]等构件的主要变形是扭转变形。机械工程中的扭转变形构件截面多为圆形,称为轴。

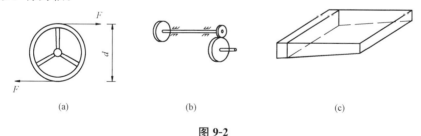

(a)　　　　　　　　　(b)　　　　　　　　　(c)

图 9-2

图 9-1 所示轴两相邻截面 O_1 和 O_2 间的纵向直线 AB 在轴的外表面,发生扭转变形时,横截面绕轴线转动某一角度,称为扭转角。O_2 截面相对于 O_1 截面的扭转角 φ 称为相对扭转角。

一般杆件受扭后,横截面会发生翘曲,允许横截面自由翘曲的扭转称为自由扭转;反之,不允许自由翘曲的扭转称为约束扭转。

本章主要介绍圆轴的自由扭转。

9.2 外力偶矩、扭矩和扭矩图

9.2.1 外力偶矩的计算

在实际工程中，一般不直接给出作用在轴上的外力偶矩，只知道轴的转速与所传递的功率。因此，在分析轴的内力时，需要根据轴的转速和功率计算轴所承受的力偶矩。

根据功的定义可知，力偶在单位时间内所作的功是功率 P，等于力偶矩 M 与单位时间角位移的乘积，即

$$P = M\varphi \tag{9-1a}$$

在工程应用中，功率 P 的常用单位是 kW，外力偶矩 M 的常用单位为 N·m，转速 n 的常用单位为 r/min(转/分)，而每分钟产生的角位移为 $\varphi = 2\pi n$，于是式(9-1a)变为

$$P \times 10^3 = M \times \frac{2\pi n}{60}$$

即

$$M = \frac{60 \times 10^3}{2\pi} \cdot \frac{P}{n} = 9\,549\,\frac{P}{n} \tag{9-1b}$$

式中，M 为外力偶矩，单位为牛·米(N·m)；P 为轴传递的功率，单位为千瓦(kW)；n 为轴的转速，单位为转/分(r/min)。

9.2.2 扭矩

圆轴在外力偶的作用下，计算横截面上的内力时仍可使用截面法。图 9-3 所示的轴在外力偶 M 作用下产生扭转变形，现欲求任一截面 C 的内力。设有一平面 P 垂直于杆轴线，在截面 C 处将轴切开，取左段为隔离体[图 9-3(b)]，为了保持平衡，截面 C 上的分布内力的合力必为一力偶 T，并与外力偶 M 平衡。由平衡条件 $\sum M_x = 0$ 得 $T - M = 0$，即 $T = M$。该力偶矩称为扭矩，常用单位是 N·m 或 kN·m。

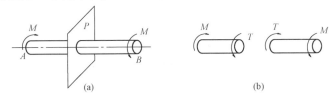

图 9-3

若取右段为隔离体，同理可求得 C 截面上的内力偶，与左段求得的内力偶大小相等、方向相反。为了使取任一段作为隔离体所求得的同一截面上的扭矩都有相同的正负号，对扭矩的正负号按右手螺旋法则规定：右手握拳，四指与扭矩的转向相同，大拇指的指向与截面外法线相同(离开截面)时，扭矩为正；反之为负。扭矩正负号的规定如图 9-4 所示。

图 9-4

9.2.3 扭矩图

当一根轴上有多个外力偶作用时，轴各段的扭矩不尽相同，需要分段计算各段扭矩。为了清楚描述轴各段扭矩的变化情况，可绘制轴的扭矩图。以平行于轴线的方向作横轴，表示截面的位置，以垂直于轴线的纵轴表示扭矩的大小，正扭矩画在横轴上方，负扭矩画在横轴下方。扭矩图要标明正负号，并标明扭矩值。扭矩图与横坐标间要画垂直于轴线的细直线。

【例 9-1】 传动轴如图 9-5(a)所示，主动轮 A 的输入功率 $P_A = 60$ kW，从动轮 B、C 的输出功率 $P_B = 40$ kW，$P_C = 20$ kW，轴的转速 $n = 500$ r/min。试画轴的扭矩图。

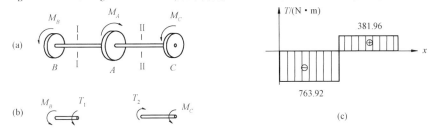

图 9-5

解：(1)计算作用于各轮的外力偶矩：

$$M_A = 9\ 549\ \frac{P_A}{n} = 9\ 549 \times \frac{60}{500} = 1\ 145.88(\text{N} \cdot \text{m})$$

$$M_B = 9\ 549\ \frac{P_B}{n} = 9\ 549 \times \frac{40}{500} = 763.92(\text{N} \cdot \text{m})$$

$$M_C = 9\ 549\ \frac{P_C}{n} = 9\ 549 \times \frac{20}{500} = 381.96(\text{N} \cdot \text{m})$$

(2)计算 AB 段和 AC 段的扭矩。用截面法，假想截面 I 将轴切成两部分，以左段为研究对象，如图 9-5(b)所示，假设截面 I 上有扭矩，按正扭矩假设，根据平衡条件 $T_1 + M_B = 0$，得 $T_1 = M_B = -763.92(\text{N} \cdot \text{m})$。

对于 AC 段，假想截面 II 将轴切成两部分，以右段为研究对象，根据平衡条件 $T_2 - M_C = 0$，得 $T_2 = M_C = 381.96(\text{N} \cdot \text{m})$。

(3)作轴的扭矩图如图 9-5(c)所示。

9.3 剪切胡克定律

9.3.1 剪应变

当构件受到两大小相等、方向相反、作用线相距很近的平行外力作用时，产生剪切变形，在外力作用处的截面将产生相对错动，如图 9-6(a)所示。微正方体 $abdc$ 变成平行六面体 $ab'd'c$，如图 9-6(b)所示，位移 bb'(或 dd')称为绝对剪切变形，而 $\frac{bb'}{\text{d}x} = \tan\gamma \approx \gamma$，称为相对剪切变形，或剪应变。剪应变是直角的改变量，故又称角应变。剪应变的单位可理解为弧度(rad)，实际上，它是一个无量纲量。线应变 ε 和剪应变 γ 是度量物体变形的两个基本量。

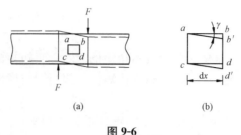

图 9-6

9.3.2 剪切胡克定律

试验表明，当剪应力不超过材料的剪切比例极限 τ_p 时，剪应力 τ 与剪应变 γ 成正比(图 9-7)，即

$$\tau = G\gamma \tag{9-2}$$

式(9-2)称为剪切胡克定律，其中 G 称为剪切弹性模量，它反映了材料抵抗剪切变形的能力，其单位与应力的单位相同。各种材料的 G 值可由试验测定，也可从有关手册中查得。低碳钢的剪切弹性模量约为 80 GPa。

到目前为止，学习了三个弹性常数，即弹性模量 E、剪切弹性模量 G 和泊松比 μ，可以证明，它们满足以下关系：

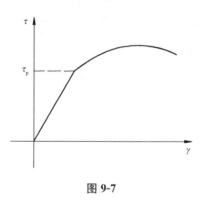

图 9-7

$$G = \frac{E}{2(1+\mu)} \tag{9-3}$$

若已知材料三个弹性常数中的两个，则可以由式(9-3)计算第三个常数。

9.4 圆轴扭转时横截面的剪应力

分析圆轴扭转时横截面的剪应力，需要综合考虑几何关系、物理关系和静力学关系。

9.4.1 几何关系

观察圆轴扭转时的变形。在圆轴表面画上纵向线和横向线(圆周线)，在外力作用下，产生图 9-8(a)所示的变形。可观察到：圆周线之间的距离不变，圆周线仍然保持圆形，直径不变，绕轴线转动一个角度。纵向线由直线变成螺旋线，保持平行。纵向线与圆周线不再垂直。

上述现象是在圆轴表面观察到的，圆轴内部的变形不能直接看到，只能作合理的假定。因此，提出平面假设：圆轴横截面变形前后保持平面，只是绕轴线转动一个角度。由平面假设可知，各纵向线长度不变，因此横截面上各点的正应变为零，可知各点的正应力也为零。

取圆轴上长为 $\mathrm{d}x$ 一微段，两截面的相对转角为 $\mathrm{d}\varphi$[图 9-8(b)]，轴表面的纵向线段 ab

变为 ab'，考虑 b 点的位移 bb'，从横截面上看是绕 O' 点转动 $\mathrm{d}\varphi$ 所画的圆弧，因此

$$bb' = R\mathrm{d}\varphi$$

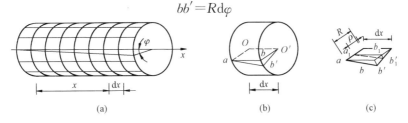

图 9-8

从轴表面看，是绕 a 点转动 γ 所画的圆弧，因此

$$bb' = \gamma\mathrm{d}x$$

故 $R\mathrm{d}\varphi = \gamma\mathrm{d}x$，即 $\gamma = R\dfrac{\mathrm{d}\varphi}{\mathrm{d}x}$。

内部变形与表面相同，半径为 ρ 的点的剪应变为

$$\gamma_\rho = \rho\frac{\mathrm{d}\varphi}{\mathrm{d}x} \tag{9-4}$$

式中，$\dfrac{\mathrm{d}\varphi}{\mathrm{d}x}$ 是单位长度的扭转角，式(9-4)描述了横截面上剪应力的分布规律，任一点的剪应变与该点到圆心的距离 ρ 成正比。图 9-9(a)所示为剪应变的分布图。

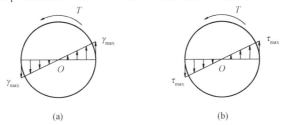

图 9-9

9.4.2　物理关系

当材料的剪应力不超过剪切比例极限 τ_ρ 时，剪切胡克定律成立，可得剪应力的分布规律

$$\tau_\rho = G\gamma_\rho = G\rho\frac{\mathrm{d}\varphi}{\mathrm{d}x} \tag{9-5}$$

式(9-5)表明截面上任一点的剪应力与该点到圆心的距离成正比，在外圆周处有最大剪应力 $\tau_{\max}$，而圆心处剪应力为零。圆截面的剪应力分布如图 9-9(b)所示。

9.4.3　静力学关系

横截面上任一点的剪应力分布规律已知，图 9-10 中所示截面上某点的邻域面积为 $\mathrm{d}A$，该微面积的剪力为

$$\mathrm{d}F_S = \tau_\rho\mathrm{d}A$$

截面上所有微面积上的剪力对圆心的力矩之和就是扭矩 T，即

$$T = \int_A \rho \cdot dF_S = \int_A \rho \tau_\rho dA = \int_A \rho G\rho \frac{d\varphi}{dx} dA = \int_A G\rho^2 \frac{d\varphi}{dx} dA$$

上式中 G 为剪切弹性模量，对于材料确定的轴是常数。$\frac{d\varphi}{dx}$ 是单位长度的扭转角，对上述积分而言是常数。因此，上式可写成

$$T = G \frac{d\varphi}{dx} \int_A \rho^2 dA$$

上式积分 $\int_A \rho^2 dA$ 是截面对圆心的极惯性矩 I_p，上式变为

$T = GI_p \dfrac{d\varphi}{dx}$，即

$$\frac{d\varphi}{dx} = \frac{T}{GI_p} \tag{9-6}$$

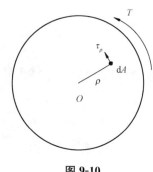

图 9-10

式中，GI_p 称为抗扭刚度，当扭矩 T 不变时，GI_p 越大，单位扭转角 $\dfrac{d\varphi}{dx}$ 越小，变形越小。

将式(9-6)代入式(9-5)，得

$$\tau_\rho = \frac{T\rho}{I_p} \tag{9-7}$$

式(9-7)是圆轴扭转横截面上的剪应力计算公式，它表明横截面上的剪应力与扭矩 T 成正比，与该点到圆心的距离 ρ 成正比，与极惯性矩成反比。剪应力在横截面内线性分布，与材料性质无关，只取决于内力和截面形状。

【例 9-2】 某圆轴直径 $D=60$ mm，传递的扭矩 $T=2$ kN·m，如图 9-11 所示。计算与圆心距离 $\rho=40$ mm 处的点 K 的剪应力和横截面上的最大剪应力 τ_{max}。

解： 计算横截面的极惯性矩：

$$I_p = \frac{\pi D^4}{32} = \frac{\pi \times 60^4}{32} = 1.272 \times 10^6 (\text{mm}^4)$$

计算 K 点的剪应力：

$$\tau_K = \frac{T\rho_K}{I_p} = \frac{2 \times 10^3 \times 10^3 \times 40}{1.272 \times 10^6} = 62.89 (\text{MPa})$$

最大剪应力为

$$\tau_{max} = \frac{T\rho_{max}}{I_p} = \frac{2 \times 10^3 \times 10^3 \times 60}{1.272 \times 10^6} = 94.3 (\text{MPa})$$

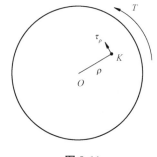

图 9-11

9.5　圆轴扭转时的强度计算

为了保证轴的安全工作，轴内的最大剪应力必须小于许用剪应力，强度条件为

$$\tau_{max} \leqslant [\tau]$$

发生最大剪应力的面称为危险面。扭矩最大的截面和极惯性矩最小的截面都有可能是危险截面。在危险截面内，剪应力最大的点称为危险点。圆轴扭转时剪应力最大点出现在圆周处，强度条件可写为

$$\tau_{max} = \frac{T_{max} \cdot D/2}{I_p} = \frac{T_{max}}{\dfrac{I_p}{D/2}} = \frac{T_{max}}{W_p} \leqslant [\tau] \tag{9-8}$$

式中，W_p 称为抗扭截面模量，或抗扭截面系数。

对于直径为 D 的圆截面：

$$W_p = \frac{I_p}{D/2} = \frac{\dfrac{\pi D^4}{32}}{D/2} = \frac{\pi D^3}{16} \tag{9-9a}$$

对于外径为 D，内径为 d 的空心圆截面：

$$W_p = \frac{I_p}{D/2} = \frac{\dfrac{\pi D^4}{32}(1-\alpha^4)}{D/2} = \frac{\pi D^3}{16}(1-\alpha^4) \tag{9-9b}$$

式中，$\alpha = \dfrac{d}{D}$。

材料的许用剪应力 $[\tau]$ 可由试验并考虑安全系数确定，也可考虑材料的许用应力 $[\sigma]$，按下式确定：

塑性材料　$[\tau] = (0.5 \sim 0.6)[\sigma]$

脆性材料　$[\tau] = (0.8 \sim 1.0)[\sigma]$

【例 9-3】 某传动轴外径 $D = 100$ mm，内径 $d = 90$ mm，轴传递的最大力偶矩 $M = 1.6$ kN·m，轴的许用剪应力 $[\tau] = 60$ MPa，材料的剪切弹性模量 $G = 80$ GPa。计算以下问题：

(1)校核此轴的强度；

(2)若采用强度相同的实心圆轴，试确定轴的直径；

(3)计算空心轴与实心轴的质量比值。

解： (1) $\alpha = \dfrac{d}{D} = \dfrac{90}{100} = 0.9$

$$I_p = \frac{\pi D^4}{32}(1-\alpha^4) = \frac{\pi \times 100^4}{32} \times (1-0.9^4) = 3.376 \times 10^6 (mm^4)$$

$$W_p = \frac{I_p}{\dfrac{D}{2}} = \frac{3.376 \times 10^6}{\dfrac{100}{2}} = 6.752 \times 10^4 (mm^3)$$

$$\tau_{max} = \frac{T_{max}}{W_p} = \frac{1.6 \times 10^3 \times 10^3}{6.752 \times 10^4} = 23.70 (MPa) < [\tau] = 60 \text{ MPa}$$

轴满足强度条件。

(2)若两轴有相同的强度，要求两轴的抗扭截面模量相同，设实心轴的外径为 D_1，则

$$W_{p1} = \frac{\pi D_1^3}{16}, \quad W_p = \frac{\pi D^3}{16}(1-\alpha^4)$$

$\because W_{p1} = W_p$

$\therefore \dfrac{\pi D_1^3}{16} = \dfrac{\pi D^3}{16}(1-\alpha^4)$

$$D_1 = D \sqrt[3]{1-\alpha^4} = 100 \times 3 \sqrt[3]{1-0.9^4} = 70.06 (mm)$$

(3)若两轴的材料相同，长度相等，它们的质量比等于横截面面积之比，设空心轴和实心轴的质量分别为 G 和 G_1，则

$$\frac{G}{G_1} = \frac{\frac{\pi}{4}D^2(1-\alpha^2)}{\frac{\pi}{4}D_1^2} = \frac{D^2(1-\alpha^2)}{D_1^2} = \frac{100^2 \times (1-0.9^2)}{70.06^2} = 0.387\ 1$$

计算结果表明，空心轴的质量仅为实心轴的 38.71%，空心轴比实心轴可以大幅度节省材料。这是由于横截面上的剪应力沿半径按线性分布，在轴心附近的剪应力很小，材料没有充分发挥作用。若将轴心附近的材料移向圆周边缘，可增大该部分材料的作用，提高轴的承载力，如图 9-12 所示。因此，采用空心轴可提高材料的利用效率。

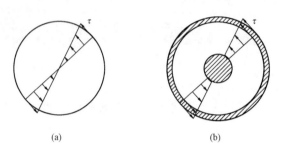

(a)   (b)

图 **9-12**

9.6　圆轴扭转时的变形与刚度计算

9.6.1　圆轴扭转时的变形

可用两个截面之间的扭转角来度量圆轴的扭转变形，根据式(9-6)，长为 $\mathrm{d}x$ 的微段两相邻截面的相对扭转角为

$$\mathrm{d}\varphi = \frac{T}{GI_p}\mathrm{d}x$$

对上式积分，得相距为 l 的两截面之间的相对扭转角

$$\varphi = \int_0^l \mathrm{d}\varphi = \int_0^l \frac{T}{GI_p}\mathrm{d}x$$

对于同一种材料制成的等截面圆轴，如果扭矩 T 相同，上式可简化为

$$\varphi = \frac{T}{GI_p}\int_0^l \mathrm{d}x = \frac{Tl}{GI_p} \tag{9-10}$$

式(9-10)是两截面相对扭转角的计算公式，其单位是弧度(rad)，正负号规定与扭矩一致。

若轴上各段的扭矩不相等，或截面有变化(如阶梯轴)，可分段按式(9-10)计算各段两截面的相对扭转角，加起来得总的扭转角，即

$$\varphi = \sum_{i=1}^n \frac{T_i l_i}{GI_{pi}} \tag{9-11}$$

式(9-10)计算的扭转角与轴的长度 l 有关，为了消除长度的影响，将式(9-10)两边除以长度 l，得单位长度扭转角，用 θ 表示，则

$$\theta = \frac{\varphi}{l} = \frac{T}{GI_p} \tag{9-12}$$

式中，θ 的单位为弧度/米(rad/m)，工程应用中常用度/米$[(^\circ)/m]$作为 θ 的单位，则

$$\theta = \frac{T}{GI_p} \times \frac{180^\circ}{\pi} \tag{9-13}$$

9.6.2 刚度计算

为了保证圆轴正常工作，圆轴必须满足刚度条件。通常规定受扭圆轴单位长度的扭转角 θ 不超过许用单位长度扭转角$[\theta]$，因此，受扭圆轴的刚度条件为

$$\theta_{\max} = \frac{T_{\max}}{GI_p} \leqslant [\theta] \tag{9-14}$$

式中，$[\theta]$ 的单位为弧度/米(rad/m)，工程上$[\theta]$常用单位是度/米$[(^\circ)/m]$，则圆轴的刚度条件为

$$\theta_{\max} = \frac{T_{\max}}{GI_p} \times \frac{180^\circ}{\pi} \leqslant [\theta] \tag{9-15}$$

【例 9-4】 某传动轴如图 9-13(a)所示，已知 B 轮的输入功率 $P_B = 50$ kW，轮 A、C、D 的输出功率分别为 $P_A = 25$ kW、$P_C = 15$ kW、$P_D = 10$ kW。轴的转速 $n = 500$ r/min，$[\theta] = 1.5^\circ/m$，圆轴直径 $D = 50$ mm，$G = 80$ GPa。试校核轴的刚度条件。

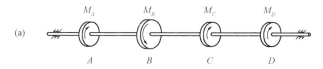

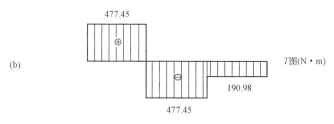

图 9-13

解：(1)作用于各轮上的外力偶矩为

$$M_A = 9\,549\,\frac{P_A}{n} = 9\,549 \times \frac{25}{500} = 477.45(\text{N} \cdot \text{m})$$

$$M_B = 9\,549\,\frac{P_B}{n} = 9\,549 \times \frac{50}{500} = 954.9(\text{N} \cdot \text{m})$$

$$M_C = 9\,549\,\frac{P_C}{n} = 9\,549 \times \frac{15}{500} = 286.47(\text{N} \cdot \text{m})$$

$$M_D = 9\,549\,\frac{P_D}{n} = 9\,549 \times \frac{10}{500} = 190.98(\text{N} \cdot \text{m})$$

(2)作轴的扭矩图，如图 9-13(b)所示，得最大扭矩为

$$T_{\max} = 477.45(\text{N} \cdot \text{m})$$

(3)校核轴的刚度条件：

$$\theta_{max} = \frac{T_{max}}{GI_p} \times \frac{180°}{\pi} = \frac{477.45}{80 \times 10^9 \times \frac{\pi \times 0.05^4}{32}} \times \frac{180°}{\pi} = 0.557°/m < [\theta] = 1.5°/m$$

圆轴满足刚度条件。

9.7 剪应力互等定理

对物体上任一点，截取一个边长为 dx、dy、dz 的微小正六面体，称为单元体，如图 9-14 所示。若单元体前后面（法线与 x 轴平行的两平行面）上既无正应力，也无剪应力，设左、右面上有剪应力 τ_{yz}、τ'_{yz}，单元体的边长是微小量，因此剪应力在面上均匀分布。考虑左、右两平面受力，组成一对力偶，其力偶矩为 $\tau_{yz} dxdz \cdot dy$。要使单元体保持平衡，需要另一力偶与上述力偶抵消，所以，单元体的上、下面必然存在剪应力 τ_{zy}、τ'_{zy}，上、下面的受力也组成一对力偶，与左、右面上的力组成的力偶相等，即

$$\tau_{yz} dxdz \cdot dy = \tau_{zy} dxdy \cdot dz$$

则
$$\tau_{yz} = \tau_{zy} \tag{9-16}$$

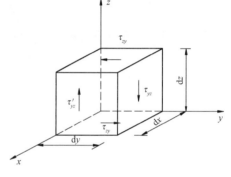

图 9-14

上式表明，在单元体两个相互垂直截面上的剪应力同时出现、大小相等、同时指向或同时离开两平面的交线。这关系称为剪应力互等定理。

图 9-14 所示单元体的上、下、左、右四个面上只有剪应力，而无正应力，这种受力状态称为纯剪切应力状态。

9.8 矩形截面杆的扭转

在工程实践中，特别是土木工程中，受扭构件的截面通常不是圆截面，例如房屋建筑的阳台梁、雨篷梁的横截面是矩形。

9.8.1 矩形截面杆扭转变形的特点

在矩形截面杆表面沿杆轴线方向画纵线和垂直于轴线的横线，如图 9-15(a)所示，产生扭转变形后，可观察到横线不再保持直线，横截面发生了凹凸不平的翘曲，横截面的平面假设不成立，如图 9-15(b)所示。

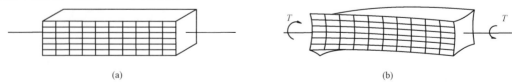

(a)   (b)

图 9-15

矩形截面杆的扭转可分为自由扭转和约束扭转。如果扭转时横截面的翘曲不受任何约束，则称为自由扭转。矩形截面杆发生自由扭转时，各横截面的翘曲程度完全相同，纵向纤维的长度不因翘曲而改变，横截面上只有剪应力而无正应力。反之，如果截面的翘曲受到约束，扭转时各截面的翘曲程度不同，称为约束扭转。当杆件发生约束扭转时，任意两横截面之间纵向纤维的长度将改变，引起正应力，横截面上既有剪应力，又有正应力。但矩形截面杆因约束扭转引起的正应力比薄壁杆（如工字形、槽形等）小得多，可以忽略不计。所以，矩形截面杆的约束扭转与自由扭转并无显著差别。

9.8.2 矩形截面杆自由扭转时的最大剪应力和扭转角计算

矩形截面杆的扭转计算需要弹性理论，本节只简单介绍矩形截面杆扭转时的一些结论。

根据弹性理论，矩形截面杆扭转变形时，截面长边中点产生最大剪应力，短边中点的剪应力也较大，四个角点处的剪应力为零，截面周边各点的剪应力方向与周边平行，构成一个连续的环流。截面的剪应力分布如图 9-16 所示。

截面长边中点处发生最大剪应力

$$\tau_{max} = \frac{T}{\alpha h b^2} = \frac{T}{W_T} \qquad (9\text{-}17)$$

截面短边中点发生较大剪应力

$$\tau'_{max} = \gamma \tau_{max} \qquad (9\text{-}18)$$

单位长度的扭转角为

$$\theta = \frac{T}{\beta h b^3 G} = \frac{T}{G I_T} \qquad (9\text{-}19)$$

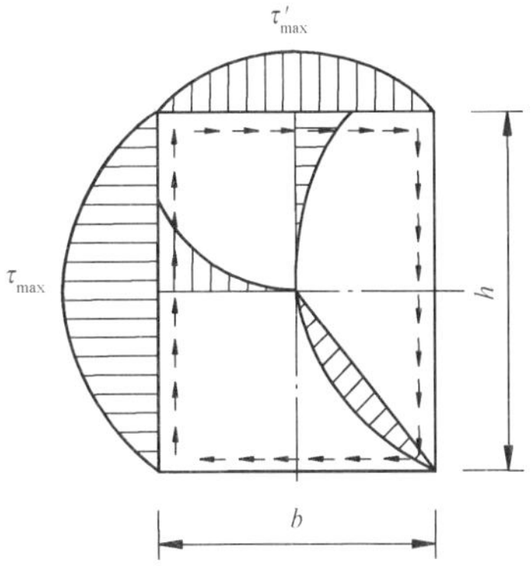

图 9-16

式中　b——矩形截面的短边边长；

h——矩形截面的长边边长；

T——横截面上的扭矩；

G——材料的剪切弹性模量；

α、β、γ——与截面尺寸 h 和 b 有关的系数，其数值可从表 9-1 中查得；

$W_T = \alpha h b^2$——相当抗扭截面系数；

$I_T = \beta h b^3$——截面的相当极惯性矩。

表 9-1　矩形截面扭转时系数 α、β、γ 的数值

h/b	1.0	1.2	1.5	1.75	2.0	2.5	3.0	4.0	6.0	8.0	10.0	∞
α	0.208	0.219	0.231	0.239	0.246	0.258	0.267	0.282	0.299	0.307	0.312	0.333
β	0.141	0.166	0.196	0.214	0.229	0.249	0.263	0.281	0.299	0.307	0.312	0.333
γ	1.000	0.930	0.858	0.820	0.795	0.767	0.753	0.745	0.743	0.743	0.743	0.743

从表 9-1 中可以看出，随着矩形长宽比增大，α、β 值趋于 $\frac{1}{3}$，当长宽比大于 10 时，称为狭长矩形条，α、β 值可取 $\frac{1}{3}$。

【例 9-5】　矩形截面杆宽 $b = 60$ mm，高 $h = 80$ mm，承受扭矩 $T = 2.75$ kN·m，试计算杆的最大剪应力。

解： $\dfrac{h}{b}=\dfrac{80}{60}=1.33$，查表 9-1，当 $\left(\dfrac{h}{b}\right)_1=1.2$ 时，$\alpha_1=0.219$；当 $\left(\dfrac{h}{b}\right)_2=1.5$ 时，$\alpha_2=0.231$。采用插值计算 $\dfrac{\alpha-\alpha_1}{\alpha_2-\alpha_1}=\dfrac{h/b-(h/b)_1}{(h/b)_2-(h/b)_1}$，即

$$\frac{\alpha-0.219}{0.231-0.219}=\frac{1.33-1.2}{1.5-1.2}$$

$$\alpha=0.219+\frac{1.33-1.2}{1.5-1.2}\times(0.231-0.219)=0.224$$

$$\tau_{\max}=\frac{T}{\alpha h b^2}=\frac{2.75\times10^6}{0.224\times80\times60^2}=42.63(\text{MPa})$$

思考题与习题

思考题与习题

第 10 章

弯曲内力

10.1　弯曲的概念

当杆件受到垂直于轴线的外力(横向力)作用或在纵向对称面内受到力偶的作用时，杆件的轴线变弯，这种变形称为弯曲变形。以弯曲变形为主要变形的杆件称为梁。

弯曲变形是工程实践中常见的一种变形，如建筑物中的梁[图 10-1(a)]、各种各样的桥梁、桥式起重机的横梁[图 10-1(b)]等，挑重物的扁担，撑杆跳的撑杆等的主要变形都是弯曲变形。

弯曲内力

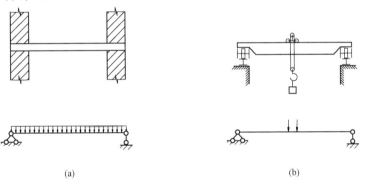

(a)　　　　　　　　　　(b)

图 10-1

如果梁截面有纵向对称轴，则梁轴线与纵向对称轴所确定的平面称为纵向对称面。若外荷载(包括支座反力)作用在纵向对称面内，则梁产生弯曲变形后的轴线变为一根位于纵向对称面内光滑的平面曲线，这种弯曲变形称为平面弯曲，如图 10-2 所示。平面弯曲是最简单、最基本的弯曲变形。本章主要讨论等截面直梁的平面弯曲。

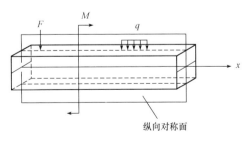

图 10-2

工程中常见梁的截面形状有矩形、圆形、T 形和工字形等，如图 10-3 所示。

单跨静定梁可分为以下三种：

（1）简支梁。简支梁是指梁一端的支座是固定铰支座，另一端是活动铰支座，如图 10-4（a）所示。

（2）外伸梁。外伸梁是指梁的两个支座仍然是固定铰支座和活动铰支座，但梁的一端或两端伸出支座之外，如图 10-4（b）、（c）所示。

（3）悬臂梁。悬臂梁是指梁的一端固定，另一端自由，如图 10-4（d）所示。

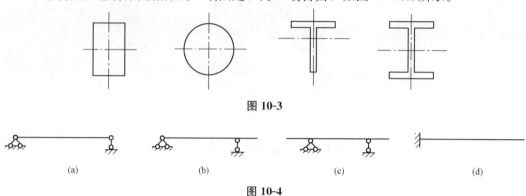

图 10-3

图 10-4

10.2　平面弯曲时梁的内力

10.2.1　梁的内力——剪力和弯矩

梁任一截面的内力仍可采用截面法求得。如图 10-5（a）所示的梁，求任一截面 m—m 处的内力。想象一平面在 m—m 处将梁截断为左、右两段，以左段为隔离体，如图 10-5（b）所示，A 端作用有支座反力 F_{Ay}，因此 m—m 截面有内力与 F_{Ay} 平行，记作 F_s，由于 F_s 与横截面平行，称为剪力。左段在 F_{Ay} 和 F_s 作用下有转动趋势，为了使隔离体平衡，m—m 截面的内力还有力偶，称为弯矩，记作 M。

根据平衡条件，可计算 m—m 截面的剪力和弯矩：

$\sum F_y = 0$，$F_{Ay} - F_s = 0$，得 $F_s = F_{Ay}$；

$\sum M_m(F) = 0$，$M - F_{Ay}x = 0$，得 $M = F_{Ay}x$。

如果取梁的右段为研究对象，如图 10-5（c）所示，用同样方法可求得截面 m—m 上的剪力和弯矩。但注意以右段为研究对象与以左段为研究对象得到的剪力和弯矩的方向是相反的，因为它们是作用力与反作用力。

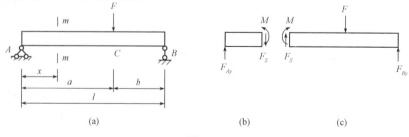

图 10-5

10.2.2 剪力和弯矩的正负号规定

为了使无论以梁的左段为研究对象，还是以右段为研究对象，所求得同一截面的剪力和弯矩是相同的，对梁的剪力和弯矩的正负号，作以下规定：

（1）剪力的正负号。使脱离体产生顺时针转动趋势的剪力为正，反之为负，如图10-6所示，可记为"左上右下，剪力为正。"

（2）弯矩的正负号。使脱离体的下侧纤维受拉，或作用在脱离体左侧的弯矩顺时针转，右侧弯矩逆时针转时弯矩为正，反之为负，如图10-7所示，可记为"左顺右逆，弯矩为正。"

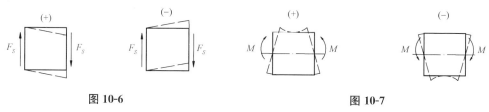

图 10-6   图 10-7

10.2.3 梁任一截面的内力计算

可用截面法计算梁任一截面上的内力，用假想的截面在欲求内力处将梁切断为左、右两部分，取任一部分为研究对象，在截面处假设有正方向的剪力和弯矩，根据平衡条件建立平衡方程，求解剪力和弯矩。

当求得的内力为正时，说明内力的实际方向与假设方向相同，即为正剪力和正弯矩；当求得的内力为负值时，说明内力的实际方向与假设方向相反，即为负剪力和负弯矩。

【例 10-1】 简支梁受力如图10-8(a)所示，计算1—1、2—2截面上的剪力和弯矩。

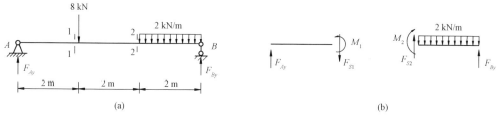

图 10-8

解：（1）计算支座反力，以简支梁为研究对象：

$\sum M_A(F)=0$，$F_{By} \cdot 6-8 \times 2-2 \times 2 \times 5=0$，得 $F_{By}=6$ kN($\uparrow$)。

$\sum F_y=0$，$F_{Ay}+F_{By}-8-2 \times 2=0$，得 $F_{Ay}=8+4-6=6$(kN)($\uparrow$)。

（2）计算1—1截面内力，将梁沿1—1截面切开，考虑左段平衡，如图10-8(b)所示，应用平衡条件

$\sum F_y=0$，$F_{Ay}-F_{S1}=0$，得 $F_{S1}=F_{Ay}=6$ kN。

$\sum M_1(F)=0$，$M_1-F_{Ay} \cdot 2=0$，得 $M_1=F_{Ay} \cdot 2=6 \times 2=12$(kN·m)。

（3）计算2—2截面的内力，将梁沿2—2截面切开，考虑右段平衡，如图10-8(c)所示，

应用平衡条件：

$$\sum F_y = 0, \ F_{S2} - 2 \times 2 + F_{By} = 0, \ 得 \ F_{S2} = 2 \times 2 - F_{By} = 4 - 6 = -2(kN)(实际方向与假设相反)。$$

$$\sum M_2(F) = 0, \ -M_2 - 2 \times 2 \times 1 + F_{By} \cdot 2 = 0, \ 得 \ M_2 = F_{By} \cdot 2 - 2 \times 2 \times 1 = 6 \times 2 - 2 \times 2 \times 1 = 8(kN \cdot m)。$$

采用截面法将梁沿某截面切断，考虑任一侧平衡，建立平衡方程，可以计算任一截面的内力，也可以按以下剪力和弯矩的计算规律，直接计算梁任一截面的内力。

梁任一截面内力的计算规律如下：

(1)梁任一截面的剪力等于该截面任一侧所有外力沿截面切向投影的代数和，外力对该截面产生顺时针转动趋势时取正；反之取负。也就是，考虑界面左侧外力时，向上取正；考虑截面右侧外力时，向下取正。

(2)梁任一截面的弯矩等于该截面任一侧所有外力对截面形心力矩代数和，外力弯矩使截面下侧纤维受拉时取正；反之取负。也就是，考虑截面左侧外力矩时，顺时针转取正；考虑截面右侧力矩时，逆时针取正。

【例10-2】 外伸梁受力如图10-9所示，计算截面1—1、2—2、3—3、4—4、5—5、6—6的内力。

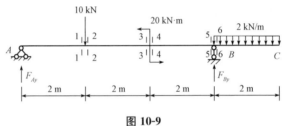

图 10-9

解：(1)计算梁的支座反力。

$$\sum M_A(F) = 0, \ F_{By} \cdot 6 - 10 \times 2 + 20 - 2 \times 2 \times 7 = 0, \ 得 \ F_{By} = 4.67 \ kN。$$

$$\sum F_y = 0, \ F_{Ay} + F_{By} - 10 - 2 \times 2 = 0, \ 得 \ F_{Ay} = 10 + 4 - 4.67 = 9.33(kN)(\uparrow)。$$

(2)直接计算各截面的内力。

$F_{S1} = F_{Ay} = 9.33 \ kN$

$M_1 = 9.33 \times 2 = 18.66(kN \cdot m)$

$F_{S2} = F_{Ay} - 10 = 9.33 - 10 = -0.67(kN)$

$M_2 = 9.33 \times 2 = 18.66(kN \cdot m)$

$F_{S3} = F_{Ay} - 10 = 9.33 - 10 = -0.67(kN)$

$M_3 = F_{Ay} \cdot 4 - 10 \times 2 = 9.33 \times 4 - 10 \times 2 = 17.32(kN \cdot m)$

$F_{S4} = F_{Ay} - 10 = 9.33 - 10 = -0.67(kN)$

$M_4 = F_{Ay} \cdot 4 - 10 \times 2 - 20 = 9.33 \times 4 - 10 \times 2 - 20 = -2.68(kN \cdot m)$

$F_{S5} = 2 \times 2 - F_{Ay} = 4 - 4.67 = -0.67(kN)$

$M_5 = -2 \times 2 \times 1 = -4(kN \cdot m)$

$F_{S6} = 2 \times 2 = 4(kN)$

$M_6 = -2 \times 2 \times 1 = -4(kN \cdot m)$

从例 10-2 的计算结果可知，集中力两侧截面，如 1—1 和 2—2 截面、5—5 和 6—6 截面，剪力有突变，突变量是集中力的值，而弯矩值不变；力偶两侧，如 3—3 和 4—4 截面，剪力不变，弯矩有突变，突变量是力偶的值。

10.3 剪力图和弯矩图

10.3.1 剪力方程和弯矩方程

梁在不同截面上的剪力和弯矩一般是不同的，梁的内力随截面变化，若以横坐标 x 表示梁任一截面的位置，则梁上的剪力和弯矩可表示为 x 的函数，即

$$F_S = F_S(x)，M = M(x)$$

分别称为梁的剪力方程和弯矩方程，统称为内力方程。内力方程反映了内力沿梁轴线的变化规律。

10.3.2 剪力图和弯矩图

为了形象地描述剪力和弯矩沿梁轴线的变化规律，可根据剪力方程和弯矩方程画出剪力图和弯矩图。作以下坐标系：横坐标 x 表示截面的位置，纵坐标表示截面的剪力或弯矩。作剪力图时，正剪力画在 x 轴上方，负剪力画在 x 轴下方，剪力图要标明正负号；作弯矩图时，正弯矩画在 x 轴下方，负弯矩画在 x 轴上方，即弯矩图画在受拉侧，不必标正负号。

【例 10-3】 悬臂梁 A 端受到集中力 F 的作用，如图 10-10(a)所示。试画该梁的内力图。

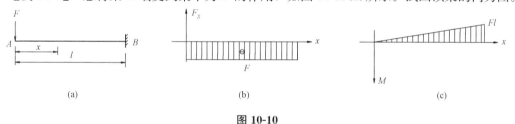

图 10-10

解：（1）求内力方程。以 A 点为坐标原点，取距原点为 x 的任一截面，计算该截面的剪力和弯矩，它们是 x 的函数，即剪力方程和弯矩方程。

$$F_S(x) = -F，(0 < x < l)$$
$$M(x) = -Fx，(0 \leq x < l)$$

（2）画内力图。由剪力方程可知，$F_S(x)$ 是常数，剪力不随梁截面的变化而变化，剪力图是一平行于轴线的平行线，画在 x 轴下方，如图 10-10(b)所示。

根据弯矩方程，$M(x)$ 是 x 的一次函数，弯矩沿梁轴线按直线规律变化。弯矩图是一斜直线，通过两个点可确定该斜直线。当 $x=0$ 时，$M(0)=0$；当 $x=l$ 时，$M(l)=-Fl$。画梁的弯矩图，如图 10-10(c)所示。

由于剪力图和弯矩图的坐标比较明确，故可以将坐标轴略去。

【例 10-4】 简支梁在均布荷载的作用下，荷载集度为 q，如图 10-11(a)所示。试作梁的内力图。

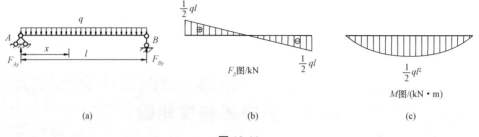

图 10-11

解：(1)计算梁的支座反力。

$$\sum M_A(F)=0, \quad F_{By}\cdot l-ql\cdot\frac{1}{2}l=0, \quad 得 F_{By}=\frac{1}{2}ql。$$

$$\sum F_y=0, \quad F_{Ay}+F_{By}-ql=0, \quad 得 F_{Ay}=\frac{1}{2}ql。$$

(2)求内力方程。以 A 支座为坐标原点，以梁轴线为 x 轴。对于距 A 支座为 x 的任一截面，计算截面上的剪力和弯矩。

$$F_S(x)=\frac{1}{2}ql-qx, \quad (0<x<l)$$

$$M(x)=\frac{1}{2}qlx-\frac{1}{2}qx^2 \quad (0\leqslant x\leqslant l)$$

(3)画梁的内力图。剪力函数是 x 的一次函数，剪力图是斜直线，通过两点确定该斜直线。当 $x=0$ 时，$F_S(0)=\frac{1}{2}ql$；当 $x=l$ 时，$F_S(l)=-\frac{1}{2}ql$。剪力图如图 10-11(b)所示。

弯矩函数是 x 的二次函数，弯矩图是抛物线，通过三点可大致画出抛物线。当 $x=0$ 时，$M(0)=0$；当 $x=\frac{l}{2}$ 时，$M\left(\frac{l}{2}\right)=\frac{1}{8}ql^2$；当 $x=l$ 时，$M(l)=0$。弯矩图如图 10-11(c)所示。

【例 10-5】 简支梁有集中力 F 作用，如图 10-12(a)所示，试画该梁的内力图。

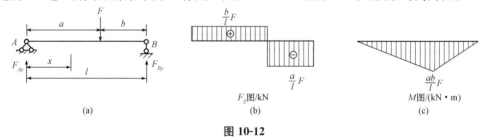

图 10-12

解：(1)计算梁的支座反力。

$$F_{Ay}=\frac{Fb}{l}, \quad F_{By}=\frac{Fa}{l}$$

(2)求内力方程，由于 C 截面有集中力 F 作用，AC 段和 CB 段的内力函数表达式不同，需分段表示：

$$F_S(x)=\begin{cases}\dfrac{Fb}{l}, & (0<x<a)\\[2mm] -\dfrac{Fa}{l}, & (a<x<l)\end{cases}$$

$$M(x)=\begin{cases}\dfrac{Fb}{l}x,\ (0\leqslant x\leqslant a)\\[2mm]\dfrac{Fa}{l}(l-x),\ (a\leqslant x\leqslant l)\end{cases}$$

(3)画梁的内力图。根据剪力方程，AC 段和 CB 段的剪力图都是水平线，集中力 F 作用的截面 C 上，剪力图有突变，突变量等于 F，如图 10-12(b)所示。

弯矩方程都是 x 的一次函数，AC 段和 CB 段的弯矩图是两段斜直线，每段斜直线需要两个点确定。

AC 段：当 $x=0$ 时，$M(0)=0$；当 $x=a$ 时，$M_{CL}=M(a)=\dfrac{ab}{l}F$。

CD 段：当 $x=a$ 时，$M_{CR}=M(a)=\dfrac{ab}{l}F$；当 $x=l$ 时，$M(l)=0$。

梁的弯矩图如图 10-12(c)所示，在集中力作用的 C 截面处弯矩图有尖角，尖角的方向与集中力的指向相同。

【例 10-6】 简支梁作用有力偶 M，如图 10-13(a)所示，试画该梁的内力图。

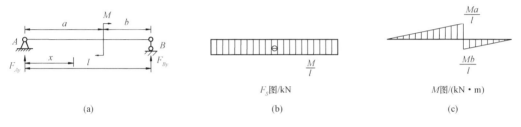

F_S图/kN　　　　　　　　　　M图/(kN·m)

(a)　　　　　　　　　(b)　　　　　　　　　(c)

图 10-13

解：（1）计算梁的支座反力。

$$F_{Ay}=-\frac{M}{l}(\downarrow),\quad F_{By}=\frac{M}{l}(\uparrow)$$

（2）求内力方程。截面 C 作用有力偶，AC 段和 CB 段的内力方程需分段表示

$$F_S(x)=-\frac{M}{l},\ (0<x<l)$$

$$M(x)=\begin{cases}-\dfrac{M}{l}x,\ (0\leqslant x<a)\\[2mm]\dfrac{M}{l}(l-x),\ (a<x\leqslant l)\end{cases}$$

（3）画内力图。

剪力函数是常数，剪力图是一段水平线段，如图 10-13(b)所示，力偶对剪力图无影响。

弯矩函数是两个一次函数，弯矩图是两段斜直线，每段斜直线需通过两点确定。

AC 段：当 $x=0$ 时，$M(0)=0$；当 $x=a$ 时，$M_{CL}=M(a)=-\dfrac{M}{l}a$。

CD 段：当 $x=a$ 时，$M_{CR}=M(a)=\dfrac{b}{l}M$；当 $x=l$ 时，$M(l)=0$。

梁的弯矩图如图 10-13(c)所示，是两段平行的斜直线。在力偶作用处，弯矩图有突变，突变量是力偶矩的值。

10.4 弯矩、剪力和荷载集度的微分关系

10.4.1 概述

梁上的弯矩、剪力和荷载集度之间有一定的关系，下面证明它们之间的微分关系。

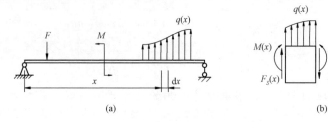

图 10-14

如图 10-14(a)所示，梁上作用有任意分布荷载 $q(x)$，考虑与 A 支座距离为 x 的任一截面，取微段 dx 分析[图 10-14(b)]，微段左截面作用有剪力 $F_S(x)$、弯矩 $M(x)$，右截面作用有剪力 $F_S(x)+dF_S(x)$、弯矩 $M(x)+dM(x)$，根据平衡条件

$\sum F_y=0$，$F_S(x)+q(x)dx-[F_S(x)+dF_S(x)]=0$，得 $dF_S(x)=q(x)dx$。

上式两边除以 dx，得

$$\frac{dF_S(x)}{dx}=q(x) \tag{10-1}$$

$\sum M(F)=0$，$-M(x)-q(x)\cdot dx\cdot\dfrac{dx}{2}-F_S(x)dx+M(x)+dM(x)=0$

整理，得 $dM(x)-F_S(x)dx-q(x)\cdot dx\cdot\dfrac{dx}{2}=0$

将二阶微量 $q(x)\cdot dx\cdot\dfrac{dx}{2}$ 略去，得

$dM(x)-F_S(x)dx=0$，即

$$\frac{dM(x)}{dx}=F_S(x) \tag{10-2}$$

由上述分析可知，梁上任一截面的剪力对 x 的一阶微分等于作用在该截面处的荷载集度。梁上任一截面的弯矩对 x 的一阶微分等于该截面上的剪力；梁上任一截面的弯矩对 x 的二阶微分等于该截面处的荷载集度。上述关系称为弯矩、剪力和荷载集度的微分关系。

梁弯矩、剪力和荷载集度的微分关系表明，剪力图任一点的斜率等于该点对应截面处的荷载集度值，弯矩图任一点处的斜率等于该点对应界面上的剪力值。

10.4.2 剪力图和弯矩图的规律

根据梁弯矩、剪力和荷载集度的微分关系，剪力图、弯矩图和荷载有以下规律。

1. 无荷载作用段

无荷载作用段的 $q(x)=0$，即 $\dfrac{dF_S(x)}{dx}=0$，则 $F_S(x)$ 是常数，剪力图是一段平行于轴线

的线段。而 $\dfrac{\mathrm{d}M(x)}{\mathrm{d}x}=F_S(x)=$ 常数，$M(x)$ 是 x 的一次函数，弯矩图是一根斜直线，两点可以确定该斜直线。当 $F_S(x)=$ 常数 >0 时，弯矩图是向右下斜的斜直线；当 $F_S(x)=$ 常数 <0 时，弯矩图是向右上斜的斜直线；当 $F_S(x)=$ 常数 $=0$ 时，弯矩图是一根水平线。

2. 均布荷载作用段

均布荷载作用段 $q(x)=$ 常数，$F_S(x)$ 是 x 的一次函数，而 $M(x)$ 是 x 的二次函数，剪力图是斜直线，弯矩图是抛物线。当均布荷载向上时，$q(x)=$ 常数 >0，剪力图向右上方斜，弯矩图是上凸抛物线；当均布荷载向下时，$q(x)=$ 常数 <0，剪力图向右下方斜，弯矩图是下凸抛物线。

当 $F_S(x)=0$ 时，由于 $\dfrac{\mathrm{d}M(x)}{\mathrm{d}x}=F_S(x)=0$，弯矩图的斜率为零，弯矩有极值。

3. 集中力作用处

在集中力作用处，梁的剪力图有突变，突变量等于集中力值。梁的弯矩图有尖角，尖角的凸向与集中力的指向相同。

4. 力偶作用处

在力偶作用处，梁的剪力图不受影响，弯矩图有突变，突变量等于力偶值。

剪力图、弯矩图和荷载的关系见表 10-1。

表 10-1　剪力图、弯矩图和荷载的关系

梁上荷载	剪力图	弯矩图
$q(x)=0$		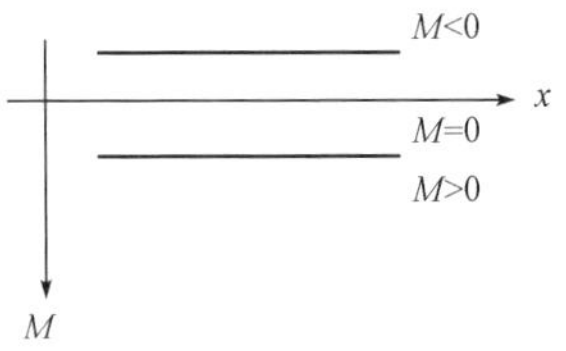

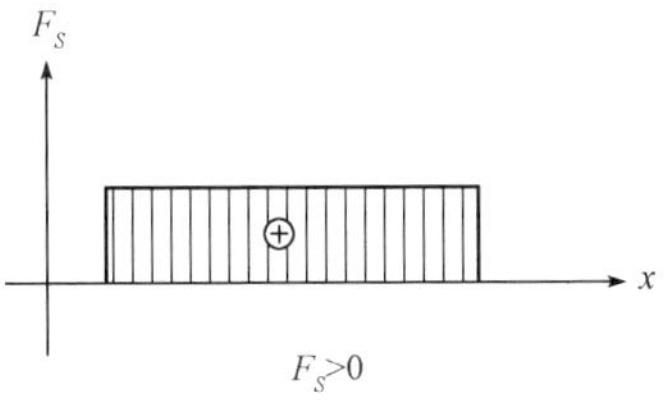

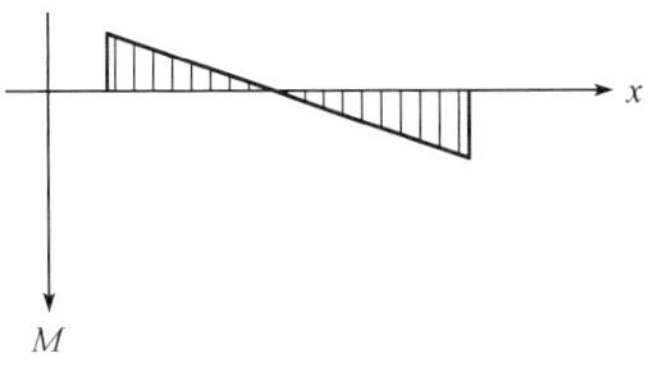

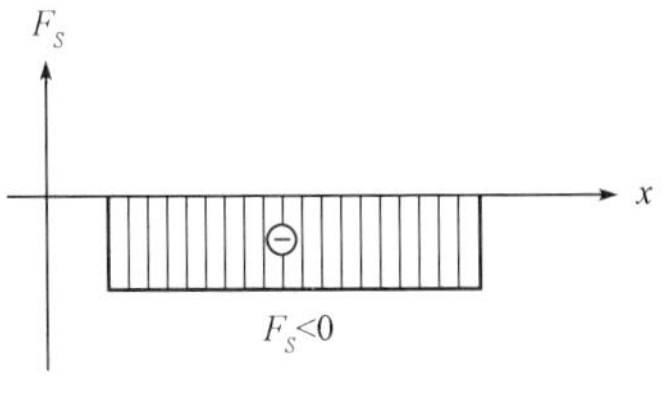

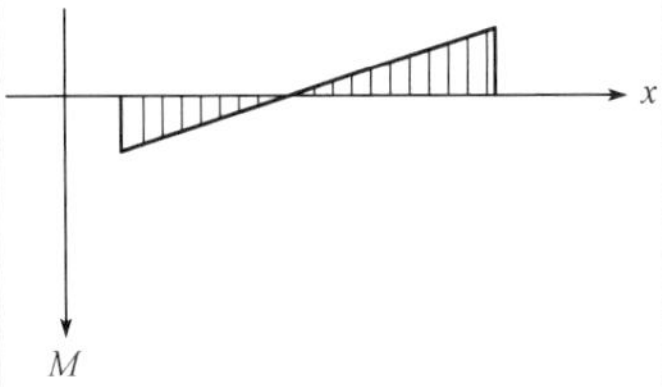

梁上荷载	剪力图	弯矩图
$q(x)=$常数		

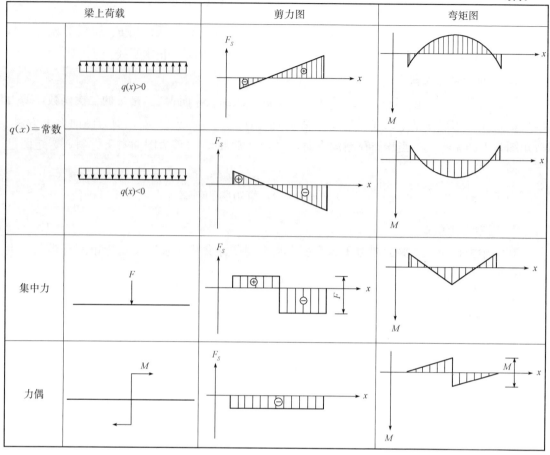

【例 10-7】 画图 10-15(a)所示简支梁的内力图。

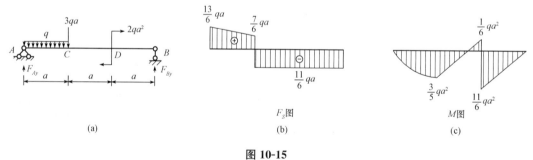

(a)   (b)   (c)

图 10-15

解： (1)计算支座反力。

$$\sum M_A(F)=0，\quad F_{By}\cdot 3a-qa\cdot \frac{1}{2}a-3qa\cdot a-2qa^2=0，\quad 得\ F_{By}=\frac{11}{6}qa。$$

$$\sum F_y=0，\quad F_{Ay}+F_{By}-qa-3qa=0，\quad 得\ F_{Ay}=\frac{13}{6}qa。$$

(2)画剪力图。AC 段作用有均布荷载，剪力图是一斜直线段，通过两点确定该斜直线

段，当 $x=0$ 时，$F_{SA}=F_{Ay}=\dfrac{13}{6}qa，F_{SC,L}=\dfrac{13}{6}qa-qa=\dfrac{7}{6}qa。C$ 点作用有集中力 $3qa$，剪力

图有突变，突变量为 $3qa$，故

$$F_{SC,R}=F_{SC,L}-3qa=\frac{7}{6}qa-3qa=-\frac{11}{6}qa$$

CB 段中 D 截面作用有力偶，但对剪力图无影响，故 CB 段的剪力图是一段水平线，其值为 $-\frac{11}{6}qa$。

梁的剪力图如图 10-15(b)所示。

(3)画弯矩图。

AC 段作用有均布荷载，弯矩图是抛物线，$M_A=0$，$M_C=\frac{13}{6}qa\cdot a-\frac{1}{2}qa^2=\frac{5}{3}qa^2$。

CD 段、DB 段的弯矩图是斜直线，D 截面作用有力偶 M，弯矩图有突变，分别通过两点确定这两段斜直线。

$$M_D^L=\frac{13}{6}qa\cdot 2a-qa\cdot\frac{3}{2}a-3qa\cdot a=-\frac{1}{6}qa^2$$

$$M_D^R=M_D^L+2qa^2=-\frac{1}{6}qa^2+2qa^2=\frac{11}{6}qa^2$$

$$M_B=0$$

梁的弯矩图如图 10-15(c)所示。

【例 10-8】 画图 10-16(a)所示外伸梁的内力图。

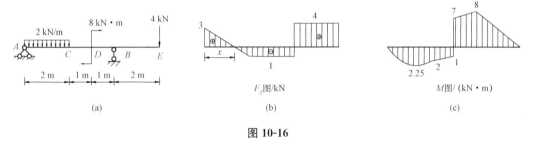

(a)　　　　　　　　(b)　　　　　　　　(c)

图 10-16

解：(1)计算支座反力。

$\sum M_A(F)=0$，$F_{By}\cdot 4-2\times 2\times 1+8-4\times 6=0$，得 $F_{By}=5\ kN$。

$\sum F_y=0$，$F_{Ay}+F_{By}-2\times 2-4=0$，得 $F_{Ay}=3\ kN$。

(2)画剪力图。

AC 段作用有均布荷载，剪力图是一段斜直线段，通过两点确定该斜直线段，其中，$F_{SA}=3\ kN$，$F_{SC}=3-2\times 2=-1(kN)$。

CB 段中 D 截面作用有力偶，对剪力图无影响。CB 段的剪力图是一水平线，其值为 -1。B 截面的支座反力 $F_{By}=5\ kN$，剪力图向上突变 $5\ kN$，BE 段剪力图也是一水平线，其值为 $-1+5=4(kN)$。

梁的剪力图如图 10-16(b)所示。

(3)画弯矩图。

AC 段作用有均布荷载，弯矩图是抛物线，其中，$M_A=0$，$M_C=3\times 2-2\times 2\times 1=2(kN\cdot m)$。

剪力为零处弯矩有极值，设剪力为零截面与 A 距离为 x，对于剪力图，考虑三角形相

似，有

$$\frac{x}{2-x}=\frac{3}{1}，得 x=1.5 \text{ m，可计算弯矩的极值为}$$

$$M_{\max}=3\times1.5-2\times1.5\times1.5/2=2.25(\text{kN}\cdot\text{m})$$

通过以上三点可画出 AC 段的抛物线。

其余各段弯矩图都是斜直线，每段斜直线可通过两点确定。D 截面作用有力偶，弯矩图有突变。

$$M_{DL}=3\times3-2\times2\times2=1(\text{kN}\cdot\text{m})$$

$$M_{DR}=M_{DL}-8=1-8=-7(\text{kN}\cdot\text{m})$$

$$M_B=-4\times2=-8(\text{kN}\cdot\text{m})$$

$$M_E=0$$

梁的弯矩图如图 10-16(c)所示。

10.5 用叠加法作梁的弯矩图

在小变形情况下，梁在若干种荷载共同作用下所引起的某一参数（如反力、内力、应力或应变），等于每种荷载单独作用时所引起该参数的叠加，称为叠加原理。

利用叠加原理画梁弯矩图的方法，称为叠加法，即根据单个荷载作用下的弯矩图，将同一分段点上各荷载作用下的弯矩值求代数和，得荷载共同作用下的各分段点的弯矩值，据此可作前步荷载共同作用时的弯矩图。

【例 10-9】 用叠加法画图 10-17(a)所示悬臂梁的弯矩图。

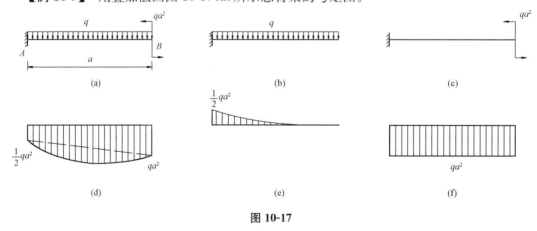

图 10-17

解：梁上作用有均布荷载 q 和力偶 M，可分解为均布荷载 q 单独作用[图 10-17(b)]和力偶 M 单独作用[图 10-17(c)]，画梁在均布荷载 q 作用的弯矩图[图 10-17(e)]和力偶 M 作用的弯矩图[图 10-17(f)]。将两个弯矩图相应的纵坐标叠加，得梁在两个荷载共同作用下的弯矩图[图 10-17(d)]。

【例 10-10】 用叠加法画图 10-18(a)所示简支梁的弯矩图。

解：梁上作用有两个集中力，可分解为分别作用单个集中力，如图 10-18(b)、(c)所示。分别画单个集中力作用时梁的弯矩图，如图 10-18(e)、(f)所示，这两个弯矩图叠加，得梁在两个集中力共同作用下的弯矩图[图 10-18(d)]。

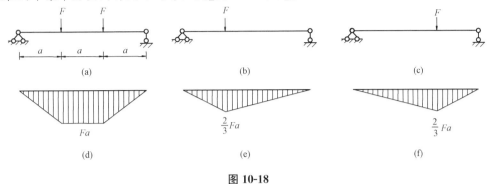

图 10-18

【例 10-11】 用叠加法画图 10-19(a)所示外伸梁的弯矩图。

解： 外伸梁作用有均布荷载 q 和集中力 F，可分解为均布荷载 q 单独作用[图 10-19(b)]和集中力 F 单独作用[图 10-19(c)]。画均布荷载 q 作用时梁的弯矩图[图 10-19(e)]和集中力 F 作用时梁的弯矩图[图 10-19(f)]，将这两弯矩图叠加，得梁在均布荷载 q 和集中力 F 共同作用时的弯矩图[图 10-19(d)]。

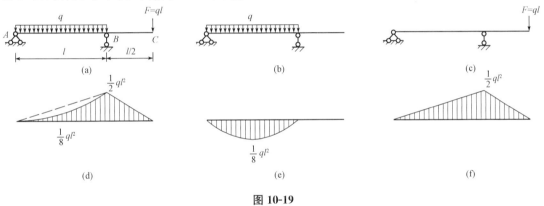

图 10-19

思考题与习题

思考题与习题

第 11 章

弯曲应力

11.1 梁横截面上的正应力

梁在弯曲时，横截面上的内力有两项，即弯矩 M 和剪力 F_S，弯矩引起弯曲正应力，剪力引起弯曲剪应力。先讨论只有弯矩而无剪力的情况，这样的弯曲称为纯弯曲。图 11-1(a)所示的悬臂梁自由端作用有力偶 M，梁任一截面上只有弯矩，无剪力，是纯弯曲。又如图 11-1(b)所示简支梁 AB 段也是纯弯曲。

弯曲应力

当为纯弯曲时，梁横截面上正应力公式的推导需要综合考虑几何关系、物理关系和静力学关系。

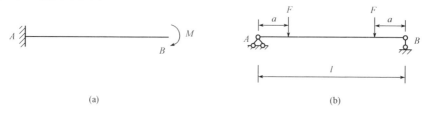

| (a) | (b) |

图 11-1

1. 几何关系

在梁表面画与轴线平行的纵向线和与轴线垂直的横向线[图 11-2(a)]。施加外力偶后梁发生变形，可观察到以下现象：

(1)纵向线由直线变成曲线，但仍保持平行。梁上部纵向纤维缩短，而下部纤维伸长。

(2)横向线保持直线，表示梁横截面外边缘的四条边的四条横向线变形后仍在同一个平面内。横向线与纵向线保持垂直。

根据上述变形现象，可以提出以下假设：

(1)平面假设。横截面变形后保持一个平面，它绕平面内某轴转过一个角度，仍然垂直于变形后的轴线。

(2)中性层假设。梁上侧纤维缩短，下侧纤维伸长，根据连续性假设，必有纤维既不伸长也不缩短，该纤维称为中性纤维。可以推想，梁内存在一个纵向层，变形时，层内的纵

114

向纤维既不伸长也不缩短，称为中性层，如图 11-2(c)所示。

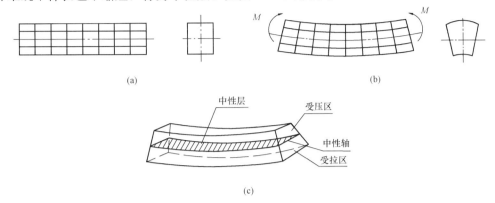

(a)　　　　　　　　　　　　　　(b)

(c)

图 11-2

取长度为 $\mathrm{d}x$ 的微梁段研究(图 11-3)，设中性层 O_1O_2 的曲率半径为 ρ，微梁左右两截面的相对转角为 $\mathrm{d}\theta$，由于中性层变形后长度不变，因此

$$O_1O_2=\mathrm{d}x=\rho\mathrm{d}\theta$$

考虑距中性层为 y 处的纵向线 a_1a_2，原长为 $\mathrm{d}x$，变形后的长度为 $(\rho+y)\mathrm{d}\theta$，伸长量为

$$\Delta l=(\rho+y)\mathrm{d}\theta-\mathrm{d}x=y\mathrm{d}\theta$$

该中性层处的线应变为

$$\varepsilon=\frac{\Delta l}{l}=\frac{y\mathrm{d}\theta}{\rho\mathrm{d}\theta}=\frac{y}{\rho} \tag{11-1}$$

式(11-1)表明截面上任一点纵向线应变 ε 与该点到中性轴的距离成正比，距中性层越远，ε 越大。

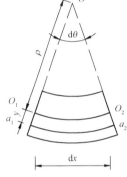

图 11-3

2. 物理关系

本章仅讨论在线弹性范围内拉压性能相同的匀质材料，应力与应变满足胡克定律，即

$$\sigma=E\varepsilon=E\frac{y}{\rho} \tag{11-2}$$

式(11-2)揭示了横截面上正应力的分布规律，即梁横截面上任一点的正应力与该点到中性轴的距离成正比，距离中性轴越远，正应力越大，在中性轴处正应力为零。

3. 静力学关系

在式(11-2)中，还需确定中性轴的位置和曲率半径值。对于纯弯曲情况，梁任一横截面上的内力只有弯矩 M，如图 11-4 所示，即

$$F_N=0,\quad M_y=0,\quad M_z=M$$

由平衡条件，有

$$F_N=\int_A\sigma\mathrm{d}A=\int_A E\frac{y}{\rho}\mathrm{d}A=\frac{E}{\rho}\int_A y\mathrm{d}A=\frac{E}{\rho}S_z=0$$

因此，$S_z=0$。

可知截面对 z 轴的静矩为零，表示 z 轴过截面形心，即 z 轴是横截面的形心轴。

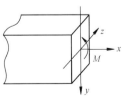

图 11-4

$$M_y = \int_A z\sigma \mathrm{d}A = \int_A zE\frac{y}{\rho}\mathrm{d}A = \frac{E}{\rho}\int_A zy\mathrm{d}A = \frac{E}{\rho}I_{yz} = 0$$

所以，$I_{yz}=0$。

可知截面对 y、z 轴的惯性积为零，表示 y、z 轴是主轴，所以中性轴是截面的形心主轴。

$$M_z = \int_A y\sigma \mathrm{d}A = \int_A yE\frac{y}{\rho}\mathrm{d}A = \frac{E}{\rho}\int_A y^2 \mathrm{d}A = \frac{E}{\rho}I_y = M$$

所以，

$$\frac{1}{\rho}=\frac{M}{EI_z} \tag{11-3}$$

$\frac{1}{\rho}$ 称为曲率，表示梁的变形剧烈程度，曲率越大，梁的变形越大，式(11-3)表明梁的弯曲变形程度与弯矩 M 成正比，与 EI_z 成反比，EI_z 称为梁的抗弯刚度。

将式(11-3)代入式(11-2)得

$$\sigma=\frac{My}{I_z} \tag{11-4}$$

式(11-4)是梁弯曲时，横截面上正应力的计算公式，它表明横截面上任一点的正应力 σ 与该点到中性轴的距离 y 成正比，与弯矩 M 成正比，与截面对中性轴的惯性矩 I_z 成反比。

工程中常见的平面弯曲不是纯弯曲，而是横力弯曲(或称剪切弯曲)，即由横向力引起的弯曲，梁的内力有弯矩，也有剪力。对于横力弯曲，试验和弹性理论的研究表明，只要梁的跨高比大于5，式(11-4)计算的正应力的精确度已足够，所以式(11-4)可推广应用于一般横力弯曲梁。

梁横截面上，正应力以中性轴为界，一部分为拉应力，若一部分为压应力。可根据荷载或弯矩图(弯矩图画在梁的受拉侧)判定计算点受拉还是受压，就可确定计算点的应力是拉应力还是压应力。

梁横截面上最大正应力发生在距中性轴最远的点，即

$$\sigma_{max}=\frac{My_{max}}{I_z}=\frac{M}{\dfrac{I_z}{y_{max}}}=\frac{M}{W_z} \tag{11-5}$$

式中，$W_z=\dfrac{I_z}{y_{max}}$，称作抗弯截面模量。对于 $b\times h$ 的矩形截面，$W_z=\dfrac{bh^2}{6}$；对于直径为 D 的圆形截面，$W_z=\dfrac{\pi D^3}{32}$；对于外径为 D，内径为 d 的圆环截面，$W_z=\dfrac{\pi D^3}{32}(1-\alpha^4)$，$\alpha=\dfrac{d}{D}$。

【例 11-1】 图 11-5 所示为矩形截面悬臂梁，计算 C 截面上 a 点的正应力。

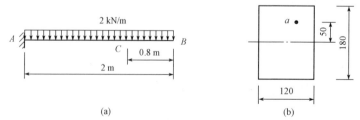

(a)   (b)

图 11-5

解：(1)计算 C 截面的弯矩。

$$M_C = -2 \times 0.8 \times 0.8/2 = -0.64(\text{kN} \cdot \text{m})$$

(2)计算截面对中性轴 z 的惯性矩。

$$I_z = \frac{120 \times 180^3}{12} = 58.32 \times 10^6 (\text{mm}^4)$$

(3)计算 C 截面 a 点的正应力。

$$\sigma_a = \frac{M_C y_a}{I_z} = \frac{0.64 \times 10^6 \times 50}{58.32 \times 10^6} = 0.549(\text{MPa})$$

C 截面的弯矩为负值，中性轴 z 的上部受拉，故 a 点的应力为拉应力。

【例 11-2】 图 11-6 所示的外伸梁采用 No.28a 工字钢，计算 C 截面上 a、b 两点的正应力。

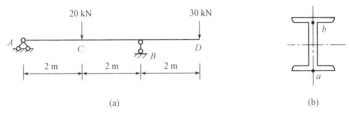

(a)   (b)

图 11-6

解：(1)计算支座反力。

$$\sum M_A(F) = 0, \ F_{By} \cdot 4 - 20 \times 2 - 30 \times 6 = 0, \ 得 F_{By} = 55 \text{ kN}。$$

$$\sum F_y = 0, \ F_{Ay} + F_{By} - 20 - 30 = 0, \ 得 F_{Ay} = -5 \text{ kN}。$$

(2)计算 C 截面的弯矩。

$$M_C = -5 \times 2 = -10(\text{kN})$$

(3)计算 a、b 点的应力。查型钢表，得 No.28a 工字钢的几何参数：

$I_z = 7\ 110 \text{ cm}^4 = 7\ 110 \times 10^4 \text{ mm}^4$，$y_a = 280/2 = 140 \text{ mm}$，$y_b = 280/2 - 13.7 = 126.3(\text{mm})$

$$\sigma_a = \frac{M_C y_a}{I_z} = \frac{10 \times 10^6 \times 140}{7\ 110 \times 10^4} = 19.69(\text{MPa})(压应力)$$

$$\sigma_b = \frac{M_C y_b}{I_z} = \frac{10 \times 10^6 \times 126.3}{7\ 110 \times 10^4} = 17.76(\text{MPa})(拉应力)$$

11.2　梁的正应力强度计算

梁任一截面上正应力最大值发生在距离中性轴最远的上侧或下侧纤维处，对于等截面梁，梁上最大正应力发生在弯矩最大截面上距离中性轴最远处，弯矩取最大值 $M_{\max}$ 截面称为梁的危险截面。为了使梁安全地工作，梁上最大正应力 $\sigma_{\max}$ 不能超过材料的许用应力 $[\sigma]$，即

$$\sigma_{\max} = \frac{M_{\max}}{W_z} \leqslant [\sigma] \tag{11-6}$$

式(11-6)就是梁的正应力强度条件，式中 $[\sigma]$ 称为抗弯许用应力，各种材料的 $[\sigma]$ 在有关规范中有具体的规定。

工程中塑性材料的抗拉和抗压性能通常相同，而脆性材料的抗拉和抗压性能通常不相同。对于脆性材料，应分别计算梁的最大拉应力 σ_{tmax} 和最大压应力 σ_{cmax}，其强度条件为

$$\left.\begin{array}{l} \sigma_{tmax} \leqslant [\sigma_t] \\ \sigma_{cmax} \leqslant [\sigma_c] \end{array}\right\} \tag{11-7}$$

式中，$[\sigma_t]$ 和 $[\sigma_c]$ 分别是材料的许用拉应力和许用压应力。

梁的正应力强度条件可解决以下三类问题。

1. 强度校核

已知梁的材料、横截面形状与尺寸以及所承受的荷载，检查梁是否满足强度条件，即

$$\sigma_{max} = \frac{M_{max}}{W_z} \leqslant [\sigma]$$

2. 截面设计

已知梁承受的荷载和采用的材料，根据强度条件，可计算抗弯截面模量：

$$W_z \geqslant \frac{M_{max}}{[\sigma]}$$

根据梁的截面形状，可确定截面尺寸。

3. 荷载估计

已知梁所采用的材料和截面尺寸，根据强度条件可确定梁所能承受的最大弯矩：

$$M_{max} \leqslant W_z [\sigma]$$

再由最大弯矩 M_{max} 与荷载的关系计算梁的许可荷载。

【例 11-3】 图 11-7 所示的悬臂梁由两个尺寸为 $125 \times 80 \times 12$ 角钢组成，材料的许用应力 $[\sigma] = 170$ MPa，试校核梁的强度。

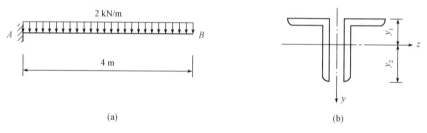

(a)   (b)

图 11-7

解：（1）计算梁的最大弯矩。

$$M_{max} = 2 \times 4 \times 2 = 16 (\text{kN} \cdot \text{m})$$

（2）查型钢表，一个角钢 $125 \times 80 \times 12$ 的几何参数为 $I_{z0} = 364.41 \times 10^4$ mm^4，$y_1 = 42.2$ mm，$y_2 = 125 - 42.2 = 82.8 (\text{mm})$。

因此两个角钢的惯性矩为

$$I_z = 2I_{z0} = 2 \times 364.41 \times 10^4 = 728.82 \times 10^4 (\text{mm}^4)$$

（3）校核梁的正应力强度。

$$\sigma_{max} = \frac{M_{max} y_{max}}{I_z} = \frac{16 \times 10^6 \times 82.8}{728.82 \times 10^4} = 181.77 (\text{MPa}) > [\sigma] = 170 \text{ MPa}$$

梁不满足正应力强度条件。

【例 11-4】 简支梁采用工字钢，所承受的荷载如图 11-8(a) 所示，材料的许用应力

$[\sigma] = 170$ MPa，试选择工字钢型号。

解：（1）计算支座反力。

$F_{Ay} = 26.67$ kN，$F_{By} = 13.33$ kN

（2）计算最大弯矩。作梁的弯矩图，如图 11-8（b）所示，可知梁的最大弯矩 $M_{max} = 53.34$ kN·m。

（3）选择工字钢的型号。根据强度条件得

$$W_z \geqslant \frac{M_{max}}{[\sigma]} = \frac{53.34 \times 10^6}{170} = 3.138 \times 10^5 (\text{mm}^3) = 313.8 \text{ cm}^3$$

查型钢表，No.22b 工字钢的 $W_z = 325$ cm³，是大于 313.8 cm³ 的最小者，放采用 No.22b 工字钢。

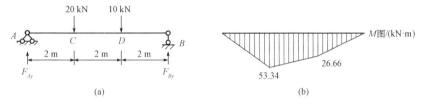

图 11-8

【例 11-5】 图 11-9 所示的简支梁采用 No.32a 工字钢，跨中受集中力 F 作用，材料的许用应力 $[\sigma] = 170$ MPa。求：（1）梁的许用荷载 $[F_1]$；（2）若将梁改成矩形截面，面积与工字钢截面相同，矩形的高宽比 $\dfrac{h}{b} = \dfrac{3}{2}$，求梁的许用荷载 $[F_2]$。

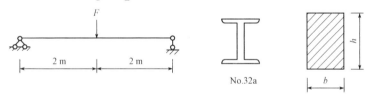

图 11-9

解：（1）计算梁的最大弯矩。

$$M_{max} = \frac{1}{4}Fl = \frac{1}{4}F \cdot 4 = F(\text{N} \cdot \text{m})$$

（2）查型钢表，No.32a 工字钢的几何参数为 $W_z = 692 \times 10^3$ mm³，$A = 67.05 \times 10^2$ mm²。

（3）计算工字钢梁的许用荷载。

$M_{max} \leqslant W_z[\sigma]$，即

$$F \leqslant 692 \times 10^3 \times 10^{-9} \times 170 \times 10^6 = 1.176\ 4 \times 10^6 \text{ N} = 117.64(\text{kN})$$

所以，$[F_1] = 117.64$ kN。

（4）计算矩形截面梁的许用荷载。

$bh = \dfrac{2}{3}h^2 = 67.05 \times 10^2$，得 $h = 100.29$ mm，$b = 66.86$ mm。

$$W_z = \frac{bh^2}{6} = \frac{66.86 \times 100.29^2}{6} = 1.120\ 8 \times 10^5 (\text{mm}^3)$$

$F \leqslant 1.1208 \times 10^5 \times 10^{-9} \times 170 \times 10^6 = 1.9054 \times 10^4 \text{ N} = 19.05(\text{kN})$

所以，$[F_2] = 19.05 \text{ kN}$。

上述的计算表明，虽然两种截面的面积相等，但工字钢截面梁的许用荷载是矩形截面梁的 6.2 倍。这是因为梁截面的正应力沿高度呈线性分布，在中性轴附近，应力很小，中性轴附近的材料没有得到充分的利用。若将中性轴附近的材料挖去，移到远离中性轴的边缘处，将提高这部分材料的承载力，就是工字形状，如图 11-10 所示。

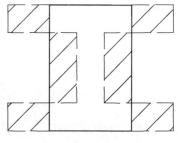

图 11-10

【例 11-6】 外伸梁承受的荷载如图 11-11(a)所示，采用 T 形截面，如图 11-11(b)所示，材料的许用拉应力$[\sigma_t] = 30 \text{ MPa}$，许用压应力$[\sigma_c] = 60 \text{ MPa}$，试校核梁的正应力强度。

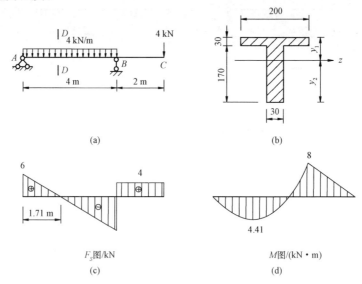

图 11-11

解：(1)计算支座反力。

$F_{Ay} = 6 \text{ kN}$，$F_{By} = 14 \text{ kN}$

(2)画梁的剪力图和弯矩图，如图 11-11(c)、(d)所示，B 截面有最大负弯矩，D 截面有最大正弯矩。

(3)确定截面形心，并计算截面对中性轴的惯性矩，形心轴 z 与上、下边缘的距离分别为 y_1 和 y_2。

$$y_2 = \frac{85 \times 170 \times 30 + (170 + 15) \times 200 \times 30}{170 \times 30 + 200 \times 30} = 139(\text{mm})$$

$$y_1 = 200 - y_2 = 200 - 139 = 61(\text{mm})$$

$$I_z = \frac{30 \times 170^3}{12} + (139 - 85)^2 \times 170 \times 30 + \frac{200 \times 30^3}{12} + (185 - 139)^2 \times 200 \times 30$$

$$= 40.3 \times 10^6(\text{mm}^4)$$

(4)计算 B、D 截面的最大拉、压应力。B 截面有最大负弯矩，上侧纤维受拉，最大拉应力发生在截面的上边缘，最大压应力发生在截面的下边缘。

$$\sigma_{\text{tmax}}^{B}=\frac{M_{B}y_{1}}{I_{z}}=\frac{8\times10^{6}\times61}{40.3\times10^{6}}=12.11(\text{MPa})$$

$$\sigma_{\text{cmax}}^{B}=\frac{M_{B}y_{2}}{I_{z}}=\frac{8\times10^{6}\times139}{40.3\times10^{6}}=27.59(\text{MPa})$$

D 截面有最大正弯矩，下侧纤维受拉，最大拉应力发生在截面的下边缘，最大压应力发生在截面的上边缘。

$$\sigma_{\text{tmax}}^{D}=\frac{M_{D}y_{2}}{I_{z}}=\frac{4.41\times10^{6}\times139}{40.3\times10^{6}}=15.21(\text{MPa})$$

$$\sigma_{\text{cmax}}^{D}=\frac{M_{D}y_{1}}{I_{z}}=\frac{4.41\times10^{6}\times61}{40.3\times10^{6}}=6.68(\text{MPa})$$

综上所述，截面的最大拉应力出现在 D 截面下边缘，最大压应力出现在 B 截面下边缘。

$$\sigma_{\text{tmax}}=\sigma_{\text{tmax}}^{D}=15.21\ \text{MPa}<[\sigma_{t}]=30\ \text{MPa}$$

$$\sigma_{\text{cmax}}=\sigma_{\text{cmax}}^{B}=27.59\ \text{MPa}<[\sigma_{c}]=60\ \text{MPa}$$

所以，梁满足强度条件。

需要注意的是，D 截面的弯矩绝对值不是最大，但其受拉边缘离中性轴较远，最大拉应力较 B 截面大。当梁截面不对称于中性轴时，要校核梁的最大正弯矩与最大负弯矩截面。

11.3　梁横截面上的剪应力及其强度计算

梁在横向外力作用下，横截面上的内力既有弯矩又有剪力，梁横截面上的应力同时存在正应力和剪应力。

11.3.1　矩形截面梁的剪应力

分析矩形截面梁的剪应力分布规律时，采用以下两个假设。

假设 1：横截面上剪应力与矩形截面边界平行，与剪力的方向一致。

假设 2：沿截面同一高度的剪应力相等。

考虑图 11-12(a)所示的矩形截面梁，截面尺寸如图 11-12(b)所示。取任意微段梁，长度为 $\text{d}x$，微段梁的受力情况如图 11-12(c)所示。横截面上有正应力，也有剪应力，如图 11-12(d)所示。1—1 截面的正应力为 $\sigma(y)$，2—2 截面的正应力为 $\sigma(y)+\text{d}\sigma(y)$，两截面的剪应力均为 τ。y 为截面上某点与中性轴处的距离。

$$\sigma(y)=\frac{My}{I_{z}},\ \sigma(y)+\text{d}\sigma(y)=\frac{(M+\text{d}M)y}{I_{z}}$$

再用与中性轴距离为 y 的纵向截面从微段中切出下部一小块，如图 11-12(e)所示，纵向截面上剪应力为 τ'，根据剪应力互等定理，有

$$\tau=\tau'$$

从图 11-12(e)所示的小块作为隔离体，画出隔离体的受力图，F_{N1} 和 F_{N2} 分别为左、右两侧法向力的总和，T 为顶面水平力的总和。根据平衡条件，有

$$\sum F_{x}=0,\ F_{N2}-F_{N1}-T=0$$

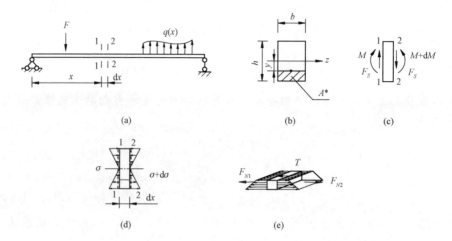

(a)   (b)   (c)

(d)   (e)

图 11-12

而

$$F_{N1} = \int_{A^*} \sigma dA = \int_{A^*} \frac{My}{I_z} dA = \frac{M}{I_z} \int_{A^*} y dA = \frac{MS_z^*}{I_z}$$

式中，A^* 是过计算点作与中性轴平行的直线，将矩形截面划分出的下部矩形或上部矩形，S_z^* 是 A^* 对中性轴的面积矩。

$$F_{N2} = \int_{A^*} (\sigma + d\sigma) dA = \int_{A^*} \frac{(M+dM)y}{I_z} dA = \frac{M+dM}{I_z} \int_{A^*} y dA = \frac{M+dM}{I_z} S_z^*$$

$$T = \tau' b\, dx$$

代入平衡方程得

$$\frac{M+dM}{I_z} S_z^* - \frac{M}{I_z} S_z^* - \tau' b\, dx = 0$$

整理得

$$\tau' = \frac{dM}{dx} \cdot \frac{S_z^*}{I_z b}$$

根据弯矩与剪力的微分关系，有 $\dfrac{dM}{dx} = F_S$，所以 $\tau' = \dfrac{F_S S_z^*}{I_z b}$，故有

$$\tau = \frac{F_S S_z^*}{I_z b} \tag{11-8}$$

式中　F_S——横截面上的剪力；

　　　S_z^*——过计算点作直线把截面划分为下部矩形或上部矩形对中性轴的惯性矩；

　　　I_z——横截面对中性轴的惯性矩；

　　　b——横截面宽度。

考虑式(11-8)，对于同一截面，F_S、I_z、b 均为常数，S_z^* 随计算点的 y 坐标变化。

$$S_z^* = b\left(\frac{h}{2} - y\right)\left[y + \frac{1}{2}\left(\frac{h}{2} - y\right)\right] = \frac{b}{2}\left(\frac{h^2}{4} - y^2\right), \quad I_z = \frac{bh^3}{12}$$

代入式(11-8)，得

$$\tau = \frac{6F_S}{bh^3}\left(\frac{h^2}{4} - y^2\right) \tag{11-9}$$

式(11-9)表明,剪应力沿截面高度按二次抛物线规律变化,如图 11-13(b)所示。在截面的上、下边缘处$\left(y=\pm\dfrac{1}{2}h\right)$剪应力为零,在中性轴处$(y=0)$剪应力取最大值

$$\tau_{\max}=\frac{3}{2}\frac{F_S}{bh}=\frac{3}{2}\bar{\tau} \tag{11-10}$$

式中,$\bar{\tau}=\dfrac{F_S}{A}=\dfrac{F_S}{bh}$ 称为截面的平均剪应力。因此,矩形截面梁截面上的最大剪应力为平均剪应力的 1.5 倍,发生在中性轴上。

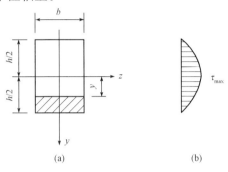

图 11-13

11.3.2　工字形截面梁的剪应力

工字形截面由腹板和翼缘组成,截面的剪应力主要由腹板承担。腹板是一狭长的矩形,它的剪应力可按矩形截面的剪应力公式计算,即

$$\tau=\frac{F_S S_z^*}{I_z d} \tag{11-11}$$

式中,d 为腹板宽度;S_z^* 是横截面上过计算点作水平线,将截面切出的上部或下部图形对中性轴的面积矩。

式(11-11)表明剪应力沿腹板高度按二次抛物线变化,最大剪应力出现在中性轴上,即

$$\tau_{\max}=\frac{F_S S_{z\max}^*}{I_z d}=\frac{F_S}{\dfrac{I_z}{S_{z\max}^*}\cdot d} \tag{11-12}$$

式中,$S_{z\max}^*$ 是中性轴以上(或以下)图形对中性轴的面积矩,在型钢表中,工字钢的 $I_z/S_{z\max}^*$ 可查得。

腹板的剪应力分布如图 11-14(b)所示,可以看到,最大剪应力与最小剪应力相差不大,当腹板厚度较小时,可近似认为腹板上的剪应力均匀分布。

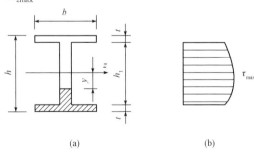

图 11-14

11.3.3　圆形截面上的最大剪应力

圆形截面梁横截面上的剪应力分布比较复杂。与中性轴等远处各点的剪应力汇交于该处截面宽度线两端切线的交点,且与剪力平行的分量沿截面宽度方向均匀分布,如图 11-15

所示。最大剪应力发生在中性轴上，是平均剪应力的 $\frac{4}{3}$ 倍，即

$$\tau_{max}=\frac{4}{3}\cdot\frac{F_S}{A} \tag{11-13}$$

式中，A 是圆截面面积；F_S 是截面上的剪力。

11.3.4 圆环形截面梁的剪应力

圆环形截面上各点处的剪应力方向与该处圆环切线方向平行，且沿圆环厚度方向均匀分布，最大剪应力发生在中性轴上，是截面平均剪应力的 2 倍，如图 11-16 所示。最大剪应力的计算公式为

$$\tau_{max}=2\cdot\frac{F_S}{A} \tag{11-14}$$

式中，A 是圆环形截面的面积。

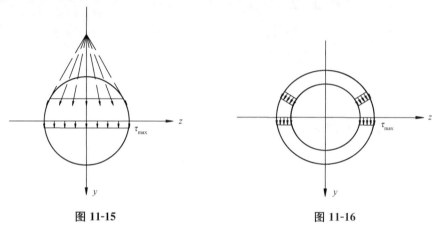

图 11-15   图 11-16

【**例 11-7**】 图 11-17(a)所示的矩形截面简支梁受到两个集中力作用，计算 C 截面左邻面上 a、b、c 三点的剪应力。

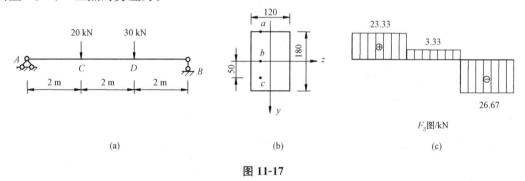

(a)   (b)   (c)

图 11-17

解：(1)计算梁的支座反力。

$$F_{Ay}=23.33 \text{ kN}(\uparrow)，\quad F_{By}=26.67 \text{ kN}(\uparrow)$$

作梁的剪力图，如图 11-17(c)所示，可知 $F_{SC}^{L}=23.33(\text{kN})$。

(2)计算 C 截面左邻面上各点的剪应力。

$$\tau_a=0$$

$$\tau_b = \frac{3}{2}\overline{\tau} = \frac{3}{2} \times \frac{23.33 \times 10^3}{120 \times 180} = 1.62(\text{MPa})$$

$$\tau_c = \frac{F_{SC}^L S_{zC}^*}{I_z b} = \frac{23.33 \times 10^3 \times 40 \times 120 \times (50+20)}{\frac{120 \times 180^3}{12} \times 120} = 1.12(\text{MPa})$$

11.3.5 梁的剪应力强度计算

为了使梁能安全地工作，梁的最大剪应力不得超过材料的许用剪应力$[\tau]$。等截面梁的最大剪应力发生在剪力最大截面的中性轴上，梁的剪应力强度条件为

$$\tau_{max} = \frac{F_{Smax} S_{zmax}^*}{I_z b} \leqslant [\tau] \tag{11-15}$$

对梁作强度计算，必须同时满足正应力和剪应力强度条件。一般情况下，梁的正应力强度条件是控制条件，可先按正应力强度条件选择梁的截面尺寸和形状，然后校核剪应力强度条件。在实际工程中，对于$l/h>5$的细长梁，按正应力强度条件设计的梁一般都能满足剪应力强度条件，不必作剪应力强度校核。但对于以下几种情况，需作剪应力强度校核：

（1）梁的跨度较小，或在梁的支座附近有很大的集中荷载，梁可能出现弯矩较小而剪力很大的情况，此时梁的强度可能由剪应力强度条件控制。

（2）使用组合截面的钢梁，截面腹板厚度与高度之比小于一般型钢的相应值，腹板上的剪应力可能很大。

（3）木梁。木材是各向异性材料，其顺纹抗剪能力很差。当截面剪应力很大时，木梁有可能沿中性轴发生剪切破坏。需要对木梁作顺纹方向的剪应力强度校核。

【例 11-8】 简支木梁受均布荷载作用，截面为120×180矩形，如图11-18(a)所示，已知材料的许用应力$[\sigma]=12$ MPa，$[\tau]=1.2$ MPa。试校核木梁的强度。

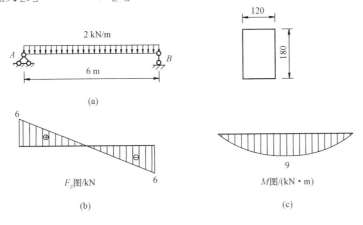

图 11-18

解：（1）作梁的剪力图[图11-18(b)]和弯矩图[图11-18(c)]，可知

$$M_{max} = 9 \text{ kN} \cdot \text{m}, \quad F_{Smax} = 6 \text{ kN}$$

（2）正应力强度校核

$$\sigma_{max} = \frac{M_{max}}{W_z} = \frac{9 \times 10^6}{\frac{120 \times 180^2}{6}} = 13.89(\text{MPa}) > [\sigma] = 12 \text{ MPa}$$

∴不满足正应力强度条件。

（3）剪应力强度校核

$$\tau_{max}=\frac{3}{2}\bar{\tau}=\frac{3}{2}\times\frac{6\times10^3}{120\times180}=0.42(MPa)<[\tau]=1.2\ MPa$$

∴满足剪应力强度条件。

综上所述，木梁不满足正应力强度条件，满足剪应力强度条件，所以，木梁不满足强度条件。

【例 11-9】 工字形截面外伸梁如图 11-19(a)所示，已知材料的许用应力$[\sigma]=170\ MPa$，$[\tau]=100\ MPa$。试选择工字钢的型号。

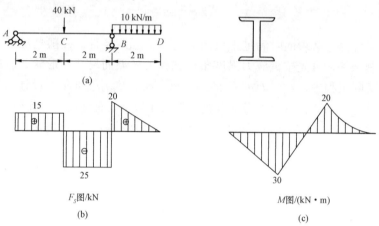

图 11-19

解：（1）作梁的剪力图和弯矩图，分别如图 11-19(b)和(c)所示，可知

$$M_{max}=30\ kN\cdot m,\quad F_{Smax}=25\ kN$$

（2）按正应力强度条件选择工字钢型号。

$$W_z\geqslant\frac{M_{max}}{[\sigma]}=\frac{30\times10^6}{170}=1.764\ 7\times10^5(mm^3)=176.47\ cm^3$$

查型钢表，选择 No.18 工字钢，$W_z=185\ cm^3$，最接近而大于 176.47 cm^3。

（3）校核剪应力强度。No.18 工字钢的几何参数为 $I_z/S_{zmax}^*=15.4\ cm$，$d=6.5\ mm$。

$$\tau_{max}=\frac{F_{Smax}S_{zmax}^*}{I_zd}=\frac{F_{Smax}}{I_z/S_{zmax}^*\cdot d}=\frac{25\times10^3}{15.4\times10\times6.5}=24.98(MPa)<[\tau]=100\ MPa$$

满足剪应力强度条件，选用 No.18 工字钢。

11.4　提高梁承载能力的措施

一般情况下，梁的强度主要由正应力控制，提高梁的承载能力最基本的措施是在不减小荷载值、不增加材料的前提下，降低梁的最大正应力。梁的最大正应力可由下式计算：

$$\sigma_{max}=\frac{M_{max}}{W_z}$$

要使 $\sigma_{\max}$ 降低，只有两种途径，即减小 $M_{\max}$ 或增大 W_z。

11.4.1　降低梁的最大弯矩 $M_{\max}$ 的措施

1. 合理安排荷载

常将集中力化为分散力，以降低梁的最大弯矩。图 11-20(a)所示的简支梁跨中作用有集中荷载 F，梁的最大弯矩 $M_{\max}=\dfrac{1}{4}Fl$，若在 AB 梁上安放一根梁 CD，如图 11-20(b)所示，则梁的最大弯矩为 $\dfrac{1}{8}Fl$，只有原来的 $\dfrac{1}{2}$。

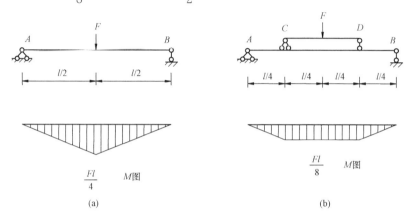

图 11-20

2. 合理布置梁的支座

尽量采用小跨度梁，将简支梁改为外伸梁。图 11-21(a)所示的简支梁有均布荷载 q 的作用，最大弯矩 $M_{\max}=\dfrac{1}{8}ql^2$，将简支梁的支座都向里移动 $\dfrac{1}{5}l$ ［图 11-21(b)］变为外伸梁，最大弯矩 $M_{\max}=\dfrac{1}{40}ql^2$，是前者的 $\dfrac{1}{5}$。

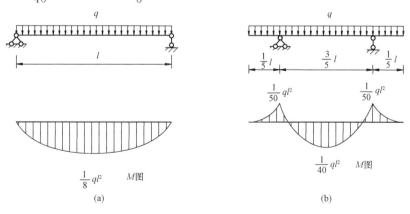

图 11-21

3. 增加支座，将静定梁改为超静定梁

超静定梁的弯矩分布比较均匀，能有效降低梁的最大弯矩。在图 11-21(a)所示的简支梁

跨中增加一个链杆支座，如图 11-22(a)所示，变成一次超静定梁，其弯矩图如图 11-22(b)所示，最大弯矩 $M_{max}=\dfrac{1}{32}ql^2$，是前者的 $\dfrac{1}{4}$。

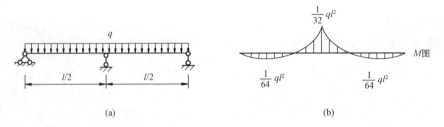

图 11-22

11.4.2　增加抗弯截面模量 W_z 的措施

在不增加材料的前提下增大梁的抗弯截面模量 W_z，考虑单位面积的抗弯截面模量 W_z/A。以下是几种面积(A)相同，高度(h)不同的截面形状的 W_z/A 值：

矩形
$$\frac{W_z}{A}=\frac{\dfrac{bh^2}{6}}{bh}=0.167h$$

正方形
$$\frac{W_z}{A}=\frac{\dfrac{h^3}{6}}{h^2}=0.167h$$

圆形
$$\frac{W_z}{A}=\frac{\dfrac{\pi h^3}{32}}{\dfrac{1}{4}\pi h^2}=0.125h$$

工字形和槽形
$$\frac{W_z}{A}=(0.27\sim0.31)h$$

可见，工字形和槽形的 W_z/A 较大，其承载力更高。

对于抗拉和抗压强度相等的塑性材料，一般采用对称于中性轴的截面，如工字形、矩形和圆形等截面，使梁的最大拉应力和最大压应力相等。对于抗拉和抗压强度不相等的脆性材料，一般选择不对称于中性轴的截面，如 T 形、平放的槽形等截面，使受拉、受压的边缘到中性轴的距离与材料的抗拉、抗压许用应力成正比，使截面的最大拉应力和最大压应力能同时达到其许用应力。对图 11-23 所示的 T 形截面，应使

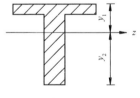

图 11-23

$$\frac{y_1}{y_2}=\frac{\sigma_{tmax}}{\sigma_{cmax}}=\frac{[\sigma_t]}{[\sigma_c]}$$

11.4.3　采用变截面梁

等截面梁的强度计算，是根据梁的最大弯矩确定截面尺寸的，对弯矩值较小的梁段，材料未得到充分利用。为了提高材料的利用效率，弯矩值较大处采用较大的截面，弯矩值

较小处采用较小的截面。截面尺寸沿梁轴线变化的梁称为变截面梁。若使每一截面上的最大正应力都等于材料的许用应力，即

$$\sigma_{max} = \frac{M(x)}{W_z(x)} = [\sigma]$$

这样的梁称为等强度梁。

从强度和材料的利用看，等强度梁是最理想的，但制造或生产等强度梁较困难，工程实际中常采用形状较简单而接近等强度梁的变截面梁。图 11-24 所示的梁是建筑工程中常见的几种变截面梁。图 11-24(a)所示为房屋阳台或雨篷的悬挑梁；图 11-24(b)所示为吊车的鱼腹梁；图 11-24(c)所示为混凝土屋架，图 11-24(d)所示为机器的阶梯轴，图 11-24(e)所示为车辆的板弹簧。

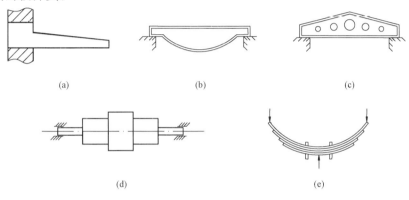

(a)　　　　　　　(b)　　　　　　　(c)

(d)　　　　　　　(e)

图 11-24

思考题与习题

思考题与习题

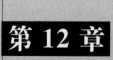

第 12 章

弯曲变形

在第 10 章和第 11 章讨论了梁的内力和应力，并对梁进行强度计算，这是为了保证梁在荷载作用下不致破坏。但只考虑梁的强度条件是不足够的，因为梁在荷载作用下还会发生变形。如果变形太大，就会影响梁的正常使用。例如，房屋屋架上的檩条变形过大会引起屋面漏水，楼面梁变形太大将引起抹灰脱落，吊车梁变形太大将影响吊车的正常使用。因此，除满足梁的强度条件外，还必须限制梁的变形，使其不超过许用的变形值，即对梁进行刚度计算。本章讨论直梁在平面弯曲时的变形计算。

弯曲变形

12.1 梁的挠度和转角

图 12-1 所示的悬臂梁，自由端作用有集中力，梁发生变形，AB 表示梁变形前的轴线。设置以下坐标系，x 轴与梁轴线重合，向右为正；y 轴与梁轴线垂直，向下为正。梁在荷载作用下发生变形后，梁的轴线由直线变为一条平面曲线，称为梁的挠曲线。梁上任一截面产生两种位移。一种是线位移，可用任一截面变形前后形心连线表示，线位移垂直于梁轴线方向的分量称为挠度，常用 y 表示。线位移沿梁轴线方向的分量是两阶微量，通常忽略不计。

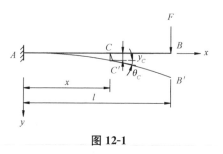

图 12-1

另一种是梁的横截面绕中性轴所转动的角度，即角位移，称为转角，常用 θ 表示。挠度 y 和转角 θ 是描述梁变形的两个基本量。

挠度 y 与纵坐标轴方向一致时为正；反之为负。转角 θ 顺时针转时为正；反之为负。

梁上不同的截面有不同的挠度，即挠度 y 是截面位置 x 的函数，用函数 $y=f(x)$ 表示，称为梁的挠度曲线或弹性曲线方程。同理，转角也是截面位置 x 的函数，计作 $\theta=\theta(x)$，称为梁的转角方程。

在小变形情况下，由于 θ 很小，故

$$\tan\theta=\frac{\mathrm{d}y}{\mathrm{d}x}=y'\approx\theta$$

上式反映了挠度和转角之间的微分关系，即挠度曲线上任一点切线的斜率等于该点处的转角。

12.2　梁挠曲线近似微分方程

计算梁变形的关键是求得梁的挠曲线方程，在第 11 章中，已求得梁在纯弯曲时挠曲线的曲率表达式为

$$\frac{1}{\rho}=\frac{M}{EI}$$

对于一般的细长梁，跨度 l 通常远大于横截面高度 h，剪力对梁变形的影响很小，可以忽略不计，上式仍适用，但弯矩 M 和曲率半径 ρ 都不是常数，而是截面位置的函数，上式可写为

$$\frac{1}{\rho(x)}=\frac{M(x)}{EI} \tag{a}$$

从几何角度看，平面曲线任一点的曲率由下式确定：

$$\frac{1}{\rho(x)}=\pm\frac{y''}{[1+(y')^2]^{3/2}} \tag{b}$$

工程中常用的梁的挠度曲线是一平坦曲线，y' 是很小的微量，与 1 相比，$(y')^2$ 可以忽略不计，式(b)可近似地写为

$$\frac{1}{\rho(x)}=\pm y'' \tag{c}$$

式(a)、式(c)可写成

$$\pm y''=\frac{M(x)}{EI} \tag{d}$$

式(d)左端的正负号由 y'' 和 $M(x)$ 的符号确定。采用图 12-2 所示的坐标系，如果梁的弯曲变形如图 12-2(a)所示向下凸，即下侧纤维受拉，则 $M>0$，而 $y''<0$。相反，如果梁的弯曲变形如图 12-2(b)所示向上凸，即上侧纤维受拉，则 $M<0$，而 $y''>0$。可见，M 与 y'' 反号，要使式(d)左、右端相等，左端的正负号应取负号，即

$$-y''=\frac{M(x)}{EI}$$

一般写成

$$y''=-\frac{M(x)}{EI} \tag{12-1}$$

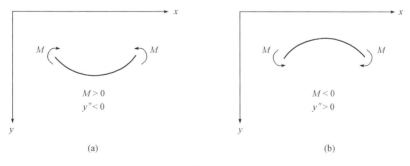

图 12-2

式(12-1)称为梁挠曲线的近似微分方程,所谓"近似"是因为在公式推导中略去了剪力对变形的影响;在$[1+(y')^2]^{3/2}$中略去了$(y')^2$项。

在工程上,式(12-1)对变形很小的梁来说,其精度是足够的。式(12-1)是直梁弯曲变形计算的基础,对式(12-1)积分一次,可得转角函数,再积分一次,得挠度函数。

12.3 用积分法求梁的变形

通过积分求梁的转角和挠度的方法称为积分法。对式(12-1)积分一次得梁的转角方程:

$$y'=\theta=-\int \frac{M(x)}{EI}\mathrm{d}x+C \tag{12-2}$$

再积分一次得梁的挠度方程:

$$y=-\int \left(\int \frac{M(x)}{EI}\mathrm{d}x\right)\mathrm{d}x+Cx+D \tag{12-3}$$

式中,C,D是积分常数,需由梁挠度曲线上某些点的已知位移条件确定,这些已知的位移条件称为梁的边界条件。

图 12-3(a)所示的简支梁,A 支座是固定铰支座,无论梁如何变形,A 截面的竖向位移和水平位移均为零。B 支座是活动铰支座,其竖向位移为零。所以,AB 梁的边界条件是 $x=0$ 时,$y=0$;$x=l$ 时,$y=0$。

图 12-3(b)所示的悬臂梁,固定端 A 截面的水平位移、竖向位移和转角均为零,悬臂梁的边界条件是 $x=0$ 时,$y=0$,$\theta=0$。

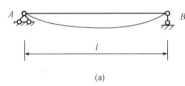

(a)

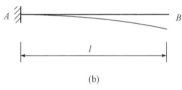

(b)

图 12-3

【例 12-1】 图 12-4 所示的悬臂梁,自由端作用有集中荷载 F,梁的抗弯刚度是 EI。试求梁的转角方程和挠度方程,并求梁的最大转角 $\theta_{\max}$ 和最大挠度 $y_{\max}$。

解:坐标系的原点设在 A 截面,距离 A 为 x 处截面的弯矩为

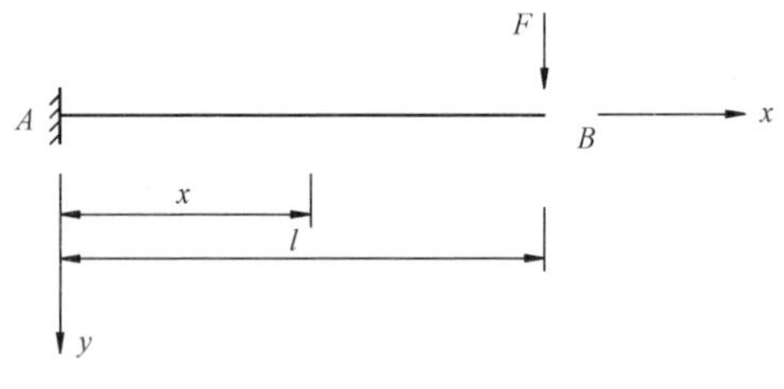

$$M(x)=-F(l-x)$$

图 12-4

代入式(12-1),得梁挠曲线的近似微分方程

$$y''=-\frac{M(x)}{EI}=-\frac{1}{EI}[-F(l-x)]=\frac{F(l-x)}{EI}$$

对上式积分,得

$$\theta(x)=y'=\frac{F}{EI}\left(lx-\frac{1}{2}x^2\right)+C \tag{a}$$

$$y=\frac{F}{EI}\left(\frac{1}{2}lx^2-\frac{1}{6}x^3\right)+Cx+D \tag{b}$$

利用积分条件确定积分常数，悬臂梁的边界条件为当 $x=0$ 时，$y=0$，$y'=0$。应用边界条件，得

$$C=0,\ D=0$$

将 $C=0$，$D=0$ 代入式(a)和(b)，得梁的转角方程和挠度方程：

$$\theta(x)=y'=\frac{F}{EI}\left(lx-\frac{1}{2}x^2\right)$$

$$y=\frac{F}{EI}\left(\frac{1}{2}lx^2-\frac{1}{6}x^3\right)$$

梁的最大转角和最大挠度都发生在自由端，即 $x=l$ 处

$$\theta_{\max}=\theta(x)\big|_{x=l}=\frac{F}{EI}\left(l^2-\frac{1}{2}l^2\right)=\frac{Fl^2}{2EI}$$

$$y_{\max}=y(x)\big|_{x=l}=\frac{F}{EI}\left(\frac{1}{2}l^3-\frac{1}{6}l^3\right)=\frac{Fl^3}{3EI}(\downarrow)$$

【例 12-2】 图 12-5 所示的简支梁受到均布荷载 q 的作用，梁的抗弯刚度 EI 为常数。试求梁的转角方程和挠度方程，并求梁的最大转角和最大挠度。

解： 坐标原点设在 A 支座，距离 A 支座为 x 处截面上的弯矩为

$$M(x)=\frac{1}{2}qlx-\frac{1}{2}qx^2$$

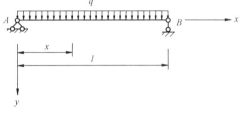

代入式(12-1)，得梁的挠曲线近似微分方程

$$y''=-\frac{1}{EI}\left(\frac{1}{2}qlx-\frac{1}{2}qx^2\right)$$

图 12-5

积分两次，得

$$y'=\theta(x)=-\frac{1}{EI}\left(\frac{1}{4}qlx^2-\frac{1}{6}qx^3\right)+C \tag{a}$$

$$y(x)=-\frac{1}{EI}\left(\frac{1}{12}qlx^3-\frac{1}{24}qx^4\right)+Cx+D \tag{b}$$

简支梁的边界条件是 A、B 支座处的挠度都等于零，即当 $x=0$ 时，$y=0$；当 $x=l$ 时，$y=0$。将边界条件代入式(b)，得

$$D=0,\ C=\frac{ql^3}{24EI}$$

代入式(a)、式(b)，得梁的转角方程和挠度方程：

$$y'=\theta(x)=-\frac{1}{EI}\left(\frac{1}{4}qlx^2-\frac{1}{6}qx^3\right)+\frac{ql^3}{24EI} \tag{c}$$

$$y(x)=-\frac{1}{EI}\left(\frac{1}{12}qlx^3-\frac{1}{24}qx^4\right)+\frac{ql^3}{24EI}x \tag{d}$$

最大转角发生在 A、B 支座处

$$\theta_{\max}=\theta_A=\frac{ql^3}{24EI}$$

$$\theta_{\min}=\theta_B=-\frac{1}{EI}\left(\frac{1}{4}ql^3-\frac{1}{6}ql^3\right)=-\frac{ql^3}{24EI}$$

最大挠度发生在梁的跨中截面，将 $x=l/2$ 代入式(d)，得

$$y_{\max}=-\frac{1}{EI}\left[\frac{1}{12}ql\left(\frac{l}{2}\right)^3-\frac{1}{24}q\left(\frac{l}{2}\right)^4\right]+\frac{ql^3}{24EI}\cdot\frac{l}{2}=\frac{5ql^4}{384EI}(\downarrow)$$

【例 12-3】 图 12-6 所示的简支梁受到集中力 F 作用，梁的抗弯刚度 EI 是常数。试求此梁的转角方程和挠度方程。

解： 梁的支座反力为

$$F_{Ay}=\frac{b}{l}F, \quad F_{By}=\frac{a}{l}F$$

集中力 F 将梁分为 AC 段和 CB 段，各段弯矩方程不同，因此须分段写出两个微分方程。

AC 段 $(0\leqslant x_1\leqslant a)$：

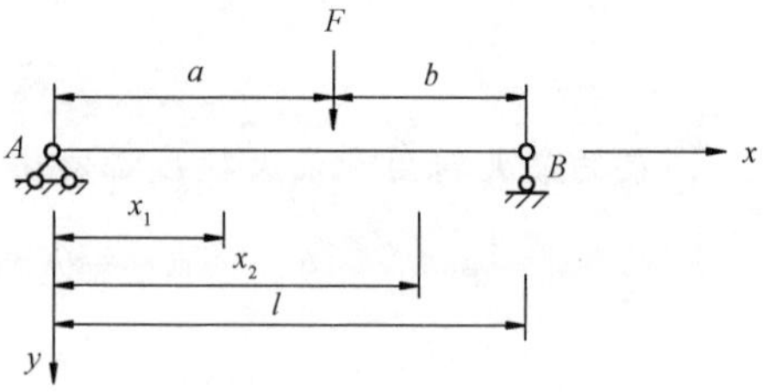

$$M(x_1)=F_{Ay}x_1=\frac{b}{l}Fx_1$$

$$y''_1=-\frac{M(x_1)}{EI}=-\frac{Fb}{EIl}x_1$$

$$\theta_1=y'_1=-\frac{Fb}{2EIl}x_1^2+C_1 \qquad (a)$$

$$y_1=-\frac{Fb}{6EIL}x_1^3+C_1x_1+D_1 \qquad (b)$$

图 12-6

CB 段 $(a\leqslant x_2\leqslant l)$：

$$M(x_2)=F_{Ay}x_2-F(x_2-a)=\frac{b}{l}Fx_2-F(x_2-a)$$

$$y''_2=-\frac{M(x_2)}{EI}=-\frac{Fb}{EIl}x_2+\frac{F(x_2-a)}{EI}$$

$$\theta_2=y'_2=-\frac{Fb}{2EIl}x_2^2+\frac{F(x_2-a)^2}{2EI}+C_2 \qquad (c)$$

$$y_2=-\frac{Fb}{6EIl}x_2^3+\frac{F}{6EI}(x_2-a)^3+C_2x_2+D_2 \qquad (d)$$

上述转角方程和挠度方程有 4 个积分常数 C_1、D_1、C_2、D_2，需要利用 A、B 端的边界条件：当 $x_1=0$ 时，$y_1=0$；当 $x_2=l$ 时，$y_2=0$。

还需利用连续条件，由于梁的挠曲线是一条光滑、连续的曲线，相邻两段梁在交接处的变形是连续的，即 AC 段和 CB 段的交接处，也就是 C 截面左、右截面有相同的转角和挠度，即当 $x_1=x_2=a$ 时，$\theta_1=\theta_2$；当 $x_1=x_2=a$ 时，$y_1=y_2$。

通过上述 4 个条件，可求出 4 个积分常数

$$C_1=C_2=\frac{Fb}{6EI}l-\frac{Fb^3}{6EIl}, \quad D_1=D_2=0$$

将它们代入式(a)、式(b)、式(c)、式(d)，得梁的转角方程和挠度方程。

AC 段 $(0\leqslant x_1\leqslant a)$：

$$\theta_1=-\frac{Fb}{2EIl}x_1^2+\frac{Fbl}{6EI}-\frac{Fb^3}{6EIl}$$

$$y_1=-\frac{Fb}{6EIL}x_1^3+\left(\frac{Fbl}{6EI}-\frac{Fb^3}{6EIl}\right)x_1$$

CB 段 $(a\leqslant x_2\leqslant l)$：

$$\theta_2=-\frac{Fb}{2EIl}x_2^2+\frac{F(x_2-a)^2}{2EI}+\frac{Fbl}{6EI}-\frac{Fb^3}{6EIl}$$

$$y_2=-\frac{Fb}{6EIl}x_2^3+\frac{F}{6EI}(x_2-a)^3+\left(\frac{Fbl}{6EI}-\frac{Fb^3}{6EIl}\right)x_2$$

12.4 用叠加法求梁的变形

在小变形和服从胡克定律的前提下，梁的转角和挠度与荷载成线性关系，当梁上同时受几种荷载作用时，任一截面的转角和挠度等于各个荷载单独作用时任一截面的转角和挠度的和，这就是求梁变形的叠加法。各种常见简单荷载作用下梁的转角和挠度列于表12-1中，可利用这些结果求多个荷载共同作用下梁的变形。

表 12-1 梁在简单荷载作用下的转角和挠度

序号	支承和荷载作用情况	挠曲线方程	梁端截面转角	最大挠度
1		$y=\dfrac{Fx^2}{6EI}(3l-x)$	$\theta_B=\dfrac{Fl^2}{2EI}$	$y_B=\dfrac{Fl^3}{3EI}$
2		当 $0\leqslant x\leqslant c$ 时 $y=\dfrac{Fx^2}{6EI}(3c-x)$ 当 $c\leqslant x\leqslant l$ 时 $y=\dfrac{Fc^2}{6EI}(3x-c)$	$\theta_B=\dfrac{Fc^2}{2EI}$	$y_B=\dfrac{Fc^2}{6EI}(3l-c)$
3		$y=\dfrac{qx^2}{24EI}(x^2+6l^2-4lx)$	$\theta_B=\dfrac{ql^3}{6EI}$	$y_B=\dfrac{ql^4}{8EI}$
4		$y=\dfrac{Mx^2}{2EI}$	$\theta_B=\dfrac{Ml}{EI}$	$y_B=\dfrac{Ml^2}{2EI}$
5		当 $0\leqslant x\leqslant l/2$ 时 $y=\dfrac{Fx}{12EI}\left(\dfrac{3}{4}l^2-x^2\right)$	$\theta_A=-\theta_B$ $=\dfrac{Fl^2}{16EI}$	$y_C=\dfrac{Fl^3}{48EI}$
6		当 $0\leqslant x\leqslant a$ 时 $y=\dfrac{Fbx}{6EIl}(l^2-x^2-b^2)$ 当 $a\leqslant x\leqslant l$ 时 $y=\dfrac{Fa(l-x)}{6EIl}(2lx-x^2-a^2)$	$\theta_A=\dfrac{Fab(l+b)}{6EI}$ $\theta_B=-\dfrac{Fab(l+a)}{6EI}$	设 $a>b$ 在 $x=\sqrt{\dfrac{l^2-b^2}{3}}$ 处 $y_{max}=\dfrac{\sqrt{3}Fb}{27EIl}(l^2-b^2)^{3/2}$ $y\big|_{x=l/2}=\dfrac{Fb}{48EI}(3l^2-4b^2)$

序号	支承和荷载作用情况	挠曲线方程	梁端截面转角	最大挠度
7		$y=\dfrac{qx}{24EI}(l^3-2lx^2+x^3)$	$\theta_A=-\theta_B$ $=\dfrac{ql^3}{24EI}$	在 $x=l/2$ 处 $y_{\max}=\dfrac{5ql^4}{384EI}$
8		$y=\dfrac{Mx}{6EIl}(l^2-x^2)$	$\theta_A=\dfrac{Ml}{6EI}$ $\theta_B=-\dfrac{Ml}{3EI}$	在 $x=l/\sqrt{3}$ 处 $y_{\max}=\dfrac{Ml^2}{9\sqrt{3}EI}$ $y\mid_{x=l/2}=\dfrac{Ml^2}{16EI}$
9		$y=\dfrac{Mx}{6EIl}(l-x)(2l-x)$	$\theta_A=\dfrac{Ml}{3EI}$ $\theta_B=-\dfrac{Ml}{6EI}$	在 $x=(1-1/\sqrt{3})$ l 处 $y_{\max}=\dfrac{Ml^2}{9\sqrt{3}EI}$ $y\mid_{x=l/2}=\dfrac{Ml^2}{16EI}$
10		当 $0\leqslant x\leqslant l$ 时 $y=-\dfrac{Fax}{6EIl}(l^2-x^2)$ 当 $l\leqslant x\leqslant l+a$ 时 $y=\dfrac{F(l-x)}{6EI}\big[(x-l)^2-3ax+al\big]$	$\theta_A=-\dfrac{1}{2}\theta_B$ $=-\dfrac{Fal}{6EI}$ $\theta_C=\dfrac{Fa(2l+3a)}{6EI}$	$y_C=\dfrac{Fa^2}{3EI}(l+a)$
11		当 $0\leqslant x\leqslant l$ 时 $y=-\dfrac{Mx}{6EIl}(l^2-x^2)$ 当 $l\leqslant x\leqslant l+a$ 时 $y=\dfrac{M}{6EI}(3x^2-4xl+l^2)$	$\theta_A=-\dfrac{1}{2}\theta_B$ $=-\dfrac{Ml}{6EI}$ $\theta_C=\dfrac{M}{3EI}(l+3a)$	$y_C=\dfrac{Ma}{6EI}(2l+3a)$
12		当 $0\leqslant x\leqslant l$ 时 $y=-\dfrac{qa^2x}{12EIl}(l^2-x^2)$ 当 $l\leqslant x\leqslant l+a$ 时 $y=\dfrac{q(x-l)}{24EI}\big[2a^2(3x-l)+(x-l)^2(x-l-4a)\big]$	$\theta_A=-\dfrac{1}{2}\theta_B$ $=-\dfrac{qa^2l}{12EI}$ $\theta_C=\dfrac{qa^2(l+a)}{6EI}$	$y_C=\dfrac{qa^3}{24EI}(4l+3a)$

【例 12-4】 图 12-7(a)所示的简支梁受到均布荷载 q 和集中力偶 M 的作用，$M=ql^2$。试按叠加法求梁跨中截面 C 的挠度 y_C 和 A、B 支座截面的转角 θ_A、θ_B。

解：将梁上荷载分为均布荷载 q 单独作用[图 12-7(b)]和集中力偶 M 单独作用[图 12-7(c)]，根据叠加原理得

$$y_C = y_{C\mathrm{I}} + y_{C\mathrm{II}} = \frac{5ql^4}{384EI} - \frac{Ml^2}{16EI} = \frac{5ql^4}{384EI} - \frac{ql^4}{16EI} = -\frac{19ql^4}{384EI}(\uparrow)$$

$$\theta_A = \theta_{A\mathrm{I}} + \theta_{A\mathrm{II}} = \frac{ql^3}{24EI} - \frac{Ml}{6EI} = \frac{ql^3}{24EI} - \frac{ql^3}{6EI} = -\frac{ql^3}{8EI}$$

$$\theta_B = \theta_{B\mathrm{I}} + \theta_{B\mathrm{II}} = -\frac{ql^3}{24EI} + \frac{Ml}{3EI} = -\frac{ql^3}{24EI} + \frac{ql^3}{3EI} = \frac{7}{24}\frac{ql^3}{EI}$$

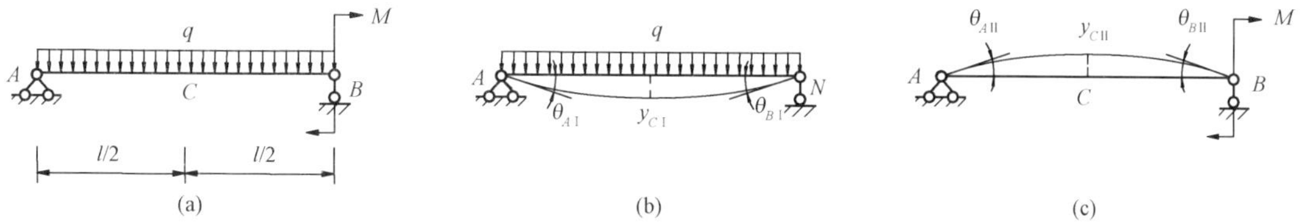

图 12-7

【例 12-5】 图 12-8(a)所示的阶梯梁，AB 段的抗弯刚度为 $2EI$，BC 段的抗弯刚度为 EI，自由端 C 作用有集中力 F。试求 C 截面的挠度。

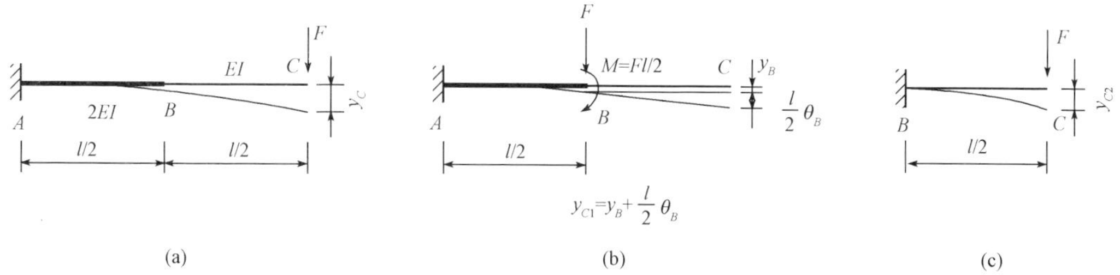

图 12-8

解： 将集中力 F 从 C 点移动到 B 点，作用在 B 点处的集中力和力偶 $M = \frac{1}{2}Fl$ 与作用在 C 点的集中力等效。截面 C 的挠度 y_C 可看作两挠度 y_{C1} 和 y_{C2} 的叠加，其中，y_{C1} 是作用于 B 截面处的集中力 F 和力偶 M 引起的 C 截面挠度，y_{C2} 是 BC 段自身弯曲变形在 C 截面引起的挠度。如图 12-8(b)所示，$y_{C1} = y_B + \frac{1}{2}l\theta_B$，$y_B$ 和 θ_B 是集中力 F 和力偶 M 共同作用引起 B 截面的挠度和转角，查表 12-1 得

$$y_B = \frac{F\left(\frac{l}{2}\right)^3}{3 \times 2EI} + \frac{M\left(\frac{l}{2}\right)^2}{2 \times 2EI} = \frac{F\frac{l^3}{8}}{6EI} + \frac{\frac{1}{2}Fl \cdot \frac{l^2}{4}}{4EI} = \frac{5Fl^3}{96EI}$$

$$\theta_B = \frac{F\left(\frac{l}{2}\right)^2}{2 \times 2EI} + \frac{M\frac{l}{2}}{2EI} = \frac{F\frac{l^2}{4}}{4EI} + \frac{\frac{1}{2}Fl \cdot \frac{l}{2}}{2EI} = \frac{3Fl^2}{16EI}$$

$$y_{C1} = y_B + \frac{l}{2}l\theta_B = \frac{5Fl^3}{96EI} + \frac{l}{2} \cdot \frac{3Fl^2}{16EI} = \frac{7Fl^3}{48EI}$$

$$y_{C2} = \frac{F\left(\frac{l}{2}\right)^3}{3EI} = \frac{Fl^3}{24EI}$$

$$y_C = y_{C1} + y_{C2} = \frac{7Fl^3}{48EI} + \frac{Fl^3}{24EI} = \frac{3Fl^3}{16EI}(\downarrow)$$

12.5　梁的刚度校核、提高梁弯曲刚度的措施

12.5.1　梁的刚度校核

梁除要满足强度条件外，还要满足刚度条件，因为当梁的变形超过一定限度时，梁将不能正常工作。梁的刚度条件可写成

$$y_{max} \leqslant [y] \tag{12-4}$$

$$\theta_{max} \leqslant [\theta] \tag{12-5}$$

梁的许用挠度$[y]$常用梁的计算跨度l的若干分之一表示，在土木工程中，常取$\left[\dfrac{y}{l}\right] = \dfrac{1}{200} \sim \dfrac{1}{800}$；在机械工程中，对主要传动轴的许用挠度要求更高，常取$\left[\dfrac{y}{l}\right] = \dfrac{1}{5\,000} \sim \dfrac{1}{10\,000}$。通常来说，在设计机械传动轴时，还要对轴的转角加以限制。

【例 12-6】 悬臂梁自由端受集中力 $F = 15$ kN 作用，如图 12-9 所示。采用工字钢，已知许用应力$[\sigma] = 170$ MPa，许用挠度$\left[\dfrac{f}{l}\right] = \dfrac{1}{500}$，弹性模量$E = 210$ GPa。试选择工字钢型号。

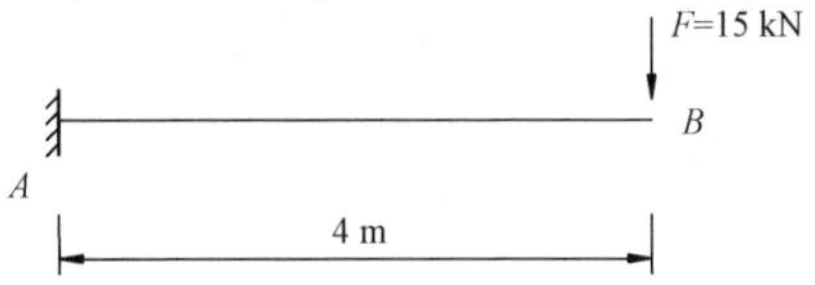

图 12-9

解：(1)按强度条件选择工字钢型号。

$$M_{max} = 15 \times 4 = 60 (\text{kN} \cdot \text{m})$$

$$W = \frac{M_{max}}{[\sigma]} = \frac{60 \times 10^6}{170} = 3.529\,4 \times 10^5 (\text{mm}^3) = 352.94 \text{ cm}^3$$

查型钢表，选用 No.25a 工字钢，$W = 401.88$ cm³，$I = 5\,023.54 \times 10^4$ mm⁴。

(2)校核梁的刚度条件。

$$y_{max} = \frac{Fl^3}{3EI}$$

$$\frac{y_{max}}{l} = \frac{Fl^2}{3EI} = \frac{15 \times 10^3 \times 4^2}{3 \times 210 \times 10^9 \times 5\,023.54 \times 10^4 \times 10^{-12}} = 7.583 \times 10^{-3} > \left[\frac{y}{l}\right] = \frac{1}{500}$$

不满足刚度条件。

(3)按刚度条件重选截面。

$$\frac{y_{max}}{l} = \frac{15 \times 10^3 \times 4^2}{3 \times 210 \times 10^9 I} \leqslant \left[\frac{y}{l}\right] = \frac{1}{500}$$

$$I \geqslant \frac{15 \times 10^3 \times 4^2}{3 \times 210 \times 10^9 \times \dfrac{1}{500}} = 1.904\,76 \times 10^{-4} (\text{m}^4) = 19\,047.6 (\text{cm}^4)$$

查型钢表，选用 No.40a 工字钢，$I = 21\,720$ cm⁴，$W = 1\,090 \times 10^3$ mm³，此时

$$\frac{y_{max}}{l} = \frac{15 \times 10^3 \times 4^2}{3 \times 210 \times 10^9 \times 21\,720 \times 10^{-8}} = 1.75 \times 10^{-3} < \left[\frac{y}{l}\right] = \frac{1}{500} = 2 \times 10^{-3}$$

$$\sigma_{max} = \frac{M_{max}}{W} = \frac{60 \times 10^6}{1\,090 \times 10^3} = 55.05 (\text{MPa}) < [\sigma] = 170 \text{ MPa}$$

可知，梁截面的选择取决于刚度条件。

12.5.2 提高梁刚度的措施

梁的变形除与梁的支承和荷载情况有关外，还与三个因素有关：一是材料，梁的变形与材料的弹性模量 E 成反比；二是截面形状与尺寸，梁的变形与截面的惯性矩 I 成反比；三是跨度，梁的变形与跨度 l 的 n 次幂成正比。由表 12-1 可知，在各种不同荷载作用下，n 的值可能为 1、2、3 或 4。

可以采取以下措施减小梁的变形。

1. 增大梁的抗弯刚度 EI

可以从两个方面考虑，一个是增大 E，另一个是增大 I。可以采用但弹性模量大的材料，以提高梁的刚度。应该指出，采用高强度钢可以大幅度提高梁的强度，而不能提高梁的刚度，原因是高强度钢和普通钢的弹性模量值相差不大。在横截面面积不变的情况下，采用使截面面积分布在距离中性轴较远的截面形状，如工字形、槽形或箱形等截面形状，可以增大截面的惯性矩，从而提高梁的刚度。

2. 减小梁的跨度或改变梁的支承条件

梁的变形与跨度的 n 次幂成正比，如果能减小梁的跨度，将能显著地减小其变形，这是提高梁刚度的一个卓有成效的措施。

在梁的跨度不变的情况下，移动梁的支座，如图 12-10(a)所示的简支梁，支座向里移动，成为图 12-10(b)所示的外伸梁，可减小梁的挠度。若在简支梁跨中增加一个链杆支承，变成图 12-10(c)所示的一次超静定梁，能大幅度地减小梁的挠度。

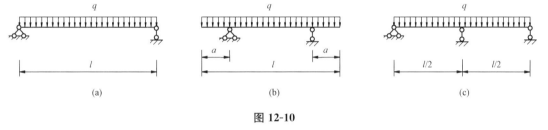

| (a) | (b) | (c) |

图 12-10

思考题与习题

思考题与习题

第13章

应力状态与强度理论

13.1　应力状态的概念

杆件发生轴向拉伸(压缩)时，杆件不同截面上的应力值是不同的，随截面的方位而变。最大正应力值发生在横截面上，但破坏却常发生在斜截面上。如铸铁压缩时，沿 $45°$ 斜截面破坏；低碳钢轴向拉伸时，沿 $45°$ 斜截面产生滑移线，说明 $45°$ 斜截面产生最大剪应力。因此，有必要研究斜截面上的应力。杆件一点在各方位截面上应力的集合称为一点的应力状态。学习点的应力状态，目的是寻找该点应力的最大值及所在截面，为解决复杂受力状态下杆件的强度问题提供理论依据。

研究点的应力状态时，可取一围绕该点的微小体积(通常采用六面体)进行分析，这微小体积称为单元体，三个方向的尺寸均为趋于零的无穷小量，在单元体的各面上标上该面的应力，称为应力单元体，可以认为单元体各面上的应力是均匀分布的，相平行的一对面上的应力值相等。

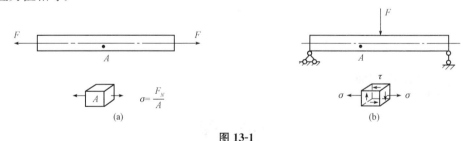

图 13-1

杆件中横截面上的应力和纵截面上的应力最容易求得，所以分析点的应力状态时，一般取包围该点的横截面和纵截面组成的单元体分析。图 13-1(a)所示为轴向拉伸杆任一点 A 的应力状态，左、右两面(横截面)作用有正应力 $\sigma = \dfrac{F_N}{A}$，单元体上、下、前、后四个面上没有应力。图 13-1(b)所示简支梁 A 点的单元体，左、右面(横截面)作用有弯曲正应力 σ，还有弯曲剪应力 τ，根据剪应力互等定理，可知上、下面同样作用有弯曲剪应力 τ，前、后面无应力作用。

应力单元体一般的情况如图 13-2 所示。单元体的面以它的法线方向命名，正应力的下标表示该正应力所在的面，拉应力为正；压应力为负。剪应力有两个下标，第一个下标表示剪应力所在的面；第二个下标表示剪应力的方向。当单元体的面的外法线方向与坐标轴的正向一致时，与另两个坐标轴的正向相同的剪应力为正，反之为负；当单元体的面的外法线方向与坐标轴的正向相反时，与另两个坐标轴的正向相反时剪应力为正，反之为负。图 13-2 所示的正应力与剪应力均为正。

单元体中剪应力等于零的平面称为主平面；主平面上的正应力称为主应力。可以证明，任一点的应力状态总可以找到三对相互垂直的平面，其上的剪应力为零，称为该点的单元体的主平面，这三对主平面上的三个主应力，按其代数值的大小顺序排列，用 σ_1、σ_2、σ_3 表示。σ_1 称为最大主应力；σ_2 称为中间主应力；σ_3 称为最小主应力。由三对主平面围成的单元体，称为主应力单元体。

工程中杆件某一点的应力单元体上，每个主平面上不一定都存在主应力，根据主应力是否为零，应力状态可分为以下三种：

(1)单向应力状态。三个主应力中，只有一个主应力不为零。如轴向拉(压)杆上一点的应力状态，即图 13-1(a)中的 A 点。

(2)二向应力状态。二向应力状态又称为平面应力状态，三个主应力中有两个主应力不为零，如图 13-1(b)所示梁中性轴下侧某点 A 的应力状态。

(3)三向应力状态。三向应力状态又称为空间应力状态，三个主应力全都不等于零，如铁轨被火车车轮挤压的点的应力状态。

处于平面应力状态中的单元体，如果各面的正应力都等于零，只有剪应力，称为纯剪切应力状态，图 13-3 所示的点即为纯剪切应力状态。

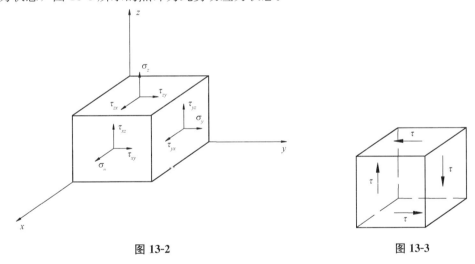

图 13-2   图 13-3

本章主要研究平面应力状态问题。

13.2 平面应力状态分析——解析法

图 13-4(a)所示的单元体，前、后面既无正应力又无剪应力称为平面应力状态。为了表示简便，可用图 13-4(b)所示的矩形表示六面体，矩形的四条边表示左、右、上、下四个侧面，平面应力状态的单元体任一截面上一般既有正应力又有剪应力，例如，x 平面上有正

141

应力 σ_x 和剪应力 τ_{xy}，τ_{xy} 可简写为 τ_x。同理，y 平面上有正应力 σ_y 和剪应力 τ_{yx}，τ_{yx} 可简写为 τ_y。根据应力正负号的规定，在图 13-4(b) 中 σ_x、σ_y 为正，τ_x 为正，τ_y 为负。

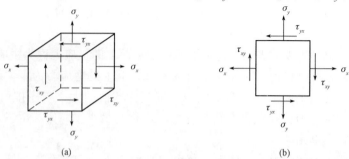

图 13-4

13.2.1 斜截面上的应力

考虑平面应力单元体任一斜截面上的正应力和剪应力，设斜截面的外法线为 n，如图 13-5(a) 所示，外法线 n 与 x 轴的夹角为 α，此斜截面称为 α 斜截面。从 x 轴绕向外法线 n，逆时针转时规定 α 为正，反之为负。

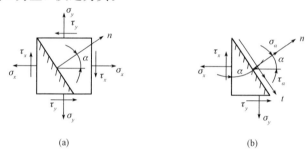

图 13-5

采用截面法求斜截面上的应力，假想在 α 面上将单元体切开，取左下部分作为脱离体，设斜截面面积为 $\mathrm{d}A$，则左截面面积为 $\mathrm{d}A\cos\alpha$，右截面面积为 $\mathrm{d}A\sin\alpha$。根据平衡条件

$$\sum F_n = 0, \quad \sigma_\alpha\mathrm{d}A - \sigma_x\mathrm{d}A\cos\alpha\cos\alpha + \tau_x\mathrm{d}A\cos\alpha\sin\alpha - \sigma_y\mathrm{d}A\sin\alpha\sin\alpha$$
$$+ \tau_y\mathrm{d}A\sin\alpha\cos\alpha = 0 \tag{a}$$

$$\sum F_t = 0, \quad \tau_\alpha\mathrm{d}A - \sigma_x\mathrm{d}A\cos\alpha\sin\alpha - \tau_x\mathrm{d}A\cos\alpha\cos\alpha + \sigma_y\mathrm{d}A\sin\alpha\cos\alpha$$
$$+ \tau_y\mathrm{d}A\sin\alpha\sin\alpha = 0 \tag{b}$$

式中，n 为 α 斜截面的外法线方向，t 是 α 斜截面的切线方向。解式(a)、式(b)得

$$\sigma_\alpha = \sigma_x\cos^2\alpha + \sigma_y\sin^2\alpha - \tau_x\cos\alpha\sin\alpha - \tau_y\sin\alpha\cos\alpha \tag{c}$$

$$\tau_\alpha = \sigma_x\cos\alpha\sin\alpha + \tau_x\cos^2\alpha - \sigma_x\sin\alpha\cos\alpha - \tau_y\sin^2\alpha \tag{d}$$

注意，$\cos^2\alpha = \dfrac{1+\cos2\alpha}{2}$，$\sin^2\alpha = \dfrac{1-\cos2\alpha}{2}$，$\sin\alpha\cos\alpha = \dfrac{1}{2}\sin2\alpha$，$\tau_x = \tau_y$，式(c)、式(d) 可写成

$$\sigma_\alpha = \frac{\sigma_x+\sigma_y}{2} + \frac{\sigma_x-\sigma_y}{2}\cos2\alpha - \tau_x\sin2\alpha \tag{13-1a}$$

$$\tau_\alpha = \frac{\sigma_x - \sigma_y}{2}\sin 2\alpha + \tau_x \cos 2\alpha \tag{13-1b}$$

从上式可知，若已知 σ_x、σ_y、τ_x，σ_α 和 τ_α 是 α 的函数。

13.2.2　主应力和主平面

综上所述，斜截面上的正应力和剪应力都是斜截面倾角 α 的函数，式(13-1a)对 α 求导，得

$$\frac{\mathrm{d}\sigma_\alpha}{\mathrm{d}\alpha} = -\frac{\sigma_x - \sigma_y}{2}\sin 2\alpha \cdot 2 - \tau_x \cos 2\alpha \cdot 2 = -2\left(\frac{\sigma_x - \sigma_y}{2}\sin 2\alpha + \tau_x \cos 2\alpha\right)$$

令 $\dfrac{\mathrm{d}\sigma_\alpha}{\mathrm{d}\alpha} = 0$，则 σ_α 有极值，σ_α 达到极值时 α 的值以 α_0 表示，则

$$\frac{\sigma_x - \sigma_y}{2}\sin 2\alpha_0 + \tau_x \cos 2\alpha_0 = 0$$

即
$$\tan 2\alpha_0 = -\frac{2\tau_x}{\sigma_x - \sigma_y} \tag{13-2}$$

由于 $\tan\left[2\left(\alpha_0 + \dfrac{\pi}{2}\right)\right] = \tan(2\alpha_0 + \pi) = \tan 2\alpha_0$，所以 $\alpha_0 + \dfrac{\pi}{2}$ 也满足式(13-2)，即式(13-2)有两个解，它们相差 $90°$，也就是有相互垂直的两个面，它们上的正应力都是正应力的极值，其中一个面上的正应力是极大值，用 $\sigma_{\max}$ 表示，称为最大正应力；另一个面上的正应力是极小值，用 $\sigma_{\min}$ 表示，称为最小正应力。下面推导 $\sigma_{\max}$ 和 $\sigma_{\min}$。

由于 $2\alpha_0$ 满足式(13-2)，$2\alpha_0$ 可用图 13-6 所示的直角三角形表示，对边为 $-2\tau_x$，邻边为 $\sigma_x - \sigma_y$，斜边为 $\sqrt{(\sigma_x - \sigma_y)^2 + 4\tau_x^2}$，则 $2\alpha_0$ 的正弦和余弦可表示为

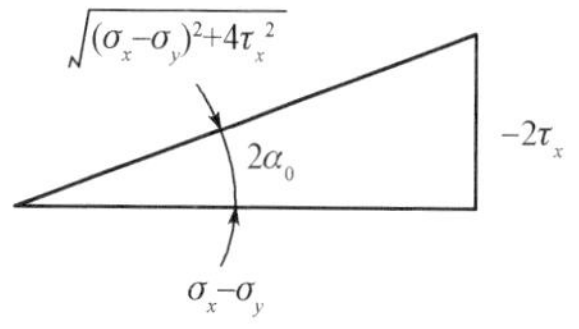

图 13-6

$$\sin 2\alpha_0 = -\frac{2\tau_x}{\sqrt{(\sigma_x - \sigma_y)^2 + 4\tau_x^2}}$$

$$\cos 2\alpha_0 = \frac{\sigma_x - \sigma_y}{\sqrt{(\sigma_x - \sigma_y)^2 + 4\tau_x^2}}$$

代入式(13-1a)，得

$$\sigma_{\min}^{\max} = \frac{\sigma_x - \sigma_y}{2} + \frac{\sigma_x - \sigma_y}{2}\frac{\sigma_x - \sigma_y}{\sqrt{(\sigma_x - \sigma_y)^2 + 4\tau_x^2}} - \tau_x\left[-\frac{2\tau_x}{\sqrt{(\sigma_x - \sigma_y)^2 + 4\tau_x^2}}\right]$$

$$= \frac{\sigma_x + \sigma_y}{2} \pm \sqrt{\left(\frac{\sigma_x - \sigma_y}{2}\right)^2 + \tau_x^2} \tag{13-3}$$

若将 α_0 代入式(13-1b)，则 $\tau_{\alpha_0} = 0$，说明正应力取极值的斜截面上剪应力为零，即正应力取极值的斜截面是主平面，而最大和最小正应力都是主应力。

从式(13-3)还可得

$$\sigma_{\max} + \sigma_{\min} = \sigma_x + \sigma_y \tag{13-4}$$

式(13-4)表明，单元体两个相互垂直的截面上的正应力之和为一定值。

平面应力状态单元体的三个主应力 σ_1、σ_2、σ_3 应从 $\sigma_{\max}$、$\sigma_{\min}$ 和 0 中取得，按它们的代数值顺序排列。

13.2.3 最大剪应力和最大剪应力平面

将式(13-1b)对 α 求导，得

$$\frac{\mathrm{d}\tau_\alpha}{\mathrm{d}\alpha}=-\frac{\sigma_x-\sigma_y}{2}\cos2\alpha\cdot2-\tau_x\sin2\alpha\cdot2=2\left(\frac{\sigma_x-\sigma_y}{2}\cos2\alpha-\tau_x\sin2\alpha\right)$$

令 $\dfrac{\mathrm{d}\tau_\alpha}{d\alpha}=0$，可求得 τ_α 的极值，设 τ_α 达到极值时 α 的值为 α_0'，则

$$\frac{\sigma_x-\sigma_y}{2}\cos2\alpha_0'-\tau_x\sin2\alpha_0'=0$$

即
$$\tan2\alpha_0'=\frac{\sigma_x-\sigma_y}{2\tau_x} \tag{13-5}$$

$\alpha_0'+\dfrac{\pi}{2}$ 也满足式(13-5)，即式(13-5)有两个解，它们相差 $90°$，也就是有相互垂直的两个面，剪应力都有极值，其中一个面上作用的剪应力是极大值，用 τ_{max} 表示，称为最大剪应力；另一个面上作用的剪应力是极小值，用 τ_{min} 表示，称为最小剪应力。它们的值分别是

$$\tau=\pm\sqrt{\left(\frac{\sigma_x-\sigma_y}{2}\right)^2+\tau_x^2} \tag{13-6}$$

由式(13-2)和式(13-5)得

$$\tan2\alpha_0\cdot\tan2\alpha_0'=-1 \tag{13-7}$$

因此，$2\alpha_0=\dfrac{\pi}{2}+2\alpha_0'$，即 $\alpha_0=\dfrac{\pi}{4}+\alpha_0'$，所以最大正应力作用面和最大剪应力作用面的夹角为 $45°$。从式(13-3)还可得

$$\frac{\sigma_{max}-\sigma_{min}}{2}=\sqrt{\left(\frac{\sigma_x-\sigma_y}{2}\right)^2+\tau_x^2}=\tau_{max} \tag{13-8}$$

式(13-8)表明，最大剪应力等于最大正应力与最小正应力之差的一半。

【例 13-1】 图 13-7(a)所示的应力单元体，(1)求图示指定截面上的应力，并标在斜截面上；(2)求单元体的主应力，并绘制出主应力单元体；(3)计算最大剪应力。

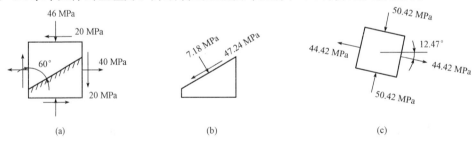

图 13-7

解：$\sigma_x=40$ MPa，$\tau_x=20$ MPa，$\sigma_y=-46$ MPa。

(1)计算斜截面上的应力，$\alpha=120°$，如图 13-7(b)所示。

$$\sigma_\alpha=\frac{\sigma_x+\sigma_y}{2}+\frac{\sigma_x-\sigma_y}{2}\cos2\alpha-\tau_x\sin2\alpha$$

$$=\frac{40-46}{2}+\frac{40-(-46)}{2}\cos240°-20\sin240°=-7.18(\text{MPa})$$

$$\tau_\alpha = \frac{\sigma_x - \sigma_y}{2}\sin2\alpha + \tau_x\cos2\alpha = \frac{40-(-46)}{2}\sin240° + 20\cos240°$$
$$= -47.24(\text{MPa})$$

（2）计算主应力。

$$\sigma_{min}^{max} = \frac{\sigma_x + \sigma_y}{2} \pm \sqrt{\left(\frac{\sigma_x - \sigma_y}{2}\right)^2 + \tau_x^2} = \frac{40-46}{2} \pm \sqrt{\left(\frac{40-(-46)}{2}\right)^2 + 20^2}$$

$$= -3 \pm 47.42 = \begin{cases} 44.42 \text{ MPa} \\ -50.42 \text{ MPa} \end{cases}$$

$$\tan2\alpha_0 = -\frac{2\tau_x}{\sigma_x - \sigma_y} = \frac{-2\times20}{40-(-46)} = -0.4651$$

得 $\alpha_0 = -12.47°$。

所以，单元体的三个主应力为 $\sigma_1 = 44.42$ MPa，$\sigma_2 = 0$，$\sigma_3 = -50.42$ MPa，主应力单元体如图 13-7（c）所示。

（3）计算最大剪应力。

$$\tau_{max} = \frac{\sigma_{max} - \sigma_{min}}{2} = \frac{44.42-(-50.42)}{2} = 47.42(\text{MPa})$$

【例 13-2】 计算图 13-8（a）所示的简支梁 m—m 截面在 K 点倾角 $\alpha = 30°$ 的斜截面上的应力值和方向。

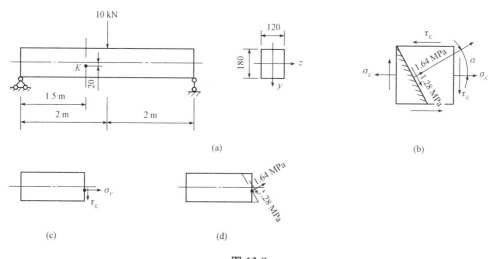

图 13-8

解：（1）简支梁的支座反力为

$$F_{Ay} = F_{By} = 5 \text{ kN}$$
$$M_m = 5\times1.5 = 7.5(\text{kN} \cdot \text{m})$$
$$F_{Sm} = 5 \text{ kN}$$

（2）取 K 点的横截面和纵截面组成的单元体，如图 13-8（b）、（c）所示，计算 K 点处的弯曲正应力和剪应力

$$\sigma_K = \frac{M_m y_K}{I_z} = \frac{7.5\times10^6\times20}{\dfrac{120\times180^3}{12}} = 2.57(\text{MPa})$$

$$\tau_K = \frac{F_{Sm}S^*_{z,K}}{I_z b} = \frac{5 \times 10^3 \times 120 \times 70 \times (35+20)}{\frac{120 \times 180^3}{12} \times 120} = 0.33(\text{MPa})$$

K 点的应力状态为

$\sigma_x = \sigma_K = 2.57$ MPa，$\tau_x = \tau_K = 0.33$ MPa，$\sigma_y = 0$

(3)计算 $\alpha = 30°$ 斜截面上的应力。

$$\sigma_\alpha = \frac{\sigma_x + \sigma_y}{2} + \frac{\sigma_x - \sigma_y}{2}\cos 2\alpha - \tau_x \sin 2\alpha = \frac{2.57}{2} + \frac{2.57}{2}\cos 60° - 0.33\sin 60°$$
$$= 1.64(\text{MPa})$$

$$\tau_\alpha = \frac{\sigma_x - \sigma_y}{2}\sin 2\alpha + \tau_x \cos 2\alpha = \frac{2.57}{2}\sin 60° + 0.33\cos 60° = 1.28(\text{MPa})$$

斜截面上应力的方向如图 13-8(b)、(d)所示。

13.3 平面应力的应力状态分析——图解法

式(13-1)可变为

$$\sigma_\alpha - \frac{\sigma_x + \sigma_y}{2} = \frac{\sigma_x - \sigma_y}{2}\cos 2\alpha - \tau_x \sin 2\alpha \qquad\qquad\text{(a)}$$

$$\tau_\alpha = \frac{\sigma_x - \sigma_y}{2}\sin 2\alpha + \tau_x \cos 2\alpha \qquad\qquad\text{(b)}$$

将式(a)、式(b)平方并相加，得

$$\left(\sigma_\alpha - \frac{\sigma_x + \sigma_y}{2}\right)^2 + \tau_\alpha^2 = \left(\frac{\sigma_x - \sigma_y}{2}\right)^2 + \tau_x^2$$

这是一个以 σ_α 为横坐标，τ_α 为纵坐标的圆方程，圆的圆心坐标为 $\left(\dfrac{\sigma_x + \sigma_y}{2}, 0\right)$，半径为

$\sqrt{\left(\dfrac{\sigma_x - \sigma_y}{2}\right)^2 + \tau_x^2}$。此圆称为应力圆，又称为摩尔(Mohr)圆。应力圆能够清晰地描述一点各斜截面上的应力情况，主应力和最大剪应力也一目了然。

13.3.1 应力圆的作法

(1)建立 $\sigma\tau$ 直角坐标系，选择适宜的比例表示应力。

(2)x 平面上的应力对应于应力圆的点 $C(\sigma_x, \tau_x)$，y 平面上的应力对应于应力圆的点 $C_1(\sigma_y, \tau_y)$，确定点 C、C_1。

(3)连接 C_1、C，$C_1 C$ 是应力圆的直径，$C_1 C$ 与横轴交于点 D，是应力圆的圆心。

(4)$\overline{OA_1} = \sigma_y$，$\overline{OA} = \sigma_x$，$\overline{A_1 C_1} = \overline{AC} = \tau_x$，圆心 D 的坐标为 $\left(\dfrac{\sigma_x + \sigma_y}{2}, 0\right)$，半径 $\overline{DC_1} = $

$\sqrt{\overline{A_1 D}^2 + \overline{A_1 C_1}^2} = \sqrt{\left(\dfrac{\sigma_x - \sigma_y}{2}\right)^2 + \tau_x^2}$。

(5)以 D 点为圆心，$\overline{DC_1}$ 或 $\overline{DC}$ 为半径作圆即得应力圆，如图 13-9 所示。

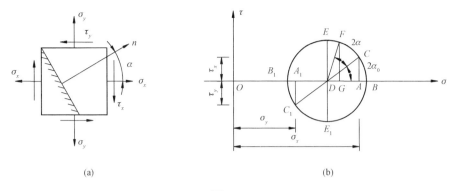

(a)   (b)

图 13-9

13.3.2　利用应力圆计算最大正应力 $\sigma_{\max}$ 和最小正应力 $\sigma_{\min}$

观察图 13-9(b)所示单元体的应力圆，B_1 点的横坐标有最小值，而 B 点的横坐标有最大值，因此

$$\sigma_{\max}=\overline{OB}=\overline{OD}+\overline{DB}=\frac{\sigma_x+\sigma_y}{2}+\sqrt{\left(\frac{\sigma_x-\sigma_y}{2}\right)^2+\tau_x^2}$$

$$\sigma_{\min}=\overline{OB_1}=\overline{OD}-\overline{B_1 D}=\frac{\sigma_x+\sigma_y}{2}-\sqrt{\left(\frac{\sigma_x-\sigma_y}{2}\right)^2+\tau_x^2}$$

与式(13-3)相同。由于 B_1、B 点是应力圆与横轴的交点，所以 B_1、B 点处剪应力为零，它们对应单元体的两个主平面。

应力圆上 $\angle BDC$ 是主应力平面与横轴的夹角，可按下式计算：

$$\tan(-2\alpha_0)=\frac{\overline{CA}}{\overline{DC}}=\frac{\tau_x}{\dfrac{\sigma_x-\sigma_y}{2}}=\frac{2\tau_x}{\sigma_x-\sigma_y}$$

即 $\tan 2\alpha_0=-\dfrac{2\tau_x}{\sigma_x-\sigma_y}$，与式(13-2)相同。

由应力圆可知，在应力圆上，B_1、B 点相差 π，而在单元体上表示最大正应力平面与最小正应力平面相差 $\dfrac{\pi}{2}$。

13.3.3　利用应力圆计算最大剪应力 $\tau_{\max}$

在应力圆最高点 E 和最低点 E_1 表示最大剪应力 $\tau_{\max}$ 和最小剪应力 $\tau_{\min}$，由应力圆可知

$$\tau_{\max}=\overline{DE}=\sqrt{\left(\frac{\sigma_x-\sigma_y}{2}\right)^2+\tau_x^2}$$

$$\tau_{\min}=\overline{DE_1}=-\sqrt{\left(\frac{\sigma_x-\sigma_y}{2}\right)^2+\tau_x^2}$$

即应力圆的半径。

由应力圆可知，最大(最小)剪应力所在截面与最大(最小)正应力所在截面之间的夹角为 $\dfrac{\pi}{4}$。

13.3.4　计算单元体任意斜截面上的正应力与剪应力

在图 13-9(b)所示应力圆上，从 C 点开始，逆时针转动 2α 角到达 F 点，F 点的横坐标与纵坐标就是斜截面 α 面上的应力 σ_α 与 τ_α。

$$\sigma_\alpha = \overline{OG} = \overline{OD} + \overline{DG} = \frac{\sigma_x + \sigma_y}{2} + \overline{DF}\cos(2\alpha_0 + 2\alpha) = \frac{\sigma_x + \sigma_y}{2} + \overline{DC}\cos(2\alpha_0 + 2\alpha)$$

$$= \frac{\sigma_x + \sigma_y}{2} + \overline{DC}\cos2\alpha_0\cos2\alpha - \overline{DC}\sin2\alpha_0\sin2\alpha$$

$$= \frac{\sigma_x + \sigma_y}{2} + \frac{\sigma_x - \sigma_y}{2}\cos2\alpha - \tau_x\sin2\alpha$$

$$\tau_\alpha = \overline{FG} = \overline{DF}\sin(2\alpha_0 + 2\alpha) = \overline{DC}\sin(2\alpha_0 + 2\alpha) = \overline{DC}\sin2\alpha_0\cos2\alpha + \overline{DC}\cos2\alpha_0\sin2\alpha$$

$$= \frac{\sigma_x - \sigma_y}{2}\sin2\alpha + \tau_x\cos2\alpha$$

与式(13-1)相同。

【例 13-3】　应力单元体如图 13-10(a)所示(单位为 MPa)。(1)作应力圆；(2)求指定斜截面上的应力；(3)求最大正应力和最小正应力；(4)求最大剪应力。

解：(1)x 面的应力 $C(30, 20)$，y 面的应力 $C_1(-40, -20)$，连接 C、C_1 点，得应力圆的直径 CC_1，与横轴交于 D 点，则 D 点为应力圆的圆心，D 点坐标为($-5, 0$)，以 D 为圆心，以 $\overline{DC}$ 为半径作应力圆，如图 13-10(b)所示，半径 $\overline{DC} = 42$ MPa。

(2)$\alpha = -30°$，在应力圆上以 C 点为基准，顺时针旋转 $2 \times 30° = 60°$，得 F 点，其中 $\angle CDF = 60°$，则 F 点的坐标值代表单元体指定斜截面上的应力，过 F 点作横轴的垂线，交横轴于 A 点。

$$\sigma_\alpha = \overline{OG} = 34 \text{ MPa}，\quad \tau_\alpha = -\overline{GF} = -20 \text{ MPa}$$

(3)$\sigma_{max} = \overline{OB} = 38$ MPa，$\sigma_{min} = -\overline{OB_1} = -46$ MPa

(4)$\tau_{max} = \overline{DE} = 42$ MPa

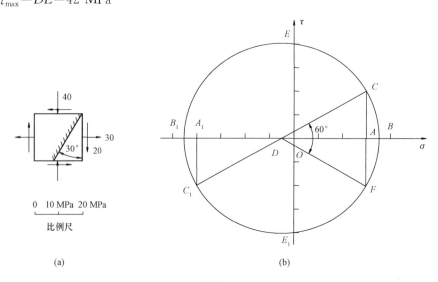

图 13-10

13.4　广义胡克定律

胡克定律 $\sigma = E\varepsilon$ 是基于轴向拉(压)试验得到的，试验是在单向应力状态下进行的，所以胡克定律只适用于单向应力状态。在三向应力状态下，应力-应变关系又如何呢？在小变形前提下，图13-11所示的三向应力状态的主单元体可以看作三个主应力单独作用时引起变形的叠加。σ_1 单独作用时，引起 σ_1 方向的应变 $\varepsilon_{11} = \dfrac{\sigma_1}{E}$，$\sigma_2$ 方向的应变 $\varepsilon_{21} = -\mu\dfrac{\sigma_1}{E}$，$\sigma_3$ 方向的应变 $\varepsilon_{31} = -\mu\dfrac{\sigma_1}{E}$；同理，$\sigma_2$ 单独作用时，引起 σ_1 方向的应变 $\varepsilon_{12} = -\mu\dfrac{\sigma_2}{E}$，$\sigma_2$ 方向的应变 $\varepsilon_{22} = \dfrac{\sigma_2}{E}$，$\sigma_3$ 方向的应变 $\varepsilon_{32} = -\mu\dfrac{\sigma_2}{E}$；$\sigma_3$ 单独作用时，引起 σ_1 方向的应变 $\varepsilon_{13} = -\mu\dfrac{\sigma_3}{E}$，$\sigma_2$ 方向的应变 $\varepsilon_{23} = -\mu\dfrac{\sigma_3}{E}$，$\sigma_3$ 方向的应变 $\varepsilon_{33} = \dfrac{\sigma_3}{E}$。三个主应力共同作用时，应变为单独作用时应变的叠加，有

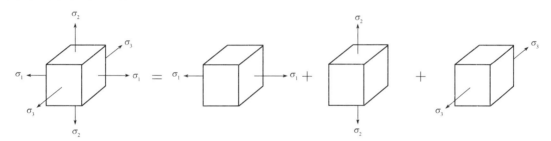

图 13-11

$$
\left.\begin{aligned}
\varepsilon_1 &= \varepsilon_{11} + \varepsilon_{12} + \varepsilon_{13} = \frac{1}{E}\left[\sigma_1 - \mu(\sigma_2 + \sigma_3)\right] \\
\varepsilon_2 &= \varepsilon_{21} + \varepsilon_{22} + \varepsilon_{23} = \frac{1}{E}\left[\sigma_2 - \mu(\sigma_3 + \sigma_1)\right] \\
\varepsilon_3 &= \varepsilon_{31} + \varepsilon_{32} + \varepsilon_{33} = \frac{1}{E}\left[\sigma_3 - \mu(\sigma_1 + \sigma_2)\right]
\end{aligned}\right\}
\tag{13-9}
$$

式(13-9)称为广义胡克定律，主方向下的应变称为主应变，式(13-9)描述了主应力与主应变的关系。在小变形前提下，理论计算和试验表明，剪应力对线应变的影响很小，可忽略不计，因此，对于图13-2所示的一般三向应力状态，有

$$
\left.\begin{aligned}
\varepsilon_x &= \frac{1}{E}\left[\sigma_x - \mu(\sigma_y + \sigma_z)\right] \\
\varepsilon_y &= \frac{1}{E}\left[\sigma_y - \mu(\sigma_z + \sigma_x)\right] \\
\varepsilon_z &= \frac{1}{E}\left[\sigma_z - \mu(\sigma_x + \sigma_y)\right]
\end{aligned}\right\}
\tag{13-10}
$$

式(13-10)是最普遍的广义胡克定律。

13.5 强度理论

13.5.1 强度理论的概念和材料的两种破坏形式

在前面几章的论述中，为了保证构件的强度，建立了强度条件，包括以下几项：

(1)正应力强度条件：$\sigma_{max} \leqslant [\sigma]$。

(2)剪应力强度条件：$\tau_{max} \leqslant [\tau]$。

前者适用于单向应力状态，例如，轴向拉(压)变形横截面任一点，弯曲变形横截面边缘点；后者适用于纯剪切应力状态，如圆轴扭转横截面的边缘点，弯曲变形横截面中性轴处。式中，许用应力$[\sigma]$或$[\tau]$是由轴向拉伸(压缩)试验或纯剪切试验测得的极限应力除以相应的安全系数而得，因此，上述强度条件是直接通过试验而建立的。

然而，工程实际中许多构件的危险点是处于复杂应力状态下的，在复杂应力状态下，应力组合的方式有无限多种，若要仿照轴向拉伸(压缩)时通过试验的方法建立强度条件是不可能的。对于复杂应力状态，人们采用归纳推理的方法提出一些假说，建立相应的强度条件，人们所提出的这样一些假说，称为强度理论。

生产实践和科学试验表明，材料的破坏主要有脆性断裂和塑性流动两种形式。脆性断裂时，材料无明显的塑性变形，断口粗糙。脆性断裂是由拉应力引起的，例如，铸铁试件在轴向拉伸时沿横截面被拉断，粉笔受扭时沿$45°$方向破坏。塑性流动破坏时，材料有明显的塑性变形，出现屈服现象，最大剪应力作用面间相互平行滑动，构件丧失正常的工作能力。塑性流动主要由剪应力引起的，例如，低碳钢试件在轴向拉伸时，沿$45°$方向出现滑移线。

13.5.3 四个常用的强度理论

1. 第一强度理论(最大拉应力理论)

该理论认为，最大拉应力是引起材料脆性断裂破坏的主要原因，即无论材料处于简单还是复杂应力状态，只要最大拉应力σ_1达到材料在单向拉伸时断裂破坏的极限应力σ_b，就会发生脆性断裂破坏。因此，材料发生脆性断裂破坏的条件是

$$\sigma_1 = \sigma_b$$

将极限应力除以安全系数，得材料的许用应力$[\sigma]$。第一强度理论的强度条件为

$$\sigma_1 \leqslant [\sigma] \tag{13-11}$$

2. 第二强度理论(最大伸长线应变理论)

该理论认为，最大伸长线应变是引起材料脆性断裂破坏的主要原因，即无论材料处于简单还是复杂应力状态，只要最大伸长线应变ε_1达到材料在单向拉伸时断裂破坏的极限伸长线应变ε_0，就会发生脆性断裂破坏。材料发生脆性断裂破坏的条件是

$$\varepsilon_1 = \varepsilon_0 = \frac{\sigma_b}{E}$$

根据广义胡克定律

$$\varepsilon_1 = \frac{1}{E}[\sigma_1 - \mu(\sigma_2 + \sigma_3)]$$

代入上式，破坏条件可写成

$$\sigma_1 - \mu(\sigma_2 + \sigma_3) = \sigma_b$$

因此，第二强度理论的强度条件为

$$\sigma_1 - \mu(\sigma_2 + \sigma_3) \leqslant [\sigma] \tag{13-12}$$

3. 第三强度条件(最大剪应力理论)

该理论认为，剪应力是引起材料塑性流动破坏的主要因素，即无论材料处于简单还是复杂应力状态，只要最大剪应力达到材料在单向拉伸屈服时的极限剪应力 τ_s，就会发生塑性流动破坏。材料发生塑性流动破坏的条件是

$$\tau_{\max} = \tau_s$$

而 $\tau_{\max} = \dfrac{\sigma_1 - \sigma_3}{2}$，$\tau_s = \dfrac{\sigma_s}{2}$。

塑性流动破坏条件可表示为

$$\sigma_1 - \sigma_3 = \sigma_s$$

将屈服极限 σ_s 除以安全系数，得材料的许用应力$[\sigma]$，因此第三强度理论的强度条件是

$$\sigma_1 - \sigma_3 \leqslant [\sigma] \tag{13-13}$$

4. 第四强度条件(形状改变比能理论)

该理论认为，形状改变比能是引起材料塑性流动破坏的主要因素，即无论材料处于简单还是复杂应力状态，只要形状改变比能达到材料在单向拉伸屈服时的形状改变比能，就会发生塑性流动破坏。可以证明，发生塑性流动破坏的条件是

$$\sqrt{\frac{1}{2}\left[(\sigma_1 - \sigma_2)^2 + (\sigma_2 - \sigma_3)^2 + (\sigma_3 - \sigma_1)^2\right]} = \sigma_s$$

第四强度理论的强度条件是

$$\sqrt{\frac{1}{2}\left[(\sigma_1 - \sigma_2)^2 + (\sigma_2 - \sigma_3)^2 + (\sigma_3 - \sigma_1)^2\right]} \leqslant [\sigma] \tag{13-14}$$

13.5.4 四个强度理论的特点

将上述四个强度理论综合起来，用下式统一表示它们的破坏条件

$$\sigma_r \leqslant [\sigma]$$

式中，σ_r 称为相当应力，由三个主应力根据各强度理论按一定的形式组合而成。四个强度理论的相当应力为

$$\sigma_{r1} = \sigma_1$$
$$\sigma_{r2} = \sigma_1 - \mu(\sigma_2 - \sigma_3)$$
$$\sigma_{r3} = \sigma_1 - \sigma_3$$
$$\sigma_{r4} = \sqrt{\frac{1}{2}\left[(\sigma_1 - \sigma_2)^2 + (\sigma_2 - \sigma_3)^2 + (\sigma_3 - \sigma_1)^2\right]}$$

上面介绍了四种强度理论，它们有各自的适用范围。第一强度理论适用于脆性材料的拉伸破坏，没有考虑其他两个主应力对材料断裂破坏的影响，对没有拉应力的应力状态也无法应用；第二强度理论能很好地解释石料或混凝土等脆性材料受轴向压缩时沿横向发生断裂破坏的现象，但按照该理论，铸铁在二向拉伸时比单向拉伸更安全，这与试验结果不符；第三强度理论能较好地解释塑性材料出现塑性流动的现象，如低碳钢试件在轴向拉伸

时沿与轴线成 45°方向出现的滑移线就是材料沿最大剪应力平面发生流动而留下的痕迹，但这个理论没有考虑中间应力 σ_2 的影响，而且无法解释三向均匀受拉时，塑性材料也会发生脆性断裂破坏的事实；第四强度理论较全面地考虑了各个主应力对强度的影响，比第三强度理论更接近实际情况。但按照第四强度理论，材料受三向均匀受拉时很难破坏，但试验结果并没有证实这一点。

一般来说，脆性材料如铸铁、混凝土、砖石等，在通常情况下发生脆性断裂破坏，宜采用第一和第二强度理论。塑性材料如低碳钢、铜、铝等，在通常情况下，发生塑性流动破坏，宜采用第三和第四强度理论。

【例 13-4】 有一铸铁构件，其危险点处的应力状态如图 13-12 所示，$\sigma_x = 30$ MPa，$\tau_x = 20$ MPa，材料的许用拉应力 $[\sigma^+] = 30$ MPa，许用压应力 $[\sigma^-] = 120$ MPa，试校核此构件的强度。

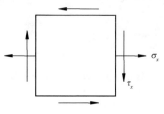

图 13-12

解： 构件危险点的应力状态为

$\sigma_x = 30$ MPa，$\tau_x = 20$ MPa，$\sigma_y = 0$

计算危险点的主应力

$$\sigma = \frac{\sigma_x + \sigma_y}{2} \pm \sqrt{\left(\frac{\sigma_x - \sigma_y}{2}\right)^2 + \tau_x^2} = \frac{30}{2} \pm \sqrt{\left(\frac{30}{2}\right)^2 + 20^2} = 15 \pm 25 = \begin{cases} 40 \,(\text{MPa}) \\ -10 \,(\text{MPa}) \end{cases}$$

采用第一强度理论，$\sigma_{r1} = \sigma_1 = 40$ MPa $> [\sigma_+] = 30$ MPa

因此，构件不满足强度条件。

【例 13-5】 No.20a 工字钢梁受到两个集中力作用，如图 13-13(a) 所示，已知材料的许用应力 $[\sigma] = 150$ MPa，$[\tau] = 100$ MPa。试全面校核梁的强度。

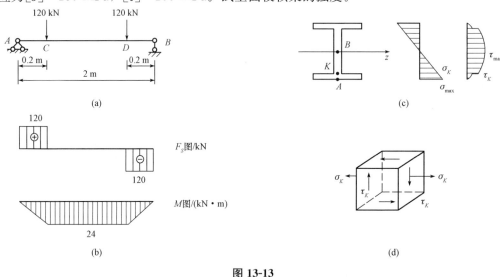

图 13-13

解： (1) 作梁的剪力图和弯矩图，如图 13-13(b) 所示，可知 $F_{S\max} = 120$ kN，$M_{\max} = 24$ kN·m。最大正应力发生在 CD 段任一截面上下边缘处，如图 13-13(c) 所示的 A 点。最大剪应力发生在 AC 段和 DB 段任一截面中性轴处，如图 13-13(c) 所示的 B 点。值得注意的是 C^L 和 C^R 截面，同时出现最大弯矩和最大剪力，截面中腹板与翼缘交接处的点，如图 13-13(c) 所示的 K 点，既有较大的弯曲正应力 σ_K，又有较大的弯曲剪应力，其应力单元体如图 13-13(d)所示，属于平面应力状态，需用第三或第四强度理论校核。

(2)校核正应力强度(A 点)。

$$\sigma_{max}=\frac{M_{max}}{W_z}=\frac{24\times10^6}{237\times10^3}=101.27(MPa)<[\sigma]=150\ MPa$$

CD 段上、下边缘处满足正应力强度条件。

(3)校核剪应力强度(B 点)。

$$\tau_{max}=\frac{F_{Smax}S_{zmax}^*}{I_zd}=\frac{F_{Smax}}{\dfrac{I_z}{S_{zmax}^*}d}=\frac{120\times10^3}{17.2\times10\times7}=99.67(MPa)<[\tau]=100\ MPa$$

因此，AC 段、DB 段中性轴上点满足剪应力强度条件。

(4)校核腹板与翼缘交接处(K 点)的强度。K 点的正应力和剪应力都不是最大值，但都比较大，正应力和剪应力综合起来可能更危险，该点处于复杂应力状态(二向应力状态)，采用第三或第四强度理论校核。

计算 K 点的正应力和剪应力：

$$\sigma_K=\frac{M_{max}y_K}{I_z}=\frac{24\times10^6\times(100-11.4)}{2\ 370\times10^4}=89.72(MPa)$$

$$\tau_K=\frac{F_{Smax}S_{zK}^*}{I_zd}=\frac{120\times10^3\times100\times11.4\times(88.6+11.4/2)}{2\ 370\times10^4\times7}=77.76(MPa)$$

计算 K 点的主应力：

$$\sigma=\frac{\sigma_K}{2}\pm\sqrt{\left(\frac{\sigma_K}{2}\right)^2+\tau_x^2}$$

所以，$\sigma_1=\dfrac{\sigma_K}{2}+\sqrt{\left(\dfrac{\sigma_K}{2}\right)^2+\tau_x^2}$，$\sigma_2=0$，$\sigma_3=\dfrac{\sigma_K}{2}-\sqrt{\left(\dfrac{\sigma_K}{2}\right)^2+\tau_x^2}$。

$$\sigma_{r3}=\sigma_1-\sigma_3=\sqrt{\sigma_K^2+4\tau_K^2}$$

$$\sigma_{r4}=\sqrt{\frac{1}{2}\left[(\sigma_1-\sigma_2)^2+(\sigma_2-\sigma_3)^2+(\sigma_3-\sigma_1)^2\right]}=\sqrt{\sigma_K^2+3\tau_K^2}$$

将 σ_K、τ_K 的数值代入，得

$$\sigma_{r3}=\sqrt{89.72^2+4\times77.76^2}=179.54(MPa)>[\sigma]=150\ MPa$$

$$\sigma_{r4}=\sqrt{89.72^2+3\times77.76^2}=161.83(MPa)>[\sigma]=150\ MPa$$

所以，C^L 和 C^R 截面处 K 点不满足第三和第四强度条件。

思考题与习题

思考题与习题

第 14 章

组合变形

14.1 概　述

在前面各章中论述了杆件的四种基本变形，即轴向拉伸(压缩)、剪切、扭转和弯曲变形，描述了杆件发生以上四种基本变形时的强度和刚度计算问题。在实际工程结构中，杆件的受力情况比较复杂，受力后杆件产生的变形不仅是某一种基本变形，有可能是两种或两种以上基本变形的组合，称为组合变形。例如，图 14-1(a)所示的烟囱受到自重作用引起轴向压缩，又受到侧向风力作用产生弯曲变形；图 14-1(b)所示的工业厂房的牛腿柱，F_1 是厂房屋架传来的荷载，F_2 是吊车梁传来的荷载，F_1 使牛腿柱发生轴向压缩，而 F_2 使牛腿柱发生偏心压缩；图 14-1(c)所示屋架上的檩条，受到由屋面传来的竖向荷载，与梁截面的主惯性平面不重合，故檩条发生两个方向的平面弯曲变形；图 14-1(d)所示的阳台梁，悬挑板的荷载向阳台梁简化，有线分布荷载 q，还有分布力偶 m，前者使梁产生弯曲变形，后者使梁产生扭转变形。

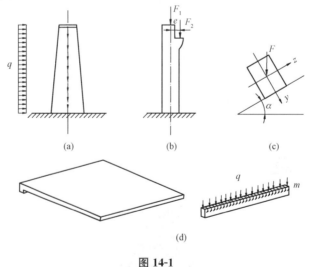

(a)　　　　　　　(b)　　　　　　　(c)

(d)

图 14-1

求解组合变形问题的基本方法是叠加法，即将组合变形分解为几个基本变形，分别考虑每一种基本变形所产生的应力和变形，将它们叠加起来，得到总的应力和变形。试验证明，构件的刚度足够大，材料服从胡克定律时，叠加法计算结果是足够精确的；反之，对于小刚度、大变形的构件，力的作用将相互影响，叠加法不再适用。

14.2 斜弯曲

在第 10 章中，曾讨论过平面弯曲问题。如果梁有一纵向对称平面，当梁的外力作用在该对称平面内时，梁在纵向对称面内发生平面弯曲，梁的挠曲线是一条光滑的平面曲线。但是在实际工程结构中，作用在梁上的外力不一定在纵向对称面内，此时梁发生斜弯曲。图 14-1(c)所示屋架上的檩条，外力的作用面不在檩条的纵向对称面内，檩条弯曲变形后的挠曲线不在外力作用平面内，因此，檩条发生的弯曲变形是斜弯曲。

图 14-2(a)所示的矩形截面悬臂梁，外力 F 作用于梁的自由端，过截面形心，与 y 轴夹角为 φ，将力 F 向两个形心主轴方向分解，其分量为

$$F_y = F\cos\varphi$$
$$F_z = F\sin\varphi$$

F_y 使梁以 z 轴为中性轴，在 xy 平面内发生平面弯曲。F_z 使梁以 y 轴为中性轴，在 xz 平面内发生平面弯曲。所以，在 F 的作用下，将产生两个平面弯曲的组合变形。

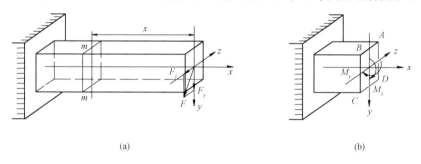

(a)　　　　　　　　　　　　　(b)

图 14-2

14.2.1 内力计算

设横截面 m—m 距离自由端为 x，两个分力 F_z、F_y 所引起的弯矩值分别为

$$\left.\begin{array}{l} M_z = F_y x = F\cos\varphi \cdot x = M\cos\varphi \\ M_y = F_z x = F\sin\varphi \cdot x = M\sin\varphi \end{array}\right\} \tag{14-1}$$

式中，$M = Fx$，表示力 F 对 m—m 截面的弯矩。

14.2.2 应力分析

在距离自由端为 x 的截面 m—m 上，弯矩 M_z、M_y 引起两个方向的平面弯曲，它们引起的正应力分别是

$$\sigma_{M_z} = \pm\frac{M_z y}{I_z} = \pm\frac{My\cos\varphi}{I_z}$$

$$\sigma_{M_y} = \pm \frac{M_y z}{I_y} = \pm \frac{Mz\cos\varphi}{I_y}$$

σ_{M_z}、σ_{M_y} 的分布如图 14-3(a)、(b)所示，将 σ_{M_z} 和 σ_{M_y} 叠加，得 m—m 截面上的应力为

$$\sigma = \sigma_{M_z} + \sigma_{M_y} = \pm \frac{M_z y}{I_z} \pm \frac{M_y z}{I_y} = \pm M\left(\frac{y}{I_z}\cos\varphi + \frac{z}{I_y}\sin\varphi\right) \tag{14-2}$$

式中，I_z、I_y 分别为横截面对形心主轴 z 轴和 y 轴的惯性矩；y、z 表示截面上任一点的坐标值。可以通过平面弯曲的变形情况判断正应力的正负号，规定拉应力为正，压应力为负。

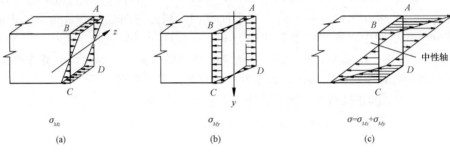

图 14-3

由式(14-2)可知，正应力 σ 是坐标 y、z 的线性函数，考虑应力为零的点，令式(14-2)等于零，即

$$\sigma = \pm M\left(\frac{y}{I_z}\cos\varphi + \frac{z}{I_y}\sin\varphi\right) = 0$$

简化为

$$\frac{\cos\varphi}{I_z}y + \frac{\sin\varphi}{I_y}z = 0 \tag{14-3}$$

式(14-3)表示一条过坐标原点的直线，这条直线称为零应力线，也就是中性轴。考虑中性轴与 z 轴的夹角 α（图 14-4），式(14-3)可写成

$$\tan\alpha = \frac{y}{z} = -\frac{I_z}{I_y}\tan\varphi$$

只有当 $I_z = I_y$ 时，$\tan\alpha = -\tan\varphi$，此时，中性轴与集中力 F 的作用线垂直；如果 $I_z \neq I_y$，则 $\tan\alpha \neq -\tan\varphi$，中性轴与集中力 F 的作用线不垂直。

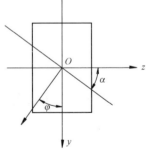

图 14-4

悬臂梁的最大应力发生在固定端截面的 A 点和 C 点，A 点出现最大拉应力，C 点出现最大压应力的绝对值为

$$|\sigma_{max}| = \left|M_{max}\left(\frac{\cos\varphi}{I_z}y_{max} + \frac{\sin\varphi}{I_y}z_{max}\right)\right|$$

梁发生斜弯曲时，弯曲剪应力很小，通常不予计算。

14.2.3 强度计算

进行强度计算，首先要确定梁的危险截面和危险点。弯矩最大的截面就是危险截面。对图 14-2 所示的悬臂梁，固定端截面是危险截面，危险截面上应力最大的点是梁的危险

点，对上述悬臂梁，危险点是固定端截面上的 A 点和 C 点。

若材料的抗拉和抗压强度相等，斜弯曲的强度条件是

$$\sigma_{\max} = \frac{M_{z,\max}}{W_z} + \frac{M_{y,\max}}{W_y} \leqslant [\sigma] \tag{14-4}$$

根据强度条件式(14-4)，可对梁进行强度校核、截面设计和确定许用荷载。在进行截面设计时，W_z 和 W_y 都是未知量，可假定一个 $\dfrac{W_z}{W_y}$ 的比值，根据式(14-4)确定 W_z 值，再计算 W_y 值。通常对矩形截面取 $\dfrac{W_z}{W_y} = \dfrac{h}{b} = 1.2 \sim 2$，对工字形截面取 $\dfrac{W_z}{W_y} = 8 \sim 10$，对槽形截面取 $\dfrac{W_z}{W_y} = 6 \sim 8$。

14.2.4　变形分析

悬臂梁在自由端作用的集中力 F_y 引起的挠度为

$$f_y = \frac{F_y l^3}{3EI_z} = \frac{Fl^3 \cos\varphi}{3EI_z}$$

由 F_z 引起的挠度为

$$f_z = \frac{F_z l^3}{3EI_y} = \frac{Fl^3 \sin\varphi}{3EI_y}$$

自由端的总挠度是两个方向挠度的矢量和，如图 14-5(a)所示。

$$f = \sqrt{f_y^2 + f_z^2} \tag{14-5}$$

若总挠度 f 与 y 轴的夹角为 β，则

$$\tan\beta = \frac{f_z}{f_y} = \frac{I_z}{I_y}\tan\varphi \tag{14-6}$$

如果 $I_z \neq I_y$，则 $\beta \neq \varphi$，说明斜弯曲时梁的挠曲线与集中力 F 不在同一纵向平面内，因此称为斜弯曲，如图 14-5(b)所示。

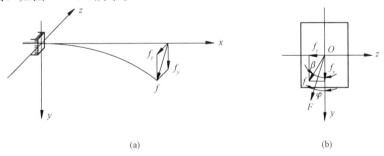

图 14-5

有些截面的 $I_z = I_y$，如圆形或正方形截面，此时 $\beta = \varphi$，表明挠曲线与集中力 F 在同一纵向平面内，属于平面弯曲。

【例 14-1】　屋架上的檩条采用 120 mm×180 mm 的巨形截面，跨度 $l = 4$ m，简支在屋架上，屋面传来荷载 $q = 2$ kN/m，材料的许用拉应力 $[\sigma] = 10$ MPa，如图 14-6 所示。试校核檩条的强度。

解：檩条简化为作用有均布荷载的简支梁，最大弯曲发生在跨中截面，最大弯矩为

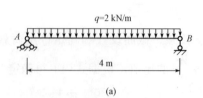
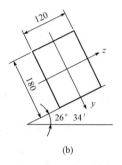

(a)   (b)

图 14-6

$$M_{max}=\frac{1}{8}ql^2=\frac{1}{8}\times2\times4^2=4(\text{kN}\cdot\text{m})$$

将 q 按檩条的 z 轴、y 轴方向分解

$$q_y=q\cos\varphi,\quad q_z=q\sin\varphi$$

则

$$M_{z max}=\frac{1}{8}q_yl^2=\frac{1}{8}ql^2\cos\varphi=4\cos\varphi$$

$$M_{y max}=\frac{1}{8}q_zl^2=\frac{1}{8}ql^2\sin\varphi=4\sin\varphi$$

$$\sigma_{max}=\frac{M_{z max}}{W_z}+\frac{M_{y max}}{W_y}=\frac{4\times10^6}{\frac{120^2\times180}{6}}\cos26.57°+\frac{4\times10^6}{\frac{120\times180^2}{6}}\sin26.57°$$

$$=5.52+4.14=9.66(\text{MPa})<[\sigma]=10\text{ MPa}$$

檩条满足强度条件。

【例 14-2】 图 14-7 所示的吊车梁由工字钢制成，材料的许用应力 $[\sigma]=170$ MPa，$l=4$ m，$F=50$ kN，因某种原因使集中力 F 偏离纵向对称面，与 y 轴的夹角 $\varphi=8°$。试选择工字钢的型号。

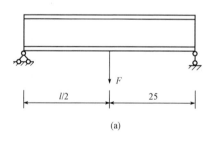
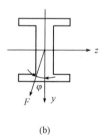

(a)   (b)

图 14-7

解： 最大弯矩出现在梁的跨中截面，跨中截面是危险截面。将 F 沿 y、z 轴分解

$$F_y=F\cos\varphi,\quad F_z=F\sin\varphi$$

F_y 引起 xy 平面的平面弯曲，中性轴为 z 轴，跨中最大弯矩为

$$M_{z max}=\frac{1}{4}F_yl=\frac{1}{4}F\cos\varphi\cdot l=\frac{1}{4}\times50\times4\cos8°=49.51(\text{kN}\cdot\text{m})$$

F_z 引起 xz 平面的平面弯曲，中性轴为 y 轴，跨中最大弯矩为

$$M_{y max}=\frac{1}{4}F_zl=\frac{1}{4}F\sin\varphi\cdot l=\frac{1}{4}\times50\times4\sin8°=6.96(\text{kN}\cdot\text{m})$$

设 $\dfrac{W_z}{W_y}=8$，梁的最大应力出现在跨中截面

$$\sigma_{\max}=\frac{M_{z\max}}{W_z}+\frac{M_{y\max}}{W_y}=\frac{49.51\times10^6}{W_z}+\frac{6.96\times10^6}{W_z}$$

根据强度条件

$$\sigma_{\max}=\frac{1}{W_z}(49.51\times10^6+\frac{W_z}{W_y}\times6.96\times10^6)\leqslant[\sigma]=170$$

$$W_z\geqslant\frac{49.51\times10^6+8\times6.96\times10^6}{170}=618.76\times10^3(\mathrm{mm}^3)=618.76\ \mathrm{cm}^3$$

查型钢表，选用 No.32a 工字钢，其 $W_z=692\ \mathrm{cm}^3$，并查得 $W_y=70.8\ \mathrm{cm}^3$，校核其强度

$$\sigma_{\max}=\frac{M_{z\max}}{W_z}+\frac{M_{y\max}}{W_y}=\frac{49.51\times10^6}{692\times10^3}+\frac{6.96\times10^6}{70.8\times10^3}=169.85(\mathrm{MPa})<[\sigma]=170\ \mathrm{MPa}$$

满足强度条件，最终选用 No.32a 工字钢。

14.3　拉伸(压缩)与弯曲的组合

当杆件受拉伸(压缩)时，还受到横向力的作用，杆件将发生拉伸(压缩)与弯曲的组合变形。图 14-8(a)所示的梁受到拉力 F 的作用，还受到均布荷载 q 的作用，拉力 F 使梁产生轴向拉伸变形，而均布荷载 q 使梁产生弯曲变形。在小变形前提下，梁任一截面上的应力，等于轴向拉伸和弯曲单独作用时引起的应力的叠加。

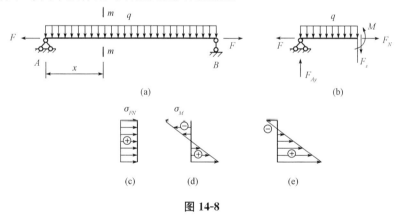

图 14-8

对于与 A 支座距离为 x 的任一截面上，内力有轴力 F_N、弯矩 M 和剪力 F_S[图 14-8(b)]，由于剪力的作用甚小，常忽略不计，只考虑轴力和弯矩的作用。轴力 F_N 引起均匀分布的正应力[图 14-8(c)]，用 σ_{F_N} 表示，弯矩引起线性分布的正应力[图 14-8(d)]，用 σ_M 表示。这两种都是正应力，方向与横截面法线方向平行，将它们叠加，得图 14-8(e)所示线性分布正应力。截面上离中性轴为 y 处的应力为

$$\sigma=\sigma_{F_N}+\sigma_M=\frac{F_N}{A}\pm\frac{My}{I_z} \tag{14-7}$$

式中，轴力 F_N 受拉为正，受压为负。弯矩 M 引起的应力可通过杆件弯曲时纤维受拉还是

受压判断，受拉为正，受压为负。

最大正应力和最小正应力发生在弯矩最大截面的下边缘和上边缘，可用下式表示：

$$\sigma_{\min}^{\max} = \frac{F_N}{A} \pm \frac{M_{\max}}{W_z} \qquad (14\text{-}8)$$

杆件的强度条件是

$$\sigma = \frac{F_N}{A} \pm \frac{M_{\max}}{W_z} \leqslant [\sigma] \qquad (14\text{-}9)$$

【例 14-3】 斜梁 AB 在跨中 C 受竖向集中力 F 作用，梁采用 No. 20a 工字钢，如图 14-9 所示。试计算梁的最大压应力。

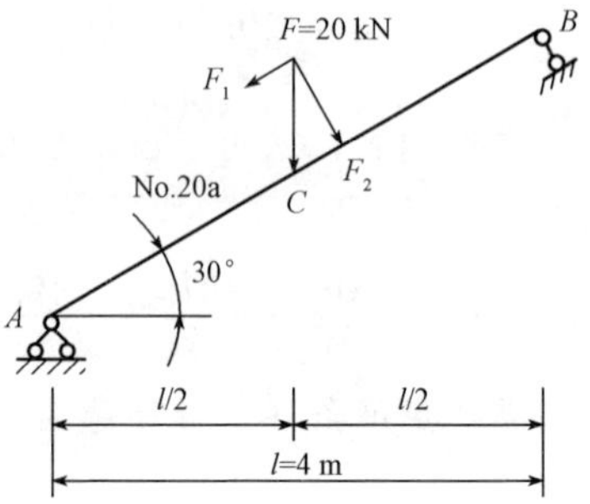

解： 将力沿梁的轴线及其正交方向分解，得

$$F_2 = F\sin\alpha, \quad F_1 = F\cos\alpha$$

F_1 使梁的 AC 段产生轴向压缩变形，F_2 使梁产生弯曲变形。因此，斜梁产生轴向压缩与弯曲组合变形，最大压应力发生在截面 C 的左截面的上边缘。

$$F_N = F_2 = F\sin\alpha = 20 \times \frac{1}{2} = 10\,(\text{kN})$$

$$M_{\max} = \frac{1}{4}F_1 l_{AB} = \frac{1}{4}F\cos\alpha \cdot \frac{l}{\cos\alpha} = \frac{1}{4}Fl = \frac{1}{4} \times 20 \times 4 = 20\,(\text{kN} \cdot \text{m})$$

对于 No. 20a 工字钢，查型钢表得，横截面面积 $A = 35.5 \times 10^2\,\text{mm}^2$，抗弯截面模量 $W_z = 237 \times 10^3\,\text{mm}^3$。

斜梁的最大压应力为

$$\sigma_{\max} = -\frac{F_N}{A} - \frac{M_{\max}}{W_z} = -\frac{10 \times 10^3}{35.5 \times 10^2} - \frac{20 \times 10^6}{237 \times 10^3} = -87.21\,(\text{MPa})$$

图 14-9

14.4 偏心压缩

在实际工程中，厂房的柱子、桥墩、砖墩等，会受到与杆轴线平行但不重合的荷载，这种情况称为偏心压缩或拉伸。此时杆件横截面上的内力有轴力和弯矩，实质上也是轴向拉压与弯曲的组合变形。现以矩形截面杆为例说明偏心压缩（拉伸）的应力分析方法。

14.4.1 单向偏心压缩（拉伸）

当偏心力的作用点落在杆件横截面的一根形心主轴上时，称为单向偏心压缩（拉伸）。图 14-10(a)所示的矩形截面杆，压力 F 作用在 y 轴上的 E 点，形心 O 点与 E 点的距离称为偏心距 e。

将偏心力 F 向截面形心平移，得通过形心的轴向压力 F 和一个力偶矩为 Fe 的力偶，如图 14-10(b)所示，杆件横截面上的内力有轴力 $F_N = F$ 和弯矩 $M_z = Fe$。

轴力 F_N 使杆件产生轴向压缩变形，引起均匀的压应力

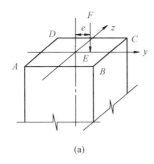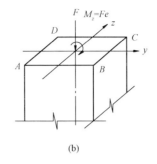

图 14-10

$$\sigma_{F_N} = -\frac{F_N}{A} = -\frac{F}{A}$$

弯矩 $M_z = Fe$ 使杆件产生平面弯曲，引起的应力为

$$\sigma_{M_z} = \frac{M_z y}{I_z}$$

上述两种应力都是横截面上的正应力，将它们叠加，得总应力为

$$\sigma = \sigma_{F_N} + \sigma_{M_z} = -\frac{F}{A} \pm \frac{M_z y}{I_z} \tag{14-10}$$

应力的分布情况如图 14-11 所示。

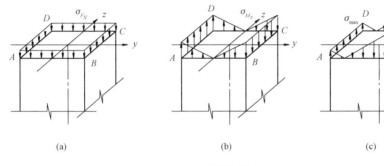

图 14-11

应用式(14-10)计算正应力时，各量按绝对值代入，弯曲正应力的正负号可由变形情况判定，当点处于弯曲变形的受拉区为正，处于受压区为负。

截面的最大正应力和最小正应力(最大压应力)分别发生在 AD 边和 BC 边上各点处，其值为

$$\left.\begin{aligned}\sigma_{\max} &= -\frac{F}{A} + \frac{M_z}{W_z}\\ \sigma_{\min} &= -\frac{F}{A} - \frac{M_z}{W_z}\end{aligned}\right\} \tag{14-11}$$

截面上各点均处于单向应力状态，强度条件为

$$\left.\begin{aligned}\sigma_{\max} &= -\frac{F}{A} + \frac{M_z}{W_z} \leqslant [\sigma_t]\\ |\sigma_{\min}| &= \left| -\frac{F}{A} - \frac{M_z}{W_z} \right| \leqslant [\sigma_c]\end{aligned}\right\} \tag{14-12}$$

对于矩形截面受压杆，$A=bh$，$W_z=\dfrac{bh^2}{6}$，$M_z=Fe$，代入式(14-11)得

$$\sigma_{\max}=-\frac{F}{bh}+\frac{Fe}{\dfrac{bh^2}{6}}=-\frac{F}{bh}\left(1-\frac{6e}{h}\right) \tag{14-13}$$

式中 $\sigma_{\max}$ 的正负号由因子 $\left(1-\dfrac{6e}{h}\right)$ 的符号决定，可能有以下三种情况：

(1)$e<\dfrac{h}{6}$ 时，$\sigma_{\max}<0$，截面全部受压，应力分布如图 14-12(a) 所示。

(2)$e=\dfrac{h}{6}$ 时，$\sigma_{\max}=0$，整个截面受压，左侧边缘应力为零，应力分布如图 14-12(b) 所示。

(3)$e>\dfrac{h}{6}$ 时，$\sigma_{\max}>0$，截面部分受拉，部分受压，应力分布如图 14-12(c) 所示。

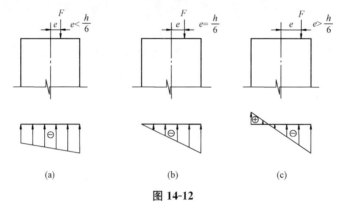

图 14-12

截面上应力分布情况随偏心距 e 变化而变化，当偏心距 $e>\dfrac{h}{6}$ 时，截面上既有受拉区，又有受压区；当 $e\leqslant\dfrac{h}{6}$ 时，截面全部受压。

14.4.2 双向偏心压缩(拉伸)

若偏心力 F 的作用线与柱轴线平行，与截面任一形心在主轴都不相交时，引起的偏心压缩称为双向偏心压缩，如图 14-13(a) 所示。

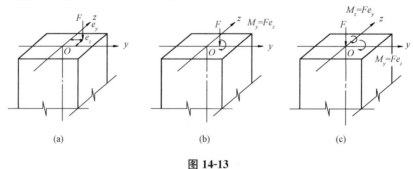

图 14-13

将力 F 平移至 y 轴上，得一轴向力 F 和一力偶 $M_y=Fe_z$，如图 14-13(b) 所示。再将力

F 平移至 O 点，又引起附加力偶 $M_z = Fe_y$，如图 14-13(c)所示。偏心力 F 经过两次平移后，得轴向力 $F_N = F$、力偶 $M_y = Fe_z$ 和力偶 $M_z = Fe_y$。其中 F_N 引起杆件轴向压缩，力偶 M_y 引起以 y 轴为中性轴的平面弯曲，力偶 M_z 引起以 z 轴为中性轴的平面弯曲。因此，双向偏心压缩实质上是轴向压缩和两个相互正交的平面弯曲的组合。

横截面上任一点 (y, z) 处的应力为三部分应力的叠加，如图 14-14 所示。

轴向力 F_N 引起的应力[图 14-14(a)]为

$$\sigma_{F_N} = -\frac{F}{A}$$

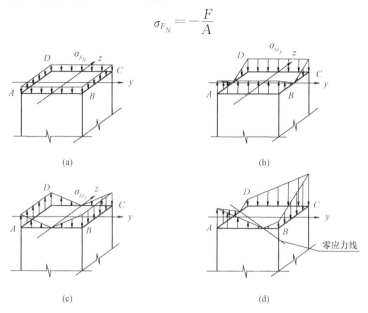

图 14-14

M_y 引起的应力[图 14-14(b)]为

$$\sigma_{M_y} = \pm\frac{M_y z}{I_y}$$

M_z 引起的应力[图 14-14(c)]为

$$\sigma_{M_z} = \pm\frac{M_z y}{I_z}$$

将以上三部分应力叠加，得截面任一点处的应力

$$\sigma = \sigma_{F_N} + \sigma_{M_y} + \sigma_{M_z} = -\frac{F}{A} \pm \frac{M_y z}{I_y} \pm \frac{M_z y}{I_z} \tag{14-14}$$

式(14-14) σ_{M_y} 和 σ_{M_z} 的正负号根据杆件的弯曲变形判定，受拉时为正，受压时为负。最大正应力在 A 点，最小正应力(最大压应力)在 C 点，其值为

$$\sigma = -\frac{F}{A} \pm \frac{M_y}{W_y} \pm \frac{M_z}{W_z} \tag{14-15}$$

A、C 点都处于单向应力状态，强度条件为

$$\left. \begin{array}{l} \sigma_{\max} = -\dfrac{F}{A} + \dfrac{M_y}{W_y} + \dfrac{M_z}{W_z} \leqslant [\sigma_t] \\[3mm] |\sigma_{\min}| = \left| -\dfrac{F}{A} - \dfrac{M_y}{W_y} - \dfrac{M_z}{W_z} \right| \leqslant [\sigma_c] \end{array} \right\} \tag{14-16}$$

单向偏心压缩时的最大应力、最小应力[式(14-11)]和强度条件[式(14-12)]是双向偏心压缩时的最大应力、最小应力[式(14-15)]和强度条件[式(14-16)]的特殊情况，单向偏心压缩的偏心力作用在 y 轴上，M_y 等于零。

【例 14-4】 图 14-15 所示的一矩形截面柱，$F_1 = 100$ kN，$F_2 = 40$ kN，与柱轴线的偏心距 $e = 0.2$ m，$b = 180$ mm。

(1)若 $h = 240$ mm，计算柱截面的最大拉应力和最大压应力。

(2)若使柱截面不产生拉应力，截面高度 h 为多大？此时柱截面中的最大压应力为多少？

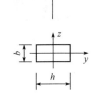

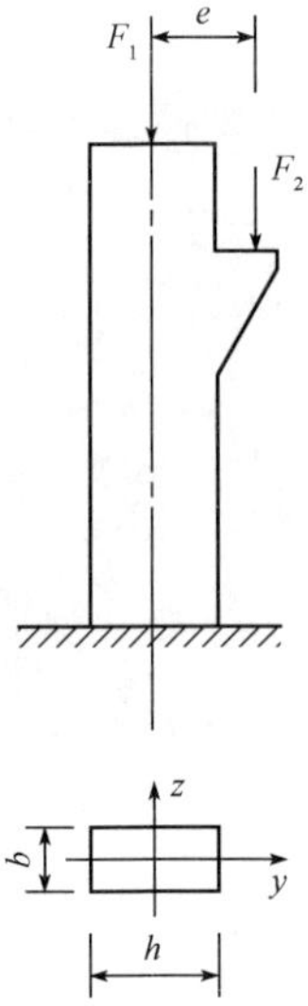

解： (1) $h = 240$ mm，柱发生偏心压缩变形

$$F_N = F_1 + F_2 = 100 + 40 = 140(\text{kN})$$

$$M_z = F_2 e = 40 \times 0.2 = 8(\text{kN} \cdot \text{m})$$

$$\sigma_{\max} = -\frac{F_N}{A} + \frac{M_z}{W_z} = -\frac{140 \times 10^3}{180 \times 240} + \frac{8 \times 10^6}{\dfrac{180 \times 240^2}{6}} = -3.24 + 4.63 = 1.39(\text{MPa})$$

$$\sigma_{\min} = -\frac{F_N}{A} - \frac{M_z}{W_z} = -\frac{140 \times 10^3}{180 \times 240} - \frac{8 \times 10^6}{\dfrac{180 \times 240^2}{6}} = -3.24 - 4.63 = -7.87(\text{MPa})$$

柱截面的最大拉应力和最大压应力分别为 1.39 MPa 和 7.87 MPa。

图 14-15

(2)截面高度为 h 时

$$\sigma_{\max} = -\frac{F_N}{A} + \frac{M_z}{W_z} = -\frac{140 \times 10^3}{180 h} + \frac{8 \times 10^6}{\dfrac{180 h^2}{6}} = -\frac{777.78}{h} + \frac{2.667 \times 10^5}{h^2}$$

令 $\sigma_{\max} \leqslant 0$，即 $-\dfrac{777.78}{h} + \dfrac{2.667 \times 10^5}{h^2} \leqslant 0$

解得 $h \geqslant 342.90$ mm，取 $h = 350$ mm，此时

$$\sigma_{\min} = -\frac{F_N}{A} - \frac{M_z}{W_z} = -\frac{140 \times 10^3}{180 \times 350} - \frac{8 \times 10^6}{\dfrac{180 \times 350^2}{6}} = -2.22 - 2.18 = -4.40(\text{MPa})$$

柱截面的最大压应力为 4.40 MPa。

【例 14-5】 图 14-16(a)所示的挡土墙，墙高 $h = 3$ m，厚度 $a = 1.8$ m，墙体很长。土壤对每米墙体的水平压力为 $F = 50$ kN，作用在距离基础 $\dfrac{1}{3}$ 的高度，墙体的重度为 23 kN/m³。求基础面上的最大压应力。

解： 由于墙体很长，每单位长度的受力情况相同，取长度为 1 m 的一段墙体进行计算，如图 14-16(b)所示。这段墙体受自重 G 与土体水平推力 F 的作用，自重 G 使墙体产生轴向压缩变形，土体的水平推力 F 使墙体产生弯曲变形。

$$F_N = G = 23 \times 1.8 \times 1 \times 3 = 124.2(\text{kN})$$

$$M = F \cdot \frac{h}{3} = 50 \times \frac{3}{3} = 50(\text{kN} \cdot \text{m})$$

$$\sigma_{\min} = -\frac{F_N}{A} - \frac{M_z}{W_z} = -\frac{124.2 \times 10^3}{1.8 \times 1 \times 10^6} - \frac{50 \times 10^6}{\dfrac{1\,000 \times 1\,800^2}{6}} = -0.069 - 0.093 = -0.162(\text{MPa})$$

所以，基础面上的最大压应力为 0.162 MPa。

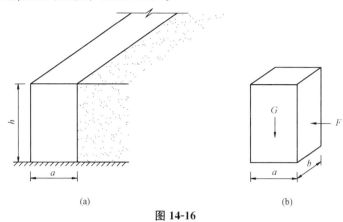

图 14-16

14.4.3　截面核心

在建筑工程中，常用砖、石、混凝土等脆性材料作受压构件，这些脆性材料耐压不耐拉，所以，在构件截面上只允许出现压应力。从偏心受压的应力分析中知道，如果中性轴穿过截面时，截面将出现受拉区和受压区两个区域。若偏心压力向截面形心移近时，中性轴可以和截面相切，甚至移到截面外面，则截面只受到压应力。因此，当偏心力作用在截面形心附近某一区域时，使截面只有压应力，截面上这个区域，称为截面的核心。

常见的矩形、圆形和工字形截面核心如图 14-17 所示。

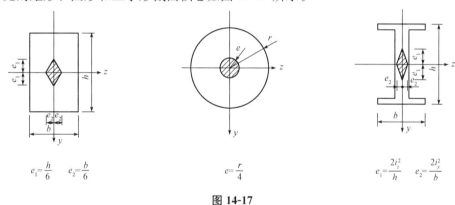

$e_1 = \dfrac{h}{6}$　$e_2 = \dfrac{b}{6}$　　　　　$e = \dfrac{r}{4}$　　　　　$e_1 = \dfrac{2i_z^2}{h}$　$e_2 = \dfrac{2i_y^2}{b}$

图 14-17

思考题与习题

思考题与习题

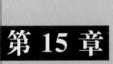

第15章

压杆稳定

15.1　压杆稳定的概念

压杆稳定

在第 1 章已指出，要使结构或构件能够安全可靠地工作，必须满足强度、刚度和稳定性的要求。对于构件的强度和刚度问题，前面几章已作较多的讨论和分析，本章讨论受压杆件的稳定性问题。

当杆件受轴向拉力作用时，当应力达到屈服极限 σ_s 或强度极限 σ_b 时，杆件将发生明显的塑性变形或脆性断裂，这种破坏是由于强度不足所致。对于长度较短的受压构件也有相同的破坏现象。对于细长的压杆，在不大的压力作用下，杆件首先发生弯曲变形，继续增大压力，压杆将会突然弯曲破坏。从强度的角度看，此时杆件的应力远远小于屈服极限 σ_s，可见这种破坏不是由于强度不足而引起的，其破坏原因是细长杆件丧失稳定性。这是因为细长压杆处于不稳定平衡状态，即使有细小的扰动，都可使压杆失去其不稳定的平衡。现以小球为例，说明平衡的三种状态。

图 15-1(a)所示的小球，如果由于某种原因微小偏离其基本平衡位置，一旦这种原因消除后，小球能够回到原来的位置，或者，小球的平衡状态是经得起干扰的，称为稳定平衡状态。

图 15-1(b)所示的小球，如果由于某种原因微小偏离其基本平衡位置，一旦这种原因消除后，小球能够停留在附近新的位置保持平衡，小球的平衡状态称为随遇平衡状态。

图 15-1(c)所示的小球，如果由于某种原因微小偏离其基本平衡位置，一旦这种原因消除后，小球不能回复到原来的平衡位置，原来的平衡状态是经不起干扰的，称为不稳定平衡状态。

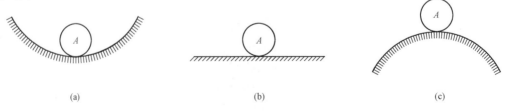

(a)　　　　　　　　　　(b)　　　　　　　　　　(c)

图 15-1

工程中受压直杆的平衡也有三种形式。设有一根等直杆，有轴向力 F 作用，杆件呈直线压缩的变形状态，加一个微小的侧向干扰力，使杆件到达一个邻近于直线的微弯曲线位置，然后撤销干扰力，如果杆件最终恢复到原有平衡位置，则原有平衡状态称为稳定平衡状态，如图 15-2(a)所示；如果杆件不能恢复到原有的直线位置，而是继续弯曲到一个邻近新的微弯曲线位置保持平衡，则原有的平衡状态称为临界平衡状态，如图 15-2(b)所示；如果杆件不能恢复到原有的直线位置，弯曲变形显著增大，甚至折断，则原有的平衡状态是不稳定平衡状态。

进一步的研究表明，杆件直线位置的平衡状态是否稳定，取决于轴向压力 F 是否超过某一个定值 F_{cr}，若 $F < F_{cr}$，杆件直线位置的平衡状态是稳定的。当 $F = F_{cr}$ 时，杆件直线位置的平衡状态介于稳定和不稳定平衡状态之间，称为临界平衡状态，因此 F_{cr} 称为压杆的临界力。当 $F > F_{cr}$ 时，杆件直线位置的平衡状态是不稳定的。

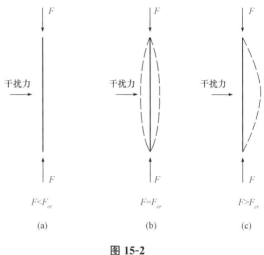

图 15-2

在实际工程中，除压杆外，还有很多其他形式的构件存在稳定性问题。例如，圆形薄壁容器受均匀外压力作用时，当外压力达到临界值时，圆形的平衡状态就变为不稳定平衡状态[图 15-3(a)]。薄拱在均布荷载作用下也有可能丧失稳定而变为虚线所示的形状[图 15-3(b)]。

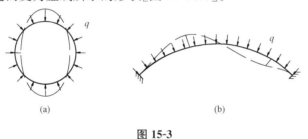

图 15-3

15.2　细长压杆临界力的欧拉公式

解决稳定性问题的关键是如何确定压杆的临界力，临界力是杆件在临界状态时受到的轴向压力，可以理解为杆件保持直线平衡状态的最大荷载，也是杆件在微弯曲位置平衡的最小荷载。下面根据杆件处于微弯曲状态推导细长压杆临界力的计算公式。

15.2.1　两端铰支细长压杆的临界力

图 15-4 所示为两端铰支细长杆，长度为 l，受轴向压力 F 作用。杆件处于微弯曲线平衡状态，设距离原点 A 为 x 的任一截面 $m—m$ 的挠度为 y，作用在截面上的弯矩为 $M(x) =$

Fy，根据梁的挠曲线近似微分方程可得

$$y''=-\frac{M(x)}{EI}=-\frac{Fy}{EI}$$

由于 $\frac{F}{EI}>0$，令 $\frac{F}{EI}=k^2$，上式变为

$$y''+k^2y=0$$

这是一个二阶常系数线性齐次微分方程，其通解为

$$y=A\cos kx+B\sin kx \qquad (a)$$

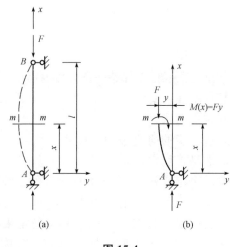

图 15-4

式中，A、B 为积分常数，$k=\sqrt{\dfrac{F}{EI}}$ 为待定值，可以利用杆端的边界条件确定。两端简支杆的边界条件为：当 $x=0$ 时，$y=0$；当 $x=l$ 时，$y=0$。把 $x=0$ 时，$y=0$ 代入式(a)，得 $A=0$，则式(a)变为

$$y=B\sin kx \qquad (b)$$

把 $x=l$，$y=0$ 代入式(b)，得

$$B\sin kl=0 \qquad (c)$$

根据式(c)，得 $B=0$ 或 $\sin kl=0$。若取 $B=0$，由式(b)得 $y\equiv0$，即杆件的轴线是直线，这与压杆处于微弯曲线平衡状态相矛盾。于是只能取

$$\sin kl=0$$

得 $kl=n\pi(n=1,2,3,\cdots)$，即 $k=\dfrac{n\pi}{l}$，所以 $k^2=\dfrac{n^2\pi^2}{l^2}=\dfrac{F}{EI}$，可得

可得 $$F=\frac{n^2\pi^2 EI}{l^2}$$

上式表明，使杆件处于微弯曲线平衡状态的压力有多个，其中最小值即为临界压力，取 $n=1$ 得

$$F_{cr}=\frac{\pi^2 EI}{l^2} \qquad (15\text{-}1)$$

式(15-1)是两端铰支细长杆临界压力的计算公式，又称为两端铰支细长杆的欧拉公式。

式(15-1)的 EI 是压杆失稳时在弯曲平面内的抗弯刚度，压杆总是在抗弯能力最小的平面内失稳，所以式中 I 应取最小形心惯性矩，即 $I=I_{\min}$。

将 $k=\dfrac{n\pi}{l}$ 代入式(b)，得失稳时压杆的弹性曲线方程

$$y=B\sin\frac{n\pi}{l}x$$

这是一个半波正弦曲线。

15.2.2 其他支承条件下细长压杆的临界力

对于在其他支承条件下的细长压杆，其临界力也可以仿照上述方法确定。也可以以两端铰支杆的结果为基础，通过比较失稳时挠曲线的形状求得。不同支承条件细长压杆的临界力见表15-1。

表 15-1 不同支承条件下细长压杆的临界力

杆端约束情况	两端铰支	两端固定	一端固定 一端铰支	一端固定 一端自由
长度系数	$\mu=1$	$\mu=0.5$	$\mu=0.7$	$\mu=2$
临界力	$\dfrac{\pi^2 EI}{l^2}$	$\dfrac{\pi^2 EI}{(0.5l)^2}$	$\dfrac{\pi^2 EI}{(0.7l)^2}$	$\dfrac{\pi^2 EI}{(2l)^2}$

不同支承条件下细长压杆的临界力公式可写成如下统一形式

$$F_{cr}=\frac{\pi^2 EI}{(\mu l)^2} \tag{15-2}$$

式中，μl 称为相当长度(或称有效计算长度)，μ 称为长度系数，反映了杆端不同约束条件对临界力的影响。

观察表 15-1 中各种支承情况下的挠曲线的形状，可以看到 μl 等于一个半波正弦曲线的长度，即两端铰支杆的长度。例如，对于两端固定杆，其挠曲线有两个反弯点，反弯点之间的曲线相当于一个半波正弦曲线，两反弯点的距离为 $0.5l$，故 $\mu l=0.5l$。对于悬臂梁，其挠曲线为半个半波正弦曲线，两倍的长度才能组成一个半波正弦曲线，因此 $\mu l=2l$。

【例 15-1】 图 15-5 所示为一端固定，另一端自由的细长压杆，杆长 $l=1.8$ m，截面形状为矩形，$b=50$ mm，$h=200$ mm，材料的弹性模量 $E=200$ GPa。试计算该压杆的临界力。若把截面改成 $h=b=100$ mm，该压杆的临界力为多大？

解： (1)计算截面的最小惯性矩：

$$I_{\min}=I_y=\frac{hb^3}{12}=\frac{200\times 50^3}{12}=2.083\ 3\times 10^6 (\text{mm}^4)$$

(2)计算临界压力：

$$F_{cr}=\frac{\pi^2 EI_{\min}}{(\mu l)^2}=\frac{\pi^2\times 200\times 10^9\times 2.083\ 3\times 10^6\times 10^{-12}}{(2\times 1.8)^2}=3.173\times 10^5 (\text{N})$$

$$=317.3\ \text{kN}$$

(3)当截面改为 $b=h=100$ mm：

$$I_y=I_z=\frac{bh^3}{12}=\frac{100\times 100^3}{12}=8.333\times 10^6 (\text{mm}^4)$$

$$F_{\sigma}=\frac{\pi^2 EI}{(\mu l)^2}=\frac{\pi^2 \times 200 \times 10^9 \times 8.333 \times 10^6 \times 10^{-12}}{(2 \times 1.8)^2}=1.269\,2 \times 10^6\,(\text{N})$$
$$=1\,269.2\ \text{kN}$$

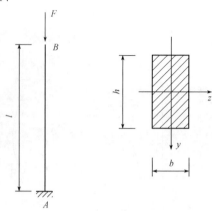

图 15-5

从以上两种情况的计算结果可知，杆件横截面面积相等，支承条件相同，但后者的临界力比前者大很多，这是因为后者的最小惯性矩比前者大。

15.3 欧拉公式的使用范围和临界应力总图

用压杆的临界力 F_{σ} 除以横截面面积 A，得当压力达到临界力时横截面上的应力

$$\sigma_{\sigma}=\frac{F_{\sigma}}{A}=\frac{\pi^2 EI}{(\mu l)^2\,A}$$

式中，σ_{σ} 称为临界应力，令

$$i=\sqrt{\frac{I}{A}}$$

式中，i 称为压杆横截面的惯性半径，于是临界应力可以写成

$$\sigma_{\sigma}=\frac{\pi^2 E}{\left(\dfrac{\mu l}{i}\right)^2}$$

令 $$\lambda=\frac{\mu l}{i} \tag{15-3}$$

式中，λ 称为压杆的柔度或长细比，是一个无量纲量，它与压杆的长度、约束条件、截面尺寸和形状等因素有关。引入柔度后，临界应力的计算公式可以写成

$$\sigma_{\sigma}=\frac{\pi^2 E}{\lambda^2} \tag{15-4}$$

式(15-2)和式(15-4)只是形式不同，并无本质上的差别，都称为欧拉公式。由于欧拉公式是由杆件弯曲变形时的挠曲线近似微分方程 $y''=-\dfrac{M(x)}{EI}$ 推导出来的，这个微分方程是在小变形和杆件服从胡克定律的前提下成立。所以，只有当压杆的临界应力 σ_{σ} 不大于材料的

比例极限 σ_p 时，欧拉公式才成立，即当 $\sigma_{cr} \leqslant \sigma_p$ 时，欧拉公式适用，因此

$$\sigma_{cr} = \frac{\pi^2 E}{\lambda^2} \leqslant \sigma_p, \ \text{或} \ \lambda \geqslant \sqrt{\frac{\pi^2 E}{\sigma_p}}$$

令 $\lambda_p = \sqrt{\dfrac{\pi^2 E}{\sigma_p}}$，欧拉公式的适用条件可以写为

$$\lambda \geqslant \lambda_p$$

λ_p 与材料的力学性能有关，不同的材料，λ_p 的数值不同，如 Q235 钢，$E = 200\ \text{GPa}$，$\sigma_p = 200\ \text{MPa}$，于是

$$\lambda_p = \pi \sqrt{\frac{200 \times 10^9}{200 \times 10^6}} \approx 100$$

又如对 $E = 70\ \text{GPa}$，$\sigma_p = 175\ \text{MPa}$ 的铝合金，计算可得 $\lambda_p = 63$。

满足 $\lambda \geqslant \lambda_p$ 的压杆称为大柔度杆(或称细长压杆)。

当压杆柔度 $\lambda < \lambda_p$，临界应力 σ_{cr} 大于材料的比例极限 σ_p，这时欧拉公式不适用。对于这类压杆，工程中主要使用以经验数据为依据的经验公式计算其临界应力，而直线公式是经验公式中经常使用的一个。

直线公式将临界应力 σ_{cr} 与柔度 λ 用直线关系描述，直线公式为

$$\sigma_{cr} = a - b\lambda \tag{15-5}$$

式中，a 和 b 是与材料的力学性能有关的常数，表 15-2 列出了一些材料的 a 和 b 值。

表 15-2　直线公式中的系数 a、b 值

材料	a/MPa	b/MPa	λ_p	λ_s
Q235 钢，$\sigma_s = 235\ \text{MPa}$	304	1.12	100	62
硅钢，$\sigma_s = 353\ \text{MPa}$	577	3.74	100	60
铬钼钢	980	5.29	55	0
硬铝	372	2.14	50	0
铸铁	331.9	1.45	—	—
松木	30.2	0.199	59	0

还有一类柔度很小的粗短压杆，称为小柔度压杆，受到压力时，不会丧失稳定，其破坏原因是压应力达到屈服极限(对于塑性材料)或强度极限(对于脆性材料)，属于强度问题。所以，对小柔度压杆来说，临界应力可以理解为屈服极限或强度极限。因此，在使用直线公式式(15-5)时，λ 应有一个最低的界限 λ_s(或 λ_b)，对应的临界应力等于 σ_s(或 σ_b)。对于塑性材料，将 $\sigma_{cr} = \sigma_s$ 代入式(15-5)，得

$$\lambda_s = \frac{a - \sigma_s}{b} \tag{15-6}$$

综上所述，对于 $\lambda \geqslant \lambda_p$ 的大柔度压杆，采用欧拉公式式(15-4)计算临界应力；对于柔度介于 λ_p 和 λ_s 之间的压杆，称为中柔度杆，按直线经验公式式(15-5)计算临界应力；对于 $\lambda \leqslant \lambda_s$ 的小柔度压杆，按强度问题计算，也可理解为 $\sigma_{cr} = \sigma_s$。将临界应力 σ_{cr} 随柔度 λ 变化的情况，绘制于图 15-6 中，称为临界应力总图。

【例 15-2】　圆形截面受压杆，用 Q235 钢制成，材料的弹性模量 $E = 200\ \text{GPa}$，屈服极

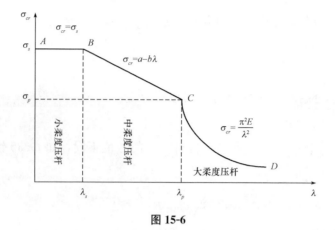

图 15-6

限 $\sigma_s = 235$ MPa，直径 $d = 40$ mm，杆长 $l = 1.1$ m，计算以下三种情况压杆的临界力：（1）压杆两端铰支，如图 15-7(a)所示；（2）压杆一端固定，另一端铰支，如图 15-7(b)所示；（3）压杆两端固定，如图 15-7(c)所示。

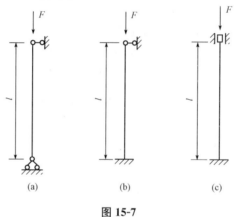

图 15-7

解： 压杆截面的惯性半径为

$$i = \sqrt{\dfrac{I}{A}} = \sqrt{\dfrac{\dfrac{\pi d^4}{64}}{\dfrac{\pi d^2}{4}}} = \dfrac{d}{4} = \dfrac{40}{4} = 10 (\text{mm})$$

(1)$\mu = 1$，查表 15-2，得 $\lambda_p = 100$，$\lambda_s = 62$。

压杆柔度 $\lambda = \dfrac{\mu l}{i} = \dfrac{1 \times 1.1 \times 10^3}{10} = 110 > \lambda_p = 100$

杆件是大柔度压杆，采用欧拉公式

$$\sigma_{cr} = \dfrac{\pi^2 E}{\lambda^2} = \dfrac{\pi^2 \times 200 \times 10^3}{110^2} = 163.13 (\text{MPa})$$

$$F_{cr} = A\sigma_{cr} = \dfrac{\pi}{4} \times 40^2 \times 163.13 = 2.050 \times 10^5 (\text{N}) = 205.00 \text{ kN}$$

(2)$\mu = 0.7$，$\lambda = \dfrac{\mu l}{i} = \dfrac{0.7 \times 1.1 \times 10^3}{10} = 77$

由于 $\lambda_s < \lambda < \lambda_p$，杆件是中柔度压杆，采用经验公式计算临界应力

$$\sigma_{cr} = a - b\lambda = 304 - 1.12 \times 77 = 217.76 \text{(MPa)}$$

$$F_{cr} = A\sigma_{cr} = \frac{\pi}{4} \times 40^2 \times 217.76 = 2.736\ 5 \times 10^5 \text{(N)} = 273.65 \text{ kN}$$

(3) $\mu = 0.5$，$\lambda = \dfrac{\mu l}{i} = \dfrac{0.5 \times 1.1 \times 10^3}{10} = 55$

由于 $\lambda > \lambda_s$，杆件是小柔度压杆，按强度问题计算

$$\sigma_{cr} = \sigma_s = 235 \text{ MPa}$$

$$F_{cr} = A\sigma_{cr} = \frac{\pi}{4} \times 40^2 \times 235 = 2.953\ 1 \times 10^5 \text{(N)} = 295.31 \text{ kN}$$

15.4　压杆的稳定计算

当杆件的工作应力达到临界应力时，它将失稳而退出工作。为了使压杆安全地工作，应确定一个低于临界应力的许用应力，也就是应该选择一个稳定的安全系数 n_{st}。一般来说，实际工程中的压杆都不同程度地存在某些缺陷，如杆件的初弯曲、压力的初偏心、材质不均匀等，这些因素严重地影响压杆的稳定性，降低了临界力的数值。因此，稳定安全系数一般比强度安全系数高。压杆的稳定许用应力为

$$[\sigma_{cr}] = \frac{\sigma_{cr}}{n_{st}} = \varphi[\sigma]$$

由上式可知

$$\varphi = \frac{\sigma_{cr}}{n_{st}[\sigma]}$$

式中，$[\sigma_{cr}]$ 为强度计算时的许用应力，φ 称为折减系数，是小于 1 的正数。折减系数 φ 与材料、压杆的柔度 λ 有关。表 15-3 列出了几种常用材料的折减系数值。

表 15-3　几种常用材料的折减系数 φ

长细比 $\lambda = \dfrac{\mu l}{i}$	φ 值			
	Q235 钢	16 锰钢	铸铁	木材
0	1.000	1.000	1.00	1.000
10	0.995	0.993	0.97	0.971
20	0.981	0.973	0.91	0.932
30	0.958	0.940	0.81	0.883
40	0.927	0.895	0.69	0.822
50	0.888	0.840	0.57	0.757
60	0.842	0.776	0.44	0.668
70	0.789	0.705	0.34	0.575
80	0.731	0.627	0.26	0.470
90	0.669	0.546	0.20	0.370
100	0.604	0.462	0.16	0.300

长细比 $\lambda=\dfrac{\mu l}{i}$	φ 值			
	Q235 钢	16 锰钢	铸铁	木材
110	0.536	0.384	—	0.248
120	0.466	0.325	—	0.208
130	0.401	0.279	—	0.178
140	0.349	0.242	—	0.153
150	0.306	0.213	—	0.133
160	0.272	0.188	—	0.117
170	0.243	0.168	—	0.104
180	0.218	0.151	—	0.093
190	0.197	0.136	—	0.083
200	0.180	0.124	—	0.075

压杆的稳定条件，就是要求压杆的实际工作压应力不能超过稳定许用应力$[\sigma_{cr}]$，即

$$\sigma=\frac{F_N}{A}\leqslant[\sigma_{cr}] \tag{15-7}$$

用折减系数 φ 表示，稳定条件可写为

$$\sigma=\frac{F_N}{A}\leqslant\varphi[\sigma] \tag{15-8}$$

式中，A 是压杆横截面面积，采用毛面积计算，即当压杆在局部有横截面削弱(如钻孔、开口等)时，可以不考虑。实践证明，压杆稳定性取决于整个杆件的弯曲刚度，局部的截面削弱对压杆稳定性影响甚微。

应用压杆的稳定条件，可以进行以下三个方面的计算：

(1)稳定性校核。已知压杆的几何尺寸、材料、支承条件和承受的压力，验算式(15-8)是否成立。一般先计算压杆柔度 λ，根据 λ 查出相应折减系数 φ，再校核式(15-8)。

(2)确定承载能力。已知压杆的几何尺寸、材料、支承条件，计算压杆能承受的许用荷载。一般先计算压杆的柔度 λ，根据 λ 查出相应的折减系数 φ，按下式确定许用荷载：

$$F_N\leqslant A\varphi[\sigma]$$

(3)选择截面。已知压杆的长度、材料支承条件和承受的压力，确定压杆所需的截面尺寸。对这类问题，一般采用试算法。在稳定条件式(15-8)中，φ 是 λ 的函数，压杆截面尺寸未确定前，λ 不能确定，即 φ 不能确定。因此，只能采用试算法。首先假定一个折减系数 φ_1 值，一般可取为 0.5，由稳定条件计算截面面积 A，计算压杆的柔度 λ，根据 λ 查表得折减系数 φ_1'，比较 φ_1 与 φ_1'，若 φ_1 与 φ_1' 很接近，则停止计算，认为 $\varphi=\varphi_1$。若 φ_1 与 φ_1' 相差较大，令 $\varphi_2=\dfrac{\varphi_1+\varphi_1'}{2}$，重复上述过程，直至假设折减系数与查表 15-3 所得的折减系数足够接近，根据最后的折减系数确定压杆的截面尺寸。

【例 15-3】 两端铰支方形截面木柱，高为 4 m，截面边长 $a=10$ cm，承受轴向压力 $F=8$ kN，已知木材的许用应力 $[\sigma]=10$ MPa。试校核木柱的稳定性。

解： 木柱截面的惯性半径

$$i=\sqrt{\dfrac{I}{A}}=\sqrt{\dfrac{\dfrac{a^4}{12}}{a^2}}=\dfrac{a}{\sqrt{12}}=\dfrac{10}{\sqrt{12}}=2.887(\text{cm})$$

木柱的柔度

$$\lambda=\dfrac{\mu l}{i}=\dfrac{1\times4\times10^2}{2.887}=139$$

查表 15-3，当 $\lambda_1=130$ 时，查得 $\varphi_1=0.178$；当 $\lambda_2=140$ 时，查得 $\varphi_2=0.153$。可用线性插值方法计算当 $\lambda=139$ 时的 φ 值：

$$\dfrac{\varphi-\varphi_1}{\lambda-\lambda_1}=\dfrac{\varphi_2-\varphi_1}{\lambda_2-\lambda_1}$$

于是，$\varphi=\varphi_1+\dfrac{\varphi_2-\varphi_1}{\lambda_2-\lambda_1}(\lambda-\lambda_1)$，代入数字，得

$$\varphi=0.178+\dfrac{0.153-0.178}{140-130}\times(139-130)=0.156$$

$$\sigma=\dfrac{F}{A}=\dfrac{8\times10^3}{100\times100}=0.8(\text{MPa})<\varphi[\sigma]=0.156\times10=1.56(\text{MPa})$$

所以木柱满足稳定条件。

【例 15-4】 如图 15-8(a)所示的支架，$l=2$ m，C 端作用有集中力 F，BD 杆用 No.20a 工字钢制成，材料是 Q235 钢，许用应力 $[\sigma]=170$ MPa。试从满足 BD 杆稳定条件考虑，计算支架能承受的最大荷载 $F_{\max}$。

解：(1)计算 BD 杆的柔度。

$$l_{BD}=\dfrac{l}{\cos30°}=2.31(\text{m})$$

查型钢表，得 $i_{\min}=2.12\times10$ mm

$$\lambda=\dfrac{\mu l}{i_{\min}}=\dfrac{1\times2.31\times10^3}{2.12\times10}=109$$

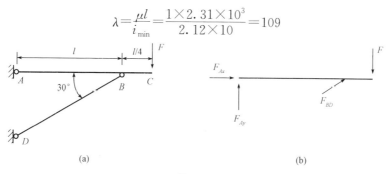

(a)

(b)

图 15-8

查表 15-3，当 $\lambda_1=100$ 时，查得 $\varphi_1=0.604$；当 $\lambda_2=110$ 时，查得 $\varphi_2=0.536$。当 $\lambda=109$ 时

$$\varphi=\varphi_1+\dfrac{\varphi_2-\varphi_1}{\lambda_2-\lambda_1}(\lambda-\lambda_1)=0.604+\dfrac{0.536-0.604}{110-100}\times(109-100)=0.543$$

(2)计算 BD 杆能承受的最大压力。

$$F_{BD,\max}=A\varphi[\sigma]=35.5\times10\times0.543\times170=32\ 770(\text{N})=32.77\ \text{kN}$$

(3)计算支架能承受的最大荷载。如图 15-8(b)所示，以 AC 梁作为隔离体，根据平衡条件 $\sum M_A(F)=0$ 得

$$F_{BD}\sin30° \cdot l - F \cdot \frac{5}{4}l = 0, \quad 即 \quad F = \frac{2}{5}F_{BD}$$

$$F_{max} = \frac{2}{5}F_{BD,max} = \frac{2}{5} \times 32.77 = 13.11(kN)$$

【例 15-5】 两端铰支圆截面钢杆，长度 $l=1$ m，承受轴向力 $F=50$ kN 的作用，材料是 Q235 钢，许用应力 $[\sigma]=170$ MPa。试确定截面直径 d。

解： 采用试算法，设 $\varphi_1=0.5$，根据稳定条件

$$A \geqslant \frac{F}{\varphi[\sigma]} = \frac{50 \times 10^3}{0.5 \times 170} = 588.24(mm^2)$$

$$d = \sqrt{\frac{4A}{\pi}} = \sqrt{\frac{4 \times 588.24}{\pi}} = 27.37(mm)$$

$$i = \frac{d}{4} = \frac{27.37}{4} = 6.84(mm)$$

$$\lambda = \frac{\mu l}{i} = \frac{1 \times 1 \times 10^3}{6.84} = 146$$

查表 15-3，得

$$\varphi_1' = 0.349 + \frac{0.306 - 0.349}{150 - 140} \times (146 - 140) = 0.323$$

φ_1' 与 φ_1 相差较大，取

$$\varphi_2 = \frac{\varphi_1 + \varphi_1'}{2} = \frac{0.5 + 0.323}{2} = 0.412$$

$$A \geqslant \frac{50 \times 10^3}{0.412 \times 170} = 713.88(mm^2)$$

$$d = \sqrt{\frac{4A}{\pi}} = \sqrt{\frac{4 \times 713.88}{\pi}} = 30.15(mm)$$

$$i = \frac{d}{4} = \frac{30.15}{4} = 7.54(mm)$$

$$\lambda = \frac{\mu l}{i} = \frac{1 \times 1 \times 10^3}{7.54} = 133$$

$$\varphi_2' = 0.401 + \frac{0.349 - 0.401}{140 - 130} \times (133 - 130) = 0.385$$

取

$$\varphi_3 = \frac{\varphi_2 + \varphi_2'}{2} = \frac{0.412 + 0.385}{2} = 0.399$$

$$A \geqslant \frac{50 \times 10^3}{0.399 \times 170} = 737.14(mm^2)$$

$$d = \sqrt{\frac{4A}{\pi}} = \sqrt{\frac{4 \times 737.14}{\pi}} = 30.64(mm)$$

$$i = \frac{d}{4} = \frac{30.64}{4} = 7.66(mm)$$

$$\lambda = \frac{\mu l}{i} = \frac{1 \times 1 \times 10^3}{7.66} = 131$$

$$\varphi_3' = 0.401 + \frac{0.349 - 0.401}{140 - 130} \times (131 - 130) = 0.396$$

由于 $\varphi_3 \approx \varphi_3'$，取 $\varphi = \varphi_3 = 0.399$，即 $d \geqslant 30.64$ mm，取 $d = 32$ mm，此时

$$i = \frac{d}{4} = \frac{32}{4} = 8 \text{(mm)}$$

$$\lambda = \frac{\mu l}{i} = \frac{1 \times 1 \times 10^3}{8} = 125$$

$$\varphi = 0.466 + \frac{0.401 - 0.466}{130 - 120} \times (125 - 120) = 0.434$$

$$\sigma = \frac{F}{A} = \frac{50 \times 10^3}{\frac{\pi}{4} \times 32^2} = 62.17 \text{(MPa)} < \varphi[\sigma] = 0.434 \times 170 = 73.78 \text{(MPa)}$$

压杆满足稳定条件。

15.5 提高压杆稳定性的措施

要提高压杆的稳定性，关键在于提高压杆的临界压力或临界应力。而压杆的临界压力或临界应力与压杆的截面形状、压杆的长度和约束条件、材料的性质等因素有关。因此，可以从以下几个方面考虑。

15.5.1 选择合理的截面形状

从欧拉公式可知，截面的惯性矩 I 越大，临界压力 F_{cr} 越大，从经验公式可知，柔度 λ 越小，临界应力越高。由于 $\lambda = \frac{\mu l}{i}$，提高惯性半径 i 可以减小 λ。因此，在不增加截面面积的前提下，尽可能将材料分布在距离截面形心较远的区域，能增大惯性矩 I 和惯性半径 i，从而提高临界压力。例如，在截面面积相等的前提下，箱形截面比正方形截面[图 15-9(a)]杆有更好的稳定性。空心的圆环截面比实心的圆截面[图 15-9(b)]更合理。用四根角钢组成的压杆，应将四根角钢分散放置在截面的四角，而不是集中放置在截面形心附近[图 15-9(c)]。

如果压杆在各个纵向平面内相当长度 μl 相同，应采用对称截面，使杆件在任一纵向平面内的柔度 λ 相等。如果压杆在不同的纵向平面内具有不同的相当长度 μl，应采用非对称截面，使得在两个主惯性平面内的柔度基本相等，使压杆在两个主惯性平面内有接近的稳定性。

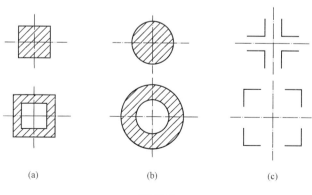

| (a) | (b) | (c) |

图 15-9

15.5.2　改善压杆的支承条件

改善压杆的支承条件可明显改变临界力的大小。例如，将长为 l 两端铰支的细长压杆的支座改为固定端，或在杆中间增设一个铰支座，如图 15-10 所示，则相当长度由原来的 l 变为 $\dfrac{l}{2}$，临界力由原来的 $\dfrac{\pi^2 EI}{l^2}$ 变为 $4\dfrac{\pi^2 EI}{l^2}$，临界压力变为原来的 4 倍。

一般来说，压杆的约束越牢固，其理解力就越大，稳定性越高。

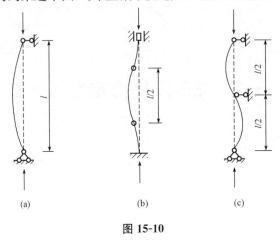

图 15-10

15.5.3　选择合理的材料

细长压杆临界力的欧拉公式与材料的弹性模量 E 有关，各种钢材的弹性模量大致相等，所以用优质钢材代替普通钢材，并不能提高其稳定性。对于中柔度杆，经验公式和理论分析都说明临界应力与材料强度有关，选用优质钢材可以提高压杆临界应力数值；对于小柔度杆，稳定性问题实质是强度问题，优质钢材的强度高，可以提高压杆的稳定性。

思考题与习题

思考题与习题

第16章

平面体系的几何组成分析

16.1 概　述

杆件结构是若干杆件按一定规律相互连接在一起，用来承受荷载，起骨架作用的体系，但是，并不是所有的杆件体系都能够承受荷载。本章研究哪些体系可以承受荷载，哪些体系不能承受荷载。

体系受到荷载作用后，杆件产生应变，体系发生变形。但这种变形一般是很小的，如果不考虑这种微小的变形，体系在外荷载的作用下能保持其几何形状和位置不变，这样的体系称为几何不变体系。例如，图 16-1(a)所示的体系是几何不变体系，因为在荷载作用下，如果不考虑杆件的微小变形，体系的形状和位置是不变的。而在荷载的作用下，即使不考虑材料的应变，其形状和位置是改变的体系称为几何可变体系。例如，上述体系如果缺少杆 CB，如图 16-1(b)所示，在荷载的作用下，其形状和位置将发生明显的变化。

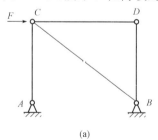

(a)

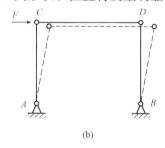

(b)

图 16-1

在实际工程中，只有几何不变体系才能承受荷载，起骨架作用，因此，几何不变体系称为结构，而几何可变体系是不能承受荷载的，称为机构。

有些体系，在荷载的作用下，开始能产生微小的几何变形，然后体系的几何形状和位置保持不变，这样的体系称为几何瞬变体系。

几何瞬变体系不能承受荷载，这是因为即使很小的外力作用在几何瞬变体系上，也会引起很大的内力，使体系破坏。例如，图 16-2(a)所示的几何瞬变体系在外力 F 作用下，分析杆 AC、BC 的内力。取 C 点为隔离体，其受力图如图 16-2(b)所示。在 C 点作用有一平面汇交力系，根据平衡条件，有

$$\sum F_y = 0, \quad F_{CA}\sin\theta + F_{CB}\sin\theta - F = 0$$

$$\sum F_x = 0, \quad F_{CB}\cos\theta - F_{CA}\cos\theta = 0$$

解得

$$F_{CA} = F_{CB} = \lim_{\theta \to 0}\frac{F}{2\sin\theta} = \infty$$

可见 AC 杆和 BC 杆的内力趋向于无穷大，两杆很容易破坏。

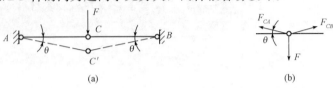

图 16-2

对体系进行几何组成分析，其目的如下：

(1)判别某一体系是否是几何不变体系，从而决定它能否作为结构。必须注意，能够承受荷载的工程结构必须是几何不变体系。

(2)研究几何不变体系的组成规则，以保证所设计的结构能承受荷载而保持平衡。

(3)判别结构是静定结构还是超静定结构，以便选择相应的计算方法。

(4)找出结构的基本部分和附属部分，从而选择简便的计算程序。

16.2　体系的自由度与约束

16.2.1　自由度的概念

平面体系通常包含点、杆件和刚体，平面内的刚体称为刚片，可认为刚片的厚度相等，且很小。

在未受约束之前，平面内的点、杆件和刚片都可以自由运动。当平面体系在平面内运动时，为描述其运动所需的独立坐标的数量，称为平面体系的自由度。

如图 16-3(a)所示，点 A 在平面内运动时，需要两个坐标 x 和 y 描述其运动位置，所以，平面内一个点的自由度为 2。图 16-3(b)所示为一个平面刚片在平面内运动，需要其上任一点 A 的坐标 x、y 和点 A 与刚片上另一点 B 的连线 AB 与 x 轴的夹角 θ，所以，平面内一个刚片的自由度为 3。

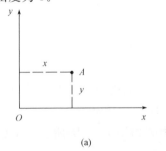

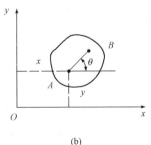

图 16-3

16.2.2　约束的概念与类型

能够使体系的自由度减少的装置称为约束，使体系减少一个自由度的装置称为一个约束。常见的约束有链杆、铰和刚性联结。

1. 链杆

两端由铰连接，中间不受外力作用的杆件称为链杆。链杆通常为直杆，也有折杆或曲杆。链杆只能限制与其联结的刚片沿链杆轴线方向移动，因此，链杆相当于一个约束，使体系减少一个自由度。图 16-4 中，通过逐个增加链杆，刚片的自由度从 3 减少为 0。

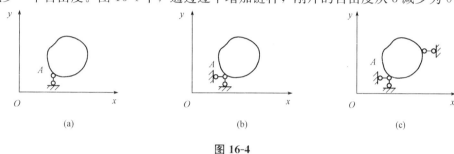

图 16-4

2. 单铰

联结两个刚片的铰称为单铰，如图 16-5 所示，刚片 I 与刚片 II 相连。在连接前，每个刚片有 3 个自由度，共有 6 个自由度，用单铰连接后，刚片 I 需要点 A 的 x、y 坐标，AB 连线的倾角 α 共 3 个坐标确定其位置。而刚片 II 需要 BC 连线的倾角 β 确定其位置。所以，体系的自由度为 4，比原来减少了 2 个自由度。可见一个单铰相当于 2 个约束，可使体系减少 2 个自由度。

3. 复铰

联结两个以上刚片的铰称为复铰，图 16-6 所示的铰 A 联结了三个刚片，在刚片 I 上设置铰 A，不会改变刚片 I 的自由度，在铰 A 连接刚片 II，体系减少 2 个自由度，再在铰 A 连接刚片 III，体系再减少 2 个自由度，共减少了 $2 \times 2 = 4$ 个自由度。以此类推，若铰与 n 个刚片连接，则减少了 $2(n-1)$ 个自由度，相当于 $2(n-1)$ 个约束，即相当于 $n-1$ 个单铰。

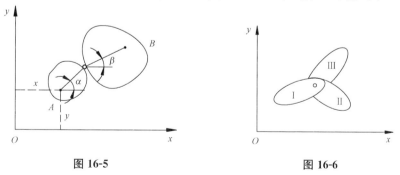

图 16-5　　　　　　　　　　　　图 16-6

4. 虚铰

如图 16-7 所示，刚片 I、II 用两根链杆 AB、CD 相联结，链杆 AB、CD 延长交于 O 点。如果刚片 I 位置被固定，链杆 AB 只能绕 A 点转动，即 B 点的运动方向与 AB 垂直。

同理，D 点的运动方向与 CD 垂直，即刚片 II 可绕 O 点转动。O 点称为刚片 II 的相对运动瞬心，相当于有一铰在 O 点把这两刚片联结在一起，因此，AB、CD 杆的作用相当于在它们的交点 O 处的一个单铰，但这个铰的位置随着链杆的转动而改变，这种铰称为虚铰。

5. 单刚结点

将两个刚片用刚性结点联结在一起，例如，现浇的混凝土梁柱结点，这样的刚性结点称为单刚结点。如图 16-8(a) 所示，刚结点将 AB、BC 刚片连接在一起。在单刚结点约束前，两刚片的自由度为 6，用单刚结点连接后，成为一个刚片，自由度为 3，所以，一个单刚结点能减少 3 个自由度，相当于 3 个约束。

6. 复刚结点

如果一个刚结点与两个以上刚片相联结，这样的刚结点称为复刚结点，如图 16-8(b) 所示，刚结点 B 与三个刚片，即刚片 AB、BC、BD 相联结，是复刚结点。与 n 个刚片相联结的复刚结点能减少 $3(n-1)$ 个自由度，相当于 $3(n-1)$ 个约束，即相当于 n 个单刚结点。

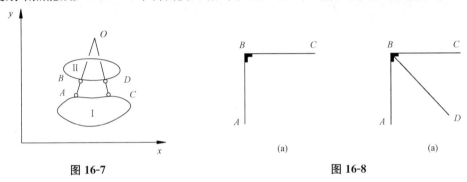

图 16-7　　　　　　　　　　　　　图 16-8

7. 支座的约束作用

一个活动铰支座或一个链杆支座相当于 1 个约束，可减少 1 个自由度；一个固定铰支座相当于 2 个约束，可减少 2 个自由度；一个固定端支座相当于 3 个约束，可减少 3 个自由度。

16.2.3　多余约束

根据约束的定义，约束是使体系的自由度减少的装置，但并不是所有的约束都能使体系的自由度减少。不能使体系的自由度减少的约束称为多余约束或无效约束，如图 16-9(a) 中点 A 有 2 个自由度，通过链杆 1、2 的约束，A 点的自由度为零，如果在 A 点再增加链杆 3，A 点的自由度仍然是零，所以链杆 3 是多余约束，如图 16-9(b) 所示。又如图 16-9(c) 所示，刚片在三根链杆 1、2、3 的约束下自由度是零，再增加一根链杆 4[图 16-9(d)]，刚片的自由度还是零，所以链杆 4 是多余约束。

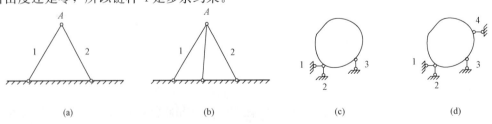

(a)　　　　　　　(b)　　　　　　　(c)　　　　　　　(d)

图 16-9

16.2.4　计算自由度

有些平面杆件体系，由若干刚片相互用铰相连，用支座链杆与基础相连组成。设体系的刚片数为 m，单铰数为 h，支座链杆数为 r，则体系的计算自由度为

$$W=3m-2h-r \tag{16-1}$$

式中，h 是单铰数，如果是复铰，应将复铰折算成相应的单铰。

还有一些平面杆件体系，其结点都是铰结点，如桁架结构。这类体系的计算自由度除可用式(16-1)计算外，还可采用以下较简便的公式计算。设体系的结点数为 j，杆件数为 b，支座链杆数为 r，则体系的计算自由度为

$$W=2j-b-r \tag{16-2}$$

【例 16-1】 计算图 16-10 所示体系的计算自由度。

解：（1）图 16-10(a)所示的体系由两刚片通过铰相连而组成，采用式(16-1)，其中 $m=2$，$h=1$，$r=4$。

$$W=3m-2h-r=3\times2-2\times1-4=0$$

（2）图 16-10(b)所示的体系是铰接体系，采用式(16-2)，其中 $j=8$，$b=13$，$r=3$。

$$W=2j-b-r=2\times8-13-3=0$$

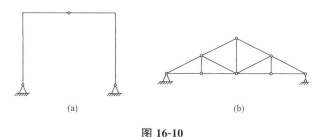

(a)   (b)

图 16-10

16.2.5　对计算自由度的讨论

体系的计算自由度实质是体系的自由度数减去约束数，根据计算自由度是否大于零，有以下三种情况：

（1）若体系的计算自由度 $W>0$，说明体系的自由度数比约束数多，体系是几何可变体系。

（2）若体系的计算自由度 $W=0$，说明体系的自由度数与约束数相等，有两种可能，若体系的约束布置合理，则体系是几何不变体系；若约束布置不合理，则体系有可能是几何可变体系或几何瞬变体系。

（3）若体系的计算自由度 $W<0$，说明体系的自由度数比约束数少，如果约束布置合理，体系是有多余约束的几何不变体系；如果约束布置不合理，体系仍可能是几何可变体系或几何瞬变体系。

综上所述，若体系的计算自由度 $W>0$，体系一定是几何可变体系。而体系的计算自由度 $W\leqslant0$，体系是几何不变体系的必要条件，而不是充分条件。体系是几何不变体系的充分必要条件是体系的计算自由度 $W\leqslant0$，且约束布置合理。如何判定约束布置是否合理，需要学习下一节中的几何不变体系的组成规则。

16.3 几何不变体系的组成规则

通过上一节的描述，体系的计算自由度 $W \leqslant 0$ 是体系是几何不变体系的必要条件。本节将学习几何不变体系的组成规则，用以作为判别体系是否是几何不变体系的准则。

16.3.1 二刚片规则

设有刚片Ⅰ和刚片Ⅱ，共有6个自由度，要使它们联结成为一个刚片，至少需要三个约束联结。刚片Ⅰ和刚片Ⅱ可以用一个铰和一根链杆相连[图16-11(a)]构成几何不变体系。由于两根链杆相当于一个单铰，可将单铰换成两根链杆，如图16-11(b)所示。

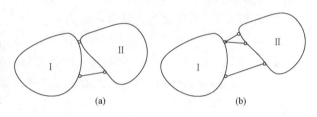

图 16-11

如果约束布置得不合理，体系就有可能不是几何不变体系。若联结刚片Ⅰ和刚片Ⅱ的铰与链杆在同一直线上[图16-12(a)]，联结两刚片的三根链杆交于一点[图16-12(b)]，或三根链杆的延长线交于一点[图16-12(c)]，则体系是一个瞬变体系。若联结两刚片的三根链杆完全平行，且等长[图16-12(d)]，则构成一个几何可变体系。若三根链杆完全平行且不等长[图16-12(e)]，则构成一个几何瞬变体系。

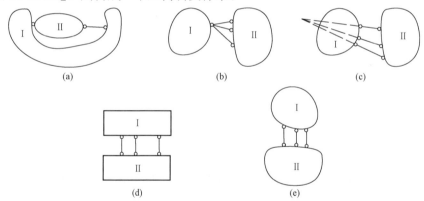

图 16-12

因此，二刚片联结规则为：二刚片通过一个铰和一根不通过铰心的链杆相连，或通过三根不完全交于一点，也不完全平行的链杆相连，组成无多余约束的几何不变体系。

16.3.2 三刚片规则

平面内三个刚片的自由度共有9个，至少用6个约束联结，才有可能组成一个几何不变体系。如图16-13(a)所示，将刚片Ⅰ、Ⅱ和Ⅲ用不在同一直线上的 A、B、C 三个铰两两相连，组成几何不变体系。由于一个铰可用两根链杆代替，将图16-13(a)中的铰用两根链杆代替，只要它们所组成的实铰或虚铰不在同一直线上，如图16-13(b)所示，也能组成几何不变体系。

如果三个刚片用通过同一直线上的三个铰两两相连，如图 16-14 所示，所组成的体系是几何瞬变体系。

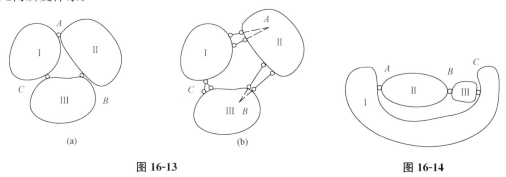

图 16-13

图 16-14

综上所述，三刚片联结规则为：三刚片用不在同一直线上的三个铰（实铰或虚铰）两两相连，组成无多余约束的几何不变体系。

16.3.3　二元体规则

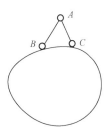

如图 16-15 所示，结点 A 通过链杆 AB、AC 和刚片Ⅰ相连，链杆 AB、AC 不共线，用两根不共线的链杆联结一个结点的装置称为二元体。由于平面上一个结点的自由度是 2，两根不共线的链杆相当于 2 个约束。所以，增加一个二元体不改变体系的几何不变性，同理，在一个体系上减去一个二元体，对体系的几何不变性不产生影响。

综上所述，加减二元体规则为：在一个体系上增加或减少二元体，不改变体系的几何不变性。

图 16-15

16.4　几何组成分析举例

所谓几何组成分析是指根据上述三个规则，对一个平面体系进行分析判断，确定体系是不是几何不变体系，若是几何不变体系，确定是否有多余约束，若有多余约束，确定有几个多余约束。如果体系是几何可变体系，确定体系有几个自由度。必须指出，最简单的平面几何不变体系是铰接三角形。几何不变体系可看作一刚片，而两端由铰连接，中间不受外力作用的杆件既可看作刚片，又可看作链杆。

对平面体系作几何组成分析的思路如下：

(1)如果给出的体系可看作两个或三个刚片时，直接按二刚片规则或三刚片规则判别。

(2)如果给出的体系不能归结为两个或三个刚片时，可将体系中能直接观察出的某些几何不变部分作为刚片，或者减去二元体，使体系简化，再想办法按二刚片规则或三刚片规则判别。

【例 16-2】 对图 16-16(a)所示体系进行几何组成分析。

解： 地基基础看作一个大刚片，记作刚片Ⅰ，梁 AB 看作刚片Ⅱ。刚片Ⅰ、刚片Ⅱ通过三根不交于同一点，也不完全平行的链杆相联结，组成几何不变体系，记作刚片Ⅲ，梁 CD 看作刚片Ⅳ。刚片Ⅲ、刚片Ⅳ通过一个铰和一根不过铰心的链杆相连，组成几何不变体系，如图 16-16(b)所示。所以，体系是无多余约束的几何不变体系。

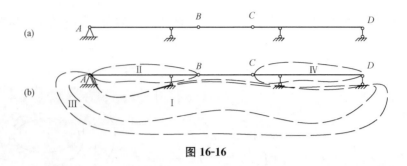

图 16-16

【例 16-3】 对图 16-17(a)所示体系进行几何组成分析。

解： 地基基础看作刚片Ⅰ，曲杆 AC 看作刚片Ⅱ，曲杆 BD 看作刚片Ⅲ。刚片Ⅰ、刚片Ⅱ、刚片Ⅲ通过铰 A、铰 B、链杆 CD 与链杆 EF（相当于虚铰 G）相联结，三铰 A、B、G 不共线，如图 16-17(b)所示，所以，体系是无多余约束的几何不变体系。

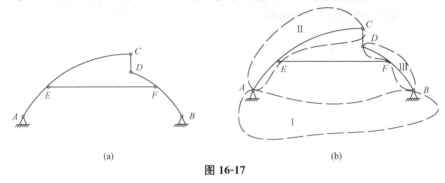

图 16-17

【例 16-4】 对图 16-18(a)所示的体系进行几何组成分析。

解： 考虑左侧 ADC 部分，可看作由一个铰接三角形［图 16-18(a)阴影三角形］不断增加二元体组成，所以 ADC 组成一个刚片，记作刚片Ⅰ。同理，右侧 CBE 部分也组成一刚片，记作刚片Ⅱ。地基基础看作刚片Ⅲ。刚片Ⅰ、刚片Ⅱ通过铰 C 联结。刚片Ⅱ、刚片Ⅲ通过 B 支座的链杆和链杆 EF 联结，相当于虚铰 O_2。刚片Ⅲ与刚片Ⅰ通过 A 支座的链杆和链杆 DF 联结，相当于虚铰 O_1，而铰 C、O_1、O_2 在同一直线上，如图 16-18(b)所示。所以，体系是几何瞬变体系。

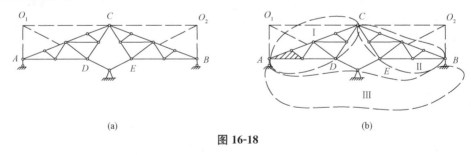

图 16-18

【例 16-5】 对图 16-19(a)所示的体系作几何组成分析。

解： 地基基础看作刚片Ⅰ，刚架 ABD 记作刚片Ⅱ，刚片Ⅰ和刚片Ⅱ通过三根不交于同一点，也不完全平行的链杆联结，组成几何不变体系，看作刚片Ⅲ。刚架 DC 记作刚片Ⅳ，与刚片Ⅲ通过铰 D 和两根链杆联结，组成几何不变体系，但有一个多余约束，如图 16-19(b)所示。所以，体系是有一个多余约束的几何不变体系。

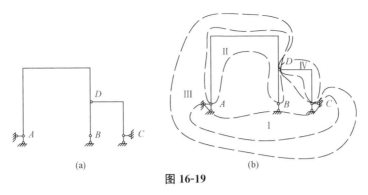

图 16-19

【例 16-6】 对图 16-20(a)所示的体系作几何组成分析。

解： 地基基础连同 A 支座的两根链杆组成刚片 I，铰接三角形 BCE 看作刚片 II，杆 DF 看作刚片 III，刚片 I 和刚片 II 通过 B 支座链杆和杆 AC 联结，即虚铰 B。刚片 II 和刚片 III 通过杆 CD，杆 EF 联结，即虚铰 G。刚片 III 和刚片 I 通过支座 F 链杆和杆 AD 联结，即虚铰 H。如图 16-20(b)所示，虚铰 B、G、H 不共线，体系是无多余约束的几何不变体系。

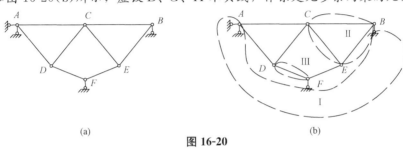

图 16-20

16.5 体系的几何组成与静定性的关系

通过前面的学习，片面体系可分为几何不变体系、几何可变体系和几何瞬变体系。其中，几何可变体系和几何瞬变体系都不能承受荷载，几何可变体系称为机构。

只有几何不变体系才能承受荷载，称为结构。尤多余约束的几何不变体系称为静定结构；有多余约束的几何不变体系称为超静定结构；多余约束的数量称为超静定结构的次数。静定结构与超静定结构有很大的区别，对于静定结构，通过静力学平衡条件就可以确定其约束反力，从而确定其全部内力；对于超静定结构，除平衡条件外，还需要结构的变形协调条件才能确定其约束反力和内力。

只有对体系进行正确的几何组成分析，才能判定静定结构和超静定结构，正确选择相应的计算方法。

思考题与习题

思考题与习题

第 17 章

静定结构的内力计算

静定结构是无多余约束的几何不变体系，通过静力学平衡条件可确定静定结构的所有约束反力和内力。在建筑工程中，静定结构得到广泛的应用，如单层工业厂房中的屋架、吊车梁，钢结构桥梁中大量使用的桁架等。

本章讲述静定梁、静定刚架、静定桁架、三铰拱和静定组合结构的内力计算。

17.1 静 定 梁

17.1.1 单跨静定梁

单跨静定梁有三种，即简支梁、外伸梁和悬臂梁，如图 17-1 所示。梁任一截面上的内力有弯矩、剪力和轴力，内力的计算在第 10 章已作详细讨论。

(a)   (b)   (c)

图 17-1

17.1.2 区段叠加法

在结构内力计算时，经常将结构分成若干段，在每一段应用叠加原理画出弯矩图，称为区段叠加法。图 17-2(a) 所示的简支梁，考虑 CD 段，把 CD 段截断作为脱离体，作用在 CD 段上的荷载有均布荷载 q，C 截面的弯矩 M_{CD}，剪力 F_{SCD}，D 截面的弯矩 M_{DC}，剪力 F_{SDC}，如图 17-2(b) 所示，等效于简支梁 CD 在均布荷载 q 的作用，以及在支座 C、D 作用有杆端弯矩 M_{CD} 和 M_{DC}，如图 17-2(c) 所示，则梁上 CD 段的弯矩图与图 17-2(c) 所示的简支梁 CD 的弯矩图相同。可用叠加法作简支梁 CD 的弯矩图，简支梁 CD 的荷载可以看作杆端弯矩 M_{CD}、M_{DC} 和均布荷载 q 的叠加。杆端弯矩 M_{CD} 和 M_{DC} 单独作用在简支梁时，其弯矩图是一个梯形，再加上均布荷载 q 的作用，则在梯形的基础上再叠加上一个标准的抛物线，抛物线在跨中的值是 $\frac{1}{8}ql_{CD}^2$，CD 段的弯矩图如图 17-2(d) 所示。

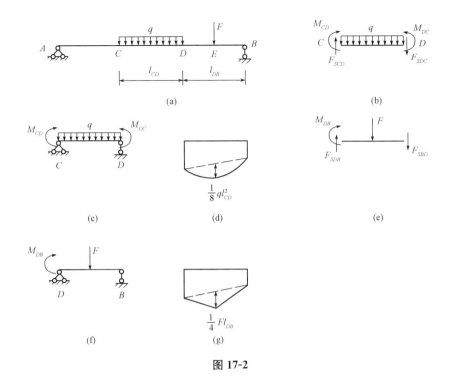

图 17-2

同理可知，如果区段作用集中力 F，例如图 17-2(a)中的 DB 段，截断 DB 段，作为隔离体，其作用力有集中力 F，D 截面有弯矩 M_{DB}、剪力 F_{SDB}，B 截面有剪力 F_{SBD}，如图 17-2(e)所示。等效于简支梁 DB 在集中力 F 作用，以及支座 D 作用有杆端弯矩 M_{DB}，如图 17-2(f)所示。用叠加法作简支梁 DB 的弯矩图，杆端弯矩 M_{DB} 单独作用，引起的弯矩图是一个三角形。集中力 F 单独作用，引起跨中弯矩值为 $\frac{1}{4}Fl_{DB}$ 的三角形，两者叠加，得图 17-2(g)所示的弯矩图。

17.1.3 斜梁

一般的梁轴线是水平的，荷载也沿水平方向分布。当梁轴线倾斜时称为斜梁，如图 17-3 所示的楼梯和刚架结构中的斜梁等。

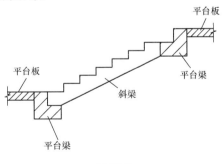

图 17-3

斜梁上的均布荷载通常可分为两种形式，一种是均布荷载 q_1 沿水平方向分布，如作用在楼梯上的人群荷载，如图 17-4(a)所示；另一种是荷载 q_2 沿斜梁轴线方向分布，如楼梯

的自重，通常将 q_2 变换成水平分布，变换后荷载集度 q_2' 为

$$q_2' = \frac{q_2}{\cos\alpha}$$

q_1 与 q_2' 叠加，得作用在斜梁上的总荷载 q，如图 17-4(b)所示，于是

$$q = q_1 + q_2' = q_1 + \frac{q_2}{\cos\alpha}$$

斜梁的支座反力 $F_{Ay} = \frac{1}{2}ql$，现在计算斜梁与 A 支座距离为 x 的截面 K 的内力，截面 K 的内力有弯矩 $M(x)$、剪力 $F_S(x)$ 和轴力 $F_N(x)$，如图 17-4(c)所示。内力的正负号规定与水平梁相同，梁的下侧纤维受拉时规定弯矩为正；反之为负。顺时针转的剪力规定为正；反之为负。受拉轴力规定为正；受压轴力规定为负。

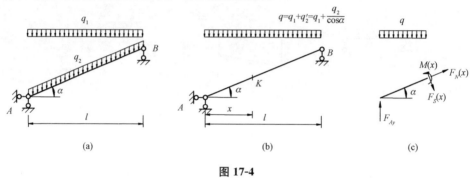

图 17-4

沿 K 截面将梁切断，以左侧 AK 段为脱离体，K 截面上的内力为

$$M(x) = F_{Ay} \cdot x - qx \cdot \frac{x}{2} = \frac{1}{2}qlx - \frac{1}{2}qx^2$$

$$F_S(x) = F_{Ay}\cos\alpha - qx\cos\alpha = \frac{1}{2}ql\cos\alpha - qx\cos\alpha = (\frac{1}{2}ql - qx)\cos\alpha$$

$$F_N(x) = -F_{Ay}\sin\alpha + qx\sin\alpha = -\frac{1}{2}ql\sin\alpha + qx\sin\alpha = (-\frac{1}{2}ql + qx)\sin\alpha$$

斜梁的弯矩图、剪力图和轴力图分别如图 18-5(a)、(b)和(c)所示。

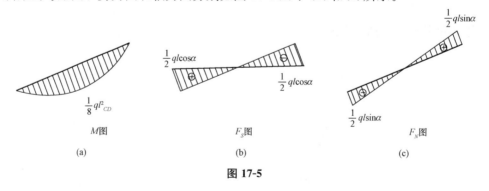

图 17-5

17.1.4 多跨静定梁

多跨静定梁是指若干个单跨静定梁用铰联结而成的静定结构，在实际工程结构中，桥梁和屋架的檩条多采用这种结构形式。图 17-6(a)所示的图形为屋盖的檩条，B、C 处可理

解为铰结点，檩条的计算简图如图 17-6(b)所示；图 17-7(a)所示图形为常见的公路桥梁，B、C 处也是铰结点，其计算简图如图 17-7(b)所示。

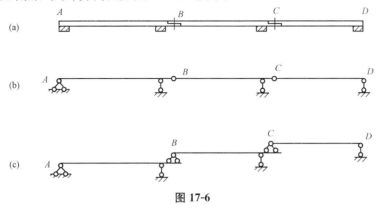

图 17-6

1. 多跨静定梁的几何组成

多跨静定梁可分为基本部分和附属部分。基本部分是指自身就能组成几何不变体系，能独立承受荷载的部分。图 17-6(b)中的 AB 段梁，用一个固定铰支座和一个链杆支座与基础相连，自身就能组成一个几何不变体系，故 AB 梁段及其支座可视为基本部分。附属部分指本身不能保持几何不变，要依靠其他部分才能保持几何不变的部分。如 BC 梁段，本身不能保持几何不变，需依靠基本部分 AB 梁段才能保持几何不变，不能独立承受荷载，因此 BC 梁段是附属部分，CD 梁段也是附属部分。在图 17-7(b)中，AB 梁段、CD 梁段是基本部分，而 BC 梁段是附属部分。

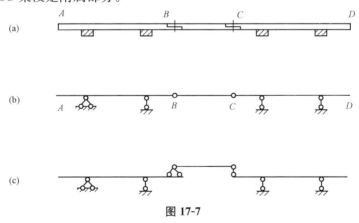

图 17-7

多跨静定梁的基本组成有两种形式，一种是从基本部分开始，不断增加附属部分组成，如图 17-6(a)所示；另一种是两端都是基本部分，中间增加附属部分而组成，如图 17-7(b)所示。

2. 层次图

为了清晰表达基本部分与附属部分的传力关系，可将它们的支承和传力关系用层次图表达，如图 17-6(c)和图 17-7(c)所示。在层次图中，基本部分支承在基础上，附属部分支承在基本部分上或其他附属部分上。作用在附属部分的荷载会传递给基本部分，反过来，作用在基本部分的荷载不会传递给附属部分。从层次图中可以看出，如果基本部分遭到破坏，附属部分也会遭到破坏。但附属部分遭到破坏，基本部分仍保持几何不变，仍可承受荷载。

3. 多跨静定梁的计算

多跨静定梁应先计算附属部分，再计算基本部分。计算的关键是确定基本部分对附属部分的支承力，这个支承力也是附属部分向基本部分传递的作用力。

【例 17-1】 作图 17-8(a)所示多跨静定梁的内力图。

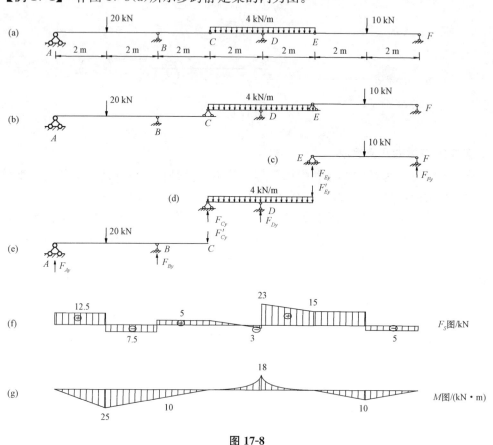

图 17-8

解： 多跨静定梁的层次图如图 17-8(b)所示，先计算最外层的附属部分 EF 梁，取 EF 梁为隔离体[图 17-8(c)]，支座反力为

$$F_{Ey} = F_{Fy} = 5 \text{ kN}$$

再取 CE 梁作为隔离体[图 17-8(d)]，计算支座反力：

$$\sum M_C(F) = 0, \ F_{Dy} \cdot 2 - 5 \times 4 - 4 \times 4 \times 2 = 0, \ 得 F_{Dy} = 26 \text{ kN}。$$

$$\sum F_y = 0, \ F_{Cy} + F_{Dy} - 4 \times 4 - 5 = 0, \ 得 F_{Cy} = -5 \text{ kN}。$$

取 AC 梁为隔离体[图 17-8(e)]，计算支座反力：

$$\sum M_A(F) = 0, \ F_{By} \cdot 4 + 5 \times 6 - 20 \times 2 = 0, \ 得 F_{By} = 2.5 \text{ kN}。$$

$$\sum F_y = 0, \ F_{Ay} + F_{By} - 20 + 5 = 0, \ 得 F_{Ay} = 12.5 \text{ kN}。$$

作多跨静定梁的剪力图和弯矩图，如图 17-8(f)、(g)所示。

17.2 静定平面刚架

17.2.1 刚架的概念

刚架是由直杆组成，主要由刚结点联结而成的结构，刚结点也称刚性联结，与刚结点联结的各杆不能发生相对移动和转动，变形前后各杆的夹角保持不变。图 17-9 所示的门式刚架，在水平力的作用下发生虚线所示的变形，C、D 结点是刚结点，变形前 $\angle ACD$ 和 $\angle CDB$ 是直角，变形后它们仍然保持直角。因此，刚结点可以承受和传递弯矩。刚架结构中的杆件较少，内部空间较大，比较容易制作，在工程中得到广泛应用。

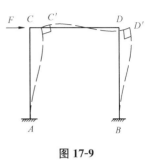

图 17-9

刚架可分为静定刚架和超静定刚架。静定刚架的常见类型有悬臂刚架、简支刚架、三铰刚架和组合刚架。悬臂刚架的一端用固定端支座与基础相连，其他杆端自由，如图 17-10(a) 所示的站台雨篷；简支刚架用固定铰支座和活动铰支座与基础联结，如图 17-10(b) 所示；三铰刚架自身用铰相连，与基础用两个固定铰支座相联结，一共有三个铰，如图 17-10(c) 所示；组合刚架通常由上述三种静定刚架的某一种作为基本部分，再增加一个附属部分而组成，如图 17-10(d) 所示的结构，$ACDB$ 部分是简支刚架，看作基本部分，而 EF 部分是附属部分，组成组合刚架。

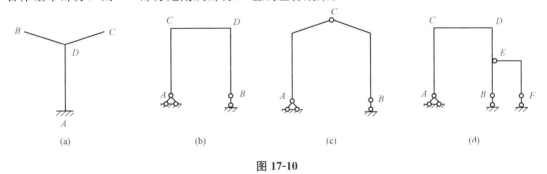

(a)   (b)   (c)   (d)

图 17-10

17.2.2 静定平面刚架的内力

一般情况下，刚架各杆内力有弯矩、剪力和轴力。内力用两个下标描述，第一个下标表示内力所属的截面；第二个下标表示杆段的另一端截面。例如，杆 AB 段的 A 截面的弯矩、剪力和轴力分别用 M_{AB}、F_{SAB} 和 F_{NAB} 表示，而 B 端的弯矩、剪力和轴力分别用 M_{BA}、F_{SBA} 和 F_{NABA} 表示。

弯矩一般规定使刚架内侧纤维受拉为正，当杆件无法判别纤维的内外侧时，可不规定弯矩的正负号，但要明确杆件哪一侧受拉，弯矩图画在杆件的受拉侧，不需要标注正负号。

使隔离体产生顺时针转趋势的剪力规定为正；反之为负。使杆件受拉的轴力规定为正；反之为负。剪力图和轴力图可画在杆件的任一侧，但要标明正负号。

刚架任一截面的内力可用截面法计算，内力的计算规律如下：

（1）刚架任一截面上的弯矩，等于该截面任一侧刚架上所有外力对截面形心力矩的代数和。使截面同一侧纤维受拉的力矩相加，反之相减。要清楚杆件哪一侧受拉，刚架的弯矩图画在受拉侧。

（2）刚架任一截面上的剪力，等于该截面任一侧刚架上所有外力在截面切线方向上投影的代数和，外力相对截面顺时针转为正，逆时针转为负。

（3）刚架任一截面上的轴力，等于该截面任一侧刚架上所有外力在截面法线方向上投影的代数和，使截面受拉为正，受压为负。

弯矩、剪力和荷载集度的微分关系对刚架仍然成立，所以刚架的内力图可以利用微分关系绘制。在绘制刚架的内力图时，可采用区段叠加法，即按单跨静定梁内力图的绘制方法，逐杆绘制内力图。

【例 17-2】 试作图 17-11(a)所示刚架的内力图。

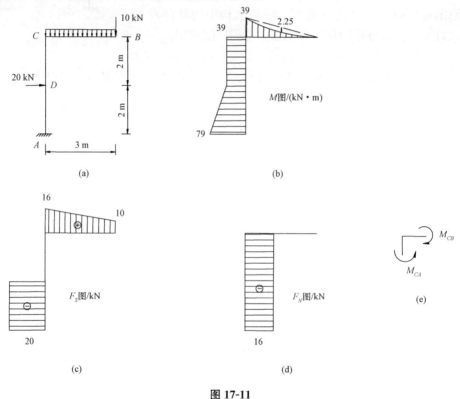

(a)　　　　　　　　　　(b)

(c)　　　　　　　　　　(d)

图 17-11

解：（1）作弯矩图。图 17-11(a)所示的刚架是悬臂刚架，不需要计算支座反力，从自由端（B 端）开始作弯矩图。

CB 段的弯矩图是一段抛物线：

$M_{BC} = 0$

$M_{CB} = -10 \times 3 - 2 \times 3 \times 3 \times \dfrac{1}{2} = -39 (\text{kN} \cdot \text{m})$

将刚结点 C 切出来作为隔离体，它连着两根杆件 CB 和 CA，作用在刚结点 C 上有两个杆端弯矩 M_{CB} 和 M_{CA}，如图 17-11(e)所示，根据结点 C 的力矩平衡条件，有

$\sum M_C = 0$，$M_{CA} - M_{CB} = 0$，得 $M_{CA} = M_{CB} = -39 (\text{kN} \cdot \text{m})$

CD 段的弯矩图是一平行于杆轴线的平行线，其值为-39 kN·m。

DA 段的弯矩图是斜直线，其中 $M_{DA}=-39$ kN·m，$M_{AD}=-39-20\times2=$ -79（kN·m）。

刚架的弯矩图如图 17-11(b)所示。

(2)作剪力图。BC 段的剪力图是一段斜直线，其中 $F_{SBC}=10$ kN，$F_{SCB}=10+2\times3=16$（kN）。

CD 段的剪力为零。

CA 段的剪力为常数，其值为 $F_{SCA}=20$ kN。

刚架的剪力图如图 17-11(c)所示。

(3)作轴力图。CB 段的轴力为零。

CA 段的轴力为常数，其值为 $F_{NAC}=-10-2\times3=-16$（kN）。

刚架的轴力图如图 17-11(d)所示。

从上例的弯矩图可知，如果刚结点与两根杆件联结，结点上无外力偶作用，则与结点联结的两杆的杆端弯矩值相等，在该结点处使刚架外侧或内侧受拉。

【例 17-3】 作图 17-12(a)所示刚架的内力图。

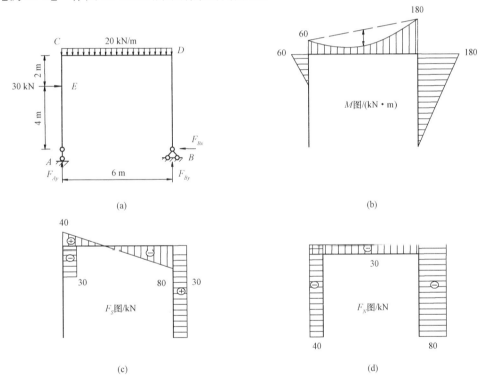

图 17-12

解：(1)计算刚架的支座反力。根据平衡条件，有

$\sum F_x=0$，$-F_{Bx}+30=0$，$F_{Bx}=30$ kN（←）

$\sum M_A(F)=0$，$F_{By}\cdot6-20\times6\times3-30\times4=0$，得 $F_{By}=80$ kN（↑）

$\sum F_y=0$，$F_{Ay}+F_{By}-20\times6=0$，得 $F_{Ay}=40$ kN（↑）

(2)作弯矩图。AC 杆中 AE 段弯矩为零，EC 段弯矩图为斜直线，其中

$$M_{EC}=0, \quad M_{CE}=-30\times 2=-60(\text{kN}\cdot\text{m})$$

CD 段的弯矩图是一段抛物线，由刚结点 C 的弯矩特性，得

$$M_{CD}=M_{CE}=-60(\text{kN}\cdot\text{m})$$
$$M_{DC}=-30\times 6=-180(\text{kN}\cdot\text{m})$$

采用区段叠加法，跨中叠加弯矩

$$M'=\frac{1}{8}\times 20\times 6^2=90(\text{kN}\cdot\text{m})$$

DB 段弯矩图是一段斜直线，其中

$M_{DB}=M_{DC}=-180 \text{ kN}\cdot\text{m}, \quad M_{BD}=0$

刚架的弯矩图如图 17-12(b)所示。

(3)作剪力图。AE 段的剪力为零。EC 段的剪力是常数，其值为 $F_{SEC}=-30 \text{ kN}$。CD 段的剪力图是一段斜直线，其中 $F_{SCD}=40 \text{ kN}$，$F_{SDC}=-80 \text{ kN}$。DB 段的剪力是常数，其值为 $F_{SDB}=30 \text{ kN}$。

刚架的剪力图如图 17-12(c)所示。

(4)作轴力图。各杆的轴力都是常数，分别是

$F_{NAC}=-40 \text{ kN}$，$F_{NCD}=-30 \text{ kN}$，$F_{NDB}=-80 \text{ kN}$

刚架的轴力图如图 17-12(d)所示。

【例 17-4】 作如图 17-13(a)所示刚架的内力图。

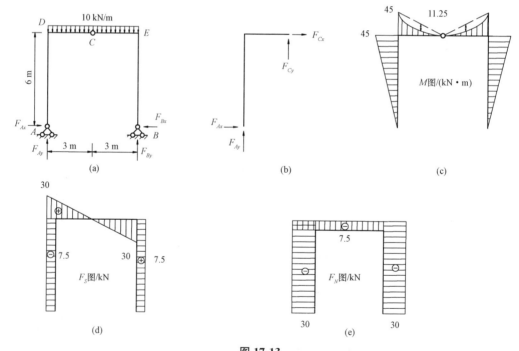

图 17-13

解：(1)计算刚架的支座反力。这是一个三铰刚架，首先以整体作为隔离体，根据平衡条件，有

$$\sum M_A(F)=0, \quad F_{By}\cdot 6-10\times 6\times 3=0, \ 得 \ F_{By}=30 \text{ kN};$$

$$\sum F_y = 0, \quad F_{Ay} + F_{By} - 10 \times 6 = 0, \quad 得 \ F_{Ay} = 30 \ kN;$$

$$\sum F_x = 0, \quad F_{Ax} - F_{Bx} = 0, \quad 得 \ F_{Ax} = F_{Bx}。$$

以 AC 部分作为隔离体，如图 17-13(b)所示，根据平衡条件，有

$$\sum M_C(F) = 0, \quad F_{Ay} \cdot 3 - F_{Ax} \cdot 6 - 10 \times 3 \times 3 \times \frac{1}{2} = 0, \quad 得 \ F_{Ax} = 7.5 \ kN, \quad F_{Bx} = F_{Ax} = 7.5 \ kN。$$

(2)作弯矩图。AC 段弯矩图是一段斜直线，其中 $M_{AC} = 0$，$M_{CA} = -7.5 \times 6 = -45(kN \cdot m)$。

DC 段弯矩图是一段抛物线，其中 $M_{DC} = M_{CA} = -45 \ kN \cdot m$，$M_{CD} = 0$，跨中叠加弯矩为

$$M' = \frac{1}{8} \times 10 \times 3^2 = 11.25(kN \cdot m)$$

刚架的弯矩图关于过 C 点的竖线对称，如图 17-13(c)所示。

(3)作剪力图。AC 杆的剪力为常数，其值为 $F_{SAD} = -7.5 \ kN$。DC 段剪力图是一段斜直线，其中 $F_{SDC} = 30 \ kN$，$F_{SCD} = 30 - 10 \times 3 = 0$。

刚架的剪力图关于过 C 点的竖线反对称，如图 17-13(d)所示。

(4)作轴力图。各杆的轴力均为常数，它们是

$$F_{NAD} = -30 \ kN, \quad F_{NDE} = -7.5 \ kN, \quad F_{NBE} = -30 \ kN$$

刚架的轴力图如图 17-13(e)所示，关于过 C 点的竖线对称。

17.3 静定平面桁架

17.3.1 桁架的概念

在建筑工程中，有些屋架、托架和桥梁等常采用桁架结构，图 17-14 所示是工业厂房中常用的一种屋架。

在图 17-14 所示的屋架中，上部的斜杆称为上弦杆，下部的水平杆称为下弦杆。上、下弦杆之间的杆件称为腹杆，其中斜向的腹杆称为斜腹杆，竖向的腹杆称为竖腹杆。各杆端的结合区域称为结点。

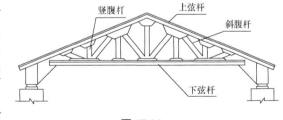

图 17-14

实际桁架的受力情况比较复杂，通常对实际桁架作如下假定：

(1)桁架的结点是绝对光滑无摩擦的铰，即理想铰。

(2)各杆的轴线是直线，在同一平面内。汇交于某一铰结点的杆的轴线通过铰心。

(3)荷载和支座反力都作用在结点上，并位于桁架平面内。

符合上述假定的桁架称为理想平面桁架，如果不计杆件的自重，理想桁架各杆都是二力杆，杆件截面的应力分布均匀，并能同时达到极限应力，使材料的效用得到充分发挥。因此，桁架结构能更充分利用材料，跨越更大的跨度。

实际的桁架通常不能完全符合上述假定。例如，钢屋架中各杆的结点是焊接点或螺栓

联结点，钢筋混凝土屋架中各杆是浇筑在一起的，结点具有一定的刚性，各杆几乎不能产生相对转动。各杆轴线一般不可能绝对平直，汇交于某结点的各杆件的轴线不一定完全交于一点。杆件的自重，作用在桁架上的风荷载、雨荷载等都不是作用在结点上的。因此，实际的桁架各杆的内力有轴力，还有弯矩和剪力。通常把按理想桁架计算出的内力(或应力)称为主内力(或主应力)，由于理想情况不能完全实现而产生的附加内力(或应力)称为次内力(或次应力)。本节只考虑理想桁架的内力分析。

根据平面桁架的几何组成，可将桁架分为以下几类：

(1)简单桁架。以基本铰接三角形为基础，不断增加二元体所组成的桁架，如图 17-15(a)所示。

(2)联合桁架。由若干个简单桁架，按几何不变体系的组成规则所组成的桁架，如图 17-15(b)所示。

(3)复杂桁架。既不是简单桁架，又不是联合桁架的桁架，如图 17-15(c)所示。复杂桁架在建筑工程中应用不多，本节不予讨论。

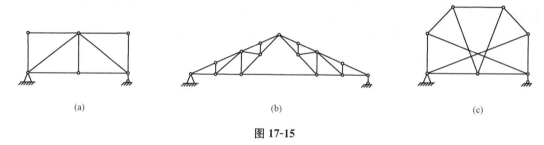

图 17-15

按照桁架的外形，可分为以下几类：

(1)平行弦桁架[图 17-16(a)]，上、下弦杆相平行。

(2)折弦桁架[图 17-16(b)]，上弦结点落在一条折线上。当上弦结点位于一抛物线上时，称为抛物线弦桁架。

(3)三角形桁架[图 17-16(c)]，上弦杆与下弦杆组成一个三角形。

(4)梯形桁架[图 17-16(d)、(e)]，上弦杆与下弦杆组成一个梯形。

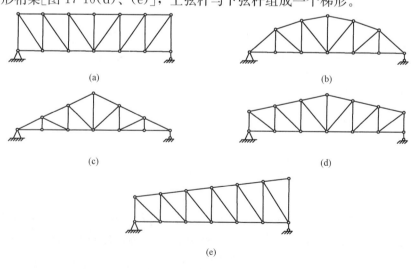

图 17-16

17.3.2　理想桁架的内力计算

理想桁架各杆的内力只有轴力，在桁架的计算中，一般假设各杆受拉，若计算结果为正，说明杆件的轴力是拉力；若计算结果是负值，说明杆件的轴力是压力。静定平面桁架的内力计算方法主要有结点法和截面法。

1. 结点法

结点法以结点为隔离体，与结点相连结的每一个杆件对结点有一个作用力，作用线方向与杆件轴线方向相同，而所有外力都过铰心（即结点中心），作用在每一个结点的力系是一个平面汇交力系，可列出两个独立的平衡方程，可解两个未知量。结点法一般先从未知力不超过两个的结点开始，依次计算，就可求出桁架中各杆的轴力。

【例 17-5】 计算图 17-17(a)所示桁架各杆的轴力。

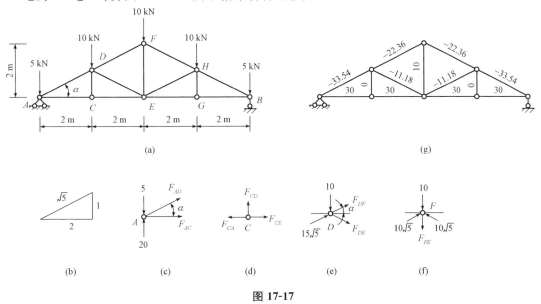

图 17-17

解. 结构关于过 E、F 点的直线对称，荷载也对称，因此，支座反力与内力也对称。根据对称性，得支座反力

$$F_{Ay} = F_{By} = (5+10+10+10+5) \times \frac{1}{2} = 20(\text{kN})$$

$\triangle ACD$ 与图 17-17(b)所示的三角形相似，有

$$\sin\alpha = \frac{1}{\sqrt{5}}, \quad \cos\alpha = \frac{2}{\sqrt{5}}$$

以 A 点为隔离体，如图 17-17(c)所示，则

$$\sum F_x = 0, \quad F_{AC} + F_{AD}\cos\alpha = 0$$

$$\sum F_y = 0, \quad F_{AD}\sin\alpha + 20 - 5 = 0$$

解得 $F_{AD} = -15\sqrt{5} = -33.54$ kN，$F_{AC} = 30$ kN。

以 C 点为隔离体，如图 17-17(d)所示，则

$$\sum F_x = 0, \quad F_{CE} - F_{CA} = 0$$

$$\sum F_y = 0, \quad F_{CD} = 0$$

所以，$F_{CE} = F_{CA} = F_{AC} = 30$ kN。

以 D 点为隔离体，如图 17-17(e)所示，则

$$\sum F_x = 0, \quad 15\sqrt{5}\cos\alpha + F_{DF}\cos\alpha + F_{DE}\cos\alpha = 0$$

化简得 $15\sqrt{5} + F_{DF} + F_{DE} = 0$。　　　　　　　　　　　　　　　　　　　　(1)

$$\sum F_y = 0, \quad -10 + 15\sqrt{5}\sin\alpha + F_{DF}\sin\alpha - F_{DE}\sin\alpha = 0$$

化简得 $5\sqrt{5} + F_{DF} - F_{DE} = 0$。　　　　　　　　　　　　　　　　　　　(2)

联立式(1)，(2)，可解得

$$F_{DF} = -10\sqrt{5} = -22.36 \text{ kN}, \quad F_{DE} = -5\sqrt{5} = -11.18 \text{ kN}$$

以 F 点为隔离体，如图 17-17(f)所示，

$$\sum F_y = 0, \quad -10 + 10\sqrt{5}\sin\alpha + 10\sqrt{5}\sin\alpha - F_{FE} = 0$$

解得 $F_{FE} = 10$ kN。

根据对称性，可得桁架右侧杆件的内力，如图 17-17(g)所示。

2. 零杆的判别

从图 17-17 可见，杆 DC、杆 HG 的内力为零，凡内力等于零的杆件称为零杆。在计算桁架内力之前，若能判定零杆，将使桁架的计算大为简化。可以按以下几种情况，直接判定为零杆：

(1)结点与两不共线的杆相连，结点无外荷载作用[图 17-18(a)]，这两杆均为零杆。

(2)结点与两不共线的杆相连，结点作用有一集中力 F，与其中一杆共线[图 17-18(b)]，与 F 共线杆内力为 F，另一杆为零杆。

(3)结点与三杆相连，其中两杆共线，一杆不共线，无外荷载作用[图 17-18(c)]，共线两杆内力相同，不共线杆为零杆。

图 17-19 所示的桁架，D 点作用有集中力 P，根据上述规则，可判定，除杆 BD、AD 外，其余杆都是零杆，即集中力只由杆 AD 和杆 BD 承受。

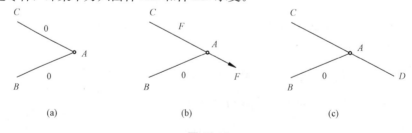

(a)　　　　　　　　　　(b)　　　　　　　　　　(c)

图 17-18

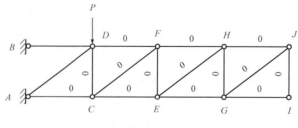

图 17-19

3. 截面法

在桁架的计算中，有时只需要求出某一(或某些)指定杆件的内力，这时用截面法比较方便。截面法用一个假想的面把桁架切断为独立的两部分，以其中一部分为隔离体(至少包含两个结点)，得到一个平面一般力系，有三个平衡方程，能解三个未知量。因此要求隔离体的未知力一般不多于三个。

【例 17-6】 用截面法计算图 17-20(a)所示桁架中 a、b、c 杆的内力。

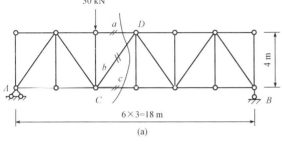 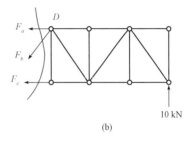

图 17-20

解：(1)计算支座反力。

$$\sum M_A(F)=0, \quad F_{By} \cdot 18-30 \times 6=0$$

解得 $F_{By}=10$ kN，$F_{Ay}=20$ kN。

(2)计算内力。用一假想的面将桁架切断，以右侧部分为隔离体，如图 17-20(b)所示，得一平面一般力系，未知力为 a、b、c 三杆的内力。根据平衡条件

$$\sum M_C(F)=0, \quad 10 \times 3 \times 4+F_a \cdot 4=0$$

解得 $F_a=-30$ kN(受压)

$$\sum M_D(F)=0, \quad -F_C \cdot 4+10 \times 3 \times 3=0$$

解得 $F_c=22.5$ kN(受拉)

$$\sum F_y=0, \quad 10-F_b \sin\alpha=0$$

其中，$\sin\alpha=\dfrac{4}{5}$，解得 $F_b=12.5$ kN(受拉)。

4. 结点法和截面法的联合应用

结点法和截面法是计算桁架内力的基本方法，对于简单桁架来说，这两种方法都很方便。但对于某些联合桁架，仅用结点法或截面法会遇到困难，需要联合应用结点法和截面法。

【例 17-7】 计算如图 17-21 所示桁架 a、b、c、d 杆的内力。

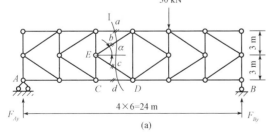 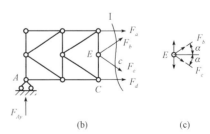

图 17-21

解： 计算桁架的支座反力

$$\sum M_A(F)=0，F_{By}\cdot24-30\times16=0，得 F_{By}=20 \text{ kN}，F_{Ay}=10 \text{ kN}$$

用截面 Ⅰ—Ⅰ 将桁架切断，以左侧部分为隔离体，如图 17-21(b)所示，有四个未知力 F_a、F_b、F_c 和 F_d，但平面一般力系的平衡方程只有三个，不能全部确定这四个未知力。再以 E 点为隔离体，采用结点法，如图 17-21(c)所示，根据平衡条件

$$\sum F_x=0，F_b\cos\alpha+F_c\cos\alpha=0，即 F_b+F_c=0$$

考虑图 17-21(b)所示左侧隔离体

$$\sum F_y=0，10+F_b\sin\alpha-F_c\sin\alpha=0$$

其中，$\sin\alpha=\dfrac{3}{5}$，$\cos\alpha=\dfrac{4}{5}$，解得 $F_b=-8.33 \text{ kN}$，$F_c=8.33 \text{ kN}$。

$$\sum M_D(F)=0，-10\times12-F_a\cdot6-F_b\cdot\cos\alpha\cdot6=0$$

解得 $F_a=-13.33 \text{ kN}$。

$$\sum F_x=0，F_a+F_d=0，得 F_d=13.33 \text{ kN}。$$

17.4 三 铰 拱

17.4.1 拱的构造及特点

拱是指由曲杆组成，在竖向荷载作用下支座产生水平反力的结构，在竖向荷载作用下是否产生水平的支座反力，是拱和曲梁的主要区别。图 17-22(a)所示的结构，在竖向集中力作用下产生水平支座反力，属于拱式结构；而图 17-22(b)所示的结构，在竖向集中力作用下无水平支座反力，它不是拱，而是曲梁。

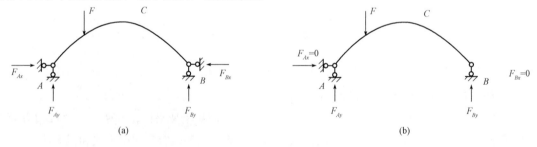

(a)　　　　　　　　　　　　　　　(b)

图 17-22

在拱结构中，由于水平支座反力的存在，拱横截面上的弯矩和剪力比相应的简支梁小得多，拱结构的内力以轴向压力为主。于是，拱可以用抗压强度较高而抗拉强度较低的石、砖和混凝土等材料制造。因此，拱式结构在房屋建筑、隧道、桥梁和水利工程中得到广泛应用。

按照拱结构中铰的数量，拱可分为无铰拱[图 17-23(a)]、两铰拱[图 17-23(b)]和三铰拱[图 17-23(c)]。其中，无铰拱和两铰拱属超静定结构；三铰拱属静定结构。根据拱轴线的曲线形状，拱又可分为抛物线拱、圆弧拱和悬链线拱等。

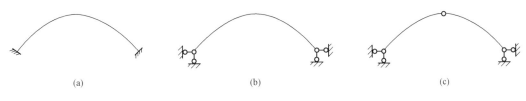

图 17-23

拱与基础的连接处称为拱趾，或称拱脚。拱轴线的最高点称为拱顶。两拱趾之间的水平距离 l 称为跨度。拱顶到两拱趾连线的高度 f 称为拱高，或称为矢高。拱高与跨度的比值 $\frac{f}{l}$ 称为高跨比，是影响拱的受力性能的重要参数。上述各名词的定义如图 17-24 所示。

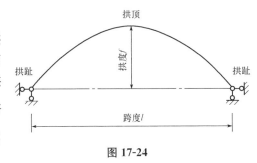

图 17-24

17.4.2 三铰拱的内力计算

三铰拱计算

1. 三铰拱的相应简支梁

在分析计算三铰拱时，常以跨度相同，受到相同竖向荷载作用的简支梁作参考，这一简支梁称为三铰拱的相应简支梁。图 17-25(b)所示的简支梁是图 17-25(a)所示的三铰拱的相应简支梁。

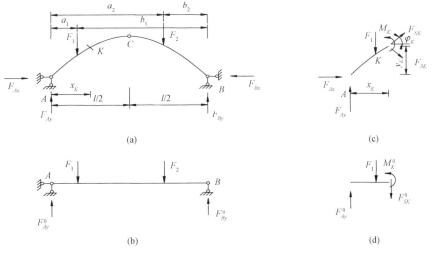

图 17-25

2. 三铰拱的支座反力

以三铰拱整体为隔离体，根据平衡条件

$$\sum M_A(F)=0, \quad F_{By} \cdot l - F_1 a_1 - F_2 a_2 = 0, \quad 得 \ F_{By} = \frac{F_1 a_1 + F_2 a_2}{l}$$

又 $\sum M_B(F)=0$，$-F_{Ay} \cdot l+F_1 b_1+F_2 b_2=0$，得 $F_{Ay}=\dfrac{F_1 b_1+F_2 b_2}{l}$

$\sum F_x=0$，$F_{Ax}-F_{Bx}=0$，得 $F_{Ax}=F_{Bx}$

以左半拱为隔离体，根据平衡方程 $\sum M_C(F)=0$，则

$$F_{Ax} \cdot f-F_{Ay} \cdot \frac{l}{2}+F_1\left(\frac{l}{2}-a_1\right)=0$$

得

$$F_{Ax}=\frac{F_{Ay}\dfrac{l}{2}-F_1\left(\dfrac{l}{2}-a_1\right)}{f}$$

考虑三铰拱的相应简支梁[图 17-25(b)]，可知

$$F_{Ay}^0=\frac{F_1 b_1+F_2 b_2}{l}，\quad F_{By}^0=\frac{F_1 a_1+F_2 a_2}{l}$$

$$M_C^0=F_{Ay}^0 \cdot \frac{l}{2}-F_1\left(\frac{l}{2}-a_1\right)$$

因此，可得三铰拱的支座反力与其相应简支梁的关系

$$\left.\begin{aligned} F_{Ay}&=F_{Ay}^0 \\ F_{By}&=F_{By}^0 \\ F_{Ax}&=F_{Bx}=F_x=\frac{M_C^0}{f} \end{aligned}\right\} \tag{17-1}$$

3. 三铰拱的内力

求得三铰拱的支座反力后，可用截面法求出任一截面的内力，任一截面上的内力有弯矩 M、剪力 F_S 和轴力 F_N。使拱内侧纤维受拉的弯矩为正，反之为负；使隔离体产生顺时针转动趋势的剪力为正，反之为负；受拉的轴力为正，反之为负。

考虑三铰拱任一截面 K，截面形心坐标为 (x_K, y_K)，截面 K 处拱轴线的倾角为 φ_K，如图 17-25(c)所示。截面 K 上的弯矩 M_K、剪力 F_{SK} 和轴力 F_{SK} 可按下式计算：

$$\left.\begin{aligned} M_K&=F_{Ay} \cdot x_K-F_1(x_K-a_1)-F_{Ax} \cdot y_K \\ F_{SK}&=(F_{Ay}-F_1)\cos\varphi_K-F_{Ax}\sin\varphi_K \\ F_{NK}&=-(F_{Ay}-F_1)\sin\varphi_K-F_{Ax}\cos\varphi_K \end{aligned}\right\} \tag{a}$$

相应简支梁在 K 截面处的内力为

$$\left.\begin{aligned} M_K^0&=F_{Ay}^0 \cdot x_K-F_1(x_K-a_1) \\ F_{SK}^0&=F_{Ay}-F_1 \end{aligned}\right\} \tag{b}$$

比较以上两式，得

$$\left.\begin{aligned} M_K&=M_K^0-F_x \cdot y_K \\ F_{SK}&=F_{SK}^0\cos\varphi_K-F_x\sin\varphi_K \\ F_{NK}&=-F_{SK}^0\sin\varphi_K-F_x\cos\varphi_K \end{aligned}\right\} \tag{17-2}$$

式(17-2)是三铰拱任意截面上的内力计算公式，由于存在水平支座反力 F_x，三铰拱任意截面上的弯矩和剪力小于其相应简支梁的弯矩和剪力，并存在受压的轴力。在许多情况下，三铰拱的轴力数值最大，是主要内力。

4. 三铰拱的内力图

由于拱的轴线是曲线，弯矩、剪力和荷载集度的微分关系不再适用。在绘制三铰拱的

内力图时，通常沿水平投影长将三铰拱划分为若干等份，以每个等分点以及集中力作用点作为控制截面，计算每个截面的内力值，然后以拱轴线的水平投影为基线，将各截面的内力值按比例标出，用光滑曲线相连，绘制出内力图。

可以利用 Microsoft Excel 软件绘制三铰拱的内力图。

【例 17-8】 如图 17-26 所示，三铰拱的拱轴线方程为 $y=\dfrac{4f}{l^2}x(l-x)$。(1)计算截面 D 和 E 的内力；(2)用 Microsoft Excel 软件绘制三铰拱的内力图。

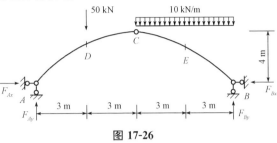

图 17-26

解： (1)计算截面 D 和 E 的内力。计算三铰拱的支座反力，根据平衡条件

$\sum M_A(F)=0$，$F_{By} \cdot 12-50\times 3-10\times 6\times 9=0$，得 $F_{By}=F_{By}^0=57.5$ kN

$\sum F_y=0$，$F_{Ay}+F_{By}-50-10\times 6=0$，得 $F_{Ay}=F_{Ay}^0=52.5$ kN

$F_{Ax}=F_{Bx}=F_x=\dfrac{M_C^0}{f}=\dfrac{52.5\times 6-50\times 3}{4}=41.25(\text{kN})$

考虑 D 点，$x_D=3$ m，$y_D=\dfrac{4\times 4}{12^2}\times 3\times(12-3)=3(\text{m})$

$y'=\dfrac{4f}{l^2}(l-2x)$，$\tan\varphi_D=y_D'=\dfrac{4\times 4}{12^2}\times(12-2\times 3)=0.667$

得 $\sin\varphi_D=0.555$，$\cos\varphi_D=0.832$

$F_{SDL}^0=52.5$ kN，$F_{SDR}^0=52.5-50=2.5$ kN，$M_D^0=52.5\times 3=157.5(\text{kN}\cdot\text{m})$

D 截面的内力为

$M_D=M_D^0-F_x \cdot y_D=157.5-41.25\times 3=33.75(\text{kN}\cdot\text{m})$

$F_{SDL}=F_{SDL}^0\cos\varphi_D-F_x\sin\varphi_D=52.5\times 0.832-41.25\times 0.555=20.79(\text{kN})$

$F_{SDR}=F_{SDR}^0\cos\varphi_D-F_x\sin\varphi_D=2.5\times 0.832-41.25\times 0.555=-20.81(\text{kN})$

$F_{NDL}=-F_{SDL}^0\sin\varphi_D-F_x\cos\varphi_D=-52.5\times 0.555-41.25\times 0.832=-63.46(\text{kN})$

$F_{NDR}=-F_{SDR}^0\sin\varphi_D-F_x\cos\varphi_D=-2.5\times 0.555-41.25\times 0.832=-35.71(\text{kN})$

考虑 E 点，$x_E=9$ m，$y_E=\dfrac{4\times 4}{12^2}\times 9\times(12-9)=3(\text{m})$

$\tan\varphi_E=y_E'=\dfrac{4\times 4}{12^2}\times(12-2\times 9)=-0.667$，得 $\sin\varphi_E=-0.555$，$\cos\varphi_E=0.832$

$F_{SE}^0=-57.5+10\times 3=-27.5(\text{kN})$

$M_E^0=57.5\times 3-10\times 3\times 3\times\dfrac{1}{2}=127.5(\text{kN}\cdot\text{m})$

$M_E=M_E^0-F_x y_E=127.5-41.25\times 3=3.75(\text{kN}\cdot\text{m})$

$F_{SE}=F_{SE}^0\cos\varphi_E-F_x\sin\varphi_E=-27.5\times 0.832-41.25\times(-0.555)=0.014(\text{kN})$

$F_{NE}=-F_{SE}^0\sin\varphi_E-F_x\cos\varphi_E=-(-27.5)\times(-0.555)-41.25\times 0.833=-49.62(\text{kN})$

(2)绘制三铰拱的内力图。在 Excel 表中分别用 10 列数据(A～J 列)计算每一截面的 x、y、$\tan\varphi$、$\cos\varphi$、$\sin\varphi$、$F_S^0(x)$、$M^0(x)$、$M(x)$、$F_S(x)$、$F_N(x)$。

1)输入计算公式。

①在单元格 B2 中输入"＝16/12/12＊A2＊(12－A2)"，计算各截面的 y 坐标。

②在单元格 C2 中输入"＝16/12/12＊(12－2＊A2)"，计算各截面的导数，即 $\tan\varphi$。

③在单元格 D2 中输入"＝1/SQRT(1＋C2＊C2)"，计算各截面的 $\cos\varphi$。

④在单元格 E2 中输入"＝SIGN(C2)＊SQRT(1－D2＊D2)"，计算各截面的 $\sin\varphi$。

⑤在单元格 F2 中输入"＝52.5－50＊IF((A2－3)＞0，1，0)－10＊(A2－6)＊IF((A2－6)＞0，1，0)"，计算三铰拱对应简支梁相应截面的剪力值。

⑥在单元格 G2 中输入"＝52.5＊A2－50＊(A2－3)＊IF((A2－3)＞0，1，0)－5＊(A2－6)＊(A2－6)＊IF((A2－6)＞0，1，0)"，计算三铰拱对应简支梁相应截面的弯矩值。

⑦在单元格 H2 中输入"＝G2－B2＊41.25"，计算任一截面的弯矩值。

⑧在单元格 I2 中输入"＝F2＊D2－41.25＊E2"，计算任一截面的剪力值。

⑨在单元格 J2 中输入"＝－F2＊E2－41.25＊D2"，计算任一截面的轴力值。

2)计算截面内力。在单元格 A2 中输入 0，在单元格 A3 中输入 1.5，选定单元格 A2 和 A3，将鼠标移到选择框的右下角，鼠标光标变为"十"字形，向下拖动鼠标，直到数值为 12，得一等差数列，就是各截面的 x 坐标值。由于在 $x＝3$ 处作用有集中力，应计算集中力左、右相邻截面的内力，可将 A4 值改为 2.99，插入一行，在单元格 A5 中输入 3.01。

点选单元格 B2，单击单元格右下角的"十"字形，拖动至单元格 B11，得各截面的 y 坐标值。对单元格 C2、D2、E2、F2、G2、H2、I2、J2 作相同操作，可分别得各截面的 $\tan\varphi$、$\cos\varphi$、$\sin\varphi$、$F_S^0(x)$、$M^0(x)$、$M(x)$、$F_S(x)$、$F_N(x)$ 值。各截面的内力计算如图 17-27 所示。

	A	B	C	D	E	F	G	H	I	J	K
1	x	y	tan(thai)	cos(thai)	sin(thai)	Qk0	Mk0	Mk	Qk	Nk	
2	0	0	1.333333	0.6	0.8	52.5	0	0	-1.5	-66.75	
3	1.5	1.75	1	0.707107	0.707107	52.5	78.75	-6.5625	7.954951	-66.2913	
4	2.99	2.993322	0.668889	0.831197	0.555978	52.5	156.975	-33.5005	20.70373	-63.4757	
5	3.01	3.006656	0.664444	0.832904	0.553418	2.5	157.525	-33.5005	-20.7462	-35.7408	
6	4.5	3.75	0.333333	0.948683	0.316228	2.5	161.25	-6.5625	-10.6727	-39.9238	
7	6	4	0	1	0	2.5	165	0	2.5	-41.25	
8	7.5	3.75	-0.33333	0.948683	-0.31623	-12.5	157.5	-2.8125	1.185854	-43.086	
9	9	3	-0.66667	0.83205	-0.5547	-27.5	127.5	-3.75	0	-49.5763	
10	10.5	1.75	-1	0.707107	-0.70711	-42.5	75	-2.8125	-0.88388	-59.2202	
11	12	0	-1.33333	0.6	-0.8	-57.5			-1.5	-70.75	
12											
13											
14											
15											
16											
17											

图 17-27

3)绘制内力图。利用 Excel 的图表功能绘制三铰拱的内力图。在 Excel 表中插入图表，选择"XY 散点图"，在"子图表类型"中选择"平滑线散点图"，"图表源数据"的 x 值选择 A 列的单元格 A2～单元格 A11，即图表的横坐标取每一截面的 x 坐标值。"图表源数据"的 y 值选择 H 列的单元格 H2～单元格 H11，即图表的纵坐标取每一截面的弯矩值，插入图表，得三铰拱的弯矩图。用同样的方法可作三铰拱的剪力图和轴力图。

上述内力图是将三铰拱划分为 8 等份所作的内力图，为了获得更高的绘图精度，可增大三铰拱的等分份数，在 Excel 表中，增大等分份数是很容易实现的，只需令单元格 A2、A3 的差值减少即可，例如，在单元格 A2 中输入 0，在单元格 A3 中输入 0.1，重复上述操作，可将三铰拱划分为 120 等份，所得的弯矩图和剪力图如图 17-28 所示。

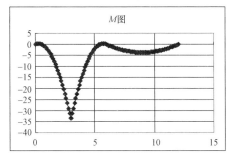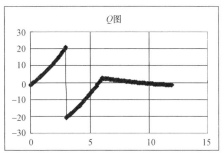

图 17-28

17.5 组合结构

梁和刚架的杆件以弯曲变形为主，杆件的内力有弯矩、剪力和轴力。以弯曲变形为主的杆件称为梁式杆。桁架的杆件以轴向变形为主，其主要内力是轴力。内力只有轴力的杆件称为桁式杆，或二力杆。所谓组合结构是由梁式杆和桁式杆共同组成的结构。

在实际工程中，组合结构常由梁和桁架，或刚架加桁架构成。图 17-29(a) 所示的加劲梁中 AB 杆是梁式杆，其他杆都是桁式杆；图 17-29(b) 所示的下撑式屋架中 AC 杆、CB 杆是梁式杆，其他杆都是桁式杆；图 17-29(c) 所示的门式刚架中 AH 部分、BI 部分是刚架，其他杆是桁式杆。

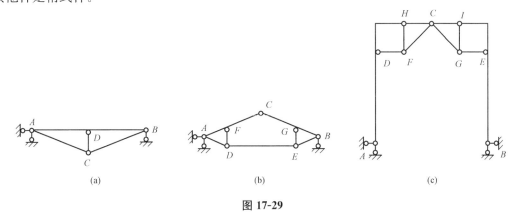

图 17-29

组合结构既有梁式杆，又有桁式杆，在分析计算组合结构时，应先求出所有桁式杆的轴力，并将其作用于梁式杆上，再计算梁式杆的弯矩、剪力和轴力，然后绘制梁式杆的内力图。可用结点法和截面法计算桁式杆的内力。

【例 17-9】 试作图 17-30(a) 所示组合结构中梁式杆的弯矩图，并计算桁式杆的内力。

解： BC 杆是二力杆，其余杆均为梁式杆。以 DC 杆为隔离体，其受力图如图 17-30(b) 所示，根据平衡条件

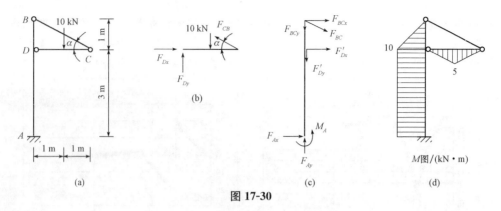

图 17-30

$$\sum M_D(F)=0, \quad F_{BC}\sin\alpha \cdot 2 - 10 \times 1 = 0$$

其中，$\sin\alpha = \dfrac{1}{\sqrt{5}}$，$\cos\alpha = \dfrac{2}{\sqrt{5}}$，得 $F_{CB} = 5\sqrt{5} = 11.18 \text{ kN}$。

$$\sum F_x = 0, \quad F_{Dx} - F_{CB}\cos\alpha = 0, \quad 得 F_{Dx} = 10 \text{ kN}$$

$$\sum F_y = 0, \quad F_{Dy} - 10 + F_{CB}\sin\alpha = 0, \quad 得 F_{Dy} = 5 \text{ kN}$$

作梁 DC 的弯矩图，如图 17-30(d)所示。

以 AB 梁为隔离体，如图 17-30(c)所示，有 $F_{BCx} = F_{BC}\cos\alpha = 10 \text{ kN}$，$F_{BCy} = F_{BC}\sin\alpha = 5 \text{ kN}$。

作梁 AB 的弯矩图，如图 17-30(d)所示。

17.6 静定结构的特性

静定结构是无多余约束的几何不变体系，应用平衡条件可以完全确定结构的反力和内力，而满足平衡条件的反力和内力是唯一的。这是静定结构的基本静力特性，因此，只要有一组解能满足全部平衡条件，它就是正确的解答。静定结构有以下特性：

(1)温度变化、支座移动及制造误差不会引起静定结构内力。温度变化时，静定结构可以自由变形，不会产生内力。

图 17-31(a)所示的刚架 B 支座下沉了 Δ，刚架不发生变形，只发生了整体的刚体转动，刚架不产生内力。由于刚架不受外力，设刚架的反力和内力都为零，满足平衡条件，所以它是唯一的、正确的解答。

图 17-31(b)所示的简支梁，制造时比设计值长 Δ，安装时梁的右支座从 B 点移动到 B' 点，梁不产生内力。

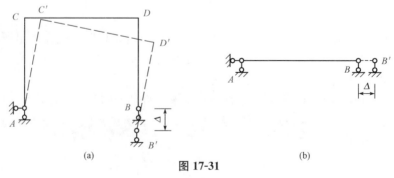

图 17-31

(2)将一个平衡力系作用在静定结构中某一几何不变部分时，结构的其余部分不产生内力。如图17-32所示的静定桁架，一个平衡力系的三个力分别作用在 D 点、I 点和 H 点上，只有 $DIJE$ 范围内的杆有内力，其他杆不产生内力。

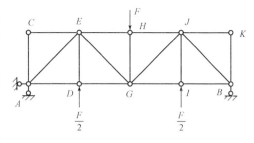

图 17-32

(3)对作用于静定结构的一个几何不变部分上的荷载作等效变换时，其余部分的内力和反力不变。图17-33(a)所示的简支梁在跨中作用有集中力 F，将 F 用作在 C、D 点的 $\dfrac{F}{2}$ 等效，如图17-33(b)所示，则 CD 部分的内力有变化，其余部分的内力以及简支梁的反力均保持不变。

(4)对静定结构的一个几何不变部分作几何构造变换时，变换部分的内力发生变化，其余部分的内力以及反力不变。图17-34(a)所示桁架中杆 GI 跨中作用集中力 F，若用桁架代替杆 GI，如图17-34(b)所示，则 GI 部分以外的各杆内力以及桁架的支座反力不变。

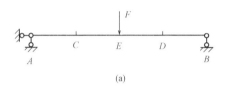

(a)

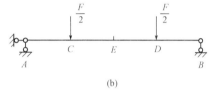

(b)

图 17-33

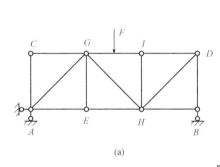

(a)

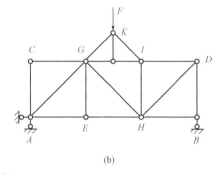

(b)

图 17-34

思考题与习题

思考题与习题

第18章

静定结构的位移计算

18.1 概　　述

18.1.1 结构的位移

结构在荷载作用下产生应力和应变，使结构的尺寸和形状产生改变，这种改变称为变形。由于结构的变形，使其上各点的位置产生变化，即产生了位移。图 18-1 所示的刚架，在荷载作用下产生变形，使刚架移动到图中虚线所示的位置，考虑 C 截面，其形心变形前在 C 点，变形后移动到 C' 点，$\Delta_C = \overline{CC'}$ 称为 C 点的线位移，将 Δ_C 沿水平和竖直方向分解，得水平分位移 $\Delta_{CH} = \overline{DC'}$ 和竖向分位移 $\Delta_{CV} = \overline{CD}$，简称为水平位移和竖向位移。截面 C 转动了一个角度 θ_C，称为截面 C 的角位移。

静定结构的位移计算

除荷载作用引起结构的位移外，其他因素（如温度改变、支座移动、材料收缩、制造误差等）也有可能使结构产生位移，如图 18-2(a)所示的简支梁，上方温度升高 t_1，下方温度升高 t_2，若 t_2 大于 t_1，则梁产生图 18-2(a)中虚线所示的变形，C 截面将产生线位移和角位移；又如图 18-2(b)所示简支梁，B 支座产生沉陷，梁将移到虚线所示的位置，C 截面产生线位移和角位移。

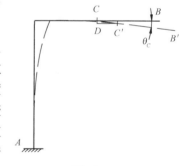

图 18-1

图 18-2

描述上述各位移的参考坐标系固结在地球上，称为绝对位移。若参考坐标系固结在结构上某点，则得到相对位移。图 18-3 所示的刚架在荷载 F 作用下产生如虚线所示的变形，A 截面的水平线位移 $\Delta_{AH} = a$，B 截面的水平线位移 $\Delta_{BH} = b$，则 A、B 截面的相对线位移为

$$\Delta_{BA} = \Delta_{AH} + \Delta_{BH} = a + b$$

A、B 两截面的转角为 θ_A 和 θ_B，则 A、B 两截面的相对角位移为

$$\theta_{BA} = \theta_A + \theta_B$$

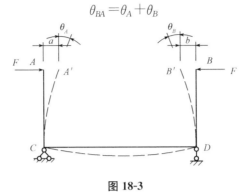

图 18-3

18.1.2　计算结构位移的目的

1. 对结构进行刚度验算

在实际工程中，结构除需要满足强度条件外，还必须满足刚度条件，即保证结构在使用过程中不产生过大的变形。因此，为了验算结构的刚度，需要计算结构的位移。

2. 为超静定结构计算打下基础

通过前面章节的学习可知，超静定结构有多余约束，只用静力学平衡条件不能完全确定其反力和内力。求解超静定结构，除静力学平衡条件外，还需要变形协调条件，需要计算结构的位移。因此，位移计算是超静定结构计算的基础，是超静定结构计算必不可少的一个部分。

3. 施工措施方面的需要

在结构的制作、安装、养护等过程中，往往需要预先知道结构的变形情况，以便采取一定的施工措施。因此，也需要进行结构的位移计算。

18.2　虚功原理

18.2.2　实功与虚功

图 18-4(a)所示的集中力 F 作用在物体上，物体移动了距离 S，集中力 F 做了功，所作的功为

$$T = FS\cos\alpha$$

图 18-4(b)所示为一对大小相等、方向相反的力 F 作用于圆盘的 A、B 点上，使圆盘绕圆心 O 转动，力 F 的大小不变，方向始终垂直于直径 AB，当圆盘绕过角度 φ 时，两力做功为

$$T = 2F\frac{d}{2}\varphi = Fd\varphi = M\varphi$$

式中，$M = Fd$ 是图示两力 F 组成的力偶的力偶矩。可知力偶所作的功等于力偶矩与角位移的乘积。

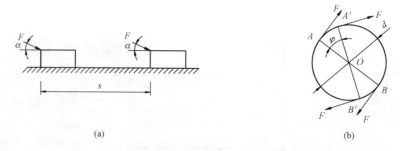

图 18-4

因此，功包含两个因素，即力和位移，若用 P 表示广义力，广义力可以是集中力、力偶、一对集中力、一对力偶等。用 Δ 表示广义位移，广义位移可以是线位移、角位移、相对线位移、相对角位移。功等于 P 与 Δ 的积，即

$$T = P\Delta \tag{18-1}$$

应该注意，广义力与相应的广义位移的乘积应该有功的量纲。

图 18-5(a) 所示简支梁上的 1 点作用集中力 F_1，当 F_1 从 0 增大到 F_1 时，梁上 1 点的位移从 0 增大到 Δ_{11}，位移 Δ_{11} 用两个下标表示，第一个下标表示位移产生的地点，第二个下标表示位移产生的原因。Δ_{11} 可理解为 F_1 引起的 1 点处的位移。根据胡克定律，在弹性范围内 Δ_{11} 与 F_1 成正比，如图 18-5(b) 所示，即

$$\Delta_{11} = fF_1$$

式中，f 为弹性系数。若在某时刻 t，力为 F_t，位移为 Δ_t，力从 0 增大到 F_1 的过程中所做的功为

$$T_{11} = \int_0^{\Delta_{11}} F_t \mathrm{d}\Delta_t = \int_0^{\Delta_{11}} \frac{\Delta_t}{f} \mathrm{d}\Delta_t = \frac{\Delta_{11}^2}{2\ f} = \frac{1}{2} F_1 \Delta_{11} \tag{18-2}$$

式 (18-2) 中功 T_{11} 也用两个下标描述，第一个下标表示表示作功的力，第二个下标表示位移产生的原因。因此，T_{11} 可以理解为 F_1 在自身引起的位移上所做的功。

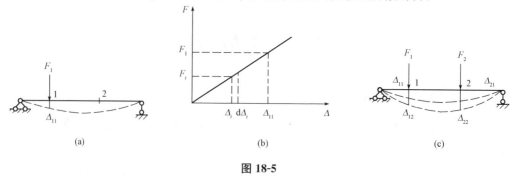

图 18-5

功 T_{11} 是集中力 F_1 在自身引起的位移上所做的功，称为实功。若力在其他因素（其他力、温度改变、支座移动等）引起的位移上做的功称为虚功。

例如，上述简支梁在荷载 F_1 的作用达到平衡以后，在梁上 2 点作用另一荷载 F_2，梁产生变形，如图 18-5(c) 所示。考虑梁上 1 点，在原来位移 Δ_{11} 的基础上，增加新的位移 Δ_{12}，

该位移是 F_2 引起的，F_1 在位移 Δ_{12} 上也做了功，位移 Δ_{12} 不是 F_1 引起的，因此，所做的功是虚功，其值为

$$T_{12} = F_1 \cdot \Delta_{12}$$

同理，力 F_2 在位移 Δ_{21} 上所做的功也是虚功。

应该注意，虚功不是不存在的功，只是做功的力和位移无因果关系。虚功中力和位移是彼此独立的两个因素，可以看成同一体系的两种彼此无关的两种状态，其中力所属的状态称为力状态，位移所属的状态称为位移状态。

18.2.2 变形体的虚功原理

可以证明，对于变形体，如果力状态中的力系满足平衡条件（称为静力可能），位移状态满足变形协调条件（称为几何可能），则力状态的外力在位移状态相应的虚位移上所作的外力虚功，等于力状态的内力在位移状态相应的虚变形上所作的内力虚功，即

$$T_{12} = W_{12} \tag{18-3}$$

式中，T_{12} 为外力虚功，W_{12} 为内力虚功。

式(18-3)为变形体虚功方程，当体系是刚体时，虚变形等于零，内力所作虚功为零，即 $W_{12} = 0$，刚体的虚功方程为

$$T_{12} = 0$$

虚功原理中的力状态和位移状态是彼此独立无关的，在应用虚功原理时，可依据不同的需要，将其中的一个状态看作是虚拟的，而另一个状态是问题的实际状态。因此，虚功原理有以下两种表达形式：

(1)虚力状态，求位移。力状态是虚拟的，位移状态是实际给定的，这种形式的虚功原理又称为虚力原理，用于求解给定位移状态的指定位移。

(2)虚位移状态，求力。位移状态是虚拟的，力状态是给定的，这种形式的虚功原理又称为虚位移原理，主要用于求解给定力状态的指定力。

18.3 静定结构在荷载作用下的位移

18.3.1 静定结构在荷载作用下的位移计算

静定结构在荷载作用下将产生变形，其上各截面产生位移，根据虚功原理可以建立静定结构在荷载作用下的位移计算公式。位移状态取静定结构在荷载作用下的实际位移状态，在待求位移方向上施加一个虚拟单位荷载，结构在虚拟单位荷载作用下将产生反力和内力，设该状态为力状态。图 18-6(a)所示的刚架在荷载作用下产生变形，其上 K 截面将产生位移，现求 K 截面沿 K—K' 方向的位移 Δ_K。位移状态取刚架在荷载作用下的位移状态。在 K 截面沿 K—K' 方向施加一个虚拟的单位荷载 $\overline{F} = 1$（力符号上的一杠表示虚设单位荷载），如图 18-6(b)所示。在虚设单位荷载作用下，结构将产生反力 $\overline{F}_R$ 和内力 $\overline{M}$、$\overline{F}_S$、$\overline{F}_N$，它们构成一个虚拟力系，取为力状态。

根据虚功原理，虚设的力状态在实际的位移状态上做了虚功，外力虚功和内力虚功相等。虚拟力状态的外力只有单位荷载，在实际位移 Δ_K 上作的虚功为

$$T_{12} = \overline{F} \cdot \Delta_K = \Delta_K$$

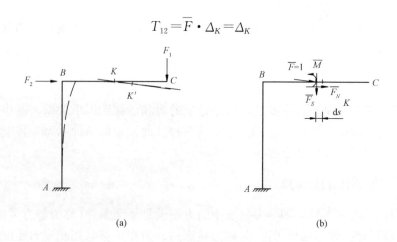

图 18-6

在虚设的力状态中，取出一微段 ds 分析，如图 18-7(a)所示，微段上内力有 $\overline{M}$、$\overline{F}_S$ 和 $\overline{F}_N$，在实际位移状态中的同一位置，取同一微段 ds，在实际内力 M、F_S 和 F_N 作用下，将产生图 18-7(b)所示的变形。

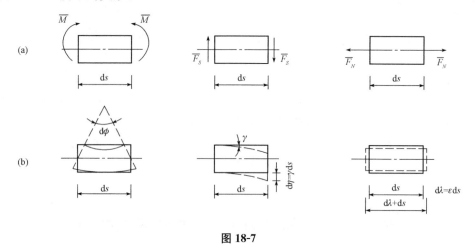

图 18-7

弯曲变形为

$$d\varphi = \frac{ds}{\rho} = \frac{M}{EI} ds$$

式中，ρ 为微段的曲率半径。

剪切变形为

$$d\eta = \gamma ds = k \frac{F_S}{GA} ds$$

式中，k 为剪应力不均匀系数，与截面形状有关。对于矩形截面，$k = 1.2$；对于圆形截面，$k = \frac{10}{9}$；对于薄壁圆环截面，$k = 2$；对于工字形截面，$k = \frac{A}{A_1}$，A 为截面面积，A_1 为腹板面积。

轴向变形为

214

$$\mathrm{d}\lambda = \varepsilon \mathrm{d}s = \frac{F_N}{EA}\mathrm{d}s$$

微段虚设的力状态的内力 $\overline{M}$、$\overline{F}_S$ 和 $\overline{F}_N$ 在实际位移状态的变形所作的内力虚功为

$$\mathrm{d}W_{12} = \overline{M}\mathrm{d}\varphi + \overline{F}_S\mathrm{d}\eta + \overline{F}_N\mathrm{d}\lambda = \overline{M} \cdot \frac{M}{EI}\mathrm{d}s + \overline{F}_S \cdot k\frac{F_S}{GA}\mathrm{d}s + \overline{F}_N \cdot \frac{F_N}{EA}\mathrm{d}s$$

整理得

$$\mathrm{d}W_{12} = \frac{\overline{M}M}{EI}\mathrm{d}s + k\frac{\overline{F}_S F_S}{GA}\mathrm{d}s + \frac{\overline{F}_N F_N}{EA}\mathrm{d}s$$

结构的总内力虚功为

$$W_{12} = \sum\int_l \overline{M}\mathrm{d}\varphi + \sum\int_l \overline{F}_S\mathrm{d}\eta + \sum\int_l \overline{F}_N\mathrm{d}\lambda$$

$$= \sum\int_l \frac{\overline{M}M}{EI}\mathrm{d}s + \sum\int_l k\frac{F_S F_S}{GA}\mathrm{d}s + \sum\int_l \frac{\overline{F}_N F_N}{EA}\mathrm{d}s$$

根据虚功原理，有 $T_{12} = W_{12}$，因此

$$\Delta_K = \sum\int_l \frac{\overline{M}M}{EI}\mathrm{d}s + \sum\int_l k\frac{\overline{F}_S F_S}{GA}\mathrm{d}s + \sum\int_l \frac{\overline{F}_N F_N}{EA}\mathrm{d}s \qquad (18\text{-}4)$$

式中，$\overline{M}$、$\overline{F}_S$ 和 $\overline{F}_N$ 为虚设单位荷载作用引起的虚拟内力；M、F_S 和 F_N 为结构由于实际荷载作用引起的内力；EI、GA 和 EA 分别为杆件的抗弯刚度、抗剪切刚度和抗拉压刚度。

式(18-4)不仅可以计算结构的线位移，也可以计算结构的角位移、相对线位移和相对角位移，要求虚设的单位荷载和待求位移是对应的广义力和广义位移，即两者的乘积具有功的量纲，通常有以下情况：

(1)若计算结构上某点沿某一方向的线位移，则在该点沿该方向施加一单位集中力，如图 18-8(a)所示，计算 C 点的竖向位移。

(2)若计算结构某一截面的转角，则在该截面上施加一单位力偶，如图 18-8(b)所示，计算 B 截面的转角。

(3)若计算桁架某一杆的角位移，则在该杆两端施加一对与杆轴垂直的反向平行集中力，集中力的大小等于杆长的倒数，即在杆上作用一个单位力偶，如图 18-8(c)所示，计算 AB 杆的角位移。

(4)若计算结构上某两点沿指定方向的相对线位移，则在该两点沿指定方向施加一对反向共线的单位集中力，如图 18-8(d)所示，计算 C、D 两点沿 CD 方向的相对线位移。

(5)若计算结构上某两个截面的相对角位移，则在这两个截面上施加一对反向单位力偶，如图 18-8(e)所示，计算 C、D 截面的相对角位移。

(6)若计算桁架某两杆的相对角位移，则在两杆施加两个反向的单位力偶，单位力偶等效于作用在杆两端的与杆轴垂直的反向平行集中力，其值等于杆长的倒数。如图 18-8(f)所示，计算 AB 杆和 BC 杆的相对转角。

虚设单位荷载的指向可以任意假设，若按式(18-4)计算的结果是正值，说明实际位移方向与虚设单位荷载的方向相同；若为负值，则实际位移方向与虚设单位荷载的方向相反。

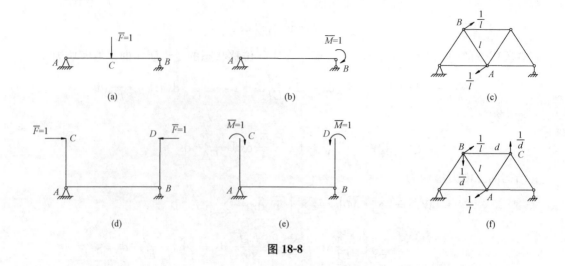

图 18-8

18.3.2 几种典型静定结构在荷载作用下的位移计算

式(18-4)是结构在荷载作用下引起的位移的通用计算公式，由三项组成，分别是弯矩、剪力和轴力对结构位移的影响。对不同形式的结构，这三项的影响是不同的。对于某类结构，如果某一项的影响很大，其余项的影响较小时，则可以忽略其余项。因此，在结构位移计算中，对不同形式的结构可对式(18-4)进行简化。

1. 梁和刚架

梁和刚架的弯曲变形是主要变形，轴向变形和剪切变形的影响很小，可以忽略不计，式(18-4)可简化为

$$\Delta_K = \sum \int_l \frac{\overline{M}M}{EI} ds \tag{18-5}$$

2. 桁架

理想桁架各杆的内力只有轴力，且各杆的轴力为常数，弯矩和剪力均为零，于是式(18-4)简化为

$$\Delta_K = \sum \int_l \frac{\overline{F}_N F_N}{EA} ds = \sum \frac{\overline{F}_N F_N}{EA} \cdot l \tag{18-6}$$

3. 组合结构

在组合结构中，梁式杆只考虑弯矩的影响，桁式杆只考虑轴力的影响，于是式(18-4)简化为

$$\Delta_K = \sum \int_l \frac{\overline{M}M}{EI} ds + \sum \int_l \frac{\overline{F}_N F_N}{EA} ds \tag{18-7}$$

4. 拱结构

通常情况下，只考虑弯曲变形的影响，按式(18-5)计算。在计算扁平拱的水平位移或拱轴线接近合理拱轴线时，考虑轴向变形的影响，式(18-4)简化为

$$\Delta_K = \sum \int_l \frac{\overline{M}M}{EI} ds + \sum \int_l \frac{\overline{F}_N F_N}{EA} ds \tag{18-8}$$

【例 18-1】 图 18-9(a)所示的简支梁在均布荷载 q 作用下，梁的抗弯刚度为 EI。试求

跨中 C 截面的竖向位移。

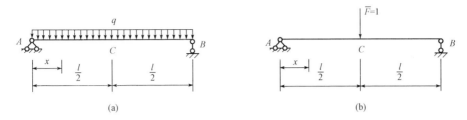

图 18-9

解： 在梁的 C 截面上施加竖直向下的单位集中力，如图 18-9(b)所示，是虚设状态，只考虑弯矩对位移的影响。由于梁关于过跨中 C 截面的竖线对称，根据对称性，可取一半结构计算，计算弯矩函数时，以左支座 A 为坐标原点。

实际状态的弯矩函数为

$$M(x)=\frac{1}{2}qlx-\frac{1}{2}qx^2, \quad 0\leqslant x\leqslant\frac{l}{2}（只计算一半结构）$$

虚设状态的弯矩函数为

$$\overline{M}(x)=\frac{1}{2}x, \quad 0\leqslant x\leqslant\frac{l}{2}（只计算一半结构）$$

$$\Delta_{CV}=2\int_0^{l/2}\frac{\overline{M}(x)M(x)}{EI}\mathrm{d}s=2\int_0^{l/2}\frac{\frac{1}{2}x\cdot\left(\frac{1}{2}qlx-\frac{1}{2}qx^2\right)}{EI}\mathrm{d}s$$

$$=\frac{q}{2EI}\int_0^{l/2}(lx^2-x^3)\mathrm{d}x=\frac{q}{2EI}\left(\frac{1}{3}lx^3-\frac{1}{4}x^4\right)\Big|_0^{l/2}=\frac{5ql^4}{384EI}(\downarrow)$$

【例 18-2】 刚架受均布荷载作用如图 18-10(a)所示，AB 杆的抗弯刚度为 $2EI$，BC 杆的抗弯刚度为 EI。试计算 C 截面的竖向位移 Δ_{CV} 和 C 截面的转角 θ_C。

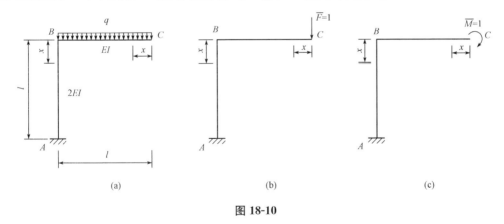

图 18-10

解：（1）计算 C 截面的竖向位移。

在 C 截面施加竖向单位集中力 $\overline{F}=1$，如图 18-10(b)所示。计算弯矩函数时，BC 杆以 C 点为原点，坐标轴的正向指向 B 点，AB 杆以 B 点为原点，坐标轴的正向指向 A 点。

实际状态的弯矩函数为

$$M(x) = \begin{cases} -\dfrac{1}{2}qx^2, & BC \text{ 杆} \\[2mm] -\dfrac{1}{2}ql^2, & AB \text{ 杆} \end{cases}$$

虚设状态的弯矩函数为

$$\overline{M}(x) = \begin{cases} -x, & BC \text{ 杆} \\[2mm] -l, & AB \text{ 杆} \end{cases}$$

$$\Delta_{CV} = \sum \int_l \frac{\overline{M}(x)M(x)}{EI} \mathrm{d}s = \int_0^l \frac{(-x)(-\frac{1}{2}qx^2)}{EI} \mathrm{d}x + \int_0^l \frac{(-l)(-\frac{1}{2}ql^2)}{2EI} \mathrm{d}x$$

$$= \frac{q}{2EI}\int_0^l x^3 \mathrm{d}x + \frac{ql^4}{4EI} = \frac{ql^4}{8EI} + \frac{ql^4}{4EI} = \frac{3ql^4}{8EI}(\downarrow)$$

(2)计算 C 截面的角位移。在 C 截面施加单位力偶 $\overline{M}=1$，如图 18-10(c)所示，实际状态的弯矩函数已写出。虚设状态的弯矩函数为

$$\overline{M}(x) = \begin{cases} -1, & BC \text{ 杆} \\[2mm] -1, & AB \text{ 杆} \end{cases}$$

$$\theta_C = \sum \int_l \frac{\overline{M}(x)M(x)}{EI} \mathrm{d}s = \int_0^l \frac{(-1)(-\frac{1}{2}qx^2)}{EI} \mathrm{d}x + \int_0^l \frac{(-1)(-\frac{1}{2}ql^2)}{2EI} \mathrm{d}x$$

$$= \frac{q}{2EI}\int_0^l x^2 \mathrm{d}x + \frac{ql^3}{4EI} = \frac{ql^3}{6EI} + \frac{ql^3}{4EI} = \frac{5ql^3}{12EI}$$

【例 18-3】 桁架的受力如图 18-11(a)所示，各杆的抗拉压刚度为 EA，试计算 D 点的竖向位移。

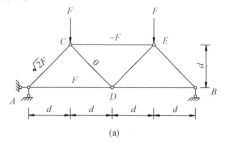 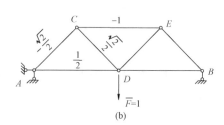

| (a) | (b) |

图 18-11

解： 计算桁架在实际荷载作用下各杆的内力，如图 18-11(a)所示，注意桁架的内力是左右对称的。

在桁架 D 点施加单位集中力 $\overline{F}=1$，并计算桁架在单位集中力作用下各杆的内力，如图 18-11(b)所示。

$$\Delta_{DV} = \sum \frac{\overline{F}_N F_N}{EA} \cdot l$$

$$= \frac{1}{EA}\left[\left(-\frac{\sqrt{2}}{2}\right)(-\sqrt{2}F)\sqrt{2}d \cdot 2 + \frac{1}{2}F \cdot 2d \cdot 2 + (-1)(-F)\cdot 2d\right]$$

$$= (2\sqrt{2}+4)\frac{Fd}{EA} = 6.83\frac{Fd}{EA}(\downarrow)$$

【例 18-4】 组合结构受力如图 18-12(a)所示，梁式杆 AB 的抗弯刚度为 EI，桁式杆

BC 和 CD 的抗拉压刚度为 EA。试求 C 点的水平位移。

解： 计算实际状态的内力

$$F_{NBC} = F$$

$$F_{NCD} = -\sqrt{2}\,F$$

计算梁式杆 AB 的弯矩函数时以 B 点为坐标原点。

$$M(x) = \begin{cases} -Fx, & 0 \leqslant x \leqslant a \\ -Fa, & a \leqslant x \leqslant 2a \end{cases}$$

在 C 点施加水平单位集中力 $\overline{F} = 1$，计算此时的内力

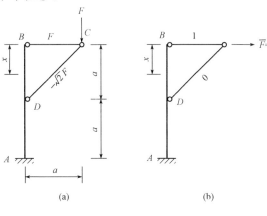

$$\overline{F}_{NBC} = F$$

$$\overline{F}_{NCD} = 0$$

梁式杆 AB 的弯矩函数为

$$M(x) = -x, \quad 0 \leqslant x \leqslant 2a$$

$$\Delta_{CH} = \sum \int_l \frac{\overline{M} M}{EI} \mathrm{d}s + \sum \int_l \frac{\overline{F}_N F_N}{EA} \mathrm{d}s$$

$$= \int_0^a \frac{(-x)(-Fx)}{EI} \mathrm{d}x + \int_a^{2a} \frac{(-x)(-Fa)}{EI} \mathrm{d}x + \frac{1 \cdot F}{EA} \cdot a$$

$$= \frac{F}{EI} \int_0^a x^2 \mathrm{d}x + \frac{Fa}{EI} \int_a^{2a} x \mathrm{d}x + \frac{Fa}{EA} = \frac{Fa^3}{3EI} + \frac{3Fa^3}{2EI} + \frac{Fa}{EA} = \frac{11Fa^3}{6EI} + \frac{Fa}{EA} (\rightarrow)$$

图 18-12

18.4 图乘法

上一节计算梁和刚架的位移时，经常用到以下积分

$$\int_l \frac{\overline{M} M}{EI} \mathrm{d}s \tag{a}$$

当杆件数量较多，荷载复杂时，上述积分的计算很烦琐。在一定条件下，上述积分可以简化。

在实际工程中梁和刚架的杆件多为直杆，且等截面，即杆件的抗弯刚度 EI 是常数，式 (a) 可写成

$$\frac{1}{EI} \int_l \overline{M} M \mathrm{d}s \tag{b}$$

梁和刚架在单位荷载作用而引起的弯矩函数 $\overline{M}$ 通常是 s 的一次函数或常数，即 $\overline{M}$ 图由直线段组成。现考虑积分 $\int_l \overline{M} M \mathrm{d}s$，图 18-13 表示杆 AB 的两个弯矩图，荷载引起 M 图是一段曲线，单位荷载所引起的 $\overline{M}$ 图是一直线段，以该直线段与杆轴的交点 O 为坐标原点，对于坐标为 x 的截面，有

$$\overline{M} = x \tan \alpha$$

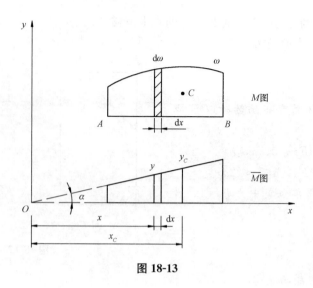

图 18-13

代入积分公式，得

$$\int_A^B \overline{M}M\mathrm{d}x = \int x\tan\alpha M\mathrm{d}x = \tan\alpha\int_A^B xM\mathrm{d}x = \tan\alpha\int_A^B x\mathrm{d}\omega \tag{c}$$

式中，$\mathrm{d}\omega = M\mathrm{d}x$ 中，表示 M 图中的微面积，因此积分 $\int x\mathrm{d}\omega$ 是 M 图对 y 轴的面积矩，等于 M 图的面积 ω 乘以该图形的形心 C 到 y 轴的距离 x_C，即

$$\int_A^B xM\mathrm{d}x = \int_A^B x\mathrm{d}\omega = \omega \cdot x_C \tag{d}$$

将式（d）代入式（c），得

$$\int_A^B \overline{M}M\mathrm{d}x = \omega x_C\tan\alpha$$

而 $x_C\tan\alpha = y_C$，是 M 图的形心在 $\overline{M}$ 图中对应的纵坐标，于是式（a）可写成

$$\int_A^B \frac{\overline{M}M}{EI}\mathrm{d}s = \frac{\omega y_C}{EI} \tag{18-9}$$

由式（18-9）可知，计算弯矩引起的位移时，可用荷载弯矩（即 M 图）的面积 ω 乘以其形心对应的单位荷载（即 $\overline{M}$ 图中的纵坐标 y_C，再除以杆的弯曲刚度 EI，得到式（a）的积分值。积分值的正负号规定如下：若两个弯矩图在杆件的同一侧时，乘积 ωy_C 为正；反之为负。

上述计算位移的方法称为图形相乘法，简称图乘法。使用图乘法计算梁和刚架的位移，需要满足两个条件：一是杆件是等截面直杆（或分段等截面直杆），EI 是常数；二是 $\overline{M}$ 图和 M 图中至少有一个是直线，y_C 必须取自直线图形。

梁和刚架在常见荷载作用下的弯矩图通常由一些简单的图形组成，图 18-14 给出了一些常见图形的面积和形心位置，它们是使用图乘法计算静定结构位移的基础。

图 18-14 中的标准抛物线指其顶点在图形的中点或端点，顶点是指抛物线的极值点，即顶点的切线与杆轴线平行。在使用图乘法计算结构位移时，需注意区别标准抛物线和非标准抛物线。

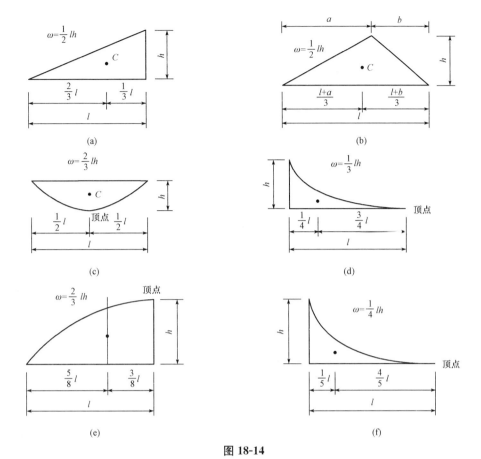

图 18-14

（a）直角三角形；（b）三角形；（c）标准二次抛物线；（d）标准二次抛物线；（e）标准二次抛物线；（f）标准三次抛物线

在图乘法中，需知道某一弯矩图的面积 ω 和图形形心对应的另一弯矩图的纵坐标 y_C，对于简单图形，确定 ω 和 y_C 是不困难的，但图形比较复杂时，往往不易直接确定 ω 和 y_C，可采用叠加法计算，即将图形分成几个易于确定面积和形心位置的部分，分别用图乘法计算，再计算其代数和。

例如，结构某一杆的 $\overline{M}$ 图为三段折线，如图 18-15（a）所示，可将杆件分为三部分，分别用图乘法计算，叠加起来即可。可按下式计算：

$$\int \overline{M}M\mathrm{d}s = \omega_1 y_1 + \omega_2 y_2 + \omega_3 y_3 \qquad (\text{e})$$

若 $\overline{M}$ 图和 M 图为梯形，如图 18-16 所示，可将梯形分解成两个三角形，分别图乘后叠加，即

$$\int \overline{M}M\mathrm{d}s = \omega_1 y_1 + \omega_2 y_2 \qquad (\text{f})$$

其中

$$\left.\begin{array}{l} \omega_1 = \dfrac{1}{2}al, \quad \omega_2 = \dfrac{1}{2}bl \\[2mm] y_1 = \dfrac{2}{3}c + \dfrac{1}{3}d, \quad y_2 = \dfrac{1}{3}c + \dfrac{2}{3}d \end{array}\right\} \qquad (\text{g})$$

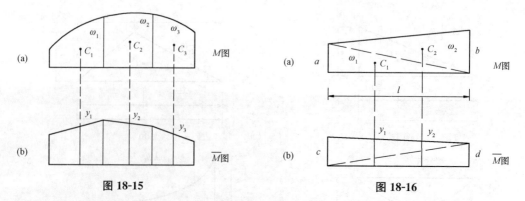

图 18-15

图 18-16

若 $\overline{M}$ 图和 M 图有正、负两部分，如图 18-17 所示，可将 M 图看作△ABC 与△ABD 组成，分别与 $\overline{M}$ 图相图乘，然后叠加，计算公式仍然是式（f），y_1、y_2 按下式计算：

$$\left.\begin{array}{l} y_1 = -\dfrac{2}{3}c + \dfrac{1}{3}d \\[2mm] y_2 = \dfrac{1}{3}c - \dfrac{2}{3}d \end{array}\right\} \quad (h)$$

图 18-18(a) 所示的弯矩图是直杆由于均布荷载 q 引起的 M 图，是一个非标准抛物线，它可以看作梯形 $ABDC$［图 18-18(c)］与标准抛物线［图 18-18(d)］的叠加，其中标准抛物线的跨中弯矩为 $\dfrac{1}{8}ql^2$，分别与 $\overline{M}$ 图［图 18-18(b)］图乘，然后叠加即可。

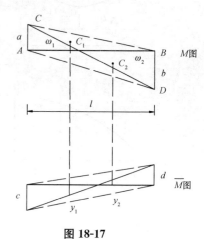

图 18-17

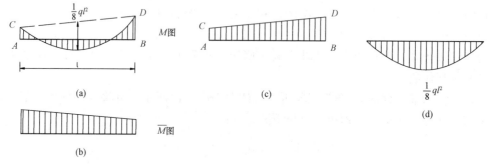

图 18-18

【例 18-5】 简支梁在均布荷载 q 作用下，梁的抗弯刚度为 EI，如图 18-19(a) 所示。试求跨中 C 截面的竖向位移和 B 截面的转角。

解：简支梁在均布荷载 q 作用下的弯矩图是一标准抛物线，如图 18-19(b) 所示。

（1）计算跨中 C 截面的竖向位移。在 C 截面施加竖向单位集中力 $\overline{F} = 1$，得图 18-19(c) 所示的虚设状态，引起的弯矩图如图 18-19(d) 所示，将上述两弯矩图乘得 C 截面的竖向位移。注意这两弯矩图都是左右对称的，因此有

$$\Delta_{CV} = \frac{1}{EI} \cdot \frac{2}{3} \cdot \frac{l}{2} \cdot \frac{1}{8}ql^2 \cdot \frac{5}{8} \cdot \frac{1}{4} \cdot l \cdot 2 = \frac{5ql^4}{384EI}(\downarrow)$$

(2)计算 B 截面的转角。在 B 截面施加单位力偶 $\overline{M}=1$，得图 18-19(e)所示的虚设状态，引起的弯矩图如图 18-19(f)所示，图 18-19(b)和图 18-19(f)相图乘得 B 截面的转角

$$\theta_B = \frac{1}{EI} \cdot \frac{2}{3} \cdot l \cdot \frac{1}{8}ql^2 \cdot \frac{1}{2} \cdot 1 = \frac{ql^3}{24EI}$$

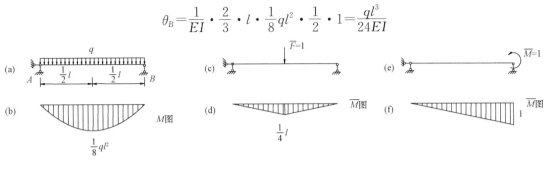

图 18-19

【例 18-6】 计算图 18-20(a)所示外伸梁 C 截面的竖向位移，AB 段的抗弯刚度为 $2EI$，BC 段的抗弯刚度为 EI。

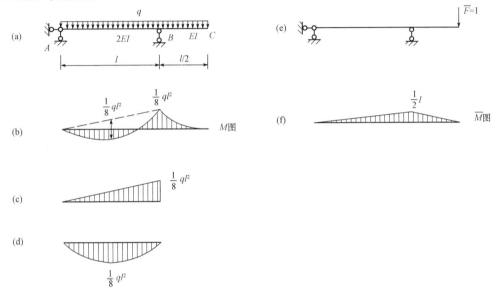

图 18-20

解： 作梁的弯矩图，如图 18-20(b)所示，其中 BC 段是一标准抛物线，而 AB 段是一非标准抛物线，根据叠加原理，AB 段的弯矩图可看作一个三角形[图 18-20(c)]与一标准抛物线[图 18-20(d)]的叠加。

在 C 截面施加单位集中力，得虚设状态，如图 18-20(e)所示，作单位集中力引起的弯矩图，如图 18-20(f)所示。

$$\Delta_{CV} = \frac{1}{2EI}\left[\frac{1}{2} \cdot \frac{1}{8}ql^2 \cdot l \cdot \frac{2}{3} \cdot \frac{1}{2}l - \frac{2}{3} \cdot \frac{1}{8}ql^2 \cdot l \cdot \frac{1}{2} \cdot \frac{1}{2}l\right] + \frac{1}{EI} \cdot \frac{1}{3} \cdot \frac{1}{8}ql^2 \cdot \frac{1}{2}l \cdot$$

$$\frac{3}{4} \cdot \frac{1}{2}l$$

$$= \frac{1}{2EI}\left(\frac{1}{48}ql^4 - \frac{1}{48}ql^4\right) + \frac{ql^4}{128EI} = \frac{ql^4}{128EI}(\downarrow)$$

【例 18-7】 计算图 18-21(a)所示的刚架 C、D 两截面沿 CD 连线方向的相对位移 Δ_{CD}，设各杆的抗弯刚度 EI 为常数。

解： 作刚架在均布荷载 q 作用下的弯矩图，如图 18-21(b)所示。

在 C、D 截面上沿 CD 连线方向施加一对单位集中力，如图 18-21(c)所示。其弯矩图 $\overline{M}$ 图如图 18-21(d)所示。将 M 图[图 18-21(b)]和 $\overline{M}$ 图[图 18-21(d)]相图乘即得 C、D 截面的相对位移：

$$\Delta_{CD}=\frac{1}{EI}\cdot\frac{2}{3}\cdot l\cdot\frac{1}{8}ql^2\cdot\frac{l}{2}=\frac{ql^4}{24EI}(\rightarrow\!\!\leftarrow)$$

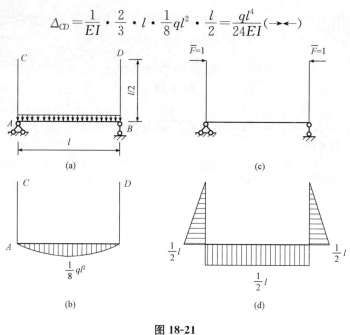

图 18-21

18.5 静定结构由于支座移动、温度变化引起的位移

18.5.1 静定结构由于支座移动引起的位移

静定结构支座移动时，结构只产生刚体位移，不产生变形和内力。以图 18-22(a)所示的刚架为例，若刚架的固定支座 A 发生水平移动 C_1、竖直移动 C_2 和转角 C_3，刚架产生刚体位移，移动到图示的虚线位置。在这过程中，刚架没有产生变形。若要计算刚架上 K 截面沿 K—K 方向的线位移，可在 K—K 方向上施加单位集中力 $\overline{F}=1$，如图 18-22(b)所示，单位集中力 $\overline{F}=1$ 引起刚架的内力 $\overline{M}$、$\overline{F}_S$、$\overline{F}_N$ 和支座反力 $\overline{F}_{R1}$、$\overline{F}_{R2}$、$\overline{F}_{R3}$，根据虚功原理，虚设状态外力在实际状态所做的虚功与内力在实际状态所做的虚功相等，即

$$T_{12}=W_{12}$$

在实际状态中结构不产生变形，所以内力做的虚功为零，即 $W_{12}=0$，所以 $T_{12}=0$，而

$$T_{12}=\overline{F}\cdot\Delta_C+\overline{F}_{R1}\cdot C_1+\overline{F}_{R2}\cdot C_2+\overline{F}_{R3}\cdot C_3=0$$

因此，得到静定结构由于支座移动引起的位移计算公式

224

$$\Delta_C = -\sum \overline{F}_R \cdot C \qquad\qquad (18\text{-}10)$$

式中　Δ_C——静定结构由于支座移动引起的位移；

　　　$\overline{F}_R$——单位荷载引起的支座反力；

　　　C——静定结构的支座位移；

　　　$\sum \overline{F}_R \cdot C$——虚拟状态中的支座反力在实际状态中的支座位移上做的虚功和。

　　式(18-10)中的乘积$\overline{F}_R \cdot C$是虚设状态的支座反力在实际状态中的支座位移做的虚功，其正负号规定为：当虚设状态的支座反力与实际状态的支座位移的方向一致时为正；相反时为负。

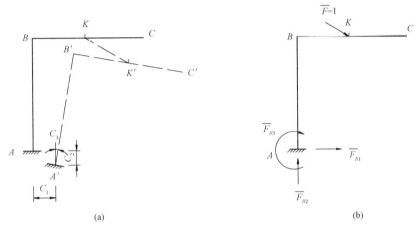

图 18-22

【例 18-8】　图 18-23(a)所示的两跨静定梁，支座 B 发生微小的竖向沉降，试求 E、F 截面的竖向位移。

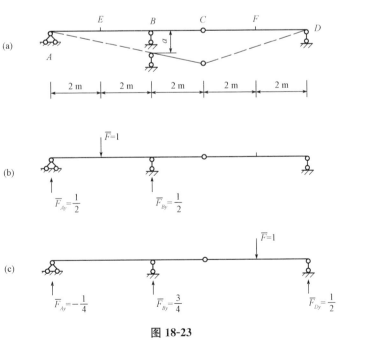

图 18-23

解：（1）计算 E 截面的竖向位移。在 E 截面施加单位竖向集中力 $\overline{F}=1$，如图 18-23（b）所示，引起 B 支座的反力为

$$\overline{F}_{By}=\frac{1}{2}$$

$$\Delta_{EV}=-\sum \overline{F}_R \cdot C=-\left(-\frac{1}{2}\cdot a\right)=\frac{1}{2}a$$

（2）计算 F 截面的竖向位移。

在 F 截面施加单位竖向集中力 $\overline{F}=1$，如图 18-23（c）所示。引起 B 支座的反力为

$$\overline{F}_{By}=\frac{3}{4}$$

$$\Delta_{FV}=-\sum \overline{F}_R \cdot C=-\left(-\frac{3}{4}\cdot a\right)=\frac{3}{4}a$$

【例 18-9】 图 18-24（a）所示的刚架，支座 B 产生水平移动 a，竖向移动 b，试求截面 D 的水平位移和竖向位移。

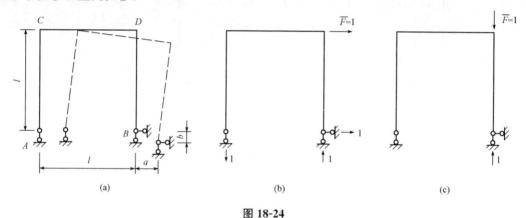

图 18-24

解：（1）计算 D 截面的水平位移。在 D 截面施加单位水平集中力 $\overline{F}=1$，引起的支座反力如图 18-24（b）所示，则

$$\Delta_{DH}=-\sum \overline{F}_R \cdot C=-(-1\cdot a-1\cdot b)=a+b\ (\rightarrow)$$

（2）计算 D 截面的竖向位移。在 D 截面施加单位竖向集中力 $\overline{F}=1$，引起的支座反力如图 18-24（c）所示，则

$$\Delta_{DV}=-\sum \overline{F}_R \cdot C=-(-1\cdot b)=b$$

18.5.2　静定结构由于温度改变引起的位移

静定结构在温度发生变化时，各杆件能自由变形而不产生内力，要计算温度变化引起静定结构的位移，需要求出微段由于温度变化引起的变形 $\mathrm{d}\varphi_t$、$\mathrm{d}\eta_t$ 和 $\mathrm{d}\lambda_t$，代入式（18-4），可得温度变化引起的位移为

$$\Delta_t=\sum\int_l \overline{M}\mathrm{d}\varphi_t+\sum\int_l \overline{F}_S\mathrm{d}\eta_t+\sum\int_l \overline{F}_N\mathrm{d}\lambda_t \tag{18-11}$$

从结构一杆件上取任一微段 $\mathrm{d}s$，设微段上侧温度升高 t_1，下侧温度升高 t_2，设 $t_1>t_2$，如图 18-25 所示。设温度沿杆件截面高度 h 按直线规律变化，发生变形后，截面仍然保持平

面。设上侧和下侧纤维与截面形心轴线的距离分别为 h_1 和 h_2，t_0 表示轴线处温度的升高值，按比例关系得

$$t_0 = \frac{h_1 t_2 + h_2 t_1}{h} \qquad (a)$$

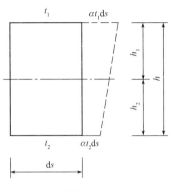

设材料的温度线膨胀系数为 α，由于温度变化，微段的轴向变形为

$$\mathrm{d}\lambda_t = \alpha t_0 \mathrm{d}s = \alpha \frac{h_1 t_2 + h_2 t_1}{h} \mathrm{d}s \qquad (b)$$

微段两截面的相对转角为

$$\mathrm{d}\varphi_t = \frac{\alpha t_1 \mathrm{d}s - \alpha t_2 \mathrm{d}s}{h} = \frac{\alpha(t_1 - t_2)}{h}\mathrm{d}s = \frac{\alpha \Delta t}{h}\mathrm{d}s \qquad (c)$$

图 18-25

式中，$\Delta t = t_1 - t_2$，为杆件上、下侧温度变化之差。

温度变化不产生剪应变，因此

$$\mathrm{d}\eta_t = 0 \qquad (d)$$

将式（b）、式（c）、式（d）代入式（18-11），得

$$\Delta_t = \sum \int_l \overline{M} \frac{\alpha \Delta t}{h}\mathrm{d}s + \sum \int_l \overline{F}_N \alpha t_0 \mathrm{d}s \qquad (18\text{-}12)$$

式（18-12）是计算静定结构由于温度变化引起位移的一般计算公式，如果每一杆件温度变化沿其长度相同且截面高度相同，式（18-12）可写为

$$\Delta_t = \sum \frac{\alpha \Delta t}{h}\int_l \overline{M}\mathrm{d}s + \sum \alpha t_0 \int_l \overline{F}_N \mathrm{d}s = \sum \frac{\alpha \Delta t}{h}\omega_{\overline{M}} + \sum \alpha t_0 \omega_{\overline{F}_N} \qquad (18\text{-}13)$$

式中，$\omega_{\overline{M}}$ 是 $\overline{M}$ 图的面积，$\omega_{\overline{F}_N}$ 是 $\overline{F}_N$ 图的面积。它们的正负号规定：若虚力状态中由于虚力引起的变形与实际状态中由于温度改变引起的变形方向一致，则取正；反之取负。

应该注意，计算静定结构由于温度改变引起的位移时，不能忽略轴向变形的影响。

【例 18-10】 图 18-26（a）所示的刚架，内侧温度升高 10 ℃，外侧温度升高 20 ℃，各杆截面相同且关于形心轴对称，材料的线膨胀系数为 α。试计算 C 点的水平位移。

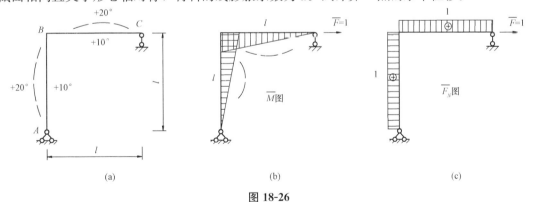

图 18-26

解： 在 C 点施加单位水平集中力，引起的 $\overline{M}$ 图和 $\overline{F}_N$ 图分别如图 18-26（b）、（c）所示，各杆 $t_1 = 20$ ℃，$t_2 = 10$ ℃，故

$$t_0 = \frac{t_1 + t_2}{2} = \frac{20 + 10}{2} = 15(℃)$$

$$\Delta t = t_2 - t_1 = 20 - 10 = 10(℃)$$

$$\Delta_{CH} = \sum \frac{\alpha \Delta t}{h} \omega_{\bar{M}} + \sum \alpha t_0 \omega_{\bar{F}_N} = -\alpha \frac{10}{h} \cdot \frac{1}{2} \cdot l \cdot l \cdot 2 + \alpha \cdot 15 \cdot (1 \cdot l + 1 \cdot l)$$

$$= 30\alpha l - \frac{10\alpha l^2}{h}$$

18.6 线弹性体系的互等定理

线弹性体系是指变形与荷载成比例关系或线性关系的结构体系。线弹性体系必须满足两个条件：一是结构的变形是小变形；二是材料服从胡克定律，即应力与应变成正比。这两个条件也是叠加原理成立的条件，因此，线弹性体系可以应用叠加原理。线弹性体系有四个互等定理，即功的互等定理、位移互等定理、反力互等定理和反力与位移互等定理。其中，功的互等定理是基本的互等定理，其他互等定理可以从功的互等定理推导出来。

18.6.1 功的互等定理

图 18-27(a)所示的简支梁，在 1 截面作用力 F_1，引起梁的变形如图 18-27(a)所示，1 截面的位移为 Δ_{11}，2 截面的位移为 Δ_{21}，记为状态 I。又在 2 截面作用力 F_2，引起梁的变形如图 18-27(b)所示，1 截面的位移为 Δ_{12}，2 截面的位移为 Δ_{22}，记作状态 II。状态 I 的力 F_1 在状态 II 的位移 Δ_{12} 所作的虚功 $T_{12} = F_1 \Delta_{12}$，而状态 II 的力 F_2 在状态 I 的位移 Δ_{21} 所作的虚功为 $T_{21} = F_2 \Delta_{21}$。下面证明 $T_{12} = T_{21}$。

图 18-27

根据虚功原理，$T_{12} = W_{12}$，W_{12} 是状态 I 的内力在状态 II 的变形所做的内力虚功，其值为

$$W_{12} = \sum \int_l M_1 \mathrm{d}\varphi_2 + \sum \int_l F_{S1} \mathrm{d}\eta_2 + \sum \int_l F_{N1} \mathrm{d}\lambda_2$$

$$= \sum \int_l \frac{M_1 M_2}{EI} \mathrm{d}s + \sum \int_l k \frac{F_{S1} F_{S2}}{GA} \mathrm{d}s + \sum \int_l \frac{F_{N1} F_{N2}}{EA} \mathrm{d}s \tag{a}$$

而 $T_{21} = W_{21}$，W_{21} 是状态 II 的内力在状态 I 的变形所做的内力虚功，其值为

$$W_{21} = \sum \int_l M_2 \mathrm{d}\varphi_1 + \sum \int_l F_{S2} \mathrm{d}\eta_1 + \sum \int_l F_{N2} \mathrm{d}\lambda_1$$

$$= \sum \int_l \frac{M_2 M_1}{EI} \mathrm{d}s + \sum \int_l k \frac{F_{S2} F_{S1}}{GA} \mathrm{d}s + \sum \int_l \frac{F_{N2} F_{N1}}{EA} \mathrm{d}s \tag{b}$$

显然式(a)与式(b)相等，即 $W_{12} = W_{21}$，所以有

$$T_{12} = T_{21} \tag{18-14}$$

即第一状态的外力在第二状态的虚位移上所作的外力虚功，等于第二状态的外力在第一状态的虚位移上所作的外力虚功，这就是功的互等定理。

注意第一状态和第二状态是独立无关的，两个状态的力可以是集中力、力偶、一对集中力或一对力偶，位移是与力相对应的广义位移，即线位移、角位移、相对线位移或相对角位移。考虑图18-28所示梁的两种状态，第一状态中梁的1点的集中力对应的广义位移是第二状态中梁的1点的线位移 Δ_{12}，而第二状态中梁的2点的力偶对应的广义位移是第一状态中梁的2点的角位移，这两个力做的虚功满足功的互等定理，有

$$F_1\Delta_{12}=F_2\Delta_{21}$$

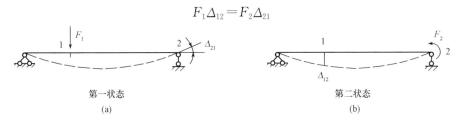

第一状态
(a)

第二状态
(b)

图 18-28

18.6.2　位移互等定理

如果图18-27所示的两个状态的作用力都等于1，即为单位力。$F_1=1$ 引起的2截面的位移为 δ_{21}，$F_2=1$ 引起的1截面的位移为 δ_{12}，如图18-29所示，根据功的互等定理，有

$$F_1\delta_{12}=F_2\delta_{21}$$

即

$$\delta_{12}=\delta_{21} \tag{18-15}$$

即第一状态的单位力作用点由于第二状态单位力作用所引起的位移，等于第二状态的单位力作用点由于第一状态单位力作用所引起的位移，这就是位移互等定理。

位移互等定理在力法计算超静定结构中被经常应用。

状态Ⅰ
(a)

状态Ⅱ
(b)

图 18-29

18.6.3　反力互等定理

图18-30所示为梁的两个状态，在第一状态中，支座1产生单位竖向位移，在支座1、2处分别引起支座反力 r_{11} 和 r_{21}，如图18-30(a)所示。在第二状态中，支座2产生单位竖向位移，在支座1、2处分别引起支座反力 r_{12} 和 r_{22}，如图18-30(b)所示。根据功的互等定理，第一状态中力在第二状态的位移所作的外力虚功等于第二状态中力在第一状态的位移所作的外力虚功，即

$$-r_{21}\cdot\Delta_2=-r_{12}\cdot\Delta_1$$

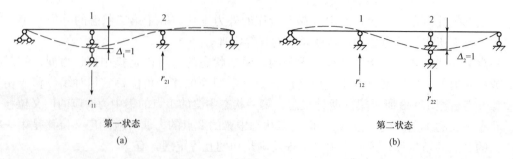

第一状态　　　　　　　　　　　　　　　　　第二状态
(a)　　　　　　　　　　　　　　　　　　　　(b)

图 18-30

由于 $\Delta_1 = 1$，$\Delta_2 = 1$，所以

$$r_{12} = r_{21} \tag{18-16}$$

即第二个约束由于第一个约束发生单位位移所引起的反力，等于第一个约束由于第二个约束发生单位位移所引起的反力，这就是反力互等定理。

反力互等定理在超静定结构计算的位移法中得到应用。

思考题与习题

思考题与习题

第19章

力 法

19.1 超静定结构的概念和超静定次数的确定

19.1.1 超静定结构的概念

在前面各章中，讨论了静定结构的计算。静定结构是无多余约束的几何不变体系，其反力和内力可通过静力平衡条件全部确定。在实际工程中，还有另一类结构，它们的反力和内力只凭静力平衡条件是无法全部确定的，这类结构称为超静定结构。超静定结构是有多余约束的几何不变体系，图

力法的基本原理

19-1(a)所示的连续梁和图 19-1(c)所示的桁架都是超静定结构。若将图 19-1(a)所示的连续梁支座 B 的约束去掉，则成为简支梁，如图 19-1(b)所示，B 支座的约束称为多余约束。多余约束产生的力称为多余约束力。若将图 19-1(c)所示的桁架的杆 AF、杆 DE 切断，如图 19-1(d) 所示，得一静定桁架，杆 AF、杆 DE 的内力 X_1 和 X_2 都是多余约束力。

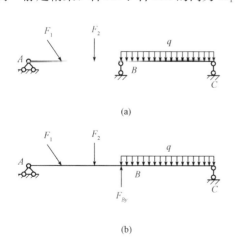

(a)

(b)

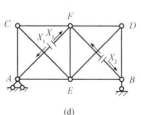

(c)

(d)

图 19-1

19.1.2 超静定次数的确定

超静定结构有多余约束，因此有多余约束力，显然多余约束的数量与多余约束力的数

量相等，称为超静定结构的超静定次数。如果一超静定结构去掉 n 个约束后成为静定结构，那么，这个超静定结构的超静定次数为 n。

可用去掉超静定结构的多余约束使原结构变成静定结构的方法来确定超静定结构次数，即将超静定结构的多余约束逐个去掉，直至原结构变成无多余约束的几何不变体系为止，则去掉的多余约束数量，就是原结构的超静定次数。

去掉多余约束的方式，通常有以下几种：

(1)去掉一个链杆支座或切断一根二力杆，相当于去掉一个约束(图 19-2)。

(2)去掉一个单铰，或去掉一个固定铰支座，或去掉一个定向支座，相当于去掉两个约束(图 19-3)。

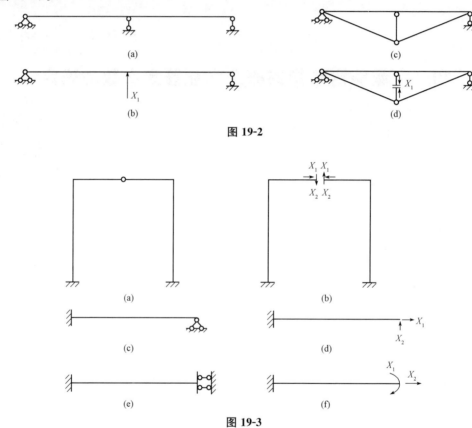

图 19-2

图 19-3

(3)将刚性杆切断，或去掉一个固定端支座，相当于去掉三个约束(图 19-4)。

(4)将刚性杆切断，加上一个单铰，或去掉固定端支座，用固定铰支座代替，相当于去掉一个约束(图 19-5)。

使用上述去掉多余约束的方法，可以确定超静定结构的超静定次数，在确定超静定结构的超静定次数时，可以去掉不同的多余约束而得到不同的静定结构，但去掉的多余约束的数量必然相等，即无论用什么方式去掉多余约束，所得的超静定次数一定相等。

对于图 19-6(a)所示的超静定刚架，去掉 B 支座的水平链杆，即得一个简支刚架，可知原结构的超静定次数为 1。也可以把杆 CD 在其中点处切断，用一个单铰代替，相当于去掉一个约束，得图 19-6(c)所示的静定结构，因此，可确定原结构的超静定次数也是 1。

但是，在去掉多余约束后，如果原结构变成几何可变体系或几何瞬变体系，则是不允许的。例如，对于图 19-6(a)所示的超静定刚架，如果去掉 B 支座的竖向约束，如图 19-6(d)所示，原结构变成一个几何瞬变体系，显然这是不允许的。

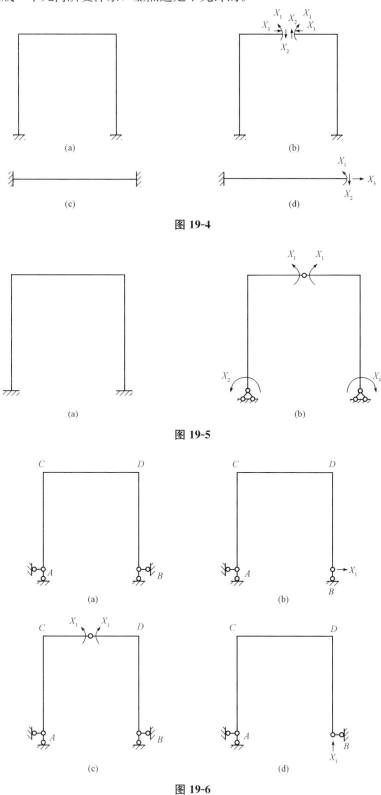

图 19-4

图 19-5

图 19-6

19.2　力法原理和力法方程

19.2.1　力法的基本原理

力法是计算超静定结构最基本的方法，它通过变形协调条件确定多余约束的约束反力。下面通过一个简单的例子说明力法的基本原理。

图 19-7(a)所示的一根单跨一次超静定梁，作用有均布荷载 q，梁的抗弯刚度为 EI。将 B 支座处的链杆去掉，用 X_1 表示其支座反力，则得到一根简支梁，作用在简支梁的荷载有均布荷载 q 和集中力 X_1。去掉多余约束后得到的静定结构称为原结构的基本结构，代替多余约束的未知力称为多余未知力。现在关键问题是确定符合实际受力情况的多余力 X_1，就是支座 B 的真实反力。

由于多余未知力 X_1 就是支座 B 的真实反力，原结构在均布荷载 q 作用下的变形和内力与基本结构在均布荷载 q 和 X_1 共同作用下的变形和内力相同。考虑支座 B 的竖向位移，在原结构中，B 有链杆约束，所以 B 点的竖向位移为零，而基本结构在均布荷载 q 和 X_1 共同作用时[图 19-7(b)]B 点的位移与原结构相同，即

$$\Delta_1 = 0 \tag{a}$$

这就是变形协调条件。

基本结构在均布荷载 q 和 X_1 共同作用可分解为基本结构在均布荷载 q 单独作用下[图 19-7(c)]B 点的位移 Δ_{1F} 和基本结构在 X_1 单独作用[图 19-7(d)]引起 B 点的位移 Δ_{11} 的叠加，即

$$\Delta_1 = \Delta_{1F} + \Delta_{11} = 0 \tag{b}$$

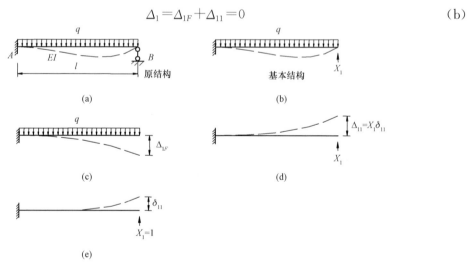

图 19-7

设 δ_{11} 为 $X_1 = 1$ 时基本结构沿 X_1 方向的位移，则 $\Delta_{11} = X_1 \delta_{11}$，代入式(b)得

$$\Delta_1 = \delta_{11} X_1 + \Delta_{1F} = 0 \tag{19-1}$$

由于 δ_{11} 和 Δ_{1F} 都是静定结构在荷载作用下引起的位移，可以用上一章介绍的方法计算，确定 δ_{11} 和 Δ_{1F} 后，代入式(19-1)可以计算多余力 X_1。

作 $X_1=1$ 作用在基本结构的弯矩图 $\overline{M}_1$ 图，如图 19-8(a)所示。作基本结构在均布荷载 q 作用引起的弯矩图 M_F 图，如图 19-8(b)所示，则

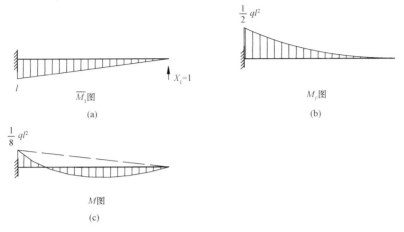

$\overline{M}_1$图
(a)

M_F图
(b)

M图
(c)

图 19-8

$$\delta_{11} = \sum \int \frac{\overline{M}_1 \overline{M}_1}{EI} \mathrm{d}s = \frac{1}{EI} \cdot \frac{1}{2} l \cdot l \cdot \frac{2}{3} l = \frac{l^3}{3EI}$$

$$\Delta_{1F} = \sum \int \frac{\overline{M}_1 M_F}{EI} \mathrm{d}s = -\frac{1}{EI} \cdot \frac{1}{3} l \cdot \frac{1}{2} q l^2 \cdot \frac{3}{4} l = -\frac{q l^4}{8EI}$$

$\because \delta_{11} X_1 + \Delta_{1F} = 0$

$\therefore X_1 = -\dfrac{\Delta_{1F}}{\delta_{11}} = \dfrac{\dfrac{q l^4}{8EI}}{\dfrac{l^3}{3EI}} = \dfrac{3}{8} q l$

当多余未知力 X_1 求出后，其余反力和内力可按静力平衡条件逐一求出，最后绘制原结构的弯矩图，如图 19-8(c)所示。

利用已给出的 $\overline{M}_1$ 图和 M_F 图，也可以应用叠加原理绘制原结构的弯矩图，即按下式绘制弯矩图：

$$M = X_1 M_1 + M_F \tag{c}$$

上述例子是一次超静定结构的力法计算。考察图 19-9(a)所示的二次超静定刚架，若除掉 B 支座的两个多余约束，以多余未知力 X_1、X_2 代替，基本结构如图 19-9(b)所示，其内力和变形与原结构相同。原结构在支座 B 处的水平位移和竖向位移均为零，所以，基本结构在荷载和多余力共同作用下沿 X_1 和 X_2 方向的位移均为零，即

$$\left.\begin{array}{l} \Delta_1 = 0 \\ \Delta_2 = 0 \end{array}\right\} \tag{d}$$

设基本结构由于 $X_1=1$ 单独作用时沿 X_1 方向的位移为 δ_{11}，沿 X_2 方向的位移为 δ_{21}，如图 19-9(d)所示。基本结构由于 $X_2=1$ 单独作用时沿 X_1 方向的位移为 δ_{12}，沿 X_2 方向的位移为 δ_{22}，如图 19-9(e)所示。基本结构在荷载单独作用时沿 X_1 方向和 X_2 方向的位移分别为 Δ_{1F} 和 Δ_{2F}，如图 19-9(c)所示。根据叠加原理，式(d)可写成

$$\left.\begin{array}{l} \Delta_1 = \delta_{11} X_1 + \delta_{12} X_2 + \Delta_{1F} = 0 \\ \Delta_2 = \delta_{21} X_1 + \delta_{22} X_2 + \Delta_{2F} = 0 \end{array}\right\} \tag{19-2}$$

式中，$\delta_{11} = \sum \int \dfrac{\overline{M_1}\,\overline{M_1}}{EI}\mathrm{d}s$。

$$\delta_{12} = \delta_{21} = \sum \int \frac{\overline{M_1}\,\overline{M_2}}{EI}\mathrm{d}s$$

$$\delta_{22} = \sum \int \frac{\overline{M_2}\,\overline{M_2}}{EI}\mathrm{d}s$$

$$\Delta_{1F} = \sum \int \frac{\overline{M_1}\,M_F}{EI}\mathrm{d}s$$

$$\Delta_{2F} = \sum \int \frac{\overline{M_2}\,M_F}{EI}\mathrm{d}s$$

$\overline{M_1}$、$\overline{M_2}$ 和 M_F 分别是 $X_1 = 1$、$X_2 = 1$ 和荷载单独作用在基本结构上引起的弯矩图。

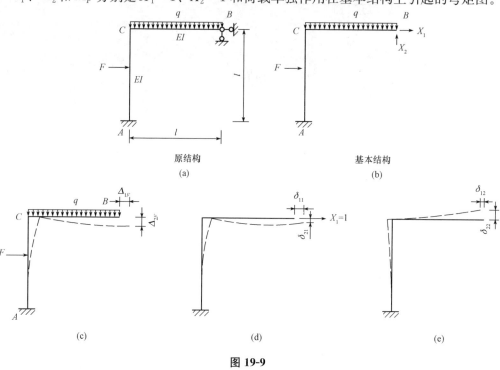

图 19-9

19.2.2 力法一般方程

力法原理可推广到 n 次超静定问题。对于 n 次超静定结构，有 n 个多余约束，多余未知力为 X_1，X_2，$\cdots$，X_n，根据变形协调条件，可建立 n 个方程

$$\left.\begin{array}{l} \delta_{11}X_1 + \delta_{12}X_2 + \cdots + \delta_{1n}X_n + \Delta_{1F} = 0 \\ \delta_{21}X_1 + \delta_{22}X_2 + \cdots + \delta_{2n}X_n + \Delta_{2F} = 0 \\ \qquad\cdots\cdots \\ \delta_{n1}X_1 + \delta_{n2}X_2 + \cdots + \delta_{nn}X_n + \Delta_{nF} = 0 \end{array}\right\} \tag{19-3}$$

式(19-3)是力法方程的一般形式，常称为力法典型方程。

在式(19-3)中，δ_{ij} 称为系数项。其中位于主对角线（左上方至右下方方向）上的系数 δ_{ii} 称为主系数，主对角线两侧的系数 $\delta_{ij}(i \neq j)$ 称为副系数，Δ_{iF} 称为自由项。主系数总正的，副系数可能为正、为负或为零。根据位移互等定理，有

$$\delta_{ij} = \delta_{ji} \tag{e}$$

对于梁和刚架，可按下式计算系数项和自由项：

$$\left. \begin{aligned} \delta_{ij} &= \sum \int \frac{\overline{M_i}\,\overline{M_j}}{EI}\,\mathrm{d}s \\ \Delta_{iF} &= \sum \int \frac{\overline{M_i}M_F}{EI}\,\mathrm{d}s \end{aligned} \right\} \tag{19-4}$$

其中 $i=1，2，\cdots，n$；$j=1，2，\cdots，n$。$\overline{M_i}$、M_F 分别为 $X_i=1$ 和荷载单独作用在基本结构上引起的弯矩。

从力法方程解出多余力 $X_i(i=1，2，\cdots，n)$ 后，可按静定结构的分析方法求原结构的反力和内力，或按以下叠加公式求弯矩：

$$M = X_1\overline{M_1} + X_2\overline{M_2} + \cdots + X_n\overline{M_n} + M_F \tag{19-5}$$

综上所述，力法计算超静定结构的步骤如下：

（1）去掉超静定结构的多余约束，以多余力代替其作用。

（2）根据变形协调条件，建立力法方程。

（3）作 $\overline{M_1}$ 图，$\overline{M_2}$ 图，$\cdots$，$\overline{M_n}$ 图和 M_F 图，计算力法方程的系数项和自由项。

（4）将计算所得的系数项和自由项代入力法方程，解方程，求解各多余力。

（5）求出多余力后，按分析静定结构的方法，绘制原结构的内力图；或按式（19-5）绘制原结构的弯矩图。

19.3　用力法计算超静定梁和刚架

由于梁和超静定刚架的位移主要由弯曲变形贡献，所以在力法方程的系数项和自由项的计算中，只考虑弯矩的影响。下面通过例题说明如何用力法计算超静定梁和刚架。

【例19-1】　用力法计算图19-10(a)所示的超静定梁，梁的抗弯刚度为 EI，作梁的弯矩图。

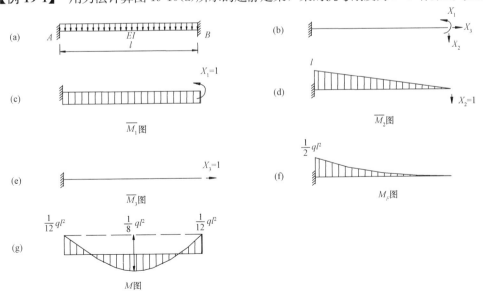

图 19-10

解： 这是一个三次超静定梁，将支座 B 的三个约束去掉，基本结构如图 19-10(b) 所示，有三个多余未知力 X_1，X_2，X_3，作 $\overline{M_1}$ 图、$\overline{M_2}$ 图、$\overline{M_3}$ 图，如图 19-10(c)、(d)、(e) 所示。力法方程为

$$\left.\begin{array}{l} \delta_{11}X_1+\delta_{12}X_2+\delta_{13}X_3+\Delta_{1F}=0 \\ \delta_{21}X_1+\delta_{22}X_2+\delta_{23}X_3+\Delta_{2F}=0 \\ \delta_{31}X_1+\delta_{32}X_2+\delta_{33}X_3+\Delta_{3F}=0 \end{array}\right\}$$

注意轴力 $X_3=1$ 引起的弯矩为零，因此

$$\delta_{13}=\delta_{31}=\delta_{23}=\delta_{32}=0, \ \Delta_{3F}=0$$

如果考虑轴力对变形的影响，则 $\delta_{33}\neq0$，用图乘法计算系数项和自由项

$$\delta_{11}=\sum\int\frac{\overline{M_1}\,\overline{M_1}}{EI}\mathrm{d}s=\frac{1}{EI}\cdot l\cdot1\cdot1=\frac{l}{EI}$$

$$\delta_{12}=\delta_{21}=\sum\int\frac{\overline{M_1}\,\overline{M_2}}{EI}\mathrm{d}s=-\frac{1}{EI}\cdot\frac{1}{2}\cdot l\cdot l\cdot1=-\frac{l^2}{2EI}$$

$$\delta_{22}=\sum\int\frac{\overline{M_2}\,\overline{M_2}}{EI}\mathrm{d}s=\frac{1}{EI}\cdot\frac{1}{2}\cdot l\cdot l\cdot\frac{2}{3}l=\frac{l^3}{3EI}$$

$$\Delta_{1F}=\sum\int\frac{\overline{M_1}M_F}{EI}\mathrm{d}s=-\frac{1}{EI}\cdot\frac{1}{3}\cdot\frac{1}{2}ql^2\cdot l\cdot1=-\frac{ql^3}{6EI}$$

$$\Delta_{2F}=\sum\int\frac{\overline{M_2}M_F}{EI}\mathrm{d}s=\frac{1}{EI}\cdot\frac{1}{3}\cdot\frac{1}{2}ql^2\cdot l\cdot\frac{3}{4}l=\frac{ql^4}{8EI}$$

代入力法方程，得

$$\left.\begin{array}{l} \dfrac{l}{EI}X_1-\dfrac{l^2}{2EI}X_2-\dfrac{ql^3}{6EI}=0 \\[2mm] -\dfrac{l^2}{2EI}X_1+\dfrac{l^3}{3EI}X_2+\dfrac{ql^4}{8EI}=0 \\[2mm] \delta_{33}X_3=0 \end{array}\right\}$$

解方程得 $X_1=-\dfrac{1}{12}ql^2$，$X_2=-\dfrac{1}{2}ql$，$X_3=0$。

根据 $M=X_1\overline{M_1}+X_2\overline{M_2}+X_3\overline{M_3}+M_F$ 作梁的弯矩图，如图 19-10(g) 所示。

【例 19-2】 用力法计算图 19-11(a) 所示的超静定刚架，作刚架的内力图。杆 AC 的抗弯刚度为 $2EI$，CB 杆的抗弯刚度为 EI。

解： 这是一个二次超静定刚架，将支座 B 的约束去掉，得如图 19-11(b) 所示的基本结构，力法方程为

$$\left.\begin{array}{l} \delta_{11}X_1+\delta_{12}X_2+\Delta_{1F}=0 \\ \delta_{21}X_1+\delta_{22}X_2+\Delta_{2F}=0 \end{array}\right\}$$

作 $\overline{M_1}$ 图、$\overline{M_2}$ 图、M_F 图，如图 19-11(c)、(d)、(e) 所示，用图乘法计算系数项和自由项

$$\delta_{11}=\sum\int\frac{\overline{M_1}\,\overline{M_1}}{EI}\mathrm{d}s=\frac{1}{2EI}\cdot\frac{1}{2}\times6\times6\times\frac{2}{3}\times6=\frac{36}{EI}$$

$$\delta_{12}=\delta_{21}=\sum\int\frac{\overline{M_1}\,\overline{M_2}}{EI}\mathrm{d}s=\frac{1}{2EI}\cdot\frac{1}{2}\times6\times6\times6=\frac{54}{EI}$$

$$\delta_{22}=\sum\int\frac{\overline{M_2}\,\overline{M_2}}{EI}\mathrm{d}s=\frac{1}{EI}\cdot\frac{1}{2}\times6\times6\times\frac{2}{3}\times6+\frac{1}{2EI}\times6\times6\times6=\frac{180}{EI}$$

$$\Delta_{1F} = \sum \int \frac{\overline{M_1}M_F}{EI}\mathrm{d}s = -\frac{1}{2EI} \cdot 180 \times 6 \times 6 \times \frac{1}{2} = -\frac{1\,620}{EI}$$

$$\Delta_{2F} = \sum \int \frac{\overline{M_2}M_F}{EI}\mathrm{d}s = -\frac{1}{EI} \cdot \frac{1}{3} \times 180 \times 6 \times \frac{3}{4} \times 6 - \frac{1}{2EI} \cdot 180 \times 6 \times 6 = -\frac{4\,860}{EI}$$

代入力法方程，得

$$\left.\begin{array}{l} \dfrac{36}{EI}X_1 + \dfrac{54}{EI}X_2 - \dfrac{1\,620}{EI} = 0 \\[3mm] \dfrac{54}{EI}X_1 + \dfrac{180}{EI}X_2 - \dfrac{4\,860}{EI} = 0 \end{array}\right\}$$

解方程得 $X_1 = 8.18$ kN，$X_2 = 24.55$ kN。

可用叠加法 $M = X_1\overline{M_1} + X_2\overline{M_2} + M_F$ 作刚架的弯矩图[图 19-11(f)]。

将 $X_1 = 8.18$ kN，$X_2 = 24.55$ kN 代入图 19-11(b)所示的基本结构，按静定结构的分析方法作刚架的剪力图[图 19-11(g)]和轴力图[图 19-11(h)]。

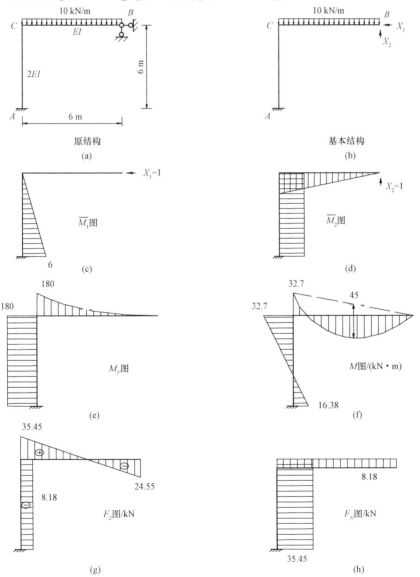

图 19-11

19.4 用力法计算超静定桁架、排架和组合结构

19.4.1 超静定桁架的计算

超静定桁架只承受结点荷载时，桁架各杆的内力只有轴力，若用力法计算超静定桁架，则力法方程中系数项和自由项的计算只考虑轴力，因此，系数项和自由项可按以下公式计算：

$$\left.\begin{aligned}\delta_{ij} &= \sum \frac{\overline{F}_{Ni} \overline{F}_{Nj}}{EA} l \\ \Delta_{iF} &= \sum \frac{\overline{F}_{Ni} F_{NF}}{EA} l\end{aligned}\right\} \tag{19-6}$$

桁架各杆的轴力可按下式计算：

$$F_N = X_1 \overline{F}_{N1} + X_2 \overline{F}_{N2} + \cdots + X_n \overline{F}_{Nn} + F_{NF} \tag{19-7}$$

【例 19-3】 用力法计算图 19-12（a）所示的超静定桁架，各杆的抗拉压刚度 EA 为常数。

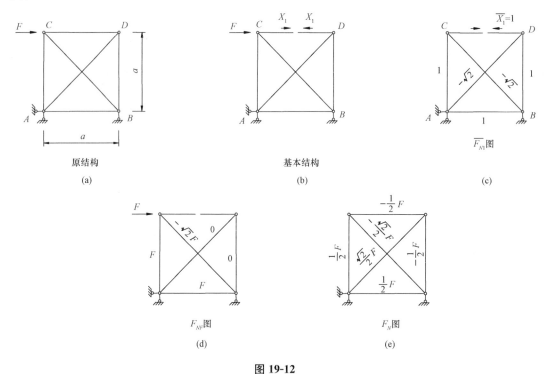

图 19-12

解：这是一次超静定桁架，切断 CD 杆得基本结构如图 19-12(b)所示，力法方程是

$$\delta_{11} X_1 + \Delta_{1F} = 0$$

令 $X_1 = 1$，计算桁架各杆的内力，如图 19-12(c)所示。

当荷载单独作用在基本结构上时，计算桁架各杆的内力，如图 19-12(d)所示。

$$\delta_{11} = \sum \frac{\overline{F}_{N1}\,\overline{F}_{N1}}{EA} \cdot l = \frac{1}{EA}[1 \cdot 1 \cdot a \cdot 4 + (-\sqrt{2})(-\sqrt{2})\sqrt{2}a \cdot 2] = \frac{4(1+\sqrt{2})a}{EA}$$

$$\Delta_{1F} = \sum \frac{\overline{F}_{N1}F_{NF}}{EA} \cdot l = \frac{1}{EA}[1 \cdot F \cdot a \cdot 2 + (-\sqrt{2}F)(-\sqrt{2})\sqrt{2}a] = \frac{2(1+\sqrt{2})Fa}{EA}$$

$$X_1 = -\frac{\Delta_{1F}}{\delta_{11}} = -\frac{\dfrac{2(1+\sqrt{2})Fa}{EA}}{\dfrac{4(1+\sqrt{2})a}{EA}} = -\frac{F}{2}$$

各杆的轴力可通过下式计算,如图 19-12(e)所示。

$$F_N = X_1 \overline{F}_{N1} + F_{NF}$$

19.4.2　排架的计算

单层厂房通常采用排架结构,由屋架、柱和基础组成,柱与基础刚结,屋架与柱铰接,如图 19-13(a)所示。屋架按桁架计算,由于屋架的刚度比柱大得多,整个屋架可看作刚度为无穷大的链杆。因此,排架的计算简图如图 19-13(b)所示。

计算排架时,通常将链杆看作多余约束,将链杆切断,以代替多余约束,得到力法计算的基本结构。

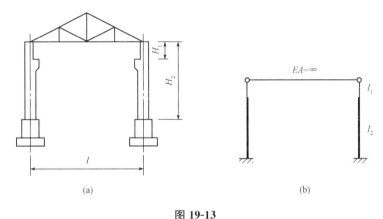

图 19-13

【例 19-4】　用力法计算图 19-14(a)所示排架,作排架的弯矩图,柱上段和下段的抗弯刚度分别为 EI 和 $2EI$。

解：这是一个一次超静定结构,切断 CD 杆,以 CD 杆的内力 X_1 代替,取图 19-14(b)所示的基本结构,其力法方程为

$$\delta_{11}X_1 + \Delta_{1F} = 0$$

作 $\overline{M}_1$ 图、M_F 图,如图 19-14(c)、(d)所示,用图乘法计算系数项和自由项。由于柱上段和下段的抗弯刚度不同,需要分段计算。

$$\delta_{11} = \left\{ \frac{1}{EI} \cdot \frac{1}{2}\times2\times2\times\frac{2}{3}\times2 + \frac{1}{2EI}\left[\frac{1}{2}\times6\times4\times\left(\frac{2}{3}\times6 + \frac{1}{3}\times2\right) + \frac{1}{2}\times2\times4\times \right. \right.$$
$$\left. \left. \left(\frac{2}{3}\times2 + \frac{1}{3}\times6\right)\right]\right\}\times2 = \frac{224}{3EI}$$

$$\Delta_{1F}=\frac{1}{EI}\cdot\frac{1}{3}\times12\times2\times\frac{3}{4}\times2+\frac{1}{2EI}\Big[\frac{1}{2}\times108\times4\times\Big(\frac{2}{3}\times6+\frac{1}{3}\times2\Big)+\frac{1}{2}\times12\times4$$

$$\times\Big(\frac{2}{3}\times2+\frac{1}{3}\times6\Big)-\frac{2}{3}\times12\times4\times\Big(\frac{1}{2}\times6+\frac{1}{2}\times2\Big)\Big]=\frac{492}{EI}$$

$$X_1=-\frac{\Delta_{1F}}{\delta_{11}}=-\frac{\dfrac{492}{EI}}{\dfrac{224}{3EI}}=-6.59\ \text{kN}$$

计算 Δ_{1F} 时，将柱分为上、下两段图乘，上段是一个标准抛物线与三角形相图乘。下段是一个非标准抛物线与梯形相图乘，非标准抛物线看作一个梯形[图 19-14(e)]与一个标准抛物线[图 19-14(f)]的叠加。因此，下段的图乘结果是梯形与梯形相图乘，加上梯形与标准抛物线相图乘。

用叠加法 $M=X_1\overline{M}_1+M_F$ 作排架的弯矩图，如图 19-14(g)所示。

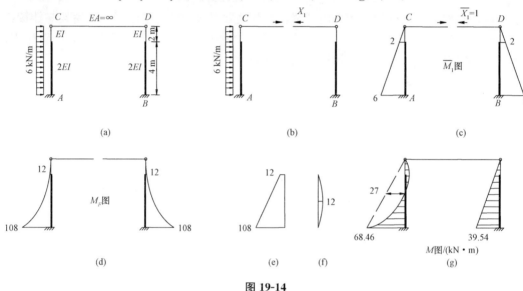

图 19-14

19.4.3　超静定组合结构的计算

组合结构由梁式杆和桁式杆组成，梁式杆的内力主要是弯矩，也有剪力和轴力，桁式杆的内力为轴力。计算力法方程的系数项和自由项时，梁式杆一般只考虑弯矩的影响，忽略剪力和轴力的影响。对于桁式杆，只考虑轴力的影响。因此，力法方程中的系数项和自由项可按下式计算：

$$\left.\begin{aligned}\delta_{ij}&=\sum\int\frac{\overline{M}_i\overline{M}_j}{EI}\mathrm{d}s+\sum\frac{\overline{F}_{Ni}\overline{F}_{Nj}}{EA}l\\\Delta_{iF}&=\sum\int\frac{\overline{M}_iM_F}{EI}\mathrm{d}s+\sum\frac{\overline{F}_{Ni}\overline{F}_{NF}}{EA}l\end{aligned}\right\} \tag{19-8}$$

内力可按以下叠加公式计算：

$$\left.\begin{aligned}M&=X_1\overline{M}_1+X_2\overline{M}_2+\cdots+X_n\overline{M}_n+M_F\\F_N&=X_1\overline{F}_{N1}+X_2\overline{F}_{N2}+\cdots+X_n\overline{F}_{Nn}+F_{NF}\end{aligned}\right\} \tag{19-9}$$

【例 19-5】 计算图 19-15(a)所示的组合结构，作梁的弯矩图。已知梁的抗弯刚度 $E_1I=1\times10^4$ kN·m^2，桁式杆的抗拉压刚度 $E_2A=10\times10^4$ kN。

解： 这是一个一次超静定结构，切断桁式杆 CD，用内力 X_1 代替，取图 19-15(b)所示的基本结构，力法方程为

$$\delta_{11}X_1+\Delta_{1F}=0$$

令 $X_1=1$，得 $\overline{F}_{N1}$、$\overline{M}_1$ 图，如图 19-15(c)所示。F_{NF}、M_F 图如图 19-15(d)所示。计算力法方程的系数项和自由项

$$\delta_{11}=\frac{1}{E_1I}\cdot\frac{1}{2}\times1\times2\times\frac{2}{3}\times1\times2+\frac{1}{E_2A}\left[1\times1\times1+\left(-\frac{\sqrt5}{2}\right)\times\left(-\frac{\sqrt5}{2}\right)\times\sqrt5\times2\right]$$

$$=\frac{1}{1\times10^4}\times\frac{4}{3}+\frac{1}{10\times10^4}\times(1+\frac{5\sqrt5}{2})=1.992\times10^{-4}$$

$$\Delta_{1F}=\frac{1}{E_1I}\cdot\frac{2}{3}\times20\times2\times\frac{5}{8}\times1\times2=\frac{1}{1\times10^4}\times\frac{2}{3}\times20\times2\times\frac{5}{8}\times1\times2=3.333\times10^{-4}$$

$$X_1=-\frac{\Delta_{1F}}{\delta_{11}}=-\frac{3.333\times10^{-4}}{1.992\times10^{-4}}=-16.73(\text{kN})$$

根据叠加公式

$$M=X_1\overline{M}_1+M_F$$

$$F_N=X_1\overline{F}_{N1}+F_{NF}$$

绘制梁的弯矩图，计算各桁式杆的轴力，如图 19-15(e)、(f)所示。

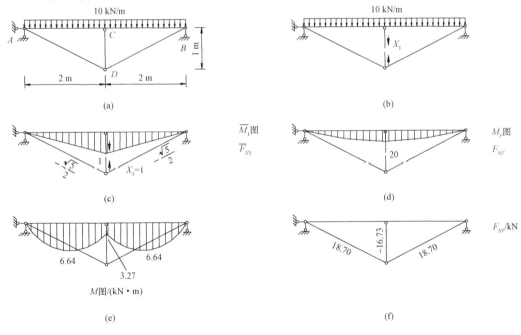

图 **19-15**

19.5 对称性的利用

在建筑工程中，很多结构是对称的。若结构的几何形状、杆件的截面尺寸和物理性质均对称于某一轴线，这样的结构称为对称结构，也就是说，结构绕上述轴线对折，轴线两侧部分完全重合，上述轴线称为结构的对称轴。图 19-16 所示的结构均为对称结构，图 19-16(a)、(c)所示的结构有一条对称轴，而图 19-16(b)所示的结构有两条对称轴。

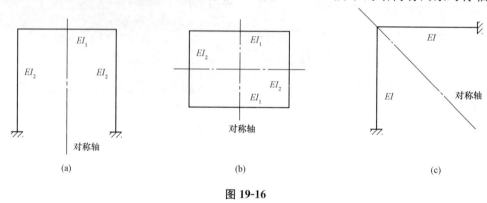

(a)　　　　　　　　　　　(b)　　　　　　　　　　　(c)

图 19-16

利用结构的对称性，选择适当的基本结构，可使力法方程中的某些副系数为零，使力法计算得到简化。

如图 19-17(a)所示的刚架，是对称的三次超静定结构，在对称轴与横梁相交处将横梁切断，用三个多余未知力 X_1（弯矩）、X_2（剪力）和 X_3（轴力）代替，得如图 19-17(b)所示的基本结构，则力法方程为

$$\left.\begin{array}{l} \delta_{11}X_1 + \delta_{12}X_2 + \delta_{13}X_3 + \Delta_{1F} = 0 \\ \delta_{21}X_1 + \delta_{22}X_2 + \delta_{23}X_3 + \Delta_{2F} = 0 \\ \delta_{31}X_1 + \delta_{32}X_2 + \delta_{33}X_3 + \Delta_{3F} = 0 \end{array}\right\} \tag{a}$$

力法方程的系数项和自由项可使用图乘法计算，应该注意，对称的弯矩图与反对称的弯矩图相图乘为零。基本结构中多余未知力 X_1（弯矩）和 X_3（轴力）是对称的，X_2（剪力）是反对称的，作 $\overline{M}_1$ 图、$\overline{M}_2$ 图、$\overline{M}_3$ 图，如图 19-17(c)、(d)、(e)所示，注意 $\overline{M}_1$ 图和 $\overline{M}_3$ 图对称，而 $\overline{M}_2$ 图反对称，有

$$\delta_{12} = \delta_{21} = \sum \int \frac{\overline{M}_1 \overline{M}_2}{EI} \mathrm{d}s = 0$$

$$\delta_{23} = \delta_{32} = \sum \int \frac{\overline{M}_2 \overline{M}_3}{EI} \mathrm{d}s = 0$$

代入式(a)，力法方程简化为

$$\left.\begin{array}{l} \delta_{11}X_1 + \delta_{13}X_3 + \Delta_{1F} = 0 \\ \delta_{31}X_1 + \delta_{33}X_3 + \Delta_{3F} = 0 \\ \delta_{22}X_2 + \Delta_{2F} = 0 \end{array}\right\} \tag{b}$$

用力法计算对称结构时，应选取对称的基本结构，可使计算得到简化。

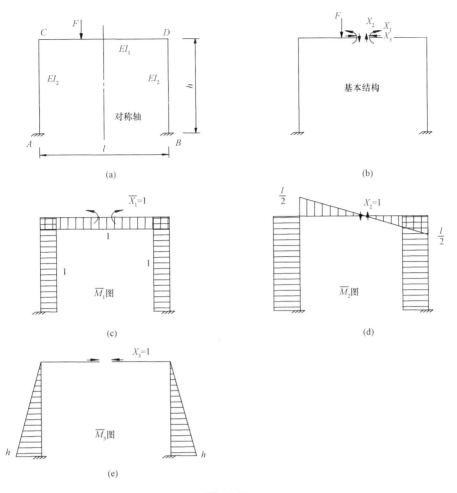

图 19-17

作用在结构上的荷载，可以视为一组对称荷载和一组反对称荷载的叠加。例如图 19-17(a)所示的荷载可分解为一组对称荷载[图 19-18(a)]和一组反对称荷载[图 19-18(b)]。对称荷载作用在基本结构上引起的弯矩图 M'_F 是对称的，而反对称荷载作用在基本结构上引起的弯矩图 M''_F 是反对称的。

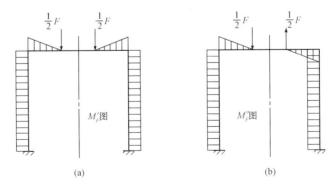

图 19-18

如果结构在对称荷载作用时，式(b)中第三个方程的自由项为零，即

$$\Delta_{2F} = \sum \int \frac{\overline{M}_2 M_F'}{EI} \mathrm{d}s = 0$$

则 $X_2 = 0$，力法方程变为

$$\left.\begin{array}{l} \delta_{11}X_1 + \delta_{13}X_3 + \Delta_{1F} = 0 \\ \delta_{31}X_1 + \delta_{33}X_3 + \Delta_{3F} = 0 \end{array}\right\} \tag{c}$$

由原来的三次超静定问题变成二次超静定问题，超静定次数降低了。

如果作用在结构上的荷载反对称，式(b)中前两个方程的自由项为零，即

$$\Delta_{1F} = \sum \int \frac{\overline{M}_1 M_F'}{EI} \mathrm{d}s = 0$$

$$\Delta_{3F} = \sum \int \frac{\overline{M}_3 M_F'}{EI} \mathrm{d}s = 0$$

可以证明 $X_1 = 0$，$X_3 = 0$，此时力法方程变为

$$\delta_{22} + \Delta_{2F} = 0 \tag{d}$$

这是一次超静定问题，超静定次数再次降低。

综上所述，对称结构在对称荷载作用下，对称轴处截面的反对称多余力为零，结构的内力与变形是对称的；在反对称荷载作用下，对称轴处截面的对称多余力为零，结构的内力与变形是反对称的。利用结构的对称性，可以简化力法计算。

【例 19-6】 用力法计算图 19-19(a)所示的刚架，作刚架的弯矩图，各杆的抗弯刚度均为 EI。

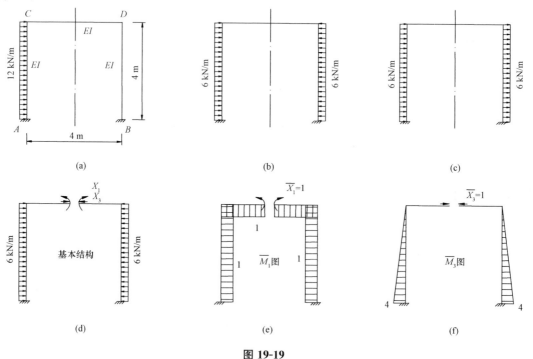

图 19-19

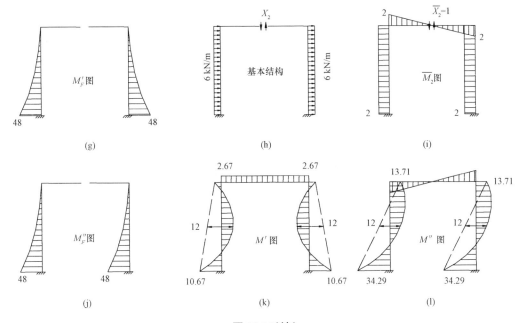

图 19-19(续)

解：将荷载分解为一组对称荷载[图 19-19(b)]和一组反对称荷载[图 19-19(c)]，分别计算这两种荷载作用下刚架的弯矩图。

(1)对称荷载作用。将 CD 杆中点切断，在对称荷载作用下，只有对称的多余力弯矩(X_1)和轴力(X_3)，得基本结构如图 19-19(d)所示，这是一个二次超静定问题，力法方程为

$$\left.\begin{array}{l}\delta_{11}X_1+\delta_{13}X_3+\Delta_{1F}=0\\ \delta_{31}X_1+\delta_{33}X_3+\Delta_{3F}=0\end{array}\right\}$$

作 $\overline{M}_1$ 图、$\overline{M}_3$ 图、M'_F 图，如图 19-19(e)、(f)、(g)所示，计算系数项和自由项

$$\delta_{11}=\sum\int\frac{\overline{M}_1\overline{M}_1}{EI}\mathrm{d}s=\frac{1}{EI}\cdot 1\times 4\times 1\times 3=\frac{12}{EI}$$

$$\delta_{13}=\delta_{31}=\sum\int\frac{\overline{M}_1\overline{M}_3}{EI}\mathrm{d}s=-\frac{1}{EI}\cdot\frac{1}{2}\times 4\times 4\times 1\times 2=-\frac{16}{EI}$$

$$\delta_{33}=\sum\int\frac{\overline{M}_3\overline{M}_3}{EI}\mathrm{d}s=\frac{1}{EI}\cdot\frac{1}{2}\times 4\times 4\times\frac{2}{3}\times 4\times 2=\frac{128}{3EI}$$

$$\Delta_{1F}=\sum\int\frac{\overline{M}_1M'_F}{EI}\mathrm{d}s=-\frac{1}{EI}\cdot\frac{1}{3}\times 48\times 4\times 1\times 2=-\frac{128}{EI}$$

$$\Delta_{3F}=\sum\int\frac{\overline{M}_3M'_F}{EI}\mathrm{d}s=\frac{1}{EI}\cdot\frac{1}{3}\times 48\times 4\times\frac{3}{4}\times 4\times 2=\frac{384}{EI}$$

代入力法方程，得

$$\left.\begin{array}{l}\dfrac{12}{EI}X_1-\dfrac{16}{EI}X_3-\dfrac{128}{EI}=0\\ -\dfrac{16}{EI}X_1+\dfrac{128}{3EI}X_3+\dfrac{384}{EI}=0\end{array}\right\}$$

解方程，得 $X_1=-2.67$ kN，$X_3=-10$ kN。

按叠加公式 $M' = X_1\overline{M_1} + X_3\overline{M_3} + M'_F$，作刚架的弯矩图，如图 19-19(k) 所示。

（2）反对称荷载作用。在反对称荷载作用下，将 CD 杆中点切断，只有反对称的多余力剪力（X_2），基本结构如图 19-19(h) 所示。这是一个一次超静定问题，力法方程为

$$\delta_{22} + \Delta_{2F} = 0$$

作 $\overline{M_2}$ 图、M'_F 图，如图 19-19(i)、(j) 所示，计算系数项和自由项：

$$\delta_{22} = \sum \int \frac{\overline{M_2}\,\overline{M_2}}{EI}\mathrm{d}s = \frac{1}{EI}\cdot\left(\frac{1}{2}\times 2\times 2\times\frac{2}{3}\times 2 + 2\times 4\times 2\right)\times 2 = \frac{112}{3EI}$$

$$\Delta_{2F} = \sum \int \frac{\overline{M_2}M''_F}{EI}\mathrm{d}s = \frac{1}{EI}\cdot\frac{1}{3}\times 48\times 4\times 2\times 2 = \frac{256}{EI}$$

因此，$X_2 = -\dfrac{\Delta_{2F}}{\delta_{22}} = -\dfrac{\dfrac{256}{EI}}{\dfrac{112}{3EI}} = -6.86(\mathrm{kN})$。

按叠加公式 $M' = X_2\overline{M_2} + M'_F$，作刚架的弯矩图如图 19-19(l) 所示。

将（1）、（2）两种荷载作用下的弯矩图［即图 19-19(k)、(l)］叠加，得原结构的弯矩图，如图 19-20 所示。

对于图 19-21(a) 所示的刚架，对称轴与杆 AC 重合，将 B、D 的约束去掉，根据对称性，B、D 的约束反力相等，基本结构如图 19-21(b) 所示，未知力只有一个，是一次超静定问题。

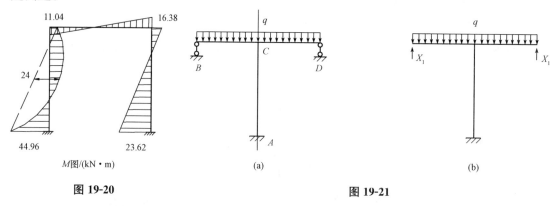

图 19-20

图 19-21

19.6　温度改变和支座移动时超静定结构的计算

超静定结构由于有多余约束，当结构的温度改变或支座产生位移时，超静定结构将产生变形，并引起内力。

用力法计算超静定结构时，使用变形协调条件建立力法方程，求解多余未知力。变形协调条件是指基本结构在外在因素和多余未知力的共同作用下，在去掉多余约束处的位移与原结构的实际位移相等。上述外在因素包括外荷载、温度改变、支座位移和制造误差等，当超静定结构温度改变或支座产生位移时，力法方程仍然成立，只是力法方程的自由项是基本结构由于温度改变或支座位移在去掉多余约束处的位移。

19.6.1 温度改变时超静定结构的计算

图 19-22(a)是一个一次超静定结构，各杆外侧温度升高 t_1，内侧温度升高 t_2，现用力法计算其内力。

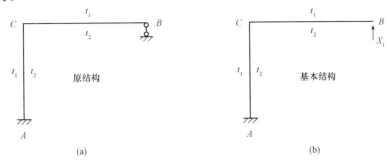

图 19-22

去掉支座 B 的多余约束，代以多余未知力 X_1，其基本结构如图 19-22(b)所示。根据变形协调条件，基本结构在温度改变与多余未知力的共同作用下，沿 X_1 方向的位移与原结构相同，得力法方程如下：

$$\delta_{11}X_1+\Delta_{1t}=0 \qquad\qquad (a)$$

式中，Δ_{1t} 是基本结构由于温度改变在 X_1 方向上的位移，可按下式计算(参见 18.5 节)：

$$\Delta_{1t}=\sum \alpha t_0 \omega_{\overline{F}_{N1}}+\sum \alpha \frac{\Delta t}{h}\omega_{\overline{M}_1} \qquad\qquad (b)$$

于是，

$$X_1=-\frac{\Delta_{1t}}{\alpha_{11}} \qquad\qquad (c)$$

由于基本结构是静定结构，温度改变不产生内力，因此，原结构的弯矩图可按下式计算：

$$M=X_1\overline{M}_1$$

【例 19-7】 用力法计算图 19-23(a)所示的刚架，作刚架的弯矩图。刚架内侧温度升高 10 ℃，外侧温度升高 20 ℃，各杆线膨胀系数为 α，抗弯刚度为 EI，截面对称，高度为 h。

解： 这是一个一次超静定问题，将支座 B 的约束去掉，代以多余未知力 X_1，得如图 19-23(b)所示的基本结构，力法方程为

$$\delta_{11}X_1+\Delta_{1t}=0$$

作 $\overline{M}_1$ 图，$\overline{F}_{N1}$ 图，如图 19-23(c)、(d)所示，计算系数项和自由项

$$\delta_{11}=\sum\int \frac{\overline{M}_1 \overline{M}_1}{EI}\mathrm{d}s=\frac{1}{EI}\left(\frac{1}{2}\cdot l\cdot l\cdot \frac{2}{3}\cdot l+l\cdot l\cdot l\right)=\frac{4l^3}{3EI}$$

$$\Delta_{1t}=\sum \alpha t_0 \omega_{\overline{F}_{N1}}+\sum \alpha \frac{\Delta t}{h}\omega_{\overline{M}_1}$$

$$=-\alpha \frac{10}{h}\left(\frac{1}{2}\cdot l\cdot l+l\cdot l\right)+\alpha\cdot 15\cdot 1\cdot l=-\frac{15\alpha l^2}{h}+15\alpha l=15\alpha l\left(1-\frac{l}{h}\right)$$

$$X_1=-\frac{\Delta_{1t}}{\alpha_{11}}=\frac{15\alpha l\left(\dfrac{l}{h}-1\right)}{\dfrac{4l^3}{3EI}}=\frac{45\alpha EI}{4l^2}\left(\frac{l}{h}-1\right)$$

根据公式 $M = X_1 \overline{M}_1$，作刚架的弯矩图，如图 19-23(e)所示。

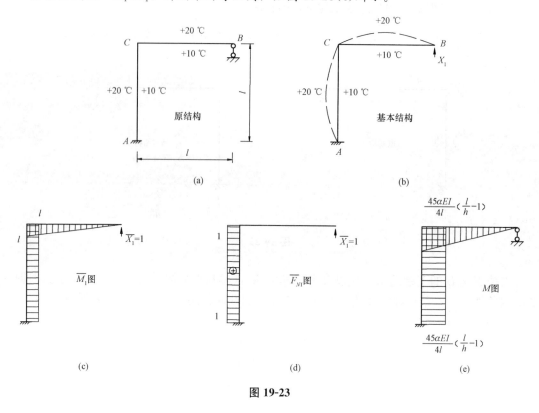

图 19-23

19.6.2 支座移动时超静定结构的计算

图 19-24(a)所示的超静定刚架，支座 A 产生水平位移 a、竖向位移 b、转角 φ。现计算由于支座 A 产生上述位移引起的内力。

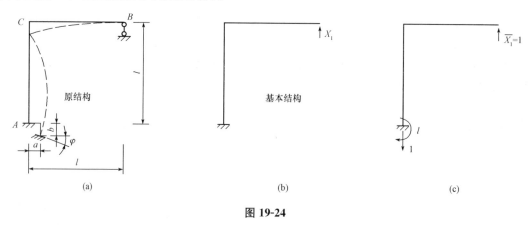

图 19-24

这是一个一次超静定结构，去掉支座 B 的约束，代以多余未知力 X_1，得图 19-24(b)所示的基本结构。根据变形协调条件，基本结构在支座产生位移和多余未知力的共同作用下，沿 X_1 方向的位移与原结构相同，得力法方程如下：

$$\delta_{11} X_1 + \Delta_{1C} = 0 \qquad\qquad\qquad (\text{e})$$

式中，Δ_{1C}是基本结构由于支座产生位移在 X_1 方向上产生的位移。可按下式计算（参看 18.5 节）：

$$\Delta_{1C} = -\sum \overline{F}_{R1} C \tag{f}$$

于是，

$$X_1 = -\frac{\Delta_{1C}}{\delta_{11}} \tag{g}$$

基本结构的支座产生位移时不产生内力，因此，原结构弯矩可按下式计算：

$$M = X_1 \overline{M}_1$$

【例 19-8】 图 19-25(a)所示单跨超静定梁的 A 支座发生角位移 θ，梁的抗弯刚度为 EI。作梁的弯矩图。

解： 这是一个一次超静定问题，将支座 B 的约束去掉，代以多余未知力 X_1，得基本结构如图 19-25(b)所示，力法方程为

$$\delta_{11} X_1 + \Delta_{1C} = 0$$

$$\delta_{11} = \sum \int \frac{\overline{M}_1 \overline{M}_1}{EI} ds = \frac{1}{EI} \cdot \frac{1}{2} \cdot l \cdot l \cdot \frac{2}{3} \cdot l = \frac{l^3}{3EI}$$

$$\Delta_{1C} = -\sum \overline{F}_{R1} C = -l\theta$$

解得，$X_1 = -\dfrac{\Delta_{1C}}{\delta_{11}} = -\dfrac{l\theta}{\dfrac{l^3}{3EI}} = \dfrac{3EI}{l^2}\theta$。

根据公式 $M = X_1 \overline{M}_1$，可绘制梁的弯矩图，如图 19-25 所示。

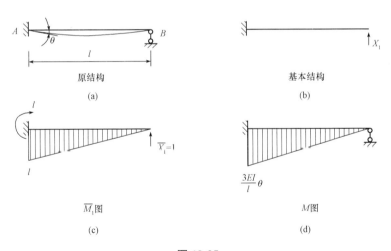

原结构

(a)

基本结构

(b)

$\overline{M}_1$图

(c)

M图

(d)

图 19-25

19.7　超静定结构的位移计算

在第 18 章，根据虚功原理导得静定结构的位移计算公式(18-4)为

$$\Delta_K = \sum \int \frac{\overline{M}M}{EI} ds + \sum \int k \frac{\overline{F}_S F_S}{GA} ds + \sum \int \frac{\overline{F}_N F_N}{EA} ds$$

超静定结构在荷载作用时，基本结构在荷载和多余未知力的共同作用下内力和变形与原结构相同。因此，超静定结构的位移就是基本结构在荷载和多余未知力共同作用下的位移，而基本结构是静定结构，多余未知力本质上是作用在基本结构上的荷载，所以，超静定结构的位移计算可通过基本结构转化为静定结构的位移计算，仍可用式(18-4)计算。

由于超静定结构的内力不因选取的基本结构不同而改变，可以将其内力看作按任一基本结构求得。因此，在计算超静定结构的位移时，可将单位力施加于任一基本结构作为虚力状态。应当选取单位内力图较简单的基本结构，以简化计算。

【例 19-9】 计算图 19-26(a)所示刚架 D 点的水平位移和 CD 杆中点 K 的竖向位移。

解： 此刚架同例 19-6，其弯矩图已绘出，如图 19-26(b)所示。

(1)计算 D 点的水平位移。将刚架的 K 截面切断，取基本结构如图 19-26(c)所示，在 D 点作用单位水平集中力，得虚力状态，绘其弯矩图。将图 19-26(b)、(c)所示两弯矩图相图乘，可计算 D 点的水平位移：

$$\Delta_{DH} = \frac{1}{EI} \cdot \frac{1}{2} \times 4 \times 4 \times \left(\frac{2}{3} \times 23.62 - \frac{1}{3} \times 16.38 \right) = \frac{82.29}{EI} (\rightarrow)$$

(2)计算 K 点竖向位移。取基本结构如图 19-26(d)所示，在 K 点作用单位竖向集中力，绘制其弯矩图，将图 19-26(b)、(d)所示两弯矩图相图乘，可计算 K 点竖向位移：

$$\Delta_{KV} = \frac{1}{EI} \cdot \frac{1}{2} \times 1 \times 4 \times \left(\frac{1}{2} \times 11.04 - \frac{1}{2} \times 16.38 \right) = -\frac{5.34}{EI} (\uparrow)$$

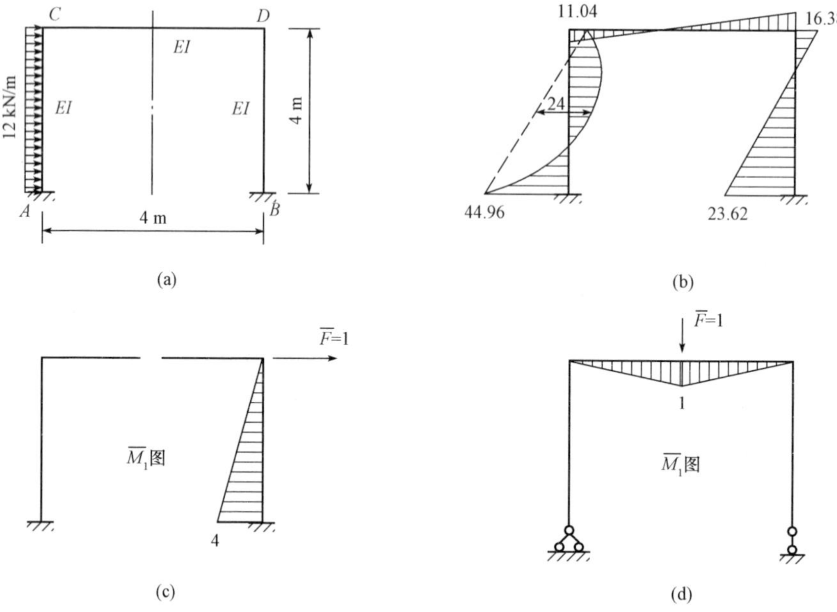

图 19-26

19.8　超静定结构与静定结构的比较

与静定结构比较，超静定结构有以下特性：

(1)静定结构的内力只通过静力平衡条件即可确定，与结构的材料性质及杆件截面尺寸无关。超静定结构的内力单由静力平衡条件不能完全确定，还需要考虑位移条件。因此，超静定结构的内力与结构的材料性质和杆件截面尺寸有关。

(2)支座移动和温度变化不引起静定结构的内力，但通常引起超静定结构的内力。

(3)静定结构是无多余约束的几何不变体系，因此，任一约束遭破坏后即丧失几何不变性，不能承受荷载。而超静定结构是有多余约束的几何不变体系，多余约束遭到破坏后，仍能保持几何不变性，还有一定的承载能力。

(4)局部荷载作用时超静定结构的影响范围比静定结构大，图 19-27(a)所示的连续梁和图 19-27(b)所示的静定梁均受到均布荷载 q 的作用，所引起的弯矩图如图 19-27(c)、(d)所示。

连续梁的 AB 跨和 CD 跨有弯矩，而静定梁的 AB 跨和 CD 跨无弯矩，超静定结构的内力分布比静定结构更均匀。

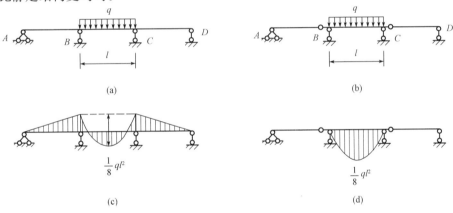

图 19-27

思考题与习题

思考题与习题

第 20 章

位 移 法

20.1 位移法的基本概念

第 19 章介绍的力法是计算超静定结构的最基本且历史最悠久的方法。力法以超静定结构的多余约束反力作为基本未知量，通过变形协调条件(位移条件)建立力法典型方程，求解基本未知量，即可据以求出结构的其他内力和位移。然而，在确定的外因(荷载、温度变化、支座位移等)作用下，结构的内力和位移有一定的关系。因此，也可以通过另一途径，即将结构的某些位移作为基本未知量，根据力的平衡条件确定它们，再据以求出结构的内力和其他位移。这种方法称为位移法。

位移法基本原理

下面通过具体的例子说明位移法的基本概念。图 20-1(a)所示的连续梁在均布荷载 q 的作用下发生虚线所示的变形。AB 杆和 BC 杆在 B 点的杆端转角是相等的，杆件 AB 和 BC 杆在结点 B 处刚性连接。B 点是一个刚结点，连续梁的变形相当于两根单跨超静定梁的变形，其中 AB 梁看作两端固定梁，右端发生角位移 φ_B。BC 梁看作左端固定，右端铰支梁，左端发生角位移 φ_B，并作用有均布荷载 q。只要知道转角 φ_B 的大小，则按上一章介绍的力法可求得两个单跨超静定梁的全部反力和内力，因此，连续梁的反力和内力也可全部确定。所以，问题的关键在于确定 φ_B 的大小。

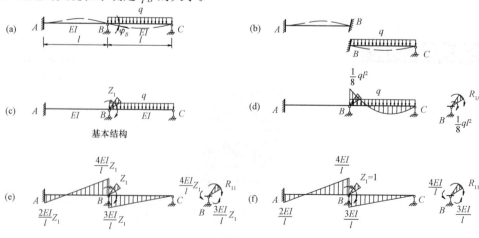

图 20-1

设想在结点 B 处加入一个附加刚臂，用符号 $\not\!\!\!/$ 表示，如图 20-1(c)所示。附加刚臂控制 B 点不发生转动(但不能阻止移动)。由于 B 点无线位移，加入附加刚臂后，B 点就成了固定端，原结构变成了由两端固定的 AB 梁和一端固定，一端铰支的 BC 梁的组合体，这一组合体称为位移法计算的基本结构。将外荷载作用于基本结构，并使附加刚臂产生与实际情况相同的转角 φ_B，则基本结构的受力和变形与原结构相同。因此，可以通过基本结构的计算代替原结构的计算。

考察图 20-1(c)所示连续梁的荷载与变形，可分解成图 20-1(d)、(e)所示的两种情况。在图 20-1(d)中，只有荷载 q 的作用而无 B 点的转角 Z_1 的影响，可用力法计算，绘制梁的弯矩图。图 20-1(e)中，杆 AB 和杆 BC 均在杆端 B 产生角位移 Z_1，其弯矩图同样可以用力法确定。基本结构在荷载单独作用时，附加刚臂的约束力偶设为 R_{1F}，如图 20-1(d)所示；基本结构由于发生角位移 Z_1 时附加刚臂的约束力偶设为 R_{11}。当荷载 q 与角位移 Z_1 共同作用时，基本结构的附加刚臂的约束力偶为

$$R_1 = R_{11} + R_{1F}$$

由于基本结构的受力和变形与原结构相同，而原结构在 B 点并无约束，所以 R_1 应为零，因此可建立求解 Z_1 的方程。

$$R_{11} + R_{1F} = 0$$

令 r_{11} 表示当 Z_1 为单位转角 $\overline{Z_1} = 1$ 时附加刚臂上的约束力偶，如图 20-1(f)所示，则 $R_{11} = r_{11} Z_1$，上述方程可写为

$$r_{11} Z_1 + R_{1F} = 0$$

上式称为位移法的典型方程，式中 r_{11} 称为系数项，R_{1F} 称为自由项，其正负号规定：r_{11}、R_{1F} 的方向与 Z_1 方向相同时为正，反之为负，故 r_{11} 总是正值。

可根据平衡条件计算系数项和自由项，考虑图 20-1(f)中 B 点平衡，有

$$r_{11} = \frac{4EI}{l} + \frac{3EI}{l} = \frac{7EI}{l}$$

取图 20-1(d)所示的结点 B 为隔离体，由平衡条件得

$$R_{1F} = -\frac{1}{8} q l^2$$

将系数项和自由项代入位移法典型方程，得

$$\frac{7EI}{l} Z_1 - \frac{1}{8} q l^2 = 0$$

故 $Z_1 = \dfrac{q l^3}{56EI}$。

求出 Z_1 后，将图 20-1(d)和(e)所示的弯矩图相叠加，得原结构的弯矩图，如图 20-2 所示。

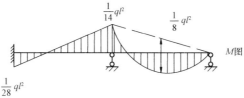

图 20-2

20.2　等截面直杆的转角位移方程

从上一节讨论的位移法基本原理可知，位移法是以单跨超静定梁的组合体作为基本结构，在计算位移法典型方程中的系数项和自由项时，需要用到超静定梁在荷载、支座移动等因素作用下的杆端弯矩和剪力。因此，单跨超静定梁的杆端内力（弯矩和剪力）与荷载和杆端位移（角位移和线位移）之间的关系是位移法计算的基础，这种关系称为转角位移方程。

（1）说明杆端内力的表示方法和正负号的规定。以杆端弯矩为例，用两个下标表示杆端弯矩，第一个下标表示弯矩所属的杆端（近端），第二个下标表示杆的另一端（远端）。例如图 20-3 所示的梁 AB，A 端的杆端弯矩用 M_{AB} 表示，B 端的杆端弯矩用 M_{BA} 表示。杆端弯矩的正负号规定：杆端弯矩以顺时针方向转为正，反之为负。对于支座或结点，弯矩以逆时针方向转为正，反之为负。图 20-3 所示的 AB 梁，A 端弯矩 M_{AB} 为负，B 端弯矩 M_{BA} 为正。

（2）说明杆端位移的表示方法和正负号规定。在位移法中，通常忽略轴向变形和剪切变形对位移的影响，而且认为弯曲变形是微小的。因此，认为在变形过程中，杆件的长度不变。例如图 20-4 中所示的杆 AB，在荷载作用下，发生了图 20-4 所示的位移，θ_A、θ_B 分别为 A、B 端的转角（角位移），以顺时针转动为正。由于认为杆件在变形前后其长度不变，所以 A、B 端的水平位移相等，即 $u_A = u_B$。v_A、v_B 分别表示 A、B 端的竖向位移，$\Delta_{AB} = v_B - v_A$ 称为 A、B 两端的相对线位移，以使杆件顺时针转动时为正。$\beta_{AB} = \Delta_{AB}/l$ 表示杆端的相对位移，β 称为弦转角，以使杆件顺时针转动时为正。

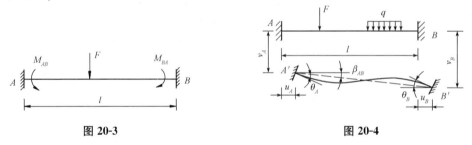

图 20-3　　　　　　　　　　　　　图 20-4

下面推导等截面直杆的转角位移方程。

1. 两端固定梁的转角位移方程

图 20-5(a)所示的两端固定梁的支座发生了位移，并有荷载作用，引起杆端内力的位移为 A、B 端的角位移 θ_A、θ_B，以及 A、B 两端的竖向相对线位移。杆件由于以上杆端位移引起的弯矩图可用力法计算后绘制出，如图 20-5(b)、(c)、(d)所示。荷载单独作用在梁上的弯矩图同样可用力法计算后绘制出，如图 20-5(e)所示。采用叠加法得 A、B 两端的杆端弯矩。

$$
\left.
\begin{aligned}
M_{AB} &= 4i\theta_A + 2i\theta_A - \frac{6i}{l}\Delta_{AB} + M_{AB}^F \\
M_{BA} &= 2i\theta_A + 4i\theta_A - \frac{6i}{l}\Delta_{AB} + M_{BA}^F
\end{aligned}
\right\}
\tag{20-1}
$$

式中，$i = \dfrac{EI}{l}$ 称为梁的线刚度。M_{AB}^F、M_{BA}^F 为梁 AB 在荷载作用下产生的杆端弯矩，称为固端弯矩。

梁 AB 的杆端剪力为

$$
\left.\begin{aligned}
F_{SAB} &= -\frac{6i}{l}\theta_A - \frac{6i}{l}\theta_B + \frac{12i}{l^2}\Delta_{AB} + F_{SAB}^F \\
F_{SBA} &= -\frac{6i}{l}\theta_A - \frac{6i}{l}\theta_B + \frac{12i}{l^2}\Delta_{AB} + F_{SBA}^F
\end{aligned}\right\}
\tag{20-2}
$$

杆端剪力规定使杆件产生顺时针方向转动为正，反之为负。F_{SAB}^F 和 F_{SBA}^F 分别为荷载单独作用引起的 A 端和 B 端的剪力，称为固端剪力。

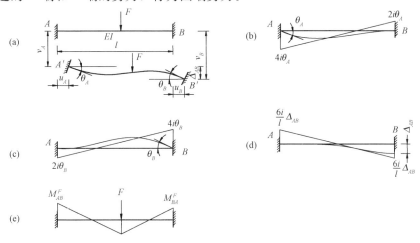

图 20-5

2. 一端固定，一端铰支梁的转角位移方程

图 20-6(a)所示为一端固定，一端铰支梁发生了位移，并有荷载作用，引起梁杆端内力的因素有：A 端的角位移 θ_A，A 与 B 端的竖向相对线位移 Δ_{AB} 和外荷载。这些因素单独作用在梁上时，可用力法计算，然后绘制出弯矩图，如图 20-6(b)、(c)、(d)所示。采用叠加法，得 A、B 端的杆端弯矩：

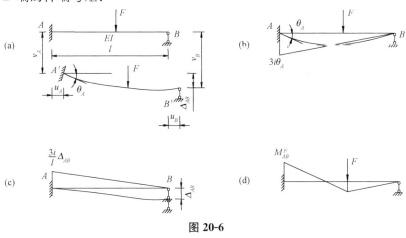

图 20-6

$$
\left.\begin{aligned}
M_{AB} &= 3i\theta_A - \frac{3i}{l}\Delta_{AB} + M_{AB}^F \\
M_{BA} &= 0
\end{aligned}\right\}
\tag{20-3}
$$

杆端剪力为

$$F_{SAB}=-\frac{3i}{l}\theta_A+\frac{3i}{l^2}\Delta_{AB}+F_{SAB}^F \left.\right\}$$

$$F_{SBA}=-\frac{3i}{l}\theta_A+\frac{3i}{l^2}\Delta_{AB}+F_{SBA}^F \left.\right\}$$

$$\text{(20-4)}$$

3. 一端固定，一端滑动支座梁的转角位移方程

图 20-7(a)所示为一端固定，一端滑动支座梁发生了位移，并有荷载作用。引起梁的杆端内力的因素有：A 端的角位移 θ_A 和外荷载。这两因素单独作用在梁上时，可用力法计算，然后绘制出弯矩图，如图 20-7(b)、(c)所示。采用叠加法，得 A、B 端的杆端弯矩。

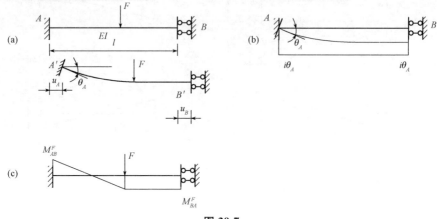

图 20-7

$$M_{AB}=i\theta_A+M_{AB}^F \left.\right\}$$

$$M_{BA}=-i\theta_A+M_{BA}^F \left.\right\}$$

$$\text{(20-5)}$$

杆端剪力为

$$F_{SAB}=F_{SAB}^F \left.\right\}$$

$$F_{SBA}=0 \left.\right\}$$

$$\text{(20-6)}$$

式(20-1)~式(20-6)称为等截面直杆的转角位移方程，反映了杆端内力与杆端位移以及作用在杆上的荷载的关系，转角位移方程是位移法的基础。

为计算方便，将等截面直杆由于杆端位移和荷载作用引起的杆端内力用力法求得，列于表 20-1 中。

表 20-1　等截面直杆的杆端弯矩和剪力

编号	简图	弯矩		剪力	
		M_{AB}	M_{BA}	F_{SAB}	F_{SBA}
1		$4i$	$2i$	$-\dfrac{6i}{l}$	$-\dfrac{6i}{l}$
2		$-\dfrac{6i}{l}$	$-\dfrac{6i}{l}$	$\dfrac{12i}{l^2}$	$\dfrac{12i}{l^2}$

编号	简图	弯矩		剪力	
		M_{AB}	M_{BA}	F_{SAB}	F_{SBA}
3		$-\dfrac{Fab^2}{l^2}$	$\dfrac{Fa^2b}{l^2}$	$\dfrac{Fb^2(l+2a)}{l^3}$	$-\dfrac{Fa^2(l+2b)}{l^3}$
4		$-\dfrac{1}{12}ql^2$	$\dfrac{1}{12}ql^2$	$\dfrac{1}{2}ql$	$-\dfrac{1}{2}ql$
5		$-\dfrac{1}{20}ql^2$	$\dfrac{1}{30}ql^2$	$\dfrac{7}{20}ql$	$-\dfrac{3}{20}ql$
6		$M\dfrac{b(3a-l)}{l^2}$	$M\dfrac{a(3b-l)}{l^2}$	$-M\dfrac{6ab}{l^3}$	$-M\dfrac{6ab}{l^3}$
7		$3i$	0	$-\dfrac{3i}{l}$	$-\dfrac{3i}{l}$
8		$-\dfrac{3i}{l}$	0	$\dfrac{3i}{l^2}$	$\dfrac{3i}{l^2}$
9		$-\dfrac{Fab(l+b)}{2l^2}$	0	$\dfrac{Fb(3l^2-b^2)}{2l^3}$	$-\dfrac{Fa^2(2l+b)}{2l^3}$
10		$-\dfrac{1}{8}ql^2$	0	$\dfrac{5}{8}ql$	$-\dfrac{3}{8}ql$
11		$-\dfrac{1}{15}ql^2$	0	$\dfrac{4}{10}ql$	$-\dfrac{1}{10}ql$
12		$-\dfrac{7}{120}ql^2$	0	$\dfrac{9}{40}ql$	$-\dfrac{11}{40}ql$

编号	简图	弯矩		剪力	
		M_{AB}	M_{BA}	F_{SAB}	F_{SBA}
13		$M\dfrac{l^2-3b^2}{2l^2}$	0	$-M\dfrac{3(l^2-b^2)}{2l^2}$	$-M\dfrac{3(l^2-b^2)}{2l^2}$
14		i	$-i$	0	0
15		$-\dfrac{Fa(l+b)}{2l}$	$-\dfrac{Fa^2}{2l}$	F	0
16		$-\dfrac{1}{3}ql^2$	$-\dfrac{1}{6}ql^2$	ql	0
17		$-M\dfrac{b}{l}$	$-M\dfrac{a}{l}$	0	0

注表中 $i=\dfrac{EI}{l}$，是杆的线刚度。

20.3 位移法的基本未知量与基本结构

在 20.1 节中介绍了位移法的基本概念，位移法是以结点位移作为基本未知量，在计算过程中，将各杆转化为单跨超静定梁，以单跨超静定梁的组合体作为位移法的基本结构，利用平衡条件列位移法方程。而单跨超静定梁的转角位移方程是位移法的计算基础，应用位移法计算梁和刚架时，结点位移有角位移，也可能有线位移。因此，位移法的基本未知量有可能有角位移，也可能有线位移。下面通过几个例子加以说明。

图 20-8(a)所示为一刚架，在荷载作用下发生如虚线所示的变形。其中 A、B 点有固定端约束，不产生任何位移，刚结点 C、D 有转角，还有线位移。在位移法中，假定杆件在变形过程中杆长不变，所以 C、D 点没有竖向位移，有水平位移，但 C、D 点的水平位移相同。于是刚架的独立结点位移有 C 点的角位移，记作 Z_1；D 点的角位移，记作 Z_2；C、D 点的线位移，记作 Z_3。为了使刚架各杆化为单跨超静定梁，需要在 C、D 点加入附加刚臂，以控制 C、D 点的角位移。还应在 D 点(或 C 点)加入一根附加链杆，以控制 C、D 点的水

平线位移，如图 20-8(b) 所示。在原结构加入适当的附加刚臂和附加链杆，使原结构化为单跨超静定梁的组合体，称为位移法的基本结构。

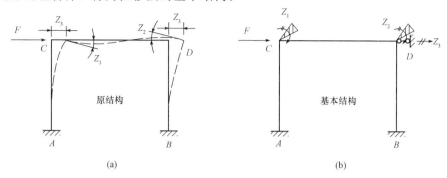

图 20-8

位移法的基本未知量就是原结构独立的结点位移。结点位移包括结点角位移和结点线位移。结点角位移容易确定，因为任一刚结点都有独立的角位移，因此结点角位移就是原结构中各刚结点的角位移，角位移数目等于原结构的刚结点数目。

在确定结点线位移时，由于假设杆件变形后杆长不变，可知在结构中，由两个已知不动点引出的两直杆相交的结点也是不动的，图 20-9 所示的刚架中，A、B 点不动，C 点是 AC 杆和 BC 杆相交的结点，即 C 点不动，C 点无线位移。根据以上结论，通过逐一考察各结点和支座处的位移情况确定结点线位移。

图 20-9

图 20-10(a) 所示的刚架有三个刚结点，即 D、E、F 点，故有三个角位移，分别记作 Z_1、Z_2、Z_3。D、E、F 点有水平位移，记作 Z_4。在 F 点加入附加链杆 FG，则 F 点不动，可看出 E 点不动，D 点不动。所以位移法的基本未知量有四个，即 Z_1、Z_2、Z_3、Z_4，其基本结构如图 20-10(b) 所示。

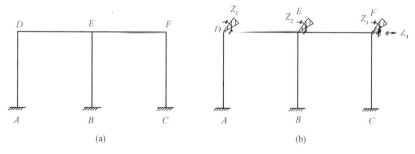

图 20-10

图 20-11(a) 所示的刚架有两个刚结点，即 C、D 点。所以，若用位移法计算该刚架，基本未知量有两个角位移，即 C、D 的角位移，分别记作 Z_1 和 Z_2 [图 20-11(b)]。在 D 点增加附加链杆，则 D 点不动。再考察 C 点，C 点可看作由 D 点引出的 CD 杆和由 A 引出的 AC 杆相交的结点，故 C 点不动，无线位移。所以，位移法的基本未知量有三个，即 Z_1、Z_2 和 Z_3。基本结构如图 20-11(b) 所示。

图 20-12(a)所示的刚架，有刚结点 C、D、G 点。注意 F 点，它可以看作 DF 杆和 BF 杆的交点，DF 杆在 F 端的角位移和线位移与 BF 杆 F 端相同，所以 F 点应看作刚结点。在这些结点上加入附加刚臂，如图 20-12(b)所示，角位移有 Z_1、Z_2、Z_4 和 Z_5。在 D 点和 G 点处加入附加链杆后，则任一结点都不动。线位移为 D 点的水平位移 Z_3、G 点的水平位移 Z_6，所以，位移法的基本未知量有四个角位移，即 Z_1、Z_2、Z_4 和 Z_5，还有两个线位移 Z_3 和 Z_6，所以基本未知量共有 6 个。

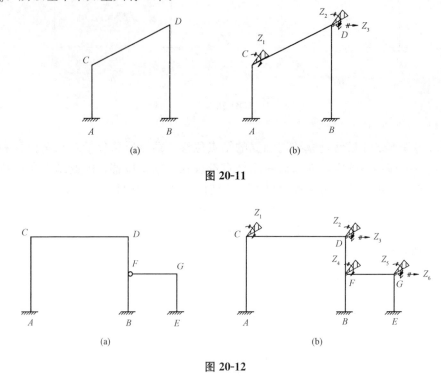

图 20-11

图 20-12

20.4 位移法的典型方程

用位移法求解超静定结构时，在原结构加入附加刚臂和附加链杆，将原结构化为若干个单跨超静定梁的组合，即基本结构。基本结构在荷载的作用下，并使附加约束（刚臂和链杆）处发生与实际情况相同的位移，则基本结构的受力和变形与原结构相同。据此可建立位移法的典型方程。

以图 20-13(a)所示的刚架为例说明位移法典型方程的建立。刚架独立的结点位移有 C 点的角位移 Z_1、D 点的角位移 Z_2、D 点的水平位移 Z_3，取图 20-13(b)所示的基本结构。使基本结构产生与实际情况相同的三个位移，并在荷载的作用下，其受力与变形与原结构相同，即 C、D 点附加刚臂的约束力偶为零，D 点处附加链杆的约束力为零，有

$$R_1=0，\quad R_2=0，\quad R_3=0 \tag{a}$$

将基本结构的位移和荷载分解成图 20-13(c)、(d)、(e)、(f)所示的四种情况，即 Z_1、Z_2、Z_3 单独发生和荷载单独作用，图中 R_{ij} 表示 Z_j 单独发生时 Z_i 方向的附加约束的约束

力，R_{iF} 表示荷载单独作用时 Z_i 方向的附加约束的约束力。令 r_{ij} 表示 $\overline{Z_j}=1$ 时 Z_i 方向的附加约束的约束力，则

$$R_{ij}=r_{ij}Z_j \tag{b}$$

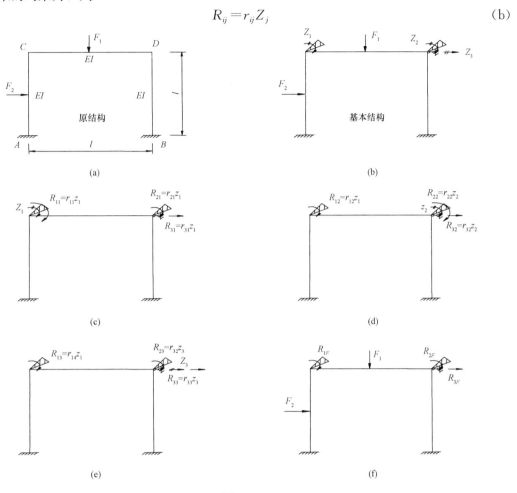

图 20-13

根据叠加原理，式(a)变为

$$\left.\begin{aligned}R_1 &= R_{11}+R_{12}+R_{13}+R_{1F}=0\\ R_2 &= R_{21}+R_{22}+R_{23}+R_{2F}=0\\ R_3 &= R_{31}+R_{32}+R_{33}+R_{3F}=0\end{aligned}\right\} \tag{c}$$

将式(b)代入式(c)，得

$$\left.\begin{aligned}r_{11}Z_1+r_{12}Z_2+r_{13}Z_3+R_{1F}&=0\\ r_{21}Z_1+r_{22}Z_2+r_{23}Z_3+R_{2F}&=0\\ r_{31}Z_1+r_{32}Z_2+r_{33}Z_3+R_{3F}&=0\end{aligned}\right\} \tag{20-7}$$

式(20-7)就是有三个未知量的位移法典型方程，其中 Z_1、Z_2、Z_3 称为位移法的基本未知量，其实质是结点位移。r_{ij} 称为系数项，当 $i=j$ 时，r_{ii} 称为主系数项，$i\neq j$ 时，称为副系数项。R_{iF} 称为自由项。解位移法典型方程，可得 Z_1、Z_2 和 Z_3。现在关键问题是如何确定系数项和自由项。可通过平衡条件确定系数项和自由项。

绘制出 $\overline{Z}_i = 1$ 时基本结构的弯矩图（$\overline{M}_i$ 图）和荷载单独作用在基本结构上的弯矩图（M_F 图），根据静力平衡条件可求出各系数项和自由项。它们可分为两类：一类是附加刚臂上的反力偶；另一类是附加链杆上的反力。

对于第一类系数项和自由项，取结点为隔离体，根据力偶平衡，即 $\sum M = 0$ 求得。对于第二类系数项和自由项，可截取刚架的一部分作为隔离体，利用力的投影平衡求得。

上述刚架的 $\overline{M}_1$ 图、$\overline{M}_2$ 图、$\overline{M}_3$ 图如图 20-14 所示。在 $\overline{M}_1$ 图中，考虑结点 C 的力偶平衡，得

$$r_{11} - 4i - 4i = 0$$

解得 $r_{11} = 8i$。

以 D 点为隔离体，根据力偶平衡，有

$$r_{21} - 2i = 0$$

解得 $r_{21} = 2i$。

截取杆 CD，其受力图如图 20-14(d) 所示，根据 $\sum F_x = 0$，$r_{31} + \dfrac{6i}{l} = 0$，解得 $r_{31} = -\dfrac{6i}{l}$。

同理可得 $r_{12} = 2i$，$r_{22} = 8i$，$r_{23} = -\dfrac{6i}{l}$，$r_{31} = -\dfrac{6i}{l}$，$r_{32} = -\dfrac{6i}{l}$，$r_{33} = \dfrac{24i}{l^2}$。

系数项和自由项确定后，可解位移法典型方程，求出各基本未知量，然后进一步计算各杆的内力。

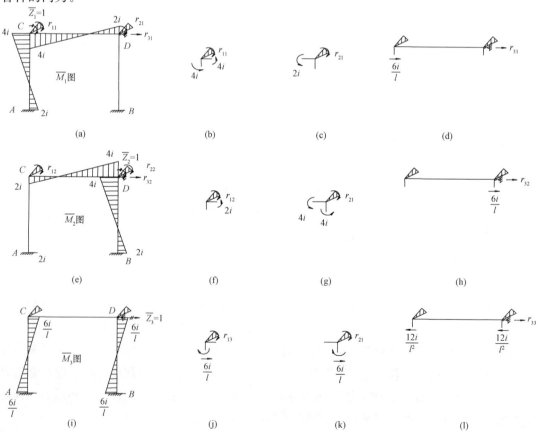

图 20-14

对于具有 n 个基本未知量的结构，其位移法典型方程为

$$\left.\begin{array}{l} r_{11}Z_1+r_{12}Z_2+\cdots+r_{1n}Z_n+R_{1F}=0 \\ r_{21}Z_1+r_{22}Z_2+\cdots+r_{2n}Z_n+R_{2F}=0 \\ \cdots\cdots \\ r_{n1}Z_1+r_{n2}Z_2+\cdots+r_{nn}Z_n+R_{nF}=0 \end{array}\right\} \qquad (20\text{-}8)$$

式中，$Z_i(i=1，2，\cdots，n)$ 称为基本未知量，是结点位移。$r_{ij}(i=1，2，\cdots，n；j=1，2，\cdots，n)$ 称为系数项，其中 $r_{ii}(i=1，2，\cdots，n)$ 称为主系数，$r_{ij}(i\neq j)$ 称为副系数。r_{ij} 的物理意义是 $\overline{Z}_j=1$ 时在 Z_i 方向的附加约束的约束反力；$R_{iF}(i=1，2，\cdots，n)$ 称为自由项，它的物理意义是基本结构在荷载单独作用下在 Z_i 方向的附加约束的约束反力。

系数项和自由项的正负号规定如下：与所属附加约束的位移所设方向一致为正，反之为负。故主系数项 r_{ii} 恒为正，副系数项和自由项可能为正、负或零。根据反力互等定理，在主对角线的两边处于对称位置的两个副系数相等，即

$$r_{ij}=r_{ji} \qquad (20\text{-}9)$$

综上所述，用位移法计算超静定结构的步骤如下：

(1)在原结构加入附加约束，使结构各结点不产生位移，得基本结构。

(2)绘制单位弯矩图 $\overline{M}_i$ 图和荷载弯矩图 M_F 图。

(3)利用平衡条件求系数项和自由项。

(4)解位移法典型方程，求出各基本未知量 $Z_1，Z_2，\cdots，Z_n$。

(5)按 $M=Z_1\overline{M}_1+Z_2\overline{M}_2+\cdots+Z_n\overline{M}_n+M_F$，叠加得弯矩图。

(6)根据弯矩图，以杆件为隔离体，用平衡条件求杆端剪力，绘制剪力图。

(7)取结点为隔离体，用平衡条件求杆件轴力，绘制轴力图。

20.5　位移法应用举例

【例 20-1】　用位移法计算图 20-15(a)所示的连续梁，并作连续梁的弯矩。AB 段的抗弯刚度为 EI，BC 段的抗弯刚度为 $2EI$。

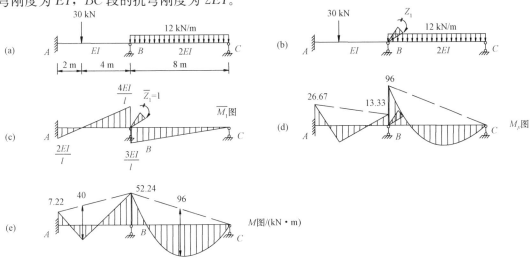

图 20-15

解：连续梁的独立结点位移为 B 点的角位移，其基本结构如图 20-15(b) 所示，位移法的典型方程为

$$r_{11}Z_1 + R_{1F} = 0$$

绘制 $\overline{M}_1$ 和 M_F 图，如图 20-15(c)、(d) 所示，由结点 B 的平衡条件得

$$r_{11} = 4\frac{EI}{6} + 3\frac{EI}{4} = \frac{17}{12}EI$$

$$R_{1F} = 13.33 - 96 = -82.67(\text{kN} \cdot \text{m})$$

$$Z_1 = -\frac{R_{1F}}{r_{11}} = -\frac{-82.67}{\frac{17}{12}EI} = \frac{58.36}{EI}$$

按 $M = Z_1\overline{M}_1 + M_F$，作原结构的弯矩图，如图 20-15(e) 所示。

【例 20-2】 用位移法计算图 20-16(a) 所示刚架，作刚架的内力图。已知水平杆的抗弯刚度为 EI，竖杆的抗弯刚度为 $2EI$。

解：刚架的独立结点位移有 C 点的角位移 Z_1，D 点的角位移 Z_2，位移法的基本结构如图 20-16(b) 所示。位移法的典型方程为

$$\left.\begin{array}{l} r_{11}Z_1 + r_{12}Z_2 + R_{1F} = 0 \\ r_{21}Z_1 + r_{22}Z_2 + R_{2F} = 0 \end{array}\right\}$$

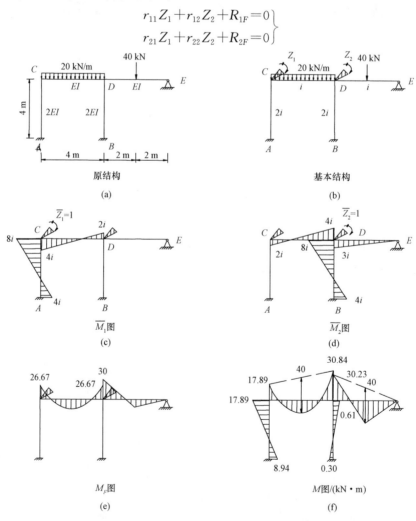

图 20-16

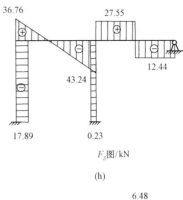

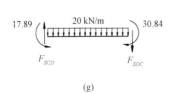

(g)

F_S图/kN

(h)

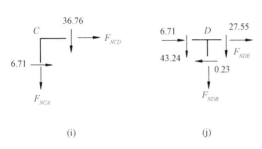

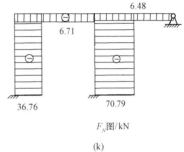

(i)　　　　　　　　(j)

F_N图/kN

(k)

图 20-16(续)

令 $\dfrac{EI}{4}=i$，则 $i_{CD}=i_{DE}=i$，$i_{AC}=i_{BD}=2i$。作 $\overline{M_1}$ 图、$\overline{M_2}$ 图和 M_F 图，如图 20-16(c)、(d)、(e)所示，根据平衡条件计算系数项和自由项。

$$r_{11}=4i+8i=12i$$
$$r_{12}=r_{21}=2i$$
$$r_{22}=4i+3i+8i=15i$$
$$R_{1F}=-26.67$$
$$R_{2F}=-3.33$$

代入位移法典型方程，得

$$\left.\begin{array}{c} 12iZ_1+2iZ_2-26.67=0 \\ 2iZ_1+15iZ_2-3.33=0 \end{array}\right\}$$

解方程组，得

$$Z_1=\frac{2.236}{i},\quad Z_2=-\frac{0.076\,1}{i}$$

按式 $M=Z_1\overline{M_1}+Z_2\overline{M_2}+M_F$ 绘制弯矩图[图 20-16(f)]。

以刚架各杆为隔离体，根据静力平衡条件求杆端剪力。以 CD 杆为例，切取 CD 杆，其受力图如图 20-16(g)所示。

$$\sum M_C(F)=0,\quad 4F_{SDC}+20\times4\times2+30.84-17.89=0$$

故

$$F_{SDC}=-20\times2+\frac{-30.84+17.89}{4}=-43.24(\text{kN})$$

$$\sum F_Y = 0, F_{SCD} - F_{SDC} - 20 \times 4 = 0 \text{ 得 } F_{SCD} = -43.24 + 20 \times 4 = 36.76 \text{(kN)}$$

同理可求得其余各杆的杆端剪力，绘制刚架的剪力图，如图 20-16(h) 所示。

以结点为隔离体，根据静力平衡条件可求各杆的轴力，以 C 结点为例，其受力图如图 20-16(i) 所示。

$$\sum F_x = 0, F_{NCD} + 6.71 = 0 , \text{ 得 } F_{NCD} = -6.71 \text{ kN}$$

$$\sum F_y = 0, -36.76 - F_{NCD} = 0 , \text{ 得 } F_{NCA} = -36.76 \text{ kN}$$

以 D 结点为隔离体，其受力图如图 20-16(j) 所示。

$$\sum F_x = 0, F_{NDE} + 6.71 - 0.23 = 0 , \text{ 得 } F_{NDE} = -6.48 \text{ kN}$$

$$\sum F_y = 0, -43.24 - 27.55 - F_{NDB} = 0 , \text{ 得 } F_{NDB} = -70.79 \text{ kN}$$

绘制刚架的轴力图，如图 20-16(k) 所示。

【例 20-3】 用位移法计算图 20-17(a) 所示刚架，作刚架的弯矩图，各杆的抗弯刚度为 EI。

解： 刚架的独立结点位移有 D 点的角位移 Z_1，D 点的水平线位移 Z_2，基本结构如图 20-17(b) 所示。位移法的典型方程为

$$\left.\begin{array}{l} r_{11}Z_1 + r_{12}Z_2 + R_{1F} = 0 \\ r_{21}Z_1 + r_{22}Z_2 + R_{2F} = 0 \end{array}\right\}$$

作 $\overline{M_1}$ 图、$\overline{M_2}$ 图和 M_F 图，如图 20-17(c)、(d)、(e) 所示。计算系数项和自由项时，与角位移相关的平衡条件是力偶平衡，而与线位移相关的平衡条件是以某杆件为隔离体，考虑力在杆件轴线方向的投影平衡。

$$r_{11} = 3i + 4i = 7i$$

$$r_{12} = r_{21} = -i$$

计算 r_{22} 时，考虑 $\overline{M_2}$ 图 [图 20-17(d)]，以 CD 杆为隔离体，其受力图如图 20-17(f) 所示，则

$$r_{22} = \frac{i}{12} + \frac{i}{3} = \frac{5}{12}i$$

$$R_{1F} = 0$$

计算 R_{2F} 时，在 M_F 图 [图 20-17(e)] 中以 CD 杆为隔离体，其受力图如图 20-17(g) 所示，则

$$R_{2F} = -45$$

将系数项和自由项代入位移法典型方程，得

$$\left.\begin{array}{l} 7iZ_1 - iZ_2 = 0 \\ -iZ_1 + \dfrac{5}{12}iZ_2 - 45 = 0 \end{array}\right\}$$

解方程得 $Z_1 = \dfrac{23.48}{i}$，$Z_2 = \dfrac{164.35}{i}$。

按式 $M = Z_1 \overline{M_1} + Z_2 \overline{M_2} + M_F$ 绘制弯矩图，如图 20-17(h) 所示。

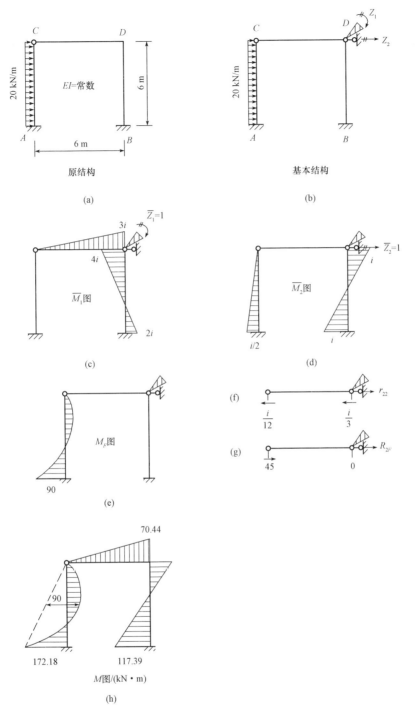

原结构

(a)

基本结构

(b)

$\overline{Z}_1=1$

$\overline{M}_1$图

(c)

$\overline{Z}_2=1$

$\overline{M}_2$图

(d)

M_F图

90

(e)

(f) r_{22}

$\dfrac{i}{12}$ $\dfrac{i}{3}$

(g) R_{2F}

45   0

70.44

90

172.18   117.39

M图/(kN·m)

(h)

图 20-17

20.6 应用结点和截面平衡条件建立位移法方程

用位移法计算超静定结构时，可以不通过基本结构，根据转角位移方程，得到杆端内力与结点位移的关系，依据结点或截面的平衡条件建立方程。下面用上述方法求解例 20-1 和例 20-3。

【例 20-4】 直接用结点和截面平衡条件解例 20-1。

解： 在例 20-1 中，连续梁的独立结点位移是 B 结点的角位移 Z_1［图 20-15(b)］，列出 AB 杆和 BC 杆的转角位移方程。

（1）AB 杆

$$M_{AB} = 2i_{AB}Z_1 - \frac{30 \times 2 \times 4^2}{6^2} = \frac{EI}{3}Z_1 - 26.67$$

$$M_{BA} = 4i_{AB}Z_1 + \frac{30 \times 2^2 \times 4}{6^2} = \frac{2}{3}EIZ_1 + 13.33$$

（2）BC 杆

$$M_{BC} = 3i_{BC}Z_1 - \frac{1}{8} \times 12 \times 8^2 = \frac{3}{4}EIZ_1 - 96$$

$$M_{CB} = 0$$

根据 B 点的力偶平衡条件，有 $M_B = M_{BA} + M_{BC} = 0$，即

$$\frac{2}{3}EIZ_1 + 13.33 + \frac{3}{4}EIZ_1 - 96 = 0$$

解方程得 $EIZ_1 = 58.36$。

代入 AB 杆和 BC 杆的转角位移方程，得各杆的杆端弯矩

$$M_{AB} = \frac{1}{3} \times 58.36 - 26.67 = -7.22(\text{kN} \cdot \text{m})$$

$$M_{BA} = \frac{2}{3} \times 58.36 + 13.33 = 52.24(\text{kN} \cdot \text{m})$$

$$M_{BC} = \frac{3}{4} \times 58.36 - 96 = -52.23(\text{kN} \cdot \text{m})$$

$$M_{CB} = 0$$

根据各杆端弯矩，绘制连续梁的弯矩图，同例 20-1。

【例 20-5】 直接用结点和截面平衡条件解例 20-3。

解： 在例 20-3 中，刚架的独立结点位移有 D 点的角位移 Z_1、D 点的水平线位移 Z_2，如图 20-17(b)所示，写出各杆的转角位移方程。

（1）AC 杆：

$$M_{AC} = -\frac{3i}{6}Z_2 - \frac{1}{8} \times 20 \times 6^2 = -\frac{i}{2}Z_2 - 90$$

$$M_{CA} = 0$$

（2）CD 杆：

$$M_{CD} = 0$$

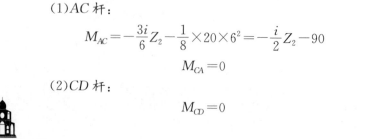
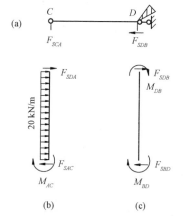

图 20-18

$$M_{DC} = 3iZ_1$$

（3）BD 杆

$$M_{DB} = 4iZ_1 - \frac{6i}{6}Z_2 = 4iZ_1 - iZ_2$$

$$M_{BD} = 2iZ_1 - \frac{6i}{6}Z_2 = 2iZ_1 - iZ_2$$

根据平衡条件列位移法方程，考虑 D 点力偶平衡，$M_D = M_{DC} + M_{DB} = 0$ 则

$$3iZ_1 + 4iZ_1 - iZ_2 = 0$$

得

$$7Z_1 - Z_2 = 0 \qquad\qquad (1)$$

将 CD 杆作为隔离体，其受力图如图 20-18(a)所示，考虑 CA 杆和 DB 杆的平衡，计算杆端弯矩。先考虑 AC 杆平衡，如图 20-18(b)所示。

$$\sum M_A(F) = 0, \quad 6F_{SCA} + 20 \times 6 \times 3 + M_{AC} = 0$$

$$F_{SCA} = -60 - \frac{M_{AC}}{6} = -45 + \frac{i}{12}Z_2$$

同理，考虑杆 BD 平衡，如图 20-18(c)所示，得

$$F_{SDB} = -\frac{M_{DB} + M_{BD}}{6} = -iZ_1 + \frac{1}{3}iZ_2$$

考虑作用在 CD 杆的力在水平方向投影平衡：

$$-F_{SCA} - F_{SDB} = 0, \quad \text{即 } F_{SCA} + F_{SDB} = 0$$

将剪力代入，得

$$-45 + \frac{i}{12}Z_2 - iZ_1 + \frac{1}{3}iZ_2 = 0$$

整理得
$$-iZ_1 + \frac{5}{12}iZ_2 - 45 = 0 \qquad\qquad (2)$$

联立式(1)、式(2)，解得 $Z_1 = \dfrac{23.48}{i}$，$Z_2 = \dfrac{164.35}{i}$。

代入各杆的转角位移方程，得各杆的杆端弯矩：

$$M_{AC} = -\frac{1}{2} \times 164.35 - 90 = 172.18 (\text{kN} \cdot \text{m})$$

$$M_{CA} = 0$$

$$M_{CD} = 0$$

$$M_{DC} = 3 \times 23.48 = 70.44 (\text{kN} \cdot \text{m})$$

$$M_{DB} = 4 \times 23.48 - 164.35 = -70.43 (\text{kN} \cdot \text{m})$$

$$M_{BD} = 2 \times 23.48 - 164.35 = -117.39 (\text{kN} \cdot \text{m})$$

根据各杆的杆端弯矩，绘制刚架的弯矩图，同例 20-3。

20.7　对称性的利用

结构所承受的任一荷载，总可以写成一组对称荷载和一组反对称荷载的叠加。而对称结构在对称荷载的作用下，其内力和变形是对称的。对称结构在反对称荷载作用下，其内

力和变形是反对称的。

根据对称结构在对称荷载和反对称荷载作用下的内力和变形特点，可取结构的一半进行计算，以简化位移法计算。

20.7.1 对称荷载作用在对称结构上

1. 奇数跨对称结构

如图 20-19(a)所示的刚架在对称荷载作用，其内力和变形也是对称的。CD 杆跨中截面 E 的内力只有弯矩和轴力，E 截面的位移只有竖向线位移，将刚架沿对称轴切开，在 E 截面处加上一个定向支座，如图 20-19(b)所示，其内力和变形与原结构左半部分相同。因此，用图 20-19(b)所示图形代替图 20-19(a)的左半部分进行计算，只要将左半部分的内力和位移求出，可根据对称性得到右半部分的内力和位移。用半个刚架的计算简图代替原对称刚架进行分析的方法称为半刚架法。

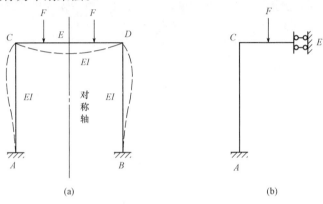

图 20-19

2. 偶数跨对称结构

图 20-20(a)所示的两跨刚架在对称荷载作用下，变形如图 20-20(a)虚线所示。对称轴过 EB 杆轴线，假如在结点 E 邻近处将 EB 杆左侧切开，则该截面上的内力有弯矩、剪力和轴力。再看 E 截面的位移，由于 E 在对称轴上，根据对称性，E 截面的角位移与水平线位移为零。由于 BE 杆在变形过程中长度不变，所以 E 截面的位移是角位移、水平线位移和竖向线位移均为零。可将结构沿对称轴切开，在 E 截面处加一个固定支座，半刚架的计算简图如图 20-20(b)所示。

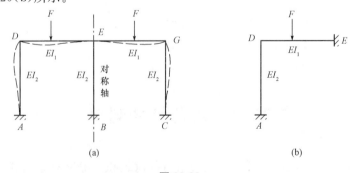

图 20-20

20.7.2 反对称荷载作用在对称结构上

1. 奇数跨对称结构

对称结构在反对称荷载作用下，其内力和变形都是反对称的。

图 20-21(a)所示的刚架，在反对称荷载作用下，刚架的变形如图 20-21(a)虚线所示，对称轴上的 C 截面的内力只有剪力而无弯矩和轴力。C 截面的位移有角位移和水平线位移，而无竖向线位移，其半结构如图 20-21(b)所示。

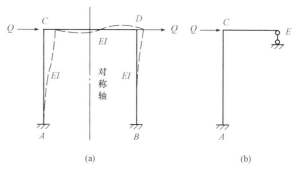

图 20-21

2. 偶数跨对称结构

图 20-22(a)所示的二跨刚架，对称轴与 EB 杆轴线重合。E 截面处只有剪力，无弯矩，且无轴力，竖向位移为零。可设想中间柱是由两根惯性矩为 I/2 的竖柱组成，分别在对称轴两侧与横梁刚结，如图 20-22(b)所示。将此两柱间的横梁切开，截面上只有剪力。这一对剪力使对称轴两侧的竖柱分别产生大小相等、方向相反的轴力。而中间柱的内力等于两竖柱内力的代数和，因而由剪力产生的轴力相互抵消，即剪力 F_{SE} 对原结构的内力和变形都无影响。因此可把剪力 F_{SE} 略去而取原结构的一半作为计算简图，如图 20-22(c)所示。

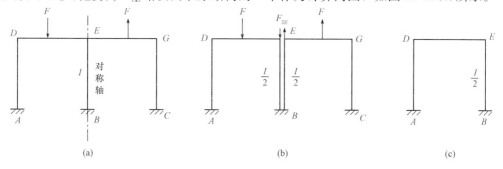

图 20-22

【**例 20-6**】 计算图 20-23(a)所示的刚架，作刚架的弯矩图，各杆 EI 为常数。

解： 图示刚架是一个对称结构，利用对称性，取半刚架计算。将荷载分成两组，一组是正对称荷载，如图 20-23(b)所示；另一组是反对称荷载，如图 20-23(c)所示。这两组荷载对应的半刚架分别如图 20-23(d)、(e)所示。

(1)正对称荷载作用时的计算。

令 $\dfrac{EI}{6}=i$，基本结构如图 20-24(a)所示，位移法的典型方程为

$$r_{11}Z_1+R_{1F}=0$$

作 $\overline{M}_1$ 图和 M_F 图，如图 20-24(b)、(c)所示。

$$r_{11}=4i+4i+2i=10i$$
$$R_{1F}=22.5-60=-37.5$$

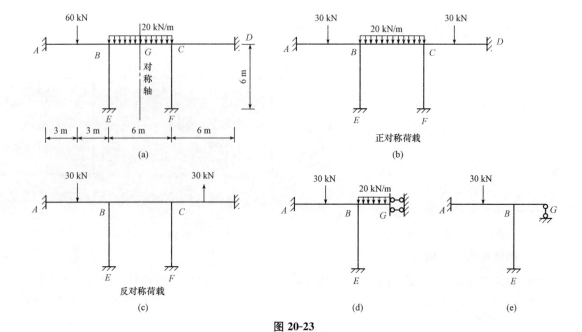

图 20-23

$$Z_1 = -\frac{R_{1F}}{r_{11}} = -\frac{-37.5}{10i} = \frac{3.75}{i}$$

按叠加法 $M = Z_1 \overline{M_1} + M_F$ 绘制半刚架的弯矩图，并根据对称性，绘出刚架另一半的弯矩图，如图 20-24(d)所示。

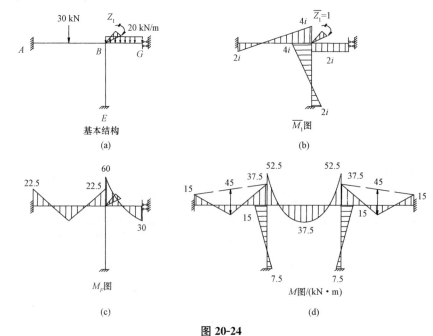

图 20-24

(2)反对称荷载作用时的计算。

取图 20-25(a)所示的基本结构，位移法的典型方程为

$$r_{11}Z_1 + R_{1F} = 0$$

作 $\overline{M}_1$ 图和 M_F 图，如图 20-25(b)、(c)所示。

$$r_{11}=4i+4i+6i=14i$$

$$R_{1F}=22.5$$

$$Z_1=-\frac{R_{1F}}{r_{11}}=-\frac{22.5}{14i}=-\frac{1.61}{i}$$

按叠加法 $M=Z_1\overline{M}_1+M_F$ 绘制半刚架的弯矩图，并根据对称性，绘制出刚架另一半的弯矩图，如图 20-25(d)所示。

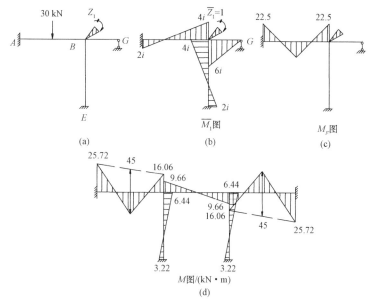

图 20-25

(3)作刚架的弯矩图。将刚架在正对称荷载作用下的弯矩图[图 20-24(d)]与在反对称荷载作用下的弯矩图[图 20-25(d)]相叠加，得刚架在原荷载作用下的弯矩图，如图 20-26 所示。

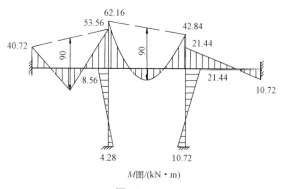

图 20-26

思考题与习题

思考题与习题

第 21 章

力矩分配法

前两章介绍的力法和位移法是计算超静定结构的两种基本方法，这两种方法的共同特点是需要列出典型方程，要计算系数项和自由项，需要解方程或方程组。当结构比较复杂时，未知量的数目较多，计算工作量将十分繁重。因此，人们寻求便于实际应用的简化计算方法，力图避免组成和求解多元方程组。力矩分配法就是一种应用广泛的近似计算方法。

力矩分配法

力矩分配法是属于位移法类型的一种渐进法，在计算过程中采用逐步修正的步骤，计算精度随计算的轮次而提高。它不需求解联立方程组，可遵循一定的机械步骤进行，易于掌握，可以直接计算出杆端弯矩。因此，在工程实践中常被使用。

21.1　力矩分配法的基本概念

考虑图 21-1(a)所示的连续梁，在荷载 q 作用下，发生图示虚线所示的变形。连续梁的变形可分为两种情况的叠加：第一，在 B 点施加附加刚臂，B 结点无角位移，只有均布荷载 q 的作用，如图 21-1(b)所示；第二，令结点 B 产生角位移 θ_B，如图 21-1(c)所示。在第一种情况中，作用在梁 BC 上的均布荷载 q 使附加刚臂产生约束力偶 $M_B=-\dfrac{1}{8}ql^2$，由于原结构结点 B 处无约束，如果把 M_B 的相反数 $-M_B=\dfrac{1}{8}ql^2$ 加在结点 B 上，产生角位移 Z_1，即第二种情况。将第一种情况与第二种情况相叠加，即得原结构的变形与受力。所以，原结构的弯矩图可用第一种情况的弯矩图与第二种情况的弯矩图相叠加而得。图 21-1(b)中 BC 梁的杆端弯矩可查表 20-1，绘制出第一种情况的弯矩图。下面说明如何计算第二种情况的杆端弯矩。

在第二种情况中，施加一力偶 $-M_B=\dfrac{1}{8}ql^2$ 作用在结点 B 上，则结点 B 产生角位移 Z_1，梁产生如虚线所示的变形，根据转角位移方程，可知梁 AB、梁 BC 的杆端弯矩。

$$M_{AB}=2iZ_1,\ M_{BA}=4iZ_1,\ M_{BC}=3iZ_1,\ M_{CB}=0$$

根据结点 B 的力偶平衡条件，有

$$M_B=M_{BA}+M_{BC}$$

即

$$4iZ_1 + 3iZ_1 = \frac{1}{8}ql^2$$

因此，得 $iZ_1 = \frac{1}{56}ql^2$。

于是，各杆端弯矩为

$$M_{AB} = \frac{1}{28}ql^2, \quad M_{BA} = \frac{1}{14}ql^2, \quad M_{BC} = \frac{3}{56}ql^2, \quad M_{CB} = 0$$

据此可绘出第二种情况的弯矩图，如图 21-1(c)所示。将上述两种情况的弯矩图相叠加，得原结构的弯矩图，如图 21-1(d)所示。

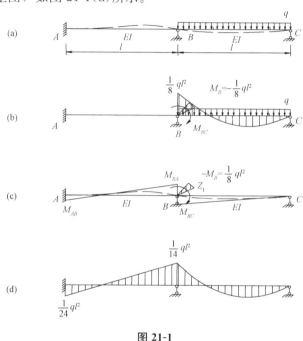

图 21-1

上面介绍的就是力矩分配法的解题思路。首先用附加刚臂将原结构的结点位移约束住，原结构化为若干个单跨超静定梁的组合体，即位移法的基本结构，计算各杆在荷载作用下而无杆端位移时的杆端弯矩（称为固端弯矩），计算附加刚臂的约束力偶。将附加刚臂的约束力偶的相反数加在结点上，将引起与结点相连接的杆件的杆端弯矩，将上述两种情况的弯矩图相叠加，即得原结构的弯矩图。

在力矩分配法中，需要用到转动刚度、分配系数、传递系数等概念。

考虑图 21-2(a)所示的刚架，有一个刚结点 D，刚架独立的结点角位移只有 D 点的角位移 Z_1，在 D 处作用一外力偶 M。根据转角位移方程，可写出各杆端弯矩：

$$M_{AD} = 2i_{DA}Z_1, \quad M_{DA} = 4i_{DA}Z_1, \quad M_{DB} = 3i_{DB}Z_1, \quad M_{BD} = 0$$
$$M_{DC} = i_{DC}Z_1, \quad M_{CD} = -i_{DC}Z_1$$

1. 转动刚度

上述刚架各杆端弯矩可写为

$$M_{DK} = S_{DK}Z_1$$

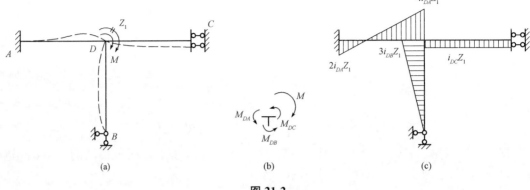

图 21-2

式中 S_{DK} 称为 DK 杆 D 端的转动刚度，表示在 DK 杆的 D 端产生单位转角时，在 D 端所需施加的弯矩。它的值与杆件的线刚度和杆件另一端的支承情况有关。根据转角位移方程可计算各杆的转动刚度，杆 DA 的远端是固定端，$S_{DA}=4i_{DA}$；DB 杆的远端是铰支座，$S_{DB}=3i_{DB}$；DC 杆的远端是定向支座，$S_{DC}=i_{DC}$。

2. 分配系数

取结点 D 为隔离体[图 21-2(b)]，根据平衡条件，有

$$M_{DA}+M_{DB}+M_{DC}=M$$

将各杆端弯矩代入，得

$$4i_{DA}Z_1+3i_{DB}Z_1+i_{DC}Z_1=M$$

解得

$$Z_1=\frac{M}{4i_{DA}+3i_{DB}+i_{DC}}=\frac{1}{S_{DA}+S_{DB}+S_{DC}}M=\frac{1}{\sum_{(D)}S_{DK}}M$$

式中，K 表示 A、B、C 三点中的一点，$\sum_{(D)}S_{DK}$ 表示汇交于 D 点所有杆件在 D 端的转动刚度之和，各杆端弯矩可写为

$$M_{DA}=\frac{S_{DA}}{\sum_{(D)}S_{DK}}M$$

$$M_{DB}=\frac{S_{DB}}{\sum_{(D)}S_{DK}}M$$

$$M_{DC}=\frac{S_{DC}}{\sum_{(D)}S_{DK}}M$$

上式可统一写成

$$M_{DK}=\frac{S_{DK}}{\sum_{(D)}S_{DK}}M=\mu_{DK}M \tag{21-1}$$

$$\mu_{DK}=\frac{S_{DK}}{\sum_{(D)}S_{DK}} \tag{21-2}$$

式中，μ_{DK} 称为力矩分配系数，它有以下特性：

$$0 < \mu_{DK} < 1, \sum_{(D)} \mu_{DK} = 1$$

3. 传递系数

考虑汇交于 D 点各杆远端的弯矩

$$M_{AD} = 2i_{DA}Z_1 = \frac{1}{2}M_{DA}$$

$$M_{BD} = 0M_{DB}$$

$$M_{CD} = -i_{DC}Z_1 = -M_{DC}$$

可统一写成

$$M_{KD} = C_{DK}M_{DK} \tag{21-3}$$

式中，C_{DK} 称为 DK 杆 D 端的传递系数。传递系数表示杆件近端发生转角时，远端弯矩与近端弯矩的比值。传递系数取决于远端的支承情况，当远端是固定端时，如 DA 杆，$C_{DA} = \frac{1}{2}$；当远端是铰支座时，如 DB 杆，$C_{DB} = 0$；当远端是定向支座时，如 DC 杆，$C_{DC} = -1$。

由式(21-1)可知，作用于结点 D 的力偶 M 以汇交于结点 D 各杆的转动刚度 S_{DK} 为权重，分配于汇交于结点 D 的各杆端(称为近端)，各近端弯矩称为分配弯矩。在杆件的另一端(称为远端)也可能产生弯矩，称为传递弯矩，可用该杆件的分配弯矩乘以传递系数而得。

综上所述，力矩分配法计算荷载作用下具有一个结点角位移的结构的计算步骤为：

(1)在刚结点加入附加刚臂，计算各杆的固端弯矩，计算附加刚臂上的反力偶(称为不平衡力矩，规定顺时针方向转动为正)；

(2)计算各杆的分配系数和传递系数；

(3)将不平衡力矩的相反数乘以分配系数，得各杆的分配弯矩，再乘以传递系数得各杆远端的传递弯矩；

(4)将固端弯矩与分配弯矩和传递弯矩相加，得原结构的杆端弯矩，根据杆端弯矩可绘制出弯矩图。

21.2　用力矩分配法计算连续梁的无侧移刚架

21.2.1　只有一个结点角位移

【例 21-1】　用力矩分配法计算图 21-3(a)所示的连续梁，并作梁的弯矩图。

解：(1)确定基本结构。连续梁的独立结点位移是结点 B 的角位移，在结点 B 处加附加刚臂，得位移法基本结构，如图 21-3(b)所示。

(2)计算固端弯矩。按表 20-1 计算各杆端的固端弯矩：

$$M_{AB}^F = -\frac{1}{8} \times 40 \times 6 = -30(\text{kN} \cdot \text{m})$$

$$M_{BA}^F = \frac{1}{8} \times 40 \times 6 = 30(\text{kN} \cdot \text{m})$$

$$M_{BC}^F = -\frac{1}{8} \times 8 \times 3^2 = -9(\text{kN} \cdot \text{m})$$

$$M_{CB}^F = 0$$

结点的不平衡力矩为

$$M_B = M_{BA}^F + M_{BC}^F = 30 - 9 = 21(\text{kN} \cdot \text{m})$$

（3）计算分配系数和确定传递系数。

$$S_{BA} = 4i_{BA} = 4\frac{EI}{6} = \frac{2}{3}EI$$

$$S_{BC} = 3i_{BC} = 3\frac{EI}{3} = EI$$

$$\mu_{BA} = \frac{S_{BA}}{S_{BA} + S_{BC}} = \frac{\frac{2}{3}EI}{\frac{2}{3}EI + EI} = \frac{2}{5} = 0.4$$

$$\mu_{BC} = \frac{S_{BC}}{S_{BA} + S_{BC}} = \frac{EI}{\frac{2}{3}EI + EI} = \frac{3}{5} = 0.6$$

传递系数为 $C_{BA} = \dfrac{1}{2}$，$C_{BC} = 0$

（4）力矩分配与传递。对于连续梁，可在计算简图下直接列表计算。

（5）作梁的弯矩图。根据刚才计算得到的杆端弯矩，绘制连续梁的弯矩图，如图 21-3(c) 所示。

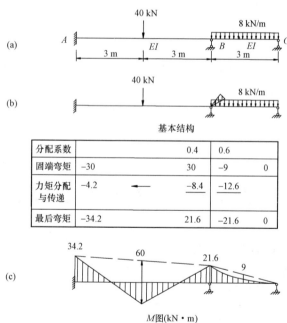

图 21-3

【例 21-2】 用力矩分配法计算图 21-4(a)所示的刚架，作刚架的弯矩图，各杆 EI 为常数。

解：（1）确定基本结构。刚架的独立结点位移是结点 D 的角位移，基本结构如图 21-4 (b)所示。

(2)计算固端弯矩。依据表20-1，计算各杆端的固端弯矩。

$$M_{AD}^F = -\frac{60 \times 2 \times 3^2}{5^2} = -43.2(\text{kN} \cdot \text{m})$$

$$M_{DA}^F = \frac{60 \times 2 \times 3^2}{5^2} = 28.8(\text{kN} \cdot \text{m})$$

$$M_{DC}^F = -\frac{1}{8} \times 30 \times 4^2 = -60(\text{kN} \cdot \text{m})$$

$$M_{CD}^F = 0$$
$$M_{DB}^F = 0$$
$$M_{BD}^F = 0$$

不平衡力矩为

$$M_D = M_{DA}^F + M_{DB}^F + M_{DC}^F = 28.8 - 60 = -31.2(\text{kN} \cdot \text{m})$$

(3)计算分配系数和确定传递系数。

$$S_{DA} = 4i_{DA} = \frac{4}{5}EI$$

$$S_{DC} = 3i_{DC} = \frac{3}{4}EI$$

$$S_{DB} = 4i_{DB} = EI$$

$$\mu_{DA} = \frac{S_{DA}}{S_{DA} + S_{DB} + S_{DC}} = \frac{\frac{4}{5}EI}{\frac{4}{5}EI + EI + \frac{3}{4}EI} = \frac{16}{51} = 0.314$$

$$\mu_{DB} = \frac{S_{DB}}{S_{DA} + S_{DB} + S_{DC}} = \frac{EI}{\frac{4}{5}EI + EI + \frac{3}{4}EI} = \frac{20}{51} = 0.392$$

$$\mu_{DC} = \frac{S_{DC}}{S_{DA} + S_{DB} + S_{DC}} = \frac{\frac{3}{4}EI}{\frac{4}{5}EI + EI + \frac{3}{4}EI} = \frac{15}{51} = 0.294$$

$$C_{DA} = \frac{1}{2}, \ C_{DB} = \frac{1}{2}, \ C_{DC} = 0$$

(4)力矩分配与传递。对于刚架，可按表21-1作力矩分配法计算。

表21-1　力矩分配法计算

结点	A	D			B	C
杆端	AD	DA	DC	DB	BD	CD
分配系数		0.314	0.294	0.392		
固端弯矩	−43.2	28.8	−60	0	0	0
力矩分配与传递	4.9	9.80	9.17	12.23	6.12	
最后弯矩	−38.3	38.6	−50.83	12.23	6.12	0

(5)绘制弯矩图。根据上述计算所得的杆端弯矩，绘制刚架的弯矩图，如图21-4(c)所示。值得注意的是，AD杆的弯矩图可用区段叠加法绘出，绘出杆端弯矩后，用虚线相连，得一梯形，在梯形的基础上叠加AD杆两端铰支，形成一简支梁，在E点作用集中力

60 kN 时的弯矩图，如图 21-4(d)所示。

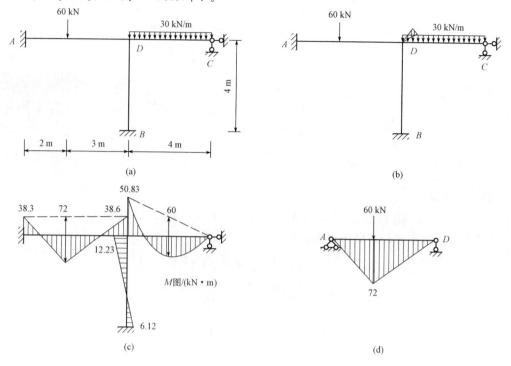

图 21-4

21.2.2　有多个结点角位移

上面介绍的只有一个结点位移的结构的力矩分配法只需要将不平衡力矩分配，传递一次，结构即处于平衡状态，便可结束计算，计算结果是精确的。下面将力矩分配法推广运用到具有两个以上结点角位移的结构的计算。

图 21-5(a)所示的连续梁有两个结点角位移，即结点 B、C 的角位移，在 B、C 两结点上施加附加刚臂，计算各杆端的固端弯矩，可计算 B、C 点的不平衡力矩 M_B 和 M_C。首先分配其中一个结点，如 B 结点，放松结点 B，但结点 C 依然保持固定。相当于把 $-M_B$ 作用在结点 B 上，则 $-M_B$ 在 B 点两杆端分配，再向 A、C 两点传递。此时，结点 C 的不平衡力矩为

$$M_C^1 = M_C + C_{BC} M_{BC}^\mu$$

这时结点 B 处于平衡状态，结点 C 有不平衡力矩 M_C^1 作用，如图 21-5(b)所示。将 B 点固定，C 点放松，将 $-M_C^1$ 作用在结点 C 上，则 $-M_C^1$ 在 C 点两杆端分配，并向 B 点传递力矩。此时 C 点平衡，而 B 点不平衡，不平衡力矩是 $M_B^1 = C_{CB} M_{CB}^\mu$，如图 21-5(c)所示。到此为止，完成了第一轮力矩分配。

再将 B 点放松，在 B 点施加 $-M_B^1$，C 点固定。$-M_B^1$ 在 B 点两杆端分配，并向 A、C 点传递。此时 B 点平衡，而 C 点不平衡，其不平衡力矩为 $M_C^2 = C_{BC} M_{BC}^\mu$。再将 C 点放松，在 C 点施加 $-M_C^2$，则 $-M_C^2$ 在 C 点两杆端分配，并向 B 点传递。这时 C 点平衡，B 点不平衡，其不平衡力矩为 $M_B^2 = C_{CB} M_{CB}^\mu$。此时完成了第二轮力矩分配。第二轮的不平衡力矩比第一轮小。

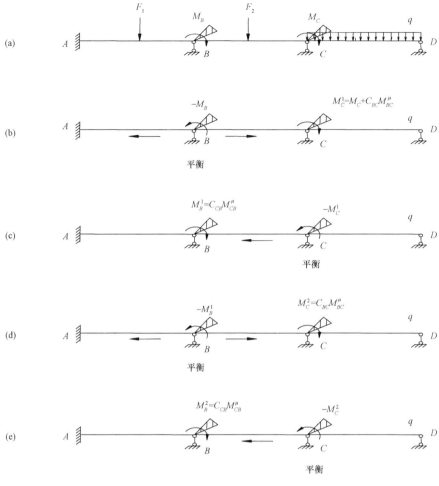

图 21-5

重复以上计算，经过若干轮以后，当不平衡力矩足够小时，即可停止计算。一般经过三轮力矩分配计算即可。将每一杆端各次的分配力矩、传递力矩和固端弯矩相加，可得各杆端的最后弯矩。

在力矩分配法中，是依次放松各结点以消去其不平衡力矩而修正各杆端弯矩，使其逐渐接近真实的弯矩值，因而是一种渐进法。分配时，可以从任意结点开始，但为了使计算收敛快些，通常宜从不平衡力矩值较大的结点开始分配。

用力矩分配法计算具有两个以上结点角位移的无侧移结构的步骤归纳如下：

(1)计算各结点的分配系数，并确定传递系数。

(2)计算各杆端固端弯矩。

(3)逐次循环对结点作力矩分配计算。每次力矩分配计算时，将不平衡力矩的相反数分配到汇交于结点的各杆端，并向远端传递。循环计算，直至各结点上的不平衡力矩小到可以忽略为止。

(4)将各杆端的固端弯矩与各次的分配弯矩和传递弯矩相加，得各杆端的最后弯矩。

(5)作弯矩图。

【例 21-3】 用力矩分配法计算图 21-6(a)所示的连续梁，作连续梁的弯矩图。已知连续

梁的 EI 为常数。

解：（1）确定基本结构。连续梁的独立结点位移为结点 B 的角位移 Z_1 和结点 C 的角位移 Z_2，基本结构如图 21-6(a)所示。

（2）计算分配系数和确定传递系数。

1）结点 B：

$$S_{BA}=4i_{BA}=4\frac{EI}{4}=EI$$

$$S_{BC}=4i_{BC}=4\frac{EI}{6}=\frac{2}{3}EI$$

$$\mu_{BA}=\frac{S_{BA}}{S_{BA}+S_{BC}}=\frac{EI}{EI+\frac{2}{3}EI}=\frac{3}{5}=0.6$$

$$\mu_{BC}=\frac{S_{BC}}{S_{BA}+S_{BC}}=\frac{\frac{2}{3}EI}{EI+\frac{2}{3}EI}=\frac{2}{5}=0.4$$

$$C_{BA}=\frac{1}{2}, \quad C_{BC}=\frac{1}{2}$$

2）结点 C：

$$S_{CB}=4i_{BC}=4\frac{EI}{6}=\frac{2}{3}EI$$

$$S_{CD}=3i_{CD}=3\frac{EI}{4}=\frac{3}{4}EI$$

$$\mu_{CB}=\frac{S_{CB}}{S_{CB}+S_{CD}}=\frac{\frac{2}{3}EI}{\frac{2}{3}EI+\frac{3}{4}EI}=\frac{8}{17}=0.471$$

$$\mu_{CD}=\frac{S_{CD}}{S_{CB}+S_{CD}}=\frac{\frac{3}{4}EI}{\frac{2}{3}EI+\frac{3}{4}EI}=\frac{9}{17}=0.529$$

$$C_{CB}=\frac{1}{2}, \quad C_{CD}=0$$

（3）计算固端弯矩。

$$M_{AB}^{F}=0$$

$$M_{BA}^{F}=0$$

$$M_{BC}^{F}=-\frac{30\times2\times4^2}{6^2}=-26.67(\text{kN}\cdot\text{m})$$

$$M_{CB}^{F}=\frac{30\times2\times4^2}{6^2}=13.33(\text{kN}\cdot\text{m})$$

$$M_{CD}^{F}=-\frac{1}{8}\times10\times4^2=-20(\text{kN}\cdot\text{m})$$

$$M_{DC}^{F}=0$$

不平衡力矩为

$$M_B=M_{BA}^{F}+M_{BC}^{F}=-26.67(\text{kN}\cdot\text{m})$$

$$M_C = M_{CB}^F + M_{CD}^F = 13.33 - 20 = -6.67(\text{kN} \cdot \text{m})$$

（4）力矩分配与传递。由于结点 B 的不平衡力矩的绝对值最大，先分配 B 结点。

（5）绘制弯矩图。依据力矩分配法计算所得的杆端弯矩，绘制梁的弯矩图，如图 21-6(c) 所示。

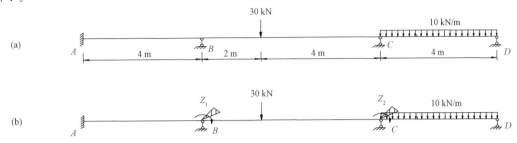

分配系数		0.6	0.4		0.471	0.529	
固端弯矩	0	0	−26.67		13.33	−20	0
力矩分配 与传递	8.00	←　16.00	10.67	→　5.34			
			0.32	←　0.63	0.70		
	−0.10	←　−0.19	−0.13	→　−0.07			
				0.03	0.04		
最后弯矩	7.9	15.81	−15.81	19.26	−19.26	0	

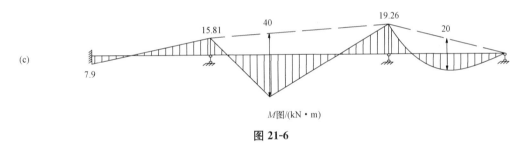

图 21-6

【例 21-4】 用力矩分配法计算图 21-7(a)所示的刚架，作刚架的弯矩图。刚架各杆的 EI 为常数。

解：（1）确定基本结构。刚架的结点位移有结点 B 的角位移 Z_1 和结点 C 的角位移 Z_2，基本结构如图 21-7(b)所示。

（2）计算分配系数，确定传递系数，令 $\dfrac{EI}{6} = i$。

1）结点 B：

$$S_{BA} = 4i$$
$$S_{BC} = 4i$$
$$S_{BE} = 4i$$

$$\mu_{BA} = \frac{S_{BA}}{S_{BA} + S_{BC} + S_{BE}} = \frac{4i}{4i + 4i + 4i} = \frac{1}{3}$$

$$\mu_{BC} = \frac{S_{BC}}{S_{BA} + S_{BC} + S_{BE}} = \frac{4i}{4i + 4i + 4i} = \frac{1}{3}$$

$$\mu_{BE}=\frac{S_{BE}}{S_{BA}+S_{BC}+S_{BE}}=\frac{4i}{4i+4i+4i}=\frac{1}{3}$$

2)结点 C:

$$S_{CB}=4i$$

$$S_{CD}=3i$$

$$S_{CF}=4i$$

$$\mu_{CB}=\frac{S_{CB}}{S_{CB}+S_{CD}+S_{CF}}=\frac{4i}{4i+3i+4i}=\frac{4}{11}=0.364$$

$$\mu_{CD}=\frac{S_{CD}}{S_{CB}+S_{CD}+S_{CF}}=\frac{3i}{4i+3i+4i}=\frac{3}{11}=0.273$$

$$\mu_{CF}=\frac{S_{CF}}{S_{CB}+S_{CD}+S_{CF}}=\frac{4i}{4i+3i+4i}=\frac{4}{11}=0.364$$

（3）计算固端弯矩。

$$M_{AB}^{F}=-\frac{1}{8}\times80\times6=-60(\mathrm{kN\cdot m})$$

$$M_{BA}^{F}=\frac{1}{8}\times80\times6=60(\mathrm{kN\cdot m})$$

$$M_{BC}^{F}=-\frac{1}{12}\times10\times6^{2}=-30(\mathrm{kN\cdot m})$$

$$M_{CB}^{F}=\frac{1}{12}\times10\times6^{2}=30(\mathrm{kN\cdot m})$$

$$M_{CD}^{F}=0,\ M_{DC}^{F}=0,\ M_{BE}^{F}=0,\ M_{EB}^{F}=0,\ M_{CF}^{F}=0,\ M_{FC}^{F}=0$$

不平衡力矩为

$$M_{B}=M_{BA}^{F}+M_{BC}^{F}+M_{BE}^{F}=60-30=-30(\mathrm{kN\cdot m})$$

$$M_{C}=M_{CB}^{F}+M_{CD}^{F}+M_{CF}^{F}=30\ \mathrm{kN\cdot m}$$

（4）力矩分配与传递。列表进行力矩分配与传递。

（5）绘制弯矩图。依据力矩分配法计算所得的杆端弯矩，绘制刚架的弯矩图，如图 21-7(c)所示。

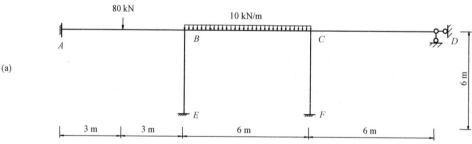

(a)

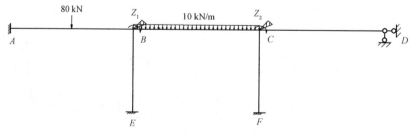

(b)

图 21-7

结点	A	B			C			D	E	F
杆端	AB	BA	BC	BC	CB	CF	CD	DC	EB	FC
分配系数		$\frac{1}{3}$	$\frac{1}{3}$	$\frac{1}{3}$	0.364	0.364	0.273			
固端弯矩	−60	60	0	−30	30	0	0	0	0	0
力矩分配与传递	−9	−10	−10	−10	−5				−5	
				−4.55	−9.1	−9.1	−6.83			−4.55
	0.76	1.52	1.52	1.52	0.76				0.76	
				−0.14	−0.28	−0.28	−0.21			−0.14
	0.03	0.05	0.05	0.05	0.03				0.03	
					−0.01	−0.01	−0.01			
最后弯矩	−64.21	51.57	−8.43	−43.12	16.4	−9.33	−7.05	0	−4.21	−4.69

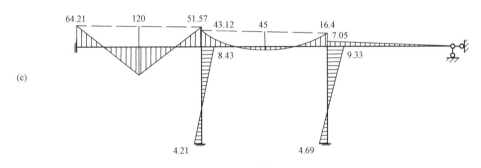

图 21-7(续)

思考题与习题

思考题与习题

第22章

影 响 线

22.1 影响线的概念

前面各章所讨论的荷载的大小、方向和作用点都是固定不变的,称为固定荷载。在固定荷载作用下,结构的反力和内力是不变的。但实际工程结构除承受固定荷载外,还受到移动荷载的作用,所谓移动荷载,是指大小和方向不变,但作用位置变化的荷载。如桥梁承受汽车[图 22-1(a)]、火车的荷载,工业厂房中吊车梁承受吊车荷载[图 22-1(b)]。由于这些荷载的作用点在结构上是不断移动的,所以结构的反力和内力也随着荷载位置的移动而变化。

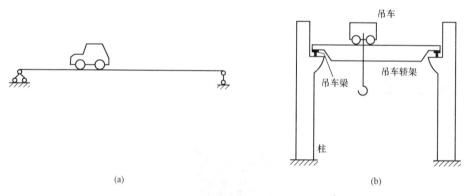

(a)   (b)

图 22-1

在实际工程中,遇到的移动荷载通常是间距不变的平行荷载或均布荷载。为了计算简便,可以先研究一个竖向单位集中荷载 $\overline{F}=1$ 在结构上移动时所产生的影响,然后根据叠加原理研究各种移动荷载对结构产生的影响。

在确定单位移动荷载($\overline{F}=1$)对某一量值(反力或内力)的影响时,常将该量值随荷载位置移动而变化的规律用图形表示,这种图形称为该量值的影响线。下面以单位移动荷载 $\overline{F}=1$ 在简支梁上移动时[图 22-2(a)],对支座反力 F_{Ay} 的影响线为例,说明影响线的概念。要知道单位移动荷载 $\overline{F}=1$ 在梁上移动时,F_{Ay} 的变化情况,可以将 $\overline{F}=1$ 依次作用于梁上各截面,逐一计算相应的 F_{Ay} 值,用图形表示出 F_{Ay} 的变化规律。例如,当 $\overline{F}=1$ 作用在 C 截面时[图 22-2(b)]，A 支座的反力为 $F_{Ay}^C = \frac{3}{4}$。同理可分别计算出当单位移动荷载 $\overline{F}=1$ 作用在 A、D、E、B 截面时 F_{Ay} 的值分别是 $F_{Ay}^A = 1$，$F_{Ay}^D = \frac{1}{2}$，$F_{Ay}^E = \frac{1}{4}$，$F_{Ay}^B = 0$，将单位移动荷载作用在各截面的支座反力 F_{Ay} 的值用适当的比例绘制出，连接起来，得描述 F_{Ay} 变化的图形。在本例中，F_{Ay} 的影响线是一直线[图 22-2(c)]。

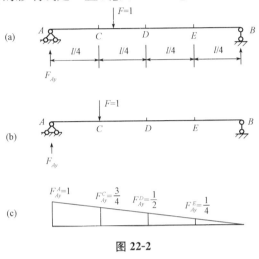

图 22-2

因此，可得影响线的定义：当单位集中荷载在结构上移动时，表示结构某指定处的某一量值(反力、内力等)变化规律的图形，称为该量值的影响线。

影响线描述了单位移动集中荷载在结构上移动时，对某一量值所产生的影响，它是研究移动荷载作用的基本工具。应用影响线可确定最不利荷载位置，计算某量值的最大值等。

22.2　用静力法作单跨静定梁的影响线

对于单跨超静定梁，如简支梁，通常不需要按上节所述对各个荷载位置逐一计算，而采用以下方法绘制影响线。根据静力平衡条件，求出某量值与单位移动荷载的位置之间的函数关系，该函数关系称为影响线方程，将影响线方程的数学图像绘出，即得影响线，这种方法称为静力法。将单位移动荷载 $F=1$ 放在梁上任意位置，以 x 表示单位移动荷载至梁左端点的距离，根据静力平衡条件求出所研究量值 S 与 x 的函数关系，即得影响线方程 $S=S(x)$，据此可绘制出该量值 S 的影响线。下面以简支梁为例说明静定梁影响线的作法。

22.2.1　反力影响线

简支梁如图 22-3(a)所示，先绘制 A 支座的反力 F_{Ay} 的影响线。取梁的左端点 A 为原点，x 为单位移动荷载 $\overline{F}=1$ 的作用点至原点 A 的距离，假定反力以向上为正。根据力矩平衡条件，有

$$\sum M_B(F) = 0$$
$$-F_{Ay}l + F(l-x) = 0$$

可得

$$F_{Ay} = \frac{l-x}{l}$$

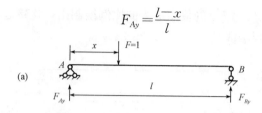

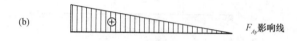

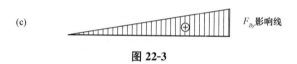

图 22-3

注意，单位移动荷载 $\overline{F}=1$ 是一个无量纲量，那么 F_{Ay} 也是一个无量纲。将 x 看作变量，上述方程表示反力 F_{Ay} 随荷载 $F=1$ 位置移动而变化的规律，即 F_{Ay} 的影响线方程。可以看出，F_{Ay} 是 x 的一次函数，所以 F_{Ay} 的影响线为一直线，只需要两个点就可将直线绘制出。

当 $x=0$ 时，$F_{Ay}=1$；当 $x=l$ 时，$F_{Ay}=0$。

可得 F_{Ay} 的影响线，如图 22-3(b)所示。

同理可绘制反力 F_{By} 的影响线，根据力矩平衡条件，有

$$\sum M_A(F) = 0, F_{By}l - Fx = 0$$

得

$$F_{By} = \frac{x}{l}$$

当 $x=0$ 时，$F_{By}=0$；当 $x=l$ 时，$F_{By}=1$。

据此可绘制出反力 F_{By} 的影响线，如图 22-3(c)所示。

22.2.2　弯矩影响线

当单位移动荷载 $\overline{F}=1$ 作用在 AC 梁段时，$x \leqslant a$，则

$$M_C = F_{By} \cdot b = \frac{x}{l}b$$

可知 M_C 的影响线在 AC 段内是一直线，两点可定该直线。

当 $x=0$ 时，$M_C=0$；当 $x=a$ 时，$M_C=\frac{ab}{l}$。

当单位移动荷载 $\overline{F}=1$ 作用在 CB 段时，$a \leqslant x \leqslant l$，则

$$M_C = F_{Ay} \cdot a = \frac{l-x}{l}a$$

上式表明 M_C 影响线在 CB 段也是一直线，同理两点可确定该直线。

当 $x=a$ 时，$M_C = \frac{ab}{l}$；当 $x=l$ 时，$M_C = 0$。

因此，可绘制 M_C 的影响线，如图 22-4（b）所示。可见，M_C 影响线由两段直线组成，两直线在 C 截面处相交，其值为 $\frac{ab}{l}$，影响线在 C 截面处连续，但不光滑，有尖角。

由于单位移动荷载 $\overline{F} = 1$ 为无量纲量，故弯矩影响线具有长度的量纲。

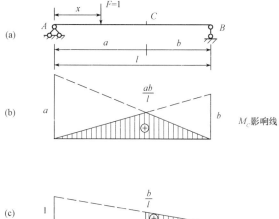

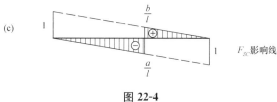

图 22-4

22.2.3　剪力影响线

剪力的正负号规定与第 10 章相同，即使脱离体有顺时针转动趋势的剪力为正；反之为负。当单位移动荷载 $\overline{F} = 1$ 在 AC 段时，根据平衡条件，有

$$F_{SC} = -F_{By} = -\frac{x}{l}, \quad 0 \leqslant x \leqslant a$$

当单位移动荷载 $\overline{F} = 1$ 在 CB 段时，C 截面的剪力为

$$F_{SC} = F_{Ay} = \frac{l-x}{l}, \quad a \leqslant x \leqslant l$$

可见，F_{SC} 的影响线是两段平行直线，左直线与 F_{By} 影响线相同，但反号。由直线与 F_{Ay} 的影响线相同。在 C 截面处有跳跃，跳跃量是 1。F_{SC} 的影响线是无量纲量。

影响线与内力图是截然不同的，但初学者容易将它们混淆。下面以弯矩的影响线与弯矩图为例，说明弯矩影响线与弯矩图的区别。图 22-5（a）所示为荷载 1 作用在梁 C 截面的弯矩图；图 22-5（b）所示为截面 C 弯矩 M_C 的影响线。这两个图形式相似，但横坐标与纵坐标的含义截然不同。图 22-5（a）中的横坐标（如 D 截面的横坐标 x_D）表示某截面与左端 A 的距离，而影响线的横坐标则表示单位移动荷载的位置。弯矩图的纵坐标，如 D 截面的纵坐标 y_D，表示 D 截面的弯矩值。影响线的纵坐标，如 D 截面的纵坐标 y_D，表示当单位移动荷

载移动至 D 点时，C 截面产生的弯矩值。

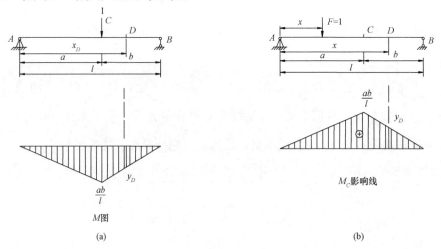

图 22-5

【例 22-1】 用静力法绘制图 22-6(a)所示悬臂梁固定支座 A 的反力 F_{Ay}，截面 C 的弯矩 M_C，剪力 F_{SC} 的影响线。

解： 首先写出各量值的影响线方程，以梁的固定支座 A 为原点，设 x 为单位移动荷载与原点的距离，则

$$F_{Ay}=1, \ 0<x\leqslant l$$

$$M_C=\begin{cases}0, \ 0<x\leqslant a \\ -(x-a), \ a<x\leqslant l\end{cases}$$

$$F_{SC}=\begin{cases}0, \ 0<x\leqslant a \\ 1, \ a<x\leqslant l\end{cases}$$

依据各量值的影响线方程，绘制它们的影响线，如图 22-6(b)、(c)、(d)所示。

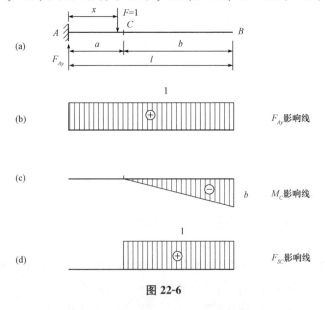

图 22-6

22.3　用机动法作单跨静定梁的影响线

22.3.1　机动法的概念

上节介绍了绘制静定梁的静力法，当结构比较复杂时，用静力法绘制结构的影响线是比较烦琐的。本节介绍绘制静定梁影响线的另一种方法，即机动法。机动法以刚体虚功原理为依据，将绘制量值 S 影响线问题转化为绘制机构位移图的几何问题。用机动法绘制结构的影响线比较简便，还可以用来校核静力法绘制的影响线。

以绘制图 22-7(a)所示简支梁支座 B 的反力 F_{By} 的影响线为例，说明机动法。

将 F_{By} 对应的约束(支座 B 处的链杆)去掉，代以 F_{By}，如图 22-7(b)所示，原结构成为一个自由度的机构。由于 F_{By} 代替了所去掉约束的作用，机构仍能维持平衡。使结构发生任意微小的虚位移，δ_{By} 和 δ_F 分别表示 F_{By} 和 F 的作用点沿力的作用线方向的虚位移。由于机构处于平衡状态，根据虚功原理，各力所作虚功和等于零，即

$$-F \cdot \delta_F + F_{By} \cdot \delta_{By} = 0$$

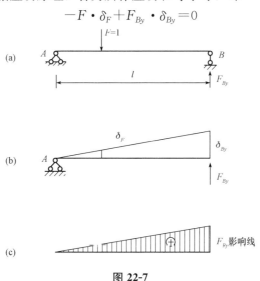

图 22-7

式中 $F=1$，δ_{By} 是任意给定虚位移，为计算简便，可取 $\delta_{By}=1$，则上式变为

$$-\delta_F + \delta_{By} = 0$$

即

$$\delta_F = \delta_{By} \tag{22-1}$$

根据式(22-1)，δ_F 的变化情况反映出荷载 $F=1$ 移动时 F_{By} 的变化规律，也就是说，此时 δ_F 的位移图与 F_{By} 的影响线是一样的，即 δ_F 的位移图与 F_{By} 的影响线是一样的，即 δ_F 的位移图[图 22-7(b)]就是 F_{By} 的影响线[图 22-7(c)]。

综上所述，为了作量值 S 的影响线，可将与 x 相应的约束去掉，原静定结构变为机构，使机构沿 S 正方向发生单位位移，则所得的虚位移图即量值 S 的影响线。这种绘制影响线的方法称为机动法。

机动法可以不经过计算就能迅速作出影响线，是绘制影响线的一种快捷简便的方法。

22.3.2 机动法绘制简支梁的影响线

如图 22-8(a)所示的简支梁,现用机动法绘制 F_{Ay}、M_C、F_{SC} 的影响线。

先绘制 F_{Ay} 的影响线,将与 F_{Ay} 相应的约束,即支座 A 的竖向约束去掉,并产生向上的单位线位移,所得机构的位移图如图 22-8(b)所示,就是 F_{Ay} 的影响线。

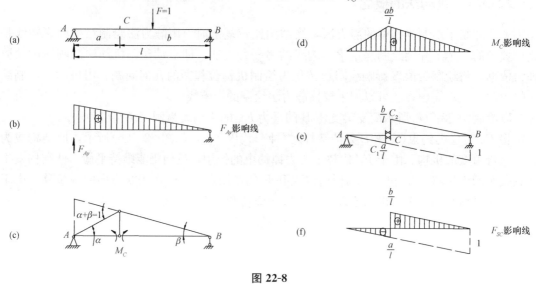

图 22-8

绘制 M_C 的影响线时,将原简支梁与 M_C 对应的约束除掉,即在 C 截面处将简支梁切断,并安装一个铰,用一对力偶代替原约束的作用。使 AC 部分和 BC 部分沿 M_C 的正方向发生单位虚位移,即 AC 部分以 A 点为圆心逆时针转 α 角,BC 部分以 B 点为圆心顺时针转 β 角。AC 部分和 BC 部分的相对转角为 $\alpha+\beta$,令 $\alpha+\beta=1$,此时的位移图[图 22-8(c)]就是 M_C 的影响线,如图 22-8(d)所示。

绘制剪力 F_{SC} 的影响线时,将原简支梁与 F_{SC} 相应的约束去掉,即将梁在截面 C 处切断,并安装一个定向支座,如图 22-8(e)所示。令所得机构沿 F_{SC} 正方向发生单位虚位移,即 AC_1 部分以 A 点为圆心顺时针转动,BC_2 部分以 B 点为圆心顺时针转动,它们的相对线位移 $\overline{C_1C_2}=1$,即 $\overline{CC_1}=\dfrac{a}{l}$,$\overline{CC_2}=\dfrac{b}{l}$,此时机构的位移图[图 22-8(e)]就是 F_{SC} 的影响线[图 22-8(f)]。

22.3.3 机动法绘制外伸梁的影响线

应用机动法绘制图 22-9(a)所示的外伸梁 F_{By}、M_C、F_{SC}、F_{SB}^L、M_D、F_{SD} 量值的影响线。

1. F_{By} 影响线

将原外伸梁 B 支座的约束去掉,令所得机构沿 F_{By} 正方向产生单位线位移,其位移图就是 F_{By} 的影响线,如图 22-9(b)所示。

2. M_C 影响线

将原外伸梁的 C 截面切断,并安装一个铰,令左、右两部分产生单位相对角位移,所得机构的位移图就是 M_C 的影响线，如图 22-9(c)所示。

3. F_{SC} 影响线

将原外伸梁在 C 截面处切断，并安装一个定向支座，令左、右部分沿 F_{SC} 正方向产生单位相对线位移，机构此时的位移图就是 F_{SC} 的影响线，如图 22-9(d)所示。

4. F_{SB}^L 影响线

在 B 支座左侧将外伸梁切断，安装一个定向支座，令所得机构沿 F_{SB}^L 正方向发生单位位移，则机构的位移图就是 F_{SB}^L 的影响线[图 22-9(e)]。注意支座 B 不能产生竖向位移，定向支座左侧发生向下为 1 的线位移，B 支座两侧的影响线保持平行。

5. M_D 影响线

在 D 截面处将外伸梁切断，安装一个铰。令所得机构沿 M_D 正方向产生单位相对角位移，注意 D 铰左侧是几何不变体系，所以左侧无位移，右侧转动单位角位移，因此，M_D 的影响线如图 22-9(f)所示。

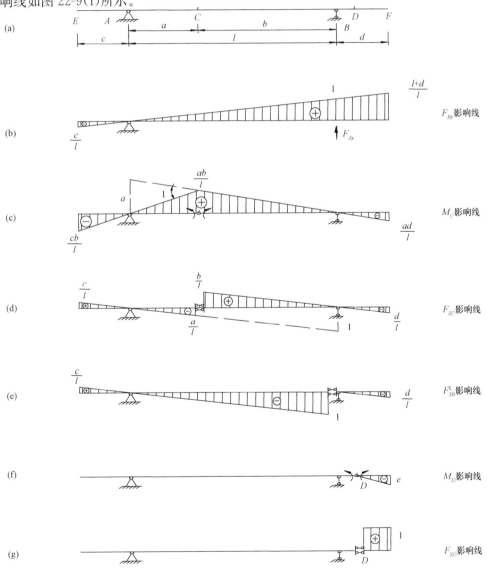

图 22-9

6. F_{SD} 影响线

在 D 截面处将梁切断，安装一个定向支座，原外伸梁变为机构，但定向支座左侧是几何不变体系，令机构沿 F_{SD} 正方向产生单位线位移，左侧不动，右侧向上移动位移 1，左右两侧位移线保持平行，机构的位移图就是 F_{SD} 的影响线。

22.3.4　用机动法绘制多跨静定梁的影响线

多跨静定梁某量值 S 的影响线方程一般是分段表示的分段函数，若用静力法绘制多跨静定梁的影响线将很烦琐。

机动法则比较简单，图 22-10 所示为多跨静定梁的一些量值的影响线。它们有以下特点：

（1）影响线是折线。

（2）基本结构上的量值，如 F_{SC}、M_B、F_{SB} 的影响线在全梁上均不为零，可理解为移动荷载作用在全梁上对基本结构上的量值均有影响。

（3）附属部分上的量值，如 M_E、F_{SE}、F_{SF}^R，只有该附属部分以下的梁段的影响线不为零，其余梁段为零。可理解为移动荷载作用在该附属部分以下的梁段对该量值有影响。

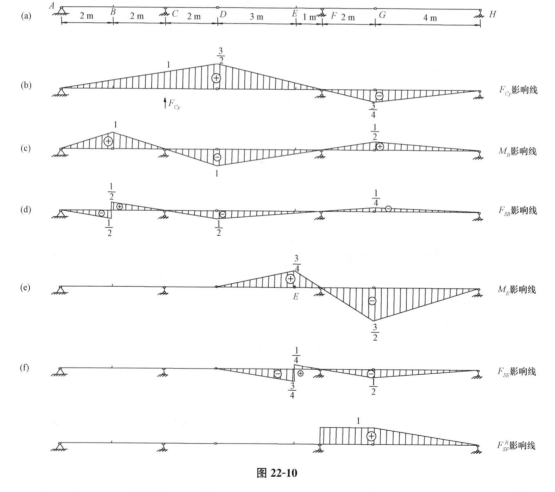

图 22-10

22.4　间接荷载作用下的影响线

在前几节中，讨论的是荷载直接作用在梁上的情况，而在实际工程中，不少结构是通过结点间接地承受荷载作用的。例如，桥梁或房屋建筑中的某些主梁，是通过一些次梁（纵梁和横梁）将荷载传到主梁上的。主梁上荷载传递点即为主梁的结点，移动荷载作用在纵梁上，无论移动荷载在什么位置，其作用都是通过这些固定的结点传递到主梁上。如图 22-11 所示的梁，荷载作用在纵梁上，通过横梁传递给主梁。纵梁是一系列简支梁，横梁是纵梁的支座，而横梁由主梁支承。无论纵梁上的荷载如何移动，主梁所承受的荷载位置（结点）是不变的。主梁所承受的这种荷载称为间接荷载，或称结点荷载。现用机动法作间接荷载作用下的影响线。

将图 22-11(a)所示的体系用图 22-11(b)所示的计算简图表示，考虑 M_F 影响线，将主梁在 F 截面处切断，安装一个铰，使体系沿 M_F 正方向产生单位相对角位移，原体系发生如图 22-11(b)虚线所示的位移，根据机动法，原体系的位移图就是 M_F 的影响线[图 22-11(c)]。可见，间接荷载作用下的影响线有以下特点：

(1)间接荷载作用下的影响线在相邻结点之间为直线。

(2)间接荷载作用下的影响线和直接荷载作用下的影响线在结点处的纵坐标相等，即 $cc'=CC'$，$dd'=DD'$，$ee'=EE'$。

因此，可按以下方法作间接荷载作用下的影响线：

(1)作直接荷载的影响线。

(2)将各结点投影到直接荷载作用的影响线上，在相邻结点之间用直线相连，得间接荷载作用下的影响线。

上述第(2)步可以看作对直接荷载作用下影响线的一种"修饰"，即如果相邻结点之间的影响线不是直线，就将它"修饰"成直线。

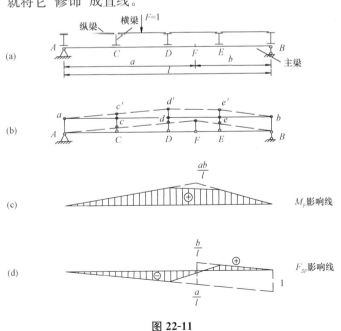

图 22-11

按照以上方法，作 M_F 在直接荷载作用下的影响线，在结点 D、E 之间不是直线，用直线相连，即得间接荷载作用下 M_F 的影响线，如图 22-11(c)所示。

同理，作剪力 F_{SF} 的影响线时，首先作 F_{SF} 在直接荷载作用下的影响线，由于结点 D 和结点 E 之间不是直线，用直线相连，得 F_{SF} 在间接荷载作用下的影响线，如图 22-11(d)所示。

22.5　影响线的应用

影响线是研究移动荷载作用的基本工具，可用来确定实际移动荷载对结构某量值的最不利影响。利用影响线，可解决两个方面的问题：一方面，已知结构在实际荷载作用时，计算某量值的数值；另一方面，结构在实际移动荷载作用时，确定某量值的最不利荷载位置。

22.5.1　当荷载位置固定时求某量值

在实际工程中，常见的移动荷载是集中荷载和分布荷载。下面讨论这两种荷载作用下结构某量值的计算。

1. 集中荷载作用

图 22-12(a)所示的简支梁，受一组位置确定的集中荷载 F_1、F_2、F_3 作用，要求计算 C 截面在上述荷载作用下的剪力 F_{SC}。显然，可利用静力学平衡条件求出梁的支座反力，用截面法计算 C 截面的剪力。也可以利用 F_{SC} 影响线计算 F_{SC} 的值，首先作 F_{SC} 影响线，如图 22-12(b)所示，设荷载作用点处影响线的竖标分别为 y_1、y_2、y_3，根据影响线的定义，应用叠加原理，可计算在这组集中荷载作用下 F_{SC} 的值为

$$F_{SC} = F_1 y_1 + F_2 y_2 + F_3 y_3$$

一般，若结构承受一组集中荷载 F_1，F_2，$\cdots$，F_n 的作用，结构上某量值 S 的影响线在各荷载作用点的竖标分别为 y_1，y_2，$\cdots$，y_n，则在这组集中荷载作用下，量值 S 为

$$S = F_1 y_1 + F_2 y_2 + \cdots + F_n y_n = \sum_{i=1}^{n} F_i y_i \tag{22-2}$$

在使用式(22-2)时，应将影响线竖标 y_i 的正负号代入。

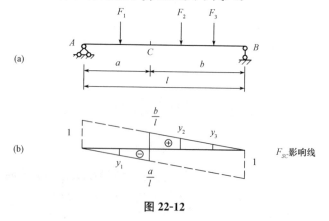

图 22-12

2. 均布荷载作用

图 22-13(a)所示的简支梁受均布荷载 q 的作用，求截面 C 的剪力 F_{SC} 的数值。可利用集中荷载的结果计算。作 F_{SC} 的影响线，如图 22-13(b)所示。在均布荷载作用范围内取任一截面，设该截面与支座 A 的距离为 x，对应的影响线竖标为 y，取一无穷小微段 $\mathrm{d}x$，每一微段上的荷载 $q\mathrm{d}x$ 可看作一集中荷载，引起的剪力值为

$$\mathrm{d}F_{SC} = q\mathrm{d}x \cdot y = yq\mathrm{d}x$$

则全部均布荷载对剪力 F_{SC} 的影响线可通过以下积分计算：

$$F_{SC} = \int_D^E yq\mathrm{d}x = q\int_D^E y\mathrm{d}x = q\omega_{DE}$$

式中，ω_{DE} 表示影响线在 D 点与 E 点之间面积的代数和，注意面积的正负号，正影响线的面积为正，负影响线的面积为负。

一般，结构在均布荷载 q 作用下，某量值 S 为

$$S = q\omega \tag{22-3}$$

式中，ω 表示影响线在荷载分布范围内的面积，计算面积时，须考虑面积的正负号。

由式(22-3)可知，在均布荷载 q 作用下某量值 S 的值等于均布荷载 q 与量值 S 的影响线在荷载分布范围内面积 ω 的乘积。

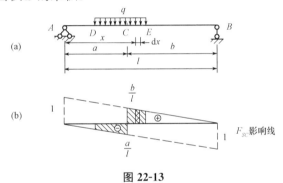

图 22-13

【例 22-2】 利用影响线求图 22-14(a)所示的简支梁在图示荷载作用下 C 截面的剪力值。

解： 作 F_{SC} 的影响线，如图 22-14(a)所示，则

$$F_{SC} = 12 \times \frac{1}{3} + 6 \times \left[\left(\frac{2}{3} + \frac{1}{6}\right) \times \frac{1}{2} \times 3 - \left(\frac{1}{3} + \frac{1}{6}\right) \times \frac{1}{2} \times 1\right] = 10(\mathrm{kN})$$

图 22-14

22.5.2 确定最不利荷载位置

结构在确定的移动荷载作用下，当荷载在结构上移动到某一位置时，结构的某一量值 S 取得最大值，该荷载位置称为 S 的最不利荷载位置，相应的 S 值就是该移动荷载作用下量值 S 的最大影响位置。注意，量值 S 的最大值包括正最大值和负最大值。

不同的移动荷载具有不同的最不利荷载位置，下面利用影响线确定常见的移动荷载的最不利荷载位置。

1. 移动荷载只有一个集中力

当集中力作用在影响线纵坐标绝对值最大处是最不利荷载位置，如图 22-15(a)所示简支梁，移动荷载只有一个集中力 F，对于 C 截面的弯矩 M_C，其影响线如图 22-15(b)所示，当 F 处于影响线纵坐标最大的 C 截面时，M_C 有最大值，该荷载位置是 M_C 的最不利荷载位置。

图 22-15

2. 移动荷载是任意均布荷载

任意布置的均布荷载是指分布长度不定，可在结构上任意布置的均布荷载。当任意均布荷载布满正影响线区域或布满负影响线区域都是最不利荷载位置，这两种位置分别对应最大正影响量和最大负影响量。

若任意均布荷载作用在图 22-16(a)所示的外伸梁，对于 C 截面的弯矩 M_C，其影响线如图 22-16(b)所示，当均布荷载 q 布满正影响线区域，即布满 A 截面和 B 截面间[图 22-16(c)]时，M_C 有正最大值。若均布荷载 q 布满负影响线区域，即布满 D 截面和 A 截面间，以及 B 截面和 E 截面间[图 22-16(d)]时，M_C 有负最大值。

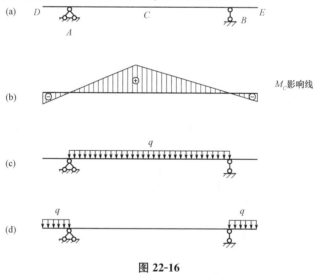

图 22-16

3. 移动荷载是一组平行集中力

移动荷载是一组大小和间距不变的平行集中力，如图 22-17(a)所示。当某量值 S 的影响线是三角形时，可以证明，当一组集中力中的某一个力 F_k 作用在影响线的最大值(顶点)

位置时，量值 S 有极值，该荷载 F_k 称为临界荷载，可以进一步证明，临界荷载满足以下条件：

$$
\left.
\begin{aligned}
\frac{R_L + F_k}{a} &\geqslant \frac{R_R}{b} \\
\frac{R_L}{a} &\leqslant \frac{F_k + R_R}{b}
\end{aligned}
\right\}
\tag{22-4}
$$

式中，R_L，R_R 分别为临界荷载 F_k 左侧和右侧荷载之和。

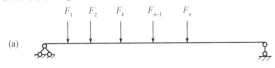

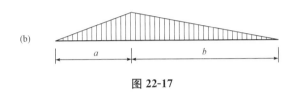

图 22-17

式(22-4)表示，当临界荷载在影响线顶点向左移动微小距离，则左边的平均荷载比右边大；当临界荷载在影响线顶点向右移动微小距离，则右边的平均荷载比左边大。

应当注意，满足式(22-4)的临界荷载可能不止一个，此时应该计算每一个临界荷载对应的极值，产生最大值的荷载位置是最不利荷载位置。在荷载移动过程中，有的荷载可能从结构移动出去，有的荷载可能移动进入结构。应用式(22-4)确定临界荷载时，只考虑作用在结构上的荷载。

【例 22-3】 图 22-18(a)所示简支梁受吊车荷载作用，已知 $F_1 = F_2 = 480$ kN，$F_3 = F_4 = 320$ kN，试求支座 B 的最大反力。

解： 作 F_{By} 的影响线，如图 22-18(a)所示。

(1)确定临界荷载。若将 F_1 移动到 B 点附近，F_1、F_2 在梁上，而 F_3、F_4 在梁外，如图 22-18(b)所示，满足

$$\frac{F_1}{6} \geqslant \frac{F_2}{6}$$

$$\frac{0}{6} \leqslant \frac{F_1 + F_2}{6}$$

所以 F_1 是临界荷载。

若 F_2 移动到 B 点附近，F_1、F_2、F_3 在梁上，F_4 在梁外，如图 22-18(c)所示。满足

$$\frac{F_1 + F_2}{6} \geqslant \frac{F_3}{6}$$

$$\frac{F_1}{6} \leqslant \frac{F_2 + F_3}{6}$$

所以 F_2 是临界荷载。

若 F_3 移动到 B 点附近，F_2、F_3、F_4 在梁上，F_1 在梁外，如图 22-18(d)所示。满足

$$\frac{F_2 + F_3}{6} \geqslant \frac{F_4}{6}$$

$$\frac{F_2}{6} \leqslant \frac{F_3 + F_4}{6}$$

所以 F_3 是临界荷载。

若 F_4 移动到 B 点附近，F_3、F_4 在梁上，F_1、F_2 在梁外，如图 22-18(e)所示。满足

$$\frac{F_3 + F_4}{6} \geqslant \frac{0}{6}$$

$$\frac{F_3}{6} \leqslant \frac{F_4}{6}$$

所以 F_4 是临界荷载。

(2)计算各临界荷载作用在 B 点上的 F_{By} 值。

1)当 $F_k = F_1$ 时，$F_{By} = F_1 \cdot 1 + F_2 \cdot 0.125 = 480 \times (1 + 0.125) = 540(\mathrm{kN})$

2)当 $F_k = F_2$ 时，$F_{By} = F_1 \cdot 0.125 + F_2 + F_3 \cdot 0.758 = 480 \times (0.125 + 1 + 0.758) = 782.56(\mathrm{kN})$

3)当 $F_k = F_3$ 时，$F_{By} = F_2 \cdot 0.785 + F_3 + F_3 \cdot 0.2 = 480 \times (0.758 + 1 + 0.2) = 747.84(\mathrm{kN})$

4)当 $F_k = F_4$ 时，$F_{By} = F_3 \cdot 0.2 + F_4 = 480 \times (0.2 + 1) = 384(\mathrm{kN})$

所以当临界荷载为 F_2 时，F_{By} 的最大值是 782.56 kN。

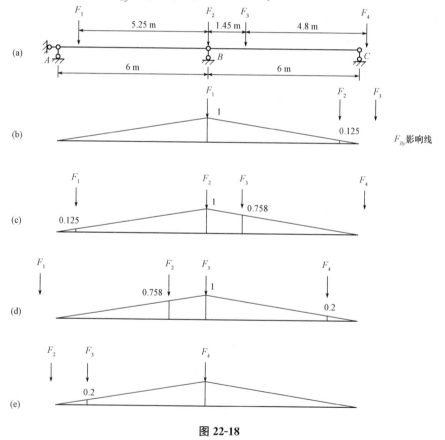

图 22-18

22.6 简支梁的内力包络图和绝对最大弯矩

在设计吊车梁等承受移动荷载的结构时，需要求出各截面内力的最大值。用上节介绍的方法可确定某截面某一量值的最不利荷载位置，从而确定该量值的最大值。将梁上各截面内力的最大值按同一比例标在图上，连成曲线，这一曲线就是内力包络图。梁的内力包络图包括弯矩包络图和剪力包络图。包络图表示各截面内力变化的极限值，是承受移动荷载作用的结构设计的主要依据。

图 22-19(a)所示的吊车梁，跨度为 12 m，承受两台桥式吊车的作用，其中 $F_1 = F_2 = F_3 = F_4 = 280$ kN，将梁分成若干等份(图中分为十等份)，对每等分点利用影响线求出其最大弯矩值，用适当的比例标出，连成光滑曲线，得梁的弯矩包络图，如图 22-19(b)所示。同理，可求出各截面的最大剪力，作出剪力包络图，如图 22-19(c)所示。由于每一截面都有最大剪力和最小剪力，因此，剪力包络图有两根曲线。

弯矩包络图中的最大竖标是简支梁各截面最大弯矩值中的最大值，称为绝对最大弯矩值。欲求梁的绝对最大弯矩，需要确定两个问题：绝对最大弯矩产生在哪个截面？相应于此截面的最不利荷载位置如何？

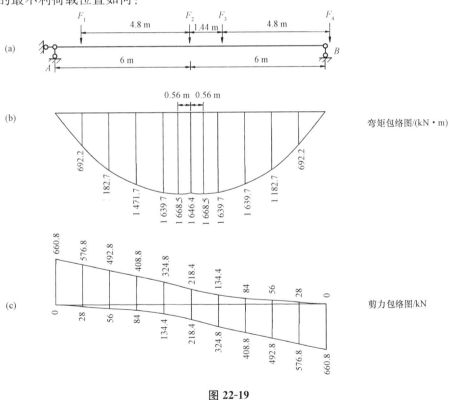

图 22-19

由于绝对最大弯矩是某个截面的最大弯矩，因此，临界荷载 F_k 作用于该截面时截面的弯矩值就是绝对最大弯矩。但是截面位置和临界荷载 F_k 都是待求的，要将截面位置和临界荷载同时求出是不方便的。如果能先确定绝对最大弯矩的临界荷载 F_k，再考虑此临界荷载位于何处使其作用截面的弯矩达到最大值，就是绝对最大弯矩。经验表明，绝对最大弯矩通常发生在梁的中点附近，因此，使梁中点发生最大弯矩的临界荷载也就是发生绝对最大弯矩的临界荷载。

图 22-20 所示的简支梁，如果知道其中某一荷载 F_k 为临界荷载，它作用在什么位置，使得其作用截面的弯矩有最大值？

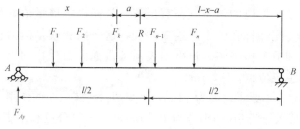

图 22-20

设 F_k 与支座 A 的距离为 x，R 为梁上所有荷载的合力，与 F_k 的距离为 a，支座 A 的支座反力为 F_{Ay}，有 $\sum M_B(F) = 0$，$-F_{Ay} \cdot l + R(l-x-a) = 0$ 得

$$F_{Ay} = \frac{l-x-a}{l}R$$

F_k 作用点所在截面的弯矩为

$$M(x) = F_{Ay} \cdot x - M_k = \frac{R}{l}(l-x-a)x - M_k$$

式中，M_k 为 F_k 左侧荷载对 F_k 作用点的力矩之和，其值为一常数，对 $M(x)$ 求导，令其导数为零，即

$$\frac{\mathrm{d}M(x)}{\mathrm{d}x} = \frac{R}{l}(l-a-x) = 0$$

得

$$x = \frac{l-a}{2}$$

上式表明，F_k 所在截面的弯矩为最大值时，梁上所有荷载的合力 R 与 F_k 恰好位于梁中线两侧对称位置。

梁的最大弯矩为

$$M_{\max} = \frac{R}{4l}(l-a)^2 - M_k \tag{22-5}$$

计算简支梁绝对最大弯矩可按以下步骤进行：

(1)判定使梁中点发生最大弯矩的临界荷载 F_k；

(2)计算 F_k 与梁上荷载合力 R 的距离 a；

(3)依据式(22-5)计算梁的绝对最大弯矩。

【例 22-4】 试求图 22-21(a)所示简支梁的绝对最大弯矩，已知 $F_1 = F_2 = F_3 = F_4 = 280$ kN。

解：首先确定使梁跨中 C 截面弯矩有最大值的临界荷载。作 M_C 的影响线，如图 22-21(b)所示。按式(22-4)可知，F_1、F_2、F_3、F_4 都是截面 C 的临界荷载，显然 F_1、F_4 不是使截面 C 产生最大弯矩的临界荷载，而临界荷载是 F_2、F_3。根据对称性，F_2 和 F_3 的效应是一样的，现以 F_2

为临界荷载计算梁的绝对最大弯矩。

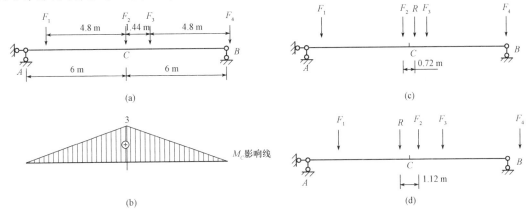

图 22-21

使 F_2 与梁上全部荷载的合力 R 对称于梁的中点，有两种情况：F_2 位于 C 的左边与梁上荷载合力 R 对称于梁中点 C，此时梁上荷载有四个，如图 22-21(c)所示；F_2 位于 C 的右边与梁上荷载合力 R 对称于梁中点 C，此时梁上荷载有三个，如图 22-21(d)所示。

考虑梁上荷载有四个的情况：

$$R = 280 \times 4 = 1\ 120 (\text{kN})$$

$$a = \frac{1.44}{2} = 0.72 (\text{m})$$

$$M_{\max} = \frac{R}{4l}(l-a)^2 - M_k = \frac{1\ 120}{4 \times 12} \times (12-0.72)^2 - 280 \times 4.8 = 1\ 624.90 (\text{kN} \cdot \text{m})$$

若梁上荷载有三个

$$R = 280 \times 3 = 840 (\text{kN})$$

设合力作用点与 F_2 的距离为 a，则

$$280 \times 4.8 + 280 \times (4.8 + 1.44) = 840 \times (4.8 - a)$$

解得 $a = 1.12$ m。

$$M_{\max} = \frac{R}{4l}(l-a)^2 - M_k = \frac{840}{4 \times 12} \times (12-1.12)^2 - 280 \times 1.44 = 1\ 668.35 (\text{kN} \cdot \text{m})$$

通过以上计算可知，梁上的荷载有三个时产生的最大弯矩值最大，因此，梁的绝对最大弯矩为 1 668.35 kN·m。

22.7　连续梁的影响线与内力包络图

22.7.1　连续梁的影响线

在前面几节中，讨论了静定梁的影响线及其应用。静定梁的反力和内力影响线都是由直线段组成的，其竖标的计算比较简单。但连续梁是超静定梁，当一集中荷载在超静定梁上移动时，梁的反力和内力的变化是非线性的，因此，连续梁的反力和内力影响线是曲线。若用静力法绘制连续梁某量值的影响线，必须先解算超静定梁，求得影响线方程，将梁分

为若干等份，计算各分点的竖标，再连成曲线。这样绘制连续梁的影响线将十分繁杂。

但在建筑工程中，多跨连续梁通常在活载和恒载作用下，活载通常可简化为任意均布荷载，只要知道影响线的轮廓，就可确定最不利荷载位置，而不必求出影响线竖标的具体数值。可用机动法绘制连续梁影响线的轮廓。下面介绍用机动法作超静定梁影响线的概念。

对于 n 次超静定梁，如图 22-22(a)所示的超静定梁，欲绘制某制定量值 x_k（图中为 M_k）的影响线，可去掉 x_k 相应的约束，并以 x_k 代替其作用，得 $n-1$ 次超静定结构作为力法的基本结构，如图 22-22(b)所示，可得力法方程

$$\delta_{kk}x_k + \delta_{KF} = 0$$

得

$$x_k = -\frac{\delta_{KF}}{\delta_{kk}} \tag{a}$$

式中，δ_{kk} 是基本结构由于 $\bar{x}_k = 1$ 作用时，在 k 截面处沿 x_k 方向引起的位移，如图 22-22(c)所示，δ_{kk} 为正值，且与 F 的位置无关。δ_{KF} 为基本结构上由于 $\bar{F} = 1$ 的作用在 K 截面沿 x_k 方向所引起的位移，其值随 F 的位置变化而变化，如图 22-22(d)所示。

根据位移互等定理，有 $\delta_{KF} = \delta_{FK}$，$\delta_{kk}$ 是在基本结构上由于 $\bar{x}_k = 1$ 作用在移动荷载 $\bar{F} = 1$ 作用截面处沿移动荷载方向上引起的位移，如图 22-22(c)所示，式(a)可写为

$$x_k = -\frac{\delta_{KF}}{\delta_{kk}} = -\frac{\delta_{FK}}{\delta_{kk}} \tag{b}$$

式(b)中，x_k 和 δ_{FK} 均随移动荷载的移动而变化，它们都是移动荷载与左支座距离 x 的函数，而 δ_{kk} 是常数，因此，式(b)可更明确地写成

$$x_k(x) = -\frac{1}{\delta_{kk}}\delta_{FK}(x) \tag{22-6}$$

考虑式(22-6)，x_k 随 x 变化的图形就是 x_k 的影响线，而 $\delta_{FK}(x)$ 的图形是图 22-22(c)所示的竖向位移图，由此可知，x_k 的影响线与去掉 x_k 相应约束后由 $x_k = 1$ 所引起的竖向位移图成正比。若令 $\delta_{kk} = 1$，式(22-6)就变为

$$x_k(x) = -\delta_{FK}(x) \tag{c}$$

这表明，基本结构由于 $\delta_{kk} = 1$ 而引起的竖向位移图就是 x_k 的影响线[图 22-22(e)]，只是符号相反。竖向位移 δ_{FK} 向下为正(与移动荷载 F 同号)，因此在 x_k 的影响线中，梁轴线上方为正，下方为负，如图 22-22(e)所示。

综上所述，用机动法作超静定梁影响线的步骤与静定梁相同，为了作某一量值 x_k 的影响线，去掉与 x_k 相应的约束，使所得结构产生与 x_k 相应的单位位移，得到的位移图就是 x_k 的影响线。

应用机动法可作连续梁剪力和支座反力的影响线。图 22-23(a)所示的连续梁[同图 22-22(a)所示的连续梁]，作截面 K 的剪力 F_{SK} 和支座 B 的反力 F_{By} 的影响线。为作 F_{SK} 的影响线，将梁在 K 截面处切断，代以定向支座，如图 22-23(b)所示，使所得结构产生与 F_{SK} 相应的单位位移，所得的位移图即是 F_{SK} 的影响线。为了绘制 F_{By} 影响线，将支座 B 去掉，用支座反力 F_{By} 代替，使所得结构在 B 截面沿 F_{By} 方向产生单位位移，用支座反力 F_{By} 代替，使所得结构在 B 截面沿 F_{By} 方向产生单位位移，所得位移图即是 F_{By} 影响线，如图 22-23(c)所示。

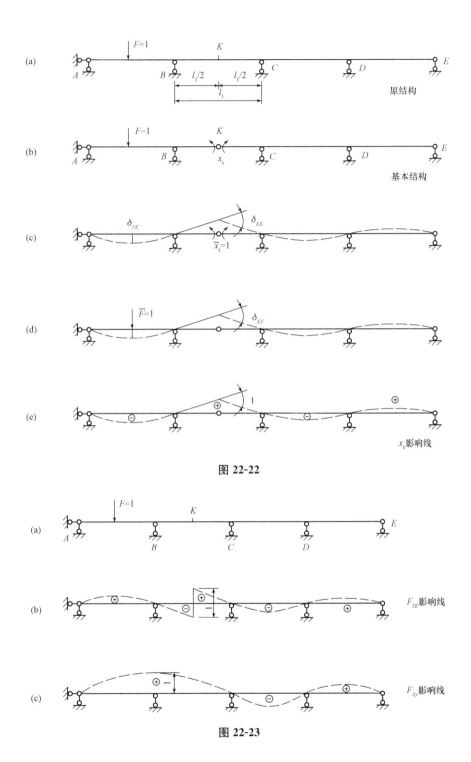

图 22-22

图 22-23

作出连续梁影响线的轮廓，就可以方便地确定连续梁某量值在均布活载作用下的最不利荷载位置。当均布活载布满某量值的影响线的正值区域时，是该量值取得最大值时的最不利分布情形。反之，当均布活载布满影响线的负值区域时，是该量值取得最小值(负最大值)时的最不利分布情形。例如，对于图 22-24(a)所示的连续梁[同图 22-22(a)所示梁]，M_K 的影响线如图 22-24(b)所示，均布活载布满正值区域，即 BC 跨、DE 跨作用均布活载，是 $M_{K\max}$ 的最不利分布；均布活载布满负值区域，即 AB 跨、CD 跨作用均布活载，是 $M_{K\min}$ 的最不利分布，如图 22-24(d)所示。K 截面剪力 F_{SK} 的影响线如图 22-24(e)所示，均布活载布满正值区域，即 AB 跨、KC 段、DE 跨作用均布活载时，是 $F_{SK\max}$ 的最不利分布。均布活载布满负值区域，即 BK 段、CD 跨作用均布活载，是 $F_{SK\min}$ 的最不利分布。

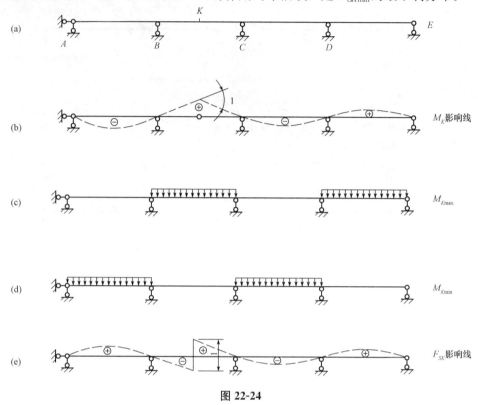

图 22-24

22.7.2　连续梁的内力包络图

房屋建筑中的梁板式楼板，它的板、次梁和主梁一般按连续梁计算。这些连续梁受到恒载和活载的作用，由于恒载经常存在，它所产生的内力是固定不变的。而活载引起的内力随着活载的分布变化而变化，只要求出活载作用下某一截面的最大内力和最小内力，再加上恒载产生的内力，即可得恒载和活载共同作用下，该截面的最大内力和最小内力。将梁上各截面的最大内力和最小内力用图形表示出来，就得到连续梁的内力包络图。

连续梁的恒载是经常存在的，它引起的内力固定不变，而活载可看作任意分布的均布活载，它所引起的最大和最小内力应该按利用影响线的轮廓确定最不利荷载分布的方法，使均布活载布满正影响线区域或布满负影响线区域而求得。计算各截面的最大、最小弯矩时，可按以下简化方法计算：作梁每一跨单独布满活载的弯矩图，对任一截面，将这些弯矩图对应的所有正弯矩值相加，得该截面在活载作用下的最大正弯矩；将这些弯矩图对应的负弯矩值相加，得该截面在活载作用下的最大负弯矩值。

因此，连续梁在恒载和活载作用下的弯矩包络图可按以下步骤绘制：

(1)作出恒载作用下的弯矩图。

(2)将活载依次单独布满连续梁的每一跨，逐一绘制出其弯矩图。

（3）将各跨分为若干等份，对每一等分点处截面，将恒载弯矩图中该截面的竖标值与所有各个活载弯矩图中对应的正竖标值之和相加，得各截面的最大弯矩值；将恒载弯矩图中该截面的竖标值与所有各个活载弯矩图中对应的负竖标值之和相加，得各截面的最小弯矩值。

（4）将各截面的最大弯矩值、最小弯矩值在同一图中按同一比例用竖标表示，连成曲线，即得弯矩包络图。

连续梁在恒载和活载作用的剪力包络图的绘制步骤与弯矩包络图相同。在设计时，主要用到支座附近截面上的剪力值，因此，通常只将各跨两端靠近支座截面的最大剪力值和最小剪力值求出，以直线相连，近似地作为剪力包络图。

【例 22-5】 绘制图 22-25(a)所示三跨等截面连续梁的弯矩包络图和剪力包络图，梁的 EI 为常数，承受的恒载 $q=10$ kN/m，活载 $p=20$ kN/m。

解： 用力法等超静定结构计算方法计算连续梁，作出恒载作用下的弯矩图［图 22-25(b)］，各跨分别作用活载时的弯矩图［图 22-25(c)、(d)、(e)］，将梁的每一跨分为 4 等份，求出各弯矩图中等分点的竖标值。将图 22-25(b)中的竖标值和图 22-25(c)、(d)、(e)中对应的正（负）竖标值相加，得最大（小）弯矩值。如 2 截面处：

$$M_{2\max}=-16.0+5.3=-10.7(\text{kN} \cdot \text{m})$$
$$M_{2\min}=-16.0-21.3-16.0=-53.3(\text{kN} \cdot \text{m})$$

将各个最大弯矩值和最小弯矩值分别用曲线相连，得弯矩包络图，如图 22-25(f)所示。

为了作剪力包络图，解超静定梁，作恒载作用下的剪力图［图 22-26(a)］，作各跨分别承受活载时的剪力图［图 22-26(b)、(c)、(d)］。将图 22-26(a)中各支座左右两边截面处的竖标值和图 22-26(b)、(c)、(d)中对应的正（负）竖标值相加，得最大（小）剪力值，如支座 3 左侧截面上：

$$F_{S3(\max)}^{\text{L}}=-20+6.7=-13.3(\text{kN})$$
$$F_{S3(\min)}^{\text{L}}=-20-40-6.7=-66.7(\text{kN})$$

将各支座两侧截面上的最大剪力值和最小剪力值分别用直线相连，得近似的剪力包络图，如图 22-26(e)所示。

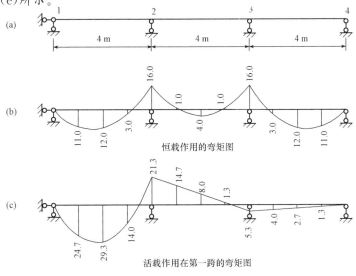

图 22-25

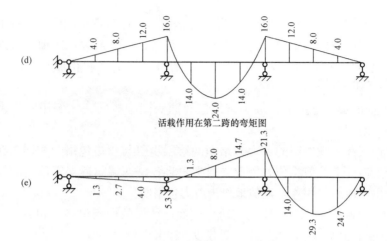

(d) 活载作用在第二跨的弯矩图

(e) 活载作用在第三跨的弯矩图

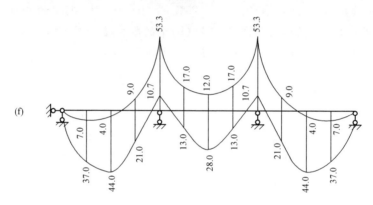

(f) 弯矩包络图/(kN·m)

图 22-25(续)

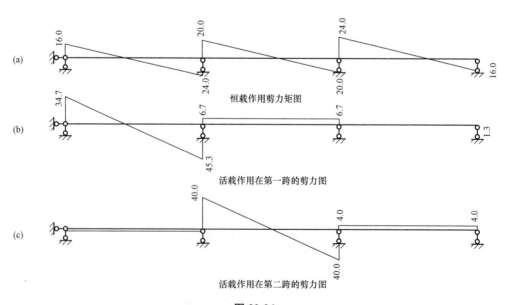

(a) 恒载作用剪力矩图

(b) 活载作用在第一跨的剪力图

(c) 活载作用在第二跨的剪力图

图 22-26

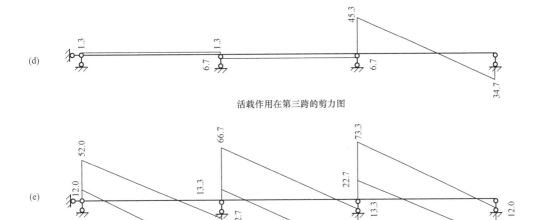

(d)

活载作用在第三跨的剪力图

(e)

剪力包络图/kN

图 22-26(续)

思考题与习题

思考题与习题

第 23 章
平面杆系结构分析程序(pmgx)的应用

23.1　平面杆系结构分析程序(pmgx)的基本概念

平面杆系结构分析程序使用 Visual Basic 6.0 编写，运行于 Windows XP/Windows 7 操作系统，可对平面杆系结构进行矩阵位移法计算，输出结构的结点位移和单元杆端内力，可在屏幕上显示结构的弯矩图、剪力图和轴力图，并可对其进行放大、缩小、移动等操作。程序界面友好，使用方便。

23.1.1　整体坐标系与局部坐标系

整体坐标系是结构总的参考系，以水平轴为 x 轴，指向右为正；垂直轴为 y 轴，指向上为正；角位移以逆时针转为正，如图 23-1 所示。

单元的局部坐标系以杆轴线为 $\bar{x}$ 轴，始端结点(i)指向终端结点(j)为正方向；$\bar{x}$ 轴逆时针转 90°得 $\bar{y}$ 轴。局部坐标系与整体坐标系的夹角为 $\bar{x}$ 轴与 x 轴的夹角 α，逆时针转为正。

23.1.2　结点编号与单元编号

用矩阵位移法进行结构分析时，需要对结构进行结点编号。结构的支座、刚结点、铰结点、截面形状突变处可看作结点，如图 23-2 所示。两结点间为单元，一般按顺序对单元编号，单元有始端结点和终端结点，如图 23-2 所示单元(2)，其始端结点为 2，终端结点为 3。

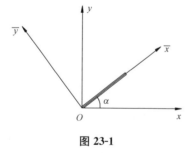

图 23-1

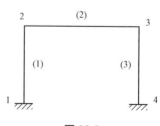

图 23-2

23.1.3　结点位移

平面杆系结构每个结点有 3 个方向的位移，即水平位移 Δx、竖向位移 Δy、转角 θ。结点位移以整体坐标系作参考系，当位移与相应的坐标正向相同时为正。

23.1.4　结点的约束特征

结点每个方向位移会有一定的约束，有以下三种情况：

（1）当某方向位移被约束时，约束特征为 -1，表示该方向无自由度。

（2）当某方向位移无约束，即该方向有自由度时，约束特征为 0。

（3）当某方向位移的约束情况与其他结点相同，则其约束特征为与该方向约束情况相同的结点的结点号。如图 23-3 所示，铰结点两侧有 3、4 结点，4 结点的竖向位移与 3 结点相同，所以 4 结点竖向方向的约束特征为 3。

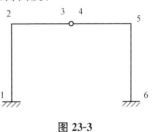

图 23-3

23.1.5　荷载的类型

程序可以处理结点荷载和非结点荷载。

1. 结点荷载

结点荷载有水平方向集中力、竖直方向集中力和集中力偶，以整体坐标系为参考系，与整体坐标轴正向相同为正，如图 23-4 所示。

2. 非结点荷载

程序可以处理以下三种非结点荷载：

（1）第 1 类非结点荷载。如图 23-5 所示，JT=1，ME=单元号，EP=P，EA=a。

（2）第 2 类非结点荷载。如图 23-6 所示，JT=2，ME=单元号，EP=q，EA=0。

（3）第 3 类非结点荷载。如图 23-7 所示，JT=3，ME=单元号，EM=P，EA=a。

非结点荷载以局部坐标系为参考系，图 23-5、图 23-6、图 23-7 所示方向为正方向。

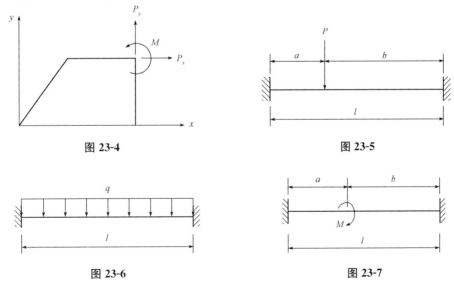

图 23-4　　　　　　　　　　　图 23-5

图 23-6　　　　　　　　　　　图 23-7

23.1.6 数据输出

程序输出结构的结点位移，输出每个结点位移的三个分量，即水平位移 Δx、竖向位移 Δy、转角 θ。以整体坐标系为参考系，即水平位移向右为正，竖向位移向上为正，逆时针转转角为正。

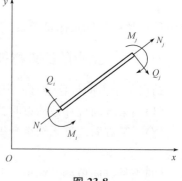

图 23-8

程序输出每一单元的杆端内力，以局部坐标系为参考系，即轴力与局部坐标轴 $\bar{x}$ 轴正向相同为正，剪力与局部坐标轴 $\bar{y}$ 轴正向相同为正，弯矩逆时针转为正。图 23-8 所示单元的杆端内力正负号为：Ni（＋）、Nj（＋）、Qi（＋）、Qj（－）、Mi（＋）、Mj（－）。

23.1.7 是否考虑杆件的轴向变形

结构力学手算习惯是不考虑杆件的轴向变形的。在程序的计算中也可以不考虑杆件的轴向变形，可以这样处理：单元的面积 A 输 0，单元两端的位移在杆轴向的投影相等，则程序计算的杆端弯矩、剪力与手算结果相同，但轴力为 0（由于面积 A 为 0），舍去轴力。

若考虑杆件的轴向变形，输入单元的截面面积，则杆端轴力不为 0。

23.2 平面杆系结构分析程序的使用

在计算机任一驱动器（如 D）上新建文件夹 pmgx，将程序的所有文件复制到文件夹 pmgx 中，进入文件夹，双击可执行文件"pmgx. exe"，则启动本程序。进入程序的主菜单，有六个弹出式菜单，"即数据输入""查看数据""结构计算""计算结果""帮助""退出"。各弹出式菜单的菜单项如下。

23.2.1 数据输入

输入数据，数据保存在数据文件"pmgx. txt"中。

23.2.2 查看数据

（1）输入数据。以文本的方式查看已输入的原始数据。
（2）结构图形。显示已输入原始数据所构成的结构图形。

23.2.3 结构计算

对平面杆系结构进行矩阵位移法计算。

23.2.4 计算结果

（1）查看结果。以文本方式显示结构的结点位移，单元杆端内力。
（2）弯矩图。显示结构的弯矩图。

（3）剪力图。显示结构的剪力图。

（4）轴力图。显示结构的轴力图。

23.2.5 帮助

（1）内容。显示程序的帮助文件。

（2）关于。显示程序的名称、版本、开发者、说明等信息。

23.2.6 退出

退出本程序。

可按以下步骤使用本程序：

（1）编写原始数据。

（2）单击"数据输入"菜单，输入原始数据。

（3）单击"查看数据"→"输入数据"命令，检查所输入原始数据。

（4）单击"结构计算"→"计算"命令，对结构进行矩阵位移法计算。

（5）获得计算成果。单击"计算结果"→"查看结果"命令，可查看结点位移、单元内力；单击"计算结果"→"弯矩图"命令，可显示结构的弯矩图；单击"计算结果"→"剪力图"命令，可显示结构的剪力图；单击"计算结果"→"轴力图"命令，可显示结构的轴力图。

（6）退出程序，单击"退出"按钮。

23.3 原始输入数据说明

23.3.1 基本信息（1行）

NJ，NE，NP，NF

其中：

HJ：结点总数；

NE：单元总数；

NP：结点荷载总数；

NF：非结点荷载总数。

23.3.2 结点约束信息（NJ行）

IX，IY，IQ

其中：

IX：x 方向约束；

IY：y 方向约束；

IQ：θ 方向约束。

约束信息的说明：被约束为 -1；自由为 0；与第 n 个结点位移相同，则为 $n(n>0)$。

23.3.3 单元信息（NE行）

IE，JE，EL，EA，EI，EE，EH

其中：

IE：单元的始端结点号；

JE：单元的终端结点号；

EL：单元杆长；

EA：单元截面面积；

EI：单元截面惯性矩；

EE：单元弹性模量；

EH：单元局部坐标系与总体坐标系的夹角（角度）。

23.3.4 结点荷载信息（NP 行，NP>0 时输入）

JJ，JD，PP

其中：

JJ：荷载作用结点号；

JD：荷载作用方向，x 方向为 1，y 方向为 2，θ 方向为 3；

PP：荷载值。

23.3.5 非结点荷载信息（NF 行，NF>0 时输入）

ME，JT，EP，EA

其中：

ME：荷载作用单元号；

JT：荷载作用类型号，集中力为 1，均布荷载为 2，集中力偶为 3；

EP：荷载值；

EA：荷载距离。

23.3.6 结点坐标信息（NJ 行）

x，y

其中：

x：结点的 x 坐标；

y：结点的 y 坐标。

23.4 输出格式说明

23.4.1 结点位移

i，Δx，Δy，θ

其中：

i：结点号；

Δx：x 方向线位移；

Δy：y 方向线位移；

θ：角位移。

23.4.2　单元内力(NE 行)

ie，Ni，Qi，Mi，Nj，Qj，Mj

其中：

ie：单元号；

Ni：单元 i 端轴力；

Qi：单元 i 端剪力；

Mi：单元 i 端弯矩；

Nj：单元 j 端轴力；

Qj：单元 j 端剪力；

Mj：单元 j 端弯矩。

23.5　显示结构的弯矩图、剪力图和轴力图

进行结构计算后，单击"计算结果"→"弯矩图"命令，可进入显示结构弯矩图模块，程序弹出显示弯矩图的窗体，窗体有两个弹出菜单，即操作和退出。菜单的功能如下。

23.5.1　操作

有六个菜单项(图 23-9)，分别如下：

(1)放大。放大弯矩图，弯矩图变成前一个图形的 2 倍。

(2)缩小。缩小弯矩图，弯矩图变成前一个图形的 0.5 倍。

(3)移动。移动弯矩图，按下鼠标左键，屏幕上的光标为双箭头形状，拖动鼠标，弯矩图随鼠标移动，放松鼠标左键，则弯矩图停止移动，光标恢复原来的箭头形状。

(4)还原。弯矩图还原为原始状态。

(5)显示弯矩值。显示杆端弯矩值。

(6)隐藏弯矩值。不显示杆端弯矩值。

图 23-9

23.5.2　退出

退出本程序。

剪力图和轴力图也可以按上述方法显示。

23.6　程序的文件说明

本程序的主要文件及其功能说明如下：

（1）pmgx.exe（可执行文件）。程序的主要文件，其功能包括本程序的大部分功能，有显示程序的主菜单、输入原始数据、查看输入数据、结构计算、输出计算结果。

（2）pmgx.txt（文本文件）。储存原始数据的数据文件。

（3）pmgx.out（文本文件）。储存计算结果的数据文件。

（4）pmgxh.txt（文本文件）。程序的帮助文件。

程序的文本文件可用任一个文本编辑器（记事本、书写器、Word 等）编辑。

23.7　pmgx 程序的计算示例

【例 23-1】　刚架如图 23-10（a）所示，用程序 pmgx 进行计算，$A=10$，$I=1$。

解：结点和单元编号如图 23-10（b）所示，输入数据为

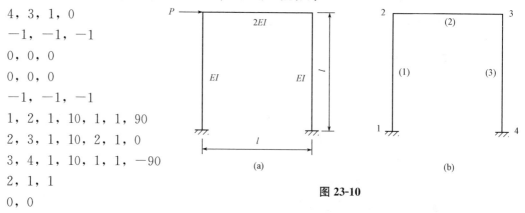

图 23-10

```
4，3，1，0
-1，-1，-1
0，0，0
0，0，0
-1，-1，-1
1，2，1，10，1，1，90
2，3，1，10，2，1，0
3，4，1，10，1，1，-90
2，1，1
0，0
0，1
1，1
1，0
```

按以下步骤进行计算：

（1）输入原始数据。可直接输入原始数据，单击"数据输入"→"编辑数据"命令，将以上数据直接输入，保存文件，然后退出。

（2）单击"查看数据"→"输入数据"命令，以文本方式查看输入数据；单击"查看数据"→"结构图形"，查看输入数据的结构图。

（3）单击"结构计算"→"计算"命令，对结构进行矩阵位移法计算。

（4）单击"计算结果"→"查看结果"命令，查看结点位移、杆端内力；单击"计算结果"→"弯矩图"命令，显示结构的弯矩图，如图 23-11 所示；单击"计算结果"→"剪力图"命令，显示结构的剪力图，如图 23-12 所示；单击"计算结果"→"轴力图"命令，显示结构的轴力图，如图 23-13 所示。

(5)单击"退出"→"退出"命令，退出本程序。

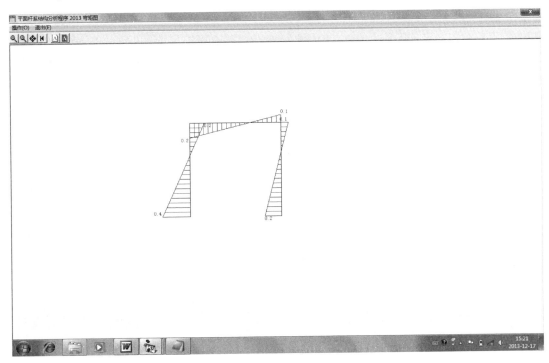

图 23-11

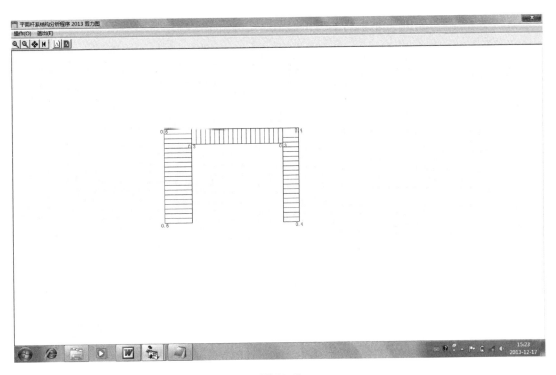

图 23-12

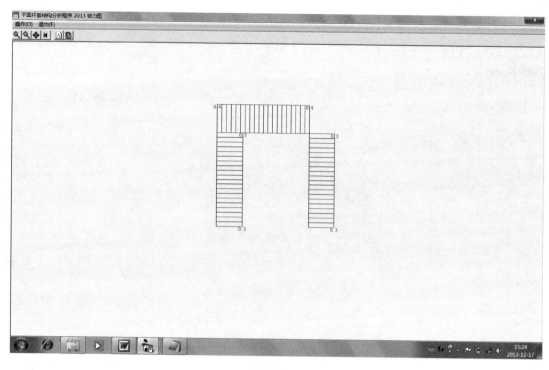

图 23-13

计算结果如下：

平面结构分析程序计算结果

结点位移

结点号	水平位移	竖向位移	转角
1	0.000E+00	0.000E+00	0.000E+00
2	1.006E-01	3.371E-02	-9.510E-02
3	6.422E-02	-3.371E-02	-6.782E-02
4	0.000E+00	0.000E+00	0.000E+00

单元内力

单元号	i-N	i-Q	i-M	j-N	j-Q	j-M
1	-3.371E-01	6.364E-01	4.133E-01	3.371E-01	-6.364E-01	2.231E-01
2	3.636E-01	-3.371E-01	-2.231E-01	-3.636E-01	3.371E-01	-1.140E-01
3	3.371E-01	3.636E-01	1.140E-01	-3.371E-01	-3.636E-01	2.496E-01

【例 23-2】 结构如图 23-14(a)所示，不考虑杆件的轴向变形，$EI=$常数，用 pmgx 计算。

解： 结点和单元编号如图 23-14(b)所示，输入数据为

6，4，1，1

```
-1, -1, -1
0, -1, 0
2, 0, 0
2, 3, 0
2, -1, 0
-1, -1, -1
1, 2, 8, 0, 1, 1, 90
2, 3, 4, 0, 1, 1, 0
4, 5, 4, 0, 1, 1, 0
6, 5, 8, 0, 1, 1, 90
3, 2, -40
3, 2, 10, 0
0, 0
0, 8
4, 8
4, 8
8, 8
8, 0
```

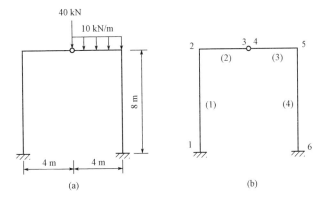

图 23-14

其计算结果如下：

平面结构分析程序计算结果

结点位移

结点号	水平位移	竖向位移	转角
1	0.000E+00	0.000E+00	0.000E+00
2	-4.571E+01	0.000E+00	-2.286E+02
3	-4.571E+01	-1.547E+03	4.657E+02
4	-4.571E+01	-1.547E+03	4.410E+02
5	-4.571E+01	0.000E+00	2.514E+02
6	0.000E+00	0.000E+00	0.000E+00

单元内力

单元号	i−N	i−Q	i−M	j−N	j−Q	j−M
1	0.000E+00	-2.250E+01	-6.143E+01	0.000E+00	2.250E+01	-1.186E+02
2	0.000E+00	2.964E+01	1.186E+02	0.000E+00	-2.964E+01	0.000E+00
3	0.000E+00	-1.036E+01	7.638E−14	0.000E+00	5.036E+01	-1.214E+02
4	0.000E+00	2.250E+01	5.857E+01	0.000E+00	-2.250E+01	1.214E+02

弯矩图如图 23-15 所示，剪力图如图 23-16 所示。

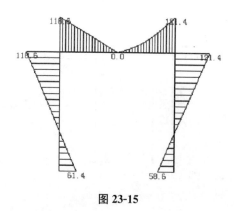

图 23-15

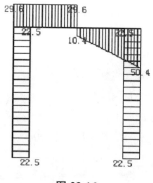

图 23-16

【例 23-3】 三跨连续梁如图 23-17(a)所示，EI 为常数，承受的恒载 $q=10$ kN/m，活载 $p=20$ kN/m，即例 22-5 所示连续梁。用 pmxg 程序绘制连续梁在恒载 q 作用时，活载 p 分别作用于各跨时的弯矩图。

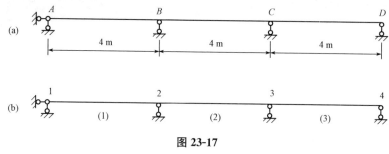

图 23-17

解： 结点和单元编号如图 23-17(b)所示，恒载作用时的输入数据为：

4，3，0，3
−1，−1，0
−1，−1，0
−1，−1，0
−1，−1，0
1，2，4，1，1，1，0
2，3，4，1，1，1，0
3，4，4，1，1，1，0
1，2，10，0
2，2，10，0
3，2，10，0
0，0
4，0
8，0
12，0

弯矩图如图 23-18 所示。

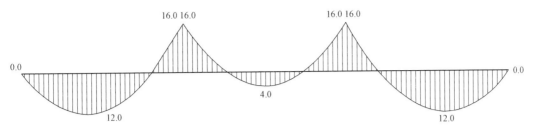

图 23-18

活载作用在第一跨时，输入数据为：

4，3，0，1

−1，−1，0

−1，−1，0

−1，−1，0

−1，−1，0

1，2，4，1，1，1，0

2，3，4，1，1，1，0

3，4，4，1，1，1，0

1，2，20，0

0，0

4，0

8，0

12，0

弯矩图如图 23-19 所示。

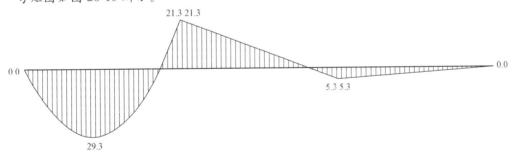

图 23-19

活载作用在第二跨时，输入数据为：

4，3，0，1

−1，−1，0

−1，−1，0

−1，−1，0

−1，−1，0

1，2，4，1，1，1，0

2，3，4，1，1，1，0

3，4，4，1，1，1，0

2，2，20，0

0，0

4，0

8，0

12，0

弯矩图如图 23-20 所示。

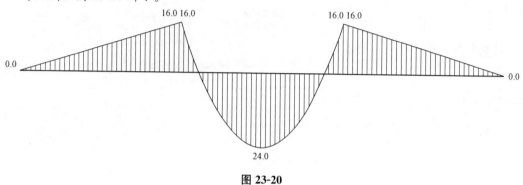

图 23-20

活载作用在第三跨时，输入数据为：

4，3，0，1

−1，−1，0

−1，−1，0

−1，−1，0

−1，−1，0

1，2，4，1，1，1，0

2，3，4，1，1，1，0

3，4，4，1，1，1，0

3，2，20，0

0，0

4，0

8，0

12，0

弯矩图如图 23-21 所示。

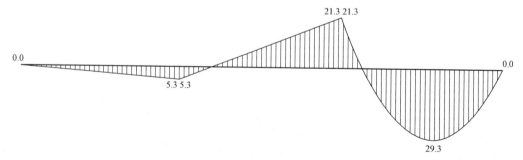

图 23-21

思考题与习题

参考文献

[1] 罗远祥，官飞，等．理论力学（上册）[M]．北京：人民教育出版社，1981．

[2] 谢传锋．静力学[M]．北京：高等教育出版社，1999．

[3] 范钦珊．材料力学[M]．北京：高等教育出版社，2000．

[4] 宋子康，蔡文安．材料力学[M]．上海：同济大学出版社，1998．

[5] 顾玉林，沈养中．材料力学[M]．北京：高等教育出版社，1993．

[6] S·铁木辛柯，J·盖尔．材料力学[M]．北京：科学出版社，1978．

[7] 龙驭球，包世华．结构力学教程（I）[M]．4版．北京：高等教育出版社，2000．

[8] 孙训芳，方孝淑，关来泰．材料力学（Ⅰ）[M]．北京：高等教育出版社，2002．

[9] 薛光瑾．结构力学[M]．北京：高等教育出版社，1994．

[10] 张忠国．建筑力学（上、下册）[M]．北京：科学技术文献出版社，1998．

[11] 武芳，姚连胜．建筑力学[M]．武汉：武汉大学出版社，2015．

[12] 刘明晖．建筑力学[M]．3版．北京：北京大学出版社，2017．

[13] 万小华，肖湘，张扬，等．建筑力学[M]．成都：西南交通大学出版社，2014．

[14] 沈养中．工程力学（第一分册）[M]．2版．北京：高等教育出版社，2003．

[15] 张友全，吕丛军．建筑力学与结构[M]．3版．北京：中国电力出版社，2012．

[16] 刘鸿文．材料力学[M]．5版．北京：高等教育出版社，2011．

[17] 单辉祖．材料力学[M]．3版．北京：高等教育出版社，2010．

[18] 王焕定，章梓茂，景瑞．结构力学[M]．北京：高等教育出版社，2010．

[19] 沈伦序．建筑力学[M]．北京：高等教育出版社，1998．

[20] 严心池，盖京波．结构力学教学核心概念的精细研究——以力法为例[J]．力学与实践，2016，38(4)：453－455．

[21] 冯维明．力学教学中的宽与窄、深与浅[J]．力学与实践，2016，38(6)：670－673．

[22] 汤可可，王华宁．以创新能力培养为导向的理论力学教学体系探索[J]．力学与实践，2017，39(1)：68－70，67．

[23] 夏健明．用 Excel 绘制三铰拱的内力图[J]．力学与实践，2010，32(4)：104－106．